U0193052

色谱技术
在策划药分析中的应用

[波] 特雷莎·科瓦尔斯卡 (Teresa Kowalska)

[波] 米奇斯瓦夫·萨耶维奇 (Mieczyslaw Sajewicz) ⊕ 主编

[美] 约瑟夫·舍尔马 (Joseph Sherma)

北京市公安局刑事侦查总队 ⊕ 译

世界图书出版公司

北京·广州·上海·西安

图书在版编目（CIP）数据

色谱技术在策划药分析中的应用 /（波）特雷莎·科瓦尔斯卡（Teresa Kowalska），
（波）米奇斯瓦夫·萨耶维奇（Mieczyslaw Sajewicz），（美）约瑟夫·舍尔马
（Joseph Sherma）主编；北京市公安局刑事侦查总队译. —北京：世界图书出版有
限公司北京分公司，2024.5
ISBN 978-7-5192-9524-0

Ⅰ.①色… Ⅱ.①特… ②米… ③约… ④北… Ⅲ.①色谱法－应用－药物分析 Ⅳ.
①TQ460.7

中国国家版本馆CIP数据核字（2024）第087409号

Chromatographic Techniques in the Forensic Analysis of Designer Drugs by Kowalska Teresa,
Sajewicz Mieczyslaw, Sherma Joseph.
Copyright©2018 by Taylor & Francis Group, LLC.
This edition is arranged with Taylor & Francis Group, LLC.
Authorized translation from the English language edition published by CRC Press, a member of
the Taylor & Francis Group, LLC. Copies of this book sold without a Taylor & Francis sticker
on the cover are unauthorized and illegal.
Simplified Chinese translation copyright©2024 by Beijing World Publishing Corporation, Ltd.
All Rights Reserved.

书　　名	色谱技术在策划药分析中的应用
	SEPU JISHU ZAI CEHUAYAO FENXI ZHONG DE YINGYONG
主　　编	［波］特雷莎·科瓦尔斯卡（Teresa Kowalska）
	［波］米奇斯瓦夫·萨耶维奇（Mieczyslaw Sajewicz）
	［美］约瑟夫·舍尔马（Joseph Sherma）
译　　者	北京市公安局刑事侦查总队
策划编辑	刘　涛
责任编辑	夏　丹　仲朝意
出版发行	世界图书出版有限公司北京分公司
地　　址	北京市东城区朝内大街137号
邮　　编	100010
电　　话	010-64038355（发行）　64033507（总编室）
网　　址	http://www.wpcbj.com.cn
邮　　箱	wpcbjst@vip.163.com
销　　售	新华书店
印　　刷	北京建宏印刷有限公司
开　　本	787mm×1092mm　1/16
印　　张	28.75
字　　数	558千字
版　　次	2024年5月第1版
印　　次	2024年5月第1次印刷
版权登记	01-2023-2884
国际书号	ISBN 978-7-5192-9524-0
定　　价	78.00元

版权所有　翻印必究
（如发现印装质量问题，请与本公司联系调换）

译者序

　　"策划药"（designer drug）是指受管制物质的结构或官能团类似物，旨在模拟原药物药理作用同时避免管制药物和（或）常规药物的检测。策划药在欧盟被称为"新精神活性物质"（new psychoactive substance，NPS），是指未受联合国1961年《麻醉品单一公约》和1971年《精神药物公约》所管制，但可以引起公共健康风险的滥用物质。"策划药"和"新精神活性物质"两个概念虽然内涵相同，但前者范围更广泛。策划药不仅包含新精神活性物质，还包括兴奋剂药物类似物，如策划类固醇等。

　　进入21世纪以来，作为第三代毒品的新精神活性物质，其泛滥情况已成为一种全球现象！尤其自2013年起，新精神活性物质数量呈井喷趋势。截至2022年1月24日，全世界135个国家和地区已报告了1124种物质。上千种新精神活性物质滥用所致的公共安全问题，给执法机构毒品管控政策的制定与实施，以及专业实验室的检测能力带来了严峻挑战。

　　策划药（或新精神活性物质）旨在逃避法规管控和药物检测，具有地域广泛性、种类多样性和更新快速性的特点。新兴物质在全球迅速增长，并在市场上广泛流行；同时，为逃避执法机构打击，2009年至2014年报告的200种新兴物质在之后的年度中没有出现，可能已从市场上彻底消失。

　　新精神活性物质出现在各类涉毒鉴定中，如临床毒物、药物辅助犯罪、毒驾、中毒过量死亡案件（事件）等。这些化学合成的、公众未知的新兴物质每时每刻都在增加，立法策略和法律框架如何及时有效地予以应对并非易事，有时候即便进行整类列管也并不能一劳永逸。目前世界各国的组织机构和检测实验室已对策划药开展了全方位研究，包括：（1）应用人工智能系统"DarkNPS"来预测和识别未来的策划药；（2）新型精神物质的结构确定和鉴别；（3）结构异构体的区分和检验；（4）大型互联网络平台分析数据共享，如联合国毒品和犯罪问题办公室（UNODC）和欧洲毒品与毒瘾监测中心（EMCDDA）关于新精神活性物质的早期预警系统（EWA），美国和德国创建的上百个用户共享的NPS Data Hub；（5）各种药物分析谱库的开发建设，如Wiley发布的包含23879种独特化合物的"策划药质谱数据库2021"（Mass Spectra of Designer Drugs 2021）、新精神活性物质进行HR-MS筛查的众包数据库HighResNPS以及红外谱库等；（6）体内代谢研究及各种生物样品的定性和定量分析，尿液、毛发等摄毒标记物的发现及浓度阈值的确立，尸检血液中药物浓度的结果解释等。

如何为执法部门提供准确、可靠的鉴定结果和相关信息，是法医毒物鉴定实践中面临的重大挑战。大量的研究论文和综述文章在同行评审杂志的分析化学、色谱、质谱和法庭科学等几十种国际期刊以及国内外科学会议的论文（包括讲座和海报）中发表。国际新型药物研究学会（ISSED）每年一度的新精神活性物质国际会议（NPS）已经举办到第八届，各种组织如国际法医毒理学家协会（TIAFT）、法医毒理学家学会年会（SOFT）、美国法医学会（AAFS）的研讨讲座中也涵盖了新精神活性物质的专题，法医学研究与教育中心（CFSRE）和RTI法医学中心亦成功举办过多次新精神活性物质在线教育研讨会。

网络信息浩如烟海，关于策划药检验的同行评审论文数以千计，但这些研究信息多呈碎片化，而综述性文章又嫌信息单一，因而系统全面的专业图书就极为必要。但令人遗憾的是，目前这方面的专著寥寥无几，而《色谱技术在策划药分析中的应用》一书则是第一且唯一的一部。本书详细介绍了不同检材中新型策划药的各种分析方法和策略，并基于每类化合物的药物特征以专章阐述。该书三位主编均为分析领域著述等身的国际著名学者，虽非法庭科学专业人士，但皆有相当高的学术水准。如今我们将之译成中文，为我国的策划类药物立法及其分析检测的相关人士提供参考，拟成为法庭毒品实验室、临床和毒物学实验室中服务执法办案的分析化学家的关键和必要资源。

本书中文版是在法庭毒物公安部重点实验室（北京市公安局）主任基金资助下组织翻译的，译者多为中年骨干，也不乏工作多年的学术带头人和办案专家，虽日常工作极为繁重，但都能尽心尽力，在此感谢各位译者的辛勤付出。本书最终得以出版，要感谢世界图书出版公司刘涛、夏丹、仲朝意在编辑和出版过程的大力支持。

本书各章节翻译人员如下：覃仕扬翻译第1章和第8章，卫娟娜翻译第2章和第18章，李萌萌翻译第3章和第21章，张瑛翻译第4章，王燕燕翻译第5章，徐子振翻译第6章和第10章，杨士云翻译第11章、第12章和第14章，张文芳翻译第13章，袁增平翻译第15章，朱孔文翻译第16章，刘永涛翻译第17章，孙婧翻译第19章和第20章，乔静翻译第22章。全文最后由张文芳、张瑛、卫娟娜、薛晨羽校稿，薛晨羽统稿。

本书撰稿人较多，文笔各异；译者同样较多，风格不齐。中文版尽管做了巨大努力，但由于时间仓促，水平有限，仍难免有错漏之处，敬请读者批评指正。

2024年4月定稿于北京

前　言

根据维基百科，"策划药（designer drug）" [欧盟称之为"新型精神活性物质（new psychoactive substance，NPS）] 是指受管制物质的结构或官能团类似物，旨在模拟原药物的药理作用，同时避免非法管制或常规药物的检测。本书是第一本，也是唯一一本致力于全面涵盖主要分析方法的书，这些方法可用于法庭样本（体外样品和生物检材）中相关策划药定性鉴别和定量分析。本书根据分析方法和药物化学类别进行了系统的介绍：配备各种检测器，尤其是基于质谱法（MS）检测器的高效液相色谱法（HPLC）和气相色谱法（GC）分析；一维和二维核磁共振（NMR）的离线应用；其他光谱测定方法以及薄层色谱法（TLC）。此外，还包括策划类药物的一些基本化学信息以及与其监管相关的立法问题。

本书分为两部分，共22章。第一部分由12章组成，内容包括关于策划类药物监管的立法及其相关问题，以及在美国和欧盟国家开发策划药的方式、某些类别"策划药"的生物前体（因为并非所有的策划药在植物界中都有前体）；法医分析的最佳仪器技术基础 [液相色谱质谱联用（LC-MS）、气相色谱质谱联用（GC-MS）、原位电离质谱和拉曼光谱]；用于毒理学和法医学分析的生物样品（如血液、尿液和组织）前处理方法；通过LC-MS分析电化学生成的药物代谢产物；以及通过GC-MS、LC-MS、毛细管电泳、拉曼光谱和傅里叶变换红外光谱鉴别策划药异构体。

在第二部分中，第13章至第21章概述了不同类别策划药的分析方法，如作为法医证据收集的产品样本和材料的合成大麻素、卡西酮类、苯乙胺类衍生物、哌嗪类、芬太尼及其类似物、色胺类、新型阿片类药物和苯二氮䓬类药物。最后第22章是对薄层色谱技术（TLC）的回顾，包括样品制备、样品和标准溶液应用、流动相的平板展开、区域检测和光谱扫描法的概述，以及在许多合成和天然策划药的分离、鉴别和定量方面的重要应用。

本书旨在成为分析化学家、毒理学家和法庭科学家，以及各相关大学和学院的本科生和研究生，参与毒品法规监管的律师和政府雇员进行色谱分析的重要参考和借鉴。编辑们感谢为章节撰稿的专家学者，泰勒–弗朗西斯出版集团、工业和物理化学高级编辑芭芭拉·克诺特以及化学和生命科学编辑助理丹妮尔·扎法蒂，感谢他们在提案、编辑和出版过程中各个方面给予的不懈支持。编辑们还感谢卢卡什·科姆斯塔设计了这本书的封面。

目 录
CONTENTS

第一部分

10　核磁共振在违禁药物分析中的应用

11　毒物分析中生物检材的制备

12 色谱和光谱法鉴别策划药异构体

第二部分

13 合成大麻素的质谱分析

14　卡西酮衍生物及其分析

15　苯乙胺类2C衍生物及其分析

16　苯乙胺类NBOMe衍生物及其分析方法

第一部分

1 引言

特雷莎·科瓦尔斯卡（Teresa Kowalska）、米奇斯瓦夫·萨耶维奇（Mieczyslaw Sajewicz）和约瑟夫·舍尔马（Joseph Sherma）

1.1 策划药物：历史背景和现状

毫不夸张地说，自远古以来，大自然，尤其是植物界，一直是地球上所有生物的主要药物来源，甚至很可能早在人类出现之前就已如此。支持这一假设的最早文献，起源于美索不达米亚、埃及、印度和中国等古代文明，被认为有4 000到5 000年的历史。根据两个具有里程碑意义的书面遗物埃伯斯纸草文稿*（Ebers Papyrus，公元前1550年）[1]和《希波克拉底文集》**（*Hippocratic Corpus*，经常被归功于欧洲医药之父希波克拉底，Hippocrates of Kos，前460—前370[2, 3]）记载，一份来自美索不达米亚王国（苏美尔、巴比伦和亚述）的古代药物遗产被传播到了古埃及，接下来传播到了欧洲。这两份文件实际上都是草药药典，列出了数百种药用植物，并对其适用范围和使用方式提出了严格的建议。印度和中国的古代医学传统，特别是阿育吠陀医学（Ayurvedic medicine）[4]和传统中医[5]（Traditional Chinese Medicine，TCM），如今在印度和中国这两种文化中仍然非常活跃，它们的积极目标是打破区域的界限，丰富全球药用植物的宝库并使其在全球范围内被使用，同时寻找设计合成药物的新模板。伟大的波斯博物学家伊本·西拿（Ibn Sina，980—1037）在著作中描述了一种源自伊斯兰黄金时代的通过使用药用植物来治病的著名方法，由于本笃会（Benedictine Order）对他的著作的翻译和推广，这个方法进入了中世纪的欧洲[6]。除上述之外，还有其他悠久的、得到广泛认可的伟大医学传统，实际上，几乎所有大洲的每个地方社区都利

---

* 约公元前1550年的埃及医学文集，已知的最古老的医学著作之一，收录巫医处方及民间偏方700个，于1873年为德国埃及学家埃伯斯所得。——译者注

** 该书现存60余篇论述，并非一人一时之作，每篇的长短、风格、观点各异。——译者注

用当地植物群发展了自身的治疗系统。至少在过去40年里，由于分析化学取得了长足的进步，这些本地药物体系已经开始系统地被研究，并且据报道，研究几乎覆盖了世界上所有对此感兴趣的地区，从墨西哥到其他中美洲和南美洲国家[7]，经由非洲大陆[8]，马达加斯加[9]和澳大利亚[10]，到太平洋岛屿[11, 12]和更远的其他地方。

然而，历来，没有足够的分析工具来确定药用植物的成分组成，也不能确定能够治愈生物体或缓解最令人不安的疾病症状（如疼痛或发热）的单独活性成分。现代药理学的一个重大突破始于18世纪末，当时人们从毛地黄（洋地黄）中获得了一种提取物（而不是全植物浸液），并应用于心脏病的治疗[13]。随后，在毛地黄提取物中鉴定并分离出两种药理活性苷——地高辛和洋地黄毒苷，从而为心脏病学的发展做出了重大贡献。从植物原料中提取活性成分的下一个重大飞跃发生于1804年左右，即分离出吗啡，这是罂粟秆中含有的多种生物碱中最活跃的生物碱[14]。许多人认为吗啡是第一种从植物基质中分离出来的药物纯品，事实证明它在治疗急性和慢性疼痛方面非常有效，因此使得外科手术迅速发展。后来，对吗啡的化学修饰产生了许多阿片类的半合成镇痛药物（例如氢吗啡酮、羟考酮和海洛因）。分离后不久，吗啡及其衍生物就被发现具有很高的成瘾性和滥用可能性，因此变成了几乎所有药物都有内在不确定性的象征。

似乎很有可能自史前时代起，自然来源的精神活性物质就已经被人类使用。旧石器时代的岩石艺术和萨满教的图像表明，人类使用改变精神的物质的历史已有数千年。一些人类学家甚至认为，这些物质可能在人类的智力发育和进化的过程中发挥了作用[15]。另一方面，有确凿的证据表明，世界各地许多不同文化的精神实践和古代仪式中都包含相同的天然精神活性物质。其中一些做法一直延续到我们这个时代（例如在南美洲和中美洲印第安人部落中），因此人们能够对这种现象进行多样的人类学和医学调查[16, 17]。在上述地区，两种因其致幻特性而非常流行的植物是裸盖菇素蘑菇（也称为迷幻蘑菇或"魔法"蘑菇，*Psilocybe semilanceata*）[18]和占卜者之贤者（鼠尾草）[19]。在每一种文化中，出于仪式和宗教目的使用精神活性物质都受到习俗和传统所设定的复杂规则约束，因此，在这些情况下，精神活性物质的摄入至少受到某种程度的控制。然而，正如新石器时代以来的几个世纪所记录的那样，在世界的许多不同地方，也发生了对精神活性物质的使用不受控制的情况[20]。精神活性物质有多种用途，例如，作为抗抑郁剂或止痛药，在饥荒时期对抗饥饿，改变一个人的意识等。20世纪之前，最令人印象深刻的，由于非宗教原因而大量使用的一种改变精神的物质可能是鸦片，这种物质在中东大量生产，在所谓的"北部地带"——从阿富汗和巴基斯坦，经过北印度，到缅甸，更是如此。在整个19世纪，鸦片的摄入在居民中变得如此普遍，以至于它把中华帝国带到了人口毁灭的边缘。为了说明19世纪中国鸦片的消费水平，只需比较1858年中国鸦片的年进口量（4550吨）就足够了，其数量与2000年前后十年间的全球鸦片年产量非常相近[21]。

19世纪末和整个20世纪的显著特点是科学的蓬勃发展，与此同时，地方和全球范围内发生了一系列军事冲突。不断发展的医药科学对麻醉剂和镇痛剂的需求越来越大，这不仅是因为外科手术，还因为癌症、精神病和其他疾病的疼痛治疗。与此同时，精神病学家和心理学家专注于人类神经系统对改变心智化合物的反应，这最终导致作为一个独立的医学新分支的麻醉学科的建立，其致力于减轻手术和其他一些医疗过程中的疼痛和诱导麻醉。对于神经科医生和外科医生来说，他们很快发现，现有的各种精神活性化合物是不够的，需要新一代的有效药物对人类神经系统进行更复杂的微调。这一需求成为合成化学家面临的挑战，他们很快做出了成功的回应[22]。大概就在这个时候，药物设计概念被首次提出，并随着分子生物学和生物信息学的发展而到达了一个新的层面[23, 24]。作为现代军事冲突的副产品，战争医学开始蓬勃发展，由于显而易见的原因，它主要依赖于麻醉剂和镇痛剂。根据现有记录，美国内战消耗了大量鸦片，是第一次将鸦片作为首选镇痛手段的"现代"大规模军事冲突[25]，据称，在那次战争中，联邦军队使用了280万盎司*的鸦片酊和粉末以及大约50万颗鸦片丸[26]。在第二次世界大战中，鸦片被许多国家视为一种关键的战略资源，常见的鸦片运输路线受到封锁的威胁，导致更多的这种特殊商品从印度（盟军阵营）或土耳其（纳粹阵营）匆忙运送[27]。

19世纪初，在西方世界，麻醉剂和镇痛药被引入更广泛的医疗实践，通过小剂量及术后给药的方式开展牙科手术[28]。最初，这些化合物仅通过吸入给药（如乙醚及后来的氯仿）。此外，鸦片酊（即含有大约10%粉状鸦片的酒精酊剂，相当于1%吗啡）在药店可以买到，不需要任何处方，它被主张用于各种医疗状况[29]。例如，它被推荐给当时诊断为神经衰弱的有身心症状和痛经的妇女，但也有报道说它被用勺子喂给婴儿。另一方面，在19世纪末和20世纪初，在日益频繁的武装冲突的前线，较大数量的男性群体在军队医院中接受鸦片治疗。因此，社会正变得习惯于慢慢蔓延的改变心智的制剂成瘾，在某些情况下，也习惯于滥用这种制剂。另一个群体是艺术家和知识分子，他们被相对容易获得的精神活性物质所吸引，并且总是渴望对它们进行尝试，

---

* 盎司，质量的英制单位。1盎司=28.3495克。——译者注

以寻求一种新的内心刺激手段。一个例子是，在第一次世界大战之前和之后不久，艺术界，尤其是法国艺术界，对苦艾酒的痴迷是有据可查的，并对印象派、后印象派、超现实主义、现代主义和立体派的创作产生了影响，这体现在他们的绘画、诗歌和散文中。1988年后，欧盟（EU）国家免除了苦艾酒早先的"恶名"和禁令，它之前被认为是夸张的精神活性酒[30]，之后很快在整个欧盟重新上架。事实是，它含有一种来自大苦艾（*Artemisia absinthium*）的提取物，并可能首先由α-侧柏酮引起精神改变效应（只要这种单萜化合物在饮料中的质量浓度超过35 mg/L的神经毒性水平[31]），此外，如马克尔（Markel）所记载的，许多著名的科学家——例如，西格蒙德·弗洛伊德（Sigmund Freud）和威廉·斯图尔特·霍尔斯特德（William Stewart Halsted）——在他们生活的某些时期尝试过精神活性物质[32]。相对容易获得的精神活性物质的范围稳步扩大，再加上不充分的药品处方制度，导致世界上许多国家首次出现了限制性的法律法规。这些立法举措当然有助于改善药品法，但装满精神活性物质的潘多拉盒子已经打开了。

一方面是第二次世界大战的道德冲击，然后是战后西方社会缓慢改善的经济条件，另一方面是压迫性的技术化和物质化的现代世界，这些都引发了20世纪60年代初美国青年的焦虑，然后蔓延到世界各地，成为世界知识界和艺术界骚动的一部分，后来被称为"嬉皮士运动"。大约在那个时候，大规模的公众对娱乐性毒品的渴望首次出现，这主要是受到嬉皮士社区有据可查的改变心智物质的实验的启发。作为娱乐性药物，人们理解不管合法的还是非法的精神活性物质都是通过改变中枢神经系统来改变人的精神状态，以创造积极的情绪和情感。在将精神活性物质分为合法和非法的同时，人们还创造了另一种分类系统，将它们分为硬性毒品和软性毒品，然而这种分类不太明确。尽管第二种分类倾向于明确毒品的危害性，硬性毒品和软性毒品分别意味着有害和不太有害（或甚至无害）的毒品，但这是有争议的，并受到许多人的质疑——人们很难想象无害的毒品。此外，如何定义毒品的危害性？如果一种毒品有强烈的成瘾性而不造成任何大的身体伤害，或者另一种毒品没有强烈的成瘾性而损害内脏器官，那么这两种药物是有害的吗？这种明显的模糊和混乱的分类反映在对毒品问题采取的法律处理上，因此，不同的国家采取了不同的立法制度。与娱乐性毒品相关的立法问题将在本书的后续章节中讨论，现在我们将重点讨论所谓的策划药物，这是本书的主题。

如前所述，在20世纪下半叶，世界范围内较发达社会的人们利用易于获得的娱乐性毒品，来暂时缓解日常生活中面临的挑战和压力。不断加强的洲际旅游强化了这一趋势。有记录显示,有发展中国家整个社会都在娱乐性地使用已知含有精神活性成分的当地草药(例如印度次大陆和南亚大部分地区的大麻植物、拉丁美洲含可卡因的古柯叶、阿拉伯半岛和非洲之角含有类似安非他明的卡西酮的恰特草等)。对娱乐性毒品的一个重要要求是,其使用不应与特定国家对精神活性物质的法律规定相冲突。简而言之,这就是策划药物概念产生的缘由。根据普遍接受的观点,策划药是被管制(非法或合法)药物的结构或功能类似物,其被设计来模拟已知和被管制药物的药理作用,但是又躲过标准毒品检测,避免被检测到或被确认为管制药物[33-35]。在许多案例中,策划药涉及对长期已知的精神活性化合物进行创新的结构修饰,其中一些修饰是在源自植物材料的模板上进行的。在其他案例中,新型设计药物的化学结构绝不是模拟大自然,而是倾向于模仿已知药物的活性。欧盟已将所有这些化合物命名为新精神活性物质,基本上,它们是在地下实验室中作为全新化学结构制备的。然而,合成策划药的人通常熟悉一些早期的科学调查,这些调查是在官方研究实验室进行的,旨在发现已知精神活性物质的更强效衍生物,这些衍生物的副作用更少,最终不会出现在官方的管制目录清单上。因此,在某些情况下,这些开展过的合成活动会在地下实验室重复,以生产并非全新化学结构且未列入任何管制清单的策划药。由于这些物质的功效和安全性尚未在任何动物或人类试验中得到充分评估,使用策划药可能会产生意想不到的危害健康的副作用,在极端情况下还会导致伤亡[36]。

上述原因使得策划药给刑事调查人员、毒理学家和分析化学家带来了挑战。在发现可疑的不明来源化学品或明显由策划药引起的中毒或死亡情况后,刑事调查员会立即启动调查程序。因此,毒理实验室开始处理从犯罪现场采集的样本,这些样本要么是未知的化学证据,要么是生物证据(大多是体液或组织样本)。鉴定未知物质化学结构的任务属于分析化学家的权限范围,对于生物证据,需要相当复杂的样品前处理步骤。一些毒理学手册和专著中提供了适用于所讨论的法医证据分析程序的一般策略[37-39]。从事策划药鉴别工作的法医分析员面临的另一个挑战是,所涉物质可能是源自地下实验室的全新化合物,以前从未在化学或毒理学文献中被报道过。因此,它没有出现在任何官方的设计药物清单上,在这种情况下,毒理学实验室要完成前期工作,包括记录该物质的鉴别、报告其存在以及向适当的合法组织证实其基本物理化学特性。必须注意的是,策划药目前在发生动态的变化,随着旧药物因其危害健康的特性被确认并被列入非法药物清单,设计药物市场上会不断出现全新和未被检验到的化合物[40, 41]。

由于出色的性能,高效液相色谱法(HPLC)和气相色谱法(GC)与高效的仪器检测系统，特别是质谱法（MS）的配合使用，是目前毒理学分析中主要的分析技术，也是策划药定性和含量分析的首选。采用高效薄层色谱法（HPTLC）或使用最新开发接口的质谱检测也可以达到相同的目的。本书的主要目标是在给定化学类别的分子结构的背景下，讨论可以用于策划药检测、鉴定和含量分析的特定的色谱和辅助光谱测定技术。我们认为，这种系统性介绍的优势不会因每个单独类别中的策划药物库稳步扩大而削弱。此外，该书提供了与策划药物相关的立法问题的基本信息，并对其中一些毒品的生物前体进行了阐述。

以前没有哪本书像本书这样对策划药的色谱分析进行完整讨论。本书更新和扩展了该领域早期发表的几篇综述文章中给出的有限信息[42—46]。

1.2 本书内容

本书由22章组成，分为第一和第二部分。第一部分包含第1章至第12章，概述了美利坚合众国联邦和州一级策划药立法的情况，以及其他一些被认为是解决策划药问题风向标国家（基本上是欧盟国家）的法律问题。此外，在第一部分中，作者从植物学角度对某些策划药的天然前体进行了深入分析，讨论了在法医分析领域表现最佳的仪器技术的基本原理，并在毒物学分析方面总结了对生物检材进行前处理的原则。第二部分包含第13章至第22章，这些章节（第22章除外）都重点关注了样本制备技术和不同类别的策划药（作为交易样本和收集为法庭证据）成功地应用于分析的联用色谱方法（例如大麻类、卡西酮类、苯乙胺衍生物、阿片类、哌嗪类等）。第22章回顾了薄层色谱法（TLC）在策划药分析中的应用。

在第一部分的引言之后，本书在第2章"使用类别定义和药效团原理对策划药立法"中，介绍了建立有效立法措施的概念问题，这些措施可以有效地阻止未列管的策划药的肆意传播，甚至禁止那些尚未合成策划药的传播。作者重点讨论了目前在美国适用的方法，作为采取预防和（或）惩罚措施的充分条件，以保护社会免受策划药的危害。这些方法基于对未知样品化学结构中药效团的分析识别，该基团与公认的一类管制药物的结构基团相同。

在第3章"策划药的替代立法"中，作者介绍了美国和欧洲大部分国家立法系统在策划药问题上的区别，美国适用普通法，欧洲的大部分国家除英国外则适用大陆法系，也称罗马日耳曼法系。大陆法系以成文的法典和法规为基础，与普通法相反，法官的决定不影响一个国家的法律。欧洲的做法（由欧盟所有成员国承担）是将某种精神活性物质归类为策划药（或其他），严格取决于所涉及的活性成分的化学结构，这种方法被称为通用方法。作者用实际例子来论述了他的观点（例如，强调非法精神活性物质的清单可能因欧洲各国而异）。

在第4章"策划药的生物学背景"中，作者讨论了与策划药有关的各种生物学知识，从人类生理学（解释神经递质的作用、毒品的生理作用和成瘾的生理意义）到由植物原药合成的策划药。此外，还讨论了不同类的策划药对人类神经系统的生理影响。

第5章"液相色谱-质谱法在策划药分析中的应用"全面回顾了不同类型LC-MS技术对策划药的定性定量分析，这些策划药是从吸毒者身上缴获的样品和生物物质。作者以毒理学和司法领域分析策划药时的通用方法为背景，全面介绍了各个LC技术及其优势。由于LC优于串联GC技术，作者认为LC应作为首选分析技术。在第5章最后，作者还列出了在打击策划药的制造和贩运方面仍然存在的问题，并提出了她的看法。

第6章"原位电离质谱技术在法庭科学中的应用"，介绍了几种新兴质谱技术的发展潜力，用于快速筛查疑似具有精神活性并因此具有危险性的化学物质以及各种法律物证。到目前为止，这一领域最流行的是DART（实时直接分析）MS，但作者也指出了一些其他的原位电离技术，这些技术目前在法医分析中越来越受到关注（例如FAPA-MS和DBDI-MS），此外还介绍了一些应用实例。这些质谱技术的主要优势在于快速检测的能力，因此，它们可以在几秒钟内提供结果。换句话说，它们可以在未来成为一个潜在的LC-MS和GC-MS方法的替代技术，因为它们能够快速提供鉴定结果，以挽救严重中毒者的生命。目前，DART、FAPA和DBDI-MS的定量能力仍有不足，在克服这一障碍之前，它们可以作为LC-MS和GC-MS的前期筛查来应用。

第7章"LC-QTOFMS在鉴定新精神活性物质结构中的应用"，阐述了由四极杆滤质器和TOF分析器组成的混合质谱仪QTOF-MS的卓越性能。作者讨论了其与传统的液相色谱-电喷雾质谱系统相比的优势，后者目前在全球大多数毒理学实验室作为标准配置设备，但在关键情况下可能无法正确识别结构相似的化合物。设计新型策划药的一个常见技巧是通过引入氯或溴原子来修饰原始结构；作者解释了LC-QTOFMS如何帮助分析人员获得这两种卤素的特征同位素分布，但使用传统的LC-EIMS通常无法获得。作者在第7章中通过从文献中选取大量的实际案例，很好地说明了LC-QTOFMS的优越性。

第8章"代谢物的快速电化学研究方法"，提出了一个创新概念，即在电化学方法诱导的氧化过程中快速获得不同化合物的代谢物，以替代烦琐且耗时的体外动物肝微粒体的实验。后一种方法是一个生化过程，在化学中是指用肝微粒体中所含的 P450对前体的氧化。电化学氧化有效地模拟了生化过程，其主要优点是避免了动物组织的使用并且速度更快。进一步用LC-MS 分析可以对电化学产生的代谢物进行快速定性。这样的技术加速了病危或无意识中毒者的治疗进程，并且有助于死后毒物的鉴定。作者通过XLR-11在大鼠肝微粒体孵育和使用电化学方法产生的代谢物结果进行比较，全面讨论了这一创新概念。

第9章"气相色谱-质谱法在策划药物分析中的应用"，介绍了这种联用分析技术在分析策划药时的优缺点。GC-MS技术的主要缺点是策划药可能发生热降解，从而导致分析响应失真。这种缺陷被许多实际例子解释并说明了。此外，作者提供了在策划药的 GC-MS 分析中规避某些问题的两种策略。这些方法包括分析材料的衍生化，它提高了低挥发性策划药的挥发性和其质谱的特异性，以及保留时间锁定（RTL）作为识别异构体的有力分析工具。

第10章"核磁共振在违禁药物分析中的应用"，介绍了^{1}H和^{13}C核磁共振（NMR）光谱在识别市售样品和病理形态检查中的非法精神活性化合物方面的优越性能。这种技术适用于区分不同的同分异构体结构。尽管与 LC 集成的 NMR 光谱检测器作为联用分析系统的 LC-NMR在技术上是可行的，并且可以在市场上买到（尽管相当昂贵并且存在一定的技术限制），但迄今为止关于其用于解决策划药相关问题的报告尚未见发表。然而，在本章中它为解决取证困难的分析提供的有效帮助被很好地记录了下来。此外，作者还提供了一些他们自己的实际例子。

第11章"毒物分析中生物检材的制备"概述了毒理学和法医学分析领域的样品制备方法，主要与人体中策划药的鉴定和定量有关。作为具有重要分析意义的生物材料，作者列举了收集的样品，即体液（血液、尿液和眼球中的玻璃体），以及不同腐败程度的尸体内部器官组织（肝、肾、胃、大脑，以及其他内脏等）。本章首先介绍快速筛查方法（即对中毒案例进行快速初步检验），然后作者讨论了应用于体液的液液萃取（LLE）和固相萃取（SPE）的优势，然后介绍了内脏和毛发（法医物证的重要来源）的样品制备方法。本章以创新使用改良和传统 QuEChERS［Quick（快速）、Easy（简单）、Cheap（廉价）、Effective（有效）、Rugged（坚固）、Safe（安全）］技术结束，这些技术可以制备用于联用色谱分析的生物材料。

第12章的标题为"色谱和光谱法鉴别策划药异构体"，作者首先详细地介绍了化学中异构现象和同分异构体的概念，以及手性药物（尤其是策划药）对映异构体可能产生的有害生理作用。然后作者讨论了通过气相色谱–质谱联用（GC-MS）和液相色谱–质谱联用（LC-MS）技术来区分策划药同分异构体的可能性，这不仅取决于色谱技术，还取决于策划药的类别和化学结构。根据策划药的类别和化学结构，作者建议使用不同的质谱技术来确定不同策划药的手性。尽管质谱技术被认为是区分策划药手性的首选方法，但作者在该章节中也阐述了一些辅助光谱技术在在线和离线模式中的优势，例如核磁共振（NMR）、傅里叶变换红外光谱（FTIR）和毛细管电泳（CE）。该书的第一部分以第12章为结尾，该节对不同法律体系中有关策划药的立法进行了总体概述，并简要论述了法医学和毒理学分析中策划药最常用的分析技术。

第二部分从第13章开始，标题为"合成大麻素的质谱分析"。事实上，大约10年前开始流行的合成大麻素将这类策划药变成了最常被滥用的新精神活性物质（NPS）之一。作者讨论了合成大麻素在全球策划药市场突然大量出现的背景，然后对最常用于缴获样品和生物基质中合成大麻素的鉴定分析方法进行了概述。对于气相色谱–质谱联用（GC-MS）和液相色谱–质谱联用（LC-MS）技术这一检验合成大麻素的"金标准"，作者不仅重点说明了它们的分析潜力，还指出了每种方法使用时可能存在的缺陷。最后，作者对于合成大麻素未来的检测、鉴定和量化提出了展望。

第14章的标题为"卡西酮衍生物及其分析"。这一章全面介绍了这类具有明确植物来源的特殊策划药。在过去近20年里，这类药物已成为世界上最受欢迎的非法精神活性物质。卡西酮类策划药的前体——卡西酮，在结构上与安非他明相似，在许多方面卡西酮衍生物的生理作用与它们的天然类似物相似。卡西酮类药物的一个重要特性是可通过多种方式对其结构进行修饰，进而产生大量具有精神活性的衍生物来逃脱法律管控，这也使得人们需要耗费大量的资源进行分析。作者在本章中介绍了用于检验分析卡西酮的仪器，并举例说明了它们的应用。

第15章和第16章的标题分别为"苯乙胺类2C衍生物及其分析"和"苯乙胺类NBOMe衍生物及其分析方法"。苯乙胺类衍生物是一类具有强烈致幻效果的策划药，作者在这两章中对苯乙胺类衍生物的色谱分析方法进行了全面的概述。普遍认为，苯乙胺类衍生物的生理作用是通过5-羟色胺与5-HT$_{2A}$受体激动剂结合实现的，尽管这一过程与麦角酸二乙基酰胺（LSD）类似，但是苯乙胺的危害性更大。据报道，吸食苯乙胺类策划药导致死亡的人数众多，而吸食LSD导致死亡的案例几乎没有。这两章均对检验分析苯乙胺类衍生物进行了详细论述。

第17章的标题为"哌嗪类药物的法医学分析"。迄今为止，这类模仿苯丙胺生理作用的策划药既没有大量出现，也没有在全球范围内危害公共健康。由于上述这些原因，目前哌嗪类策划药并没有被纳入国际监管范围，但是在世界某些地区（例如欧盟、澳大利亚、加拿大、日本、新西兰和美国）哌嗪类策划药仍被专门的药物和药瘾中心监管。然而，苄基哌嗪和苯基哌嗪有可能成为未来哌嗪类药物结构修饰的目标结构，因此本章节重点讨论了一些能够用于追踪和量化各种毒理学和法医学基质中的哌嗪类药物的方法（主要是色谱法）。

第18章的标题为"芬太尼及其类似物的色谱分析"，该章全面概述了这种合成哌啶类似物的起源，芬太尼最初设计为相对亲脂的化合物，能够有效地通过血脑屏障，并作为一种快速有效的镇痛药物被引入医学实践。这一特点主要是为了降低合法和受控医学治疗中需要的镇痛量。芬太尼所具有的高效镇痛性以及相对易于合成等特点使得该类化合物被大量地非法制造，这也是全球范围内发生大量芬太尼致命性中毒事件的原因。作者对缴获和尸检样本中芬太尼的检验和定量分析方法进行了综述，并对一些成功分析的案例进行了详细论述，他们考虑了GC与MS和其他检测系统以及LC与不同MS类型的结合。最后，作者提到了薄层色谱（TLC）成功分离18种芬太尼类似物的案例。

第19章的标题为"色胺类药物的现代鉴定技术"，该章从它们的天然前体开始，对色胺类策划药进行了全面介绍，这些前体存在于南美洲、墨西哥和美国的某些蘑菇中，并在前哥伦布时代的印第安文化中被认为具有致幻的特性。然后作者提醒读者色胺类策划药会引起更广泛关注的特殊情况，即舒尔金（Shulgin）和其妻舒尔金在1997年出版的《TIHKAL：延续》一书，TIHKAL是"Tryptamines I Have Known and Loved."（我所知道和喜爱的色胺类药物）的首字母缩写。截至2016年年底，在策划药市场上发现色胺类药物的数量相对较少，只有33种色胺类药物被欧洲毒品与毒瘾监测中心（The European Monitoring Centre for Drugs and Drug Addiction，EMCDDA）报道，但由色胺类药物导致死亡的案例却非常多，这表明有必要对该类药物进行有效监管。检验和定量色胺类药物首选GC和LC方法，作者对这两种方法进行了全面的介绍，并指出了其中的细微差别（如区分异构体）以及这两种主要色谱技术的互补作用。最后作者还概述了有助于解决色胺类药物检验的定量问题的辅助分析技术。

第20章的标题为"新型阿片类药物的毒理学分析"，该章包含的内容比标题所展示的要更为丰富。首先作者介绍了阿片类药物对人体的生理影响，这与第4章（"策划药的生物学背景"）对成瘾生理机制的概述相符。然后，作者讨论了不同色谱联用系统用于检验和定量各种法律证据中所含阿片类药物的适用性。在本章中，真正的亮点是作者将文献中分析新阿片类药物方法的详细色谱信息列表化、系统化和丰富化。

第21章的标题为"苯二氮䓬类策划药的毒理学分析",本章由前一章的专家团队撰写,该章讨论了检测和鉴定策划类苯二氮䓬类药物中存在的主要问题,因为它们在结构上与许多非列管的苯二氮䓬类药物非常相似,使得其产生的生理效应与非列管的苯二氮䓬类药物相似。作者认为,苯二氮䓬类药物的挥发性较低,对于这类特殊的化合物,LC–MS是首选分析方法。由于MS在结构类似物的鉴定中具有更强的定性能力,因此对于结构类似物的鉴定需要引入MS检测器。

第22章的标题为"薄层色谱法在策划药分析中的应用",是本书的最后一章,其目的是通过描述薄层色谱技术来补充本书中对于分析色谱技术的概述,包括样本制备、样本和标准溶液应用、流动相色谱板开发、区域检测和密度测定,以及许多重要的分离、鉴定和定量应用。本章涵盖的主题有:人体样品的分析、天然存在或添加到草药样品中的策划药测定、手性测定、查获药片中MDMA(3,4–亚甲二氧基甲基苯丙胺,即摇头丸)的定量、薄层色谱(TLC)与傅里叶变换红外光谱(FTIR)和MS相结合,并通过制层色谱法(PLC)进行分离。

总之,本书全面地涵盖了策划药有关的各种问题,其中包含了人类对精神活性物质的历史研究、现代使用娱乐性毒品的趋势,以及为了保护社会免受严重的健康损害,现代法律努力去禁止精神活性物质的肆意传播。然而本书的主要重点是对联用分析技术的调查,尤其是LC和GC在识别已知策划药和未知化学结构表征方面发挥的主要作用。作为编辑,我们希望这本书能吸引广泛的读者,包括在毒理学实验室工作的分析化学家以及从事策划药相关案件的律师。

参考文献

1. *The Papyrus Ebers: The Greatest Egyptian Medical Document*; translated by Ebbell, B., 1937. Levin & Munksgaard, Copenhagen.
2. Adams, F., 1891. *The Genuine Works of Hippocrates*, William Wood & Co., New York.
3. Garrison, F.H., 1966. *History of Medicine*, W.B. Saunders & Co., Philadelphia.
4. Meulenbeld, G.J., 1999. *A History of Indian Medical Literature*, Egbert Forsten, Groningen.
5. Unschuld, P.U., 1985. *Medicine in China: A History of Ideas*, University of California Press, Berkeley, California.
6. McGinnis, J., 2010. *Avicenna*, Oxford University Press, Oxford.
7. Cetto, A.A. and Heinrich, M., 2016. Introduction to the special issue: The centre of the Americas—An ethnopharmacology perspective, *J. Ethnopharm.*, 187: 239–240.

8. Mahomoodally, M.F., 2013. Traditional medicines in Africa: An appraisal of ten potent African medicinal plants, *J. Evid. Based Complementary Altern. Med.*, http://dx.doi.org/10.1155/2013/617459.

9. Beaujard, P., 1988. Plantes et medecine traditionnelle dans le Sud-Est de Madagascar, *J. Ethnopharm.*, 23: 165–266.

10. Byard, R., 1988. Traditional medicine of aboriginal Australia, *Can. Med. Assoc. J.*, 139: 792–794.

11. Dasilva, E.J., Murukesan, V.K., Nandwani, D., Taylor, M., and Josekutty, P.C., 2004. The Pacific Islands: A biotechnology resource bank of medicinal plants and traditional intellectual property, *World J. Microbiol. Biotechnol.*, 20: 903–924.

12. Morrison, J., Geraghty, P., and Crowl, L, 1994. *Science of Pacific Island Peoples: Fauna, Flora, Food and Medicine*, Vol. 3, Institute of Pacific Studies, The University of the South Pacific, Suva, Fiji.

13. Goldthorp, W.O., 2009. Medical classics: An account of the foxglove and some of its medicinal uses by William Withering, published 1785, *Brit. Med. J.*, 338: b2189.

14. Courtwright, D.T., 2009, *Forces of Habit Drugs and the Making of the Modern World*, 1st Edition, Harvard University Press, Cambridge, Massachusetts, pp. 36–37.

15. Murray, J.D., 2003. Shamanism and rock art, Chapter 12.5, in: *Mathematical Biology. II. Spatial Models and Biomedical Applications*, 3rd Edition, Springer, New York, pp. 657–659.

16. Dobkin de Rios, M., and Grob, C.S., 2015. Ritual uses of psychoactive drugs, in: *Encyclopedia of Psychopharmacology*, Eds Stolerman, I.P. and Price, L.H., Springer, Berlin, pp. 1474–1479.

17. Dobkin de Rios, M., 2009. *Psychedelic Journey of Marlene Dobkin de Rios: 45 Years with Shamans, Ayahuasqueros, and Ethnobotanists*, Park Street Press, Rochester, Vermont.

18. Metzner, R., Ed., 2005. *Sacred Mushroom of Visions: Teonanácatl: A Sourcebook on the Psilocybin Mushroom*, 2nd Edition, Park Street Press, Rochester, Vermont.

19. Prisinzano, T.E., 2005. Psychopharmacology of the hallucinogenic sage Salvia divinorum, *Life Sci.*, 78: 527–531.

20. Merlin, M.D., 2003. Archeological evidence for the tradition of psychoactive plant use in the Old World, *Econ. Bot.*, 57: 295–323.

21. Global opium production, *The Economist*, June 24, 2010 (Source: United Nations Office on Drugs and Crime).

22. Jones, A.W., 2011. Early drug discovery and the rise of pharmaceutical chemistry, *Drug Test Anal.*, 3: 337–344.

23. Zupan, J. and Gasteiger, J., 1999. *Neural Networks in Chemistry and Drug Design: An Introduction*, 2nd Edition, Wiley–VCH, Weinheim.

24. Madsen, U., Krogsgaard-Larsen, P., Liljefors, T., 2002. *Textbook of Drug Design and Discovery*, Taylor & Francis, Washington, DC.

25. Chisholm, J.J., 1861. *A Manual of Military Surgery*, West & Johnston, Richmond.

26. Schiff, P.L., Jr., 2002. Opium and its alkaloids, *Am. J. Pharm. Edu.*, 66: 186–194.

27. Stolberg, V.B., 2016. *Painkillers: History, Science and Issues*, Greenwood, California; p. 105.

28. Desai, S.P., Desai, M.S., and Pandav, C.S., 2007. The discovery of modern anaesthesia—Contributions of Davy, Clarke, Long, Wells and Morton, *Indian J. Anaesth.*, 51: 472–478.

29. Davenport-Hines, R., 2004. *The Pursuit of Oblivion: A Global History of Narcotics*, W.W. Norton & Co., New York (Chapter One, *Early History*).

30. Council Directive (EEC) No 88/388 on the approximation of the laws of the Member States relating to flavourings for use in foodstuffs and to source materials for their production. 1988, *Off. J. Europ. Comm.*, L184, pp. 61–66.

31. Padosch, S.A., Lachenmeier, D.W., and Kröner, A.U., 2006. Absinthism: A fictitious 19th century syndrome with present impact. *Subst. Abuse Treat. Prev. Policy*, 1: 14; doi: 10.1186/1747-597x-1-14.

32. Markel, H., 2012. *An Anatomy of Addiction: Sigmund Freud, William Halsted, and the Miracle Drug, Cocaine*, Vintage Books, A Division of Random House, Inc., New York.

33. Valter., K. and Arrizabalaga, P., 1998. *Designer Drugs Directory*, Elsevier, Amsterdam.

34. Jenkins, P., 1999. *Synthetic Panics: The Symbolic Politics of Designer Drugs*, New York University Press, New York.

35. Wohlfarth, A. and Weinmann, W., 2010. Bioanalysis of new designer drugs, *Bioanal.*, 2: 965–979.

36. Reneman, L., 2003. Designer drugs: How dangerous are they? *J. Neural Transm. Suppl.*, 66: 61–83.

37. Siegel, J.A., Ed., 2016. *Forensic Chemistry: Fundamentals and Applications*, Wiley-Blackwell, Chichester, UK.

38. Kobilinsky, L.F., Ed., 2012. *Forensic Chemistry Handbook*, Wiley, Hoboken, New Jersey.

39. Bell, S., 2014. *Forensic Chemistry*, 2nd Edition., Pearson, Harlow, UK.

40. Weaver, M.F., Hopper, J.A., and Gunderson, E.W., 2015. Designer drugs 2015: Assessment and management, *Addict. Sci. Clin. Pract.*, 10: 8; doi: 10.1186/s13722-015-0024-7.

41. Rácz, J. and Csák, R., 2014. Emergence of novel psychoactive substances among clients of a needle exchange program in Budapest, Hungary, *Orv. Hetil*, 155: 1383–1394; in Hungarian, abstract in English.

42. Namera, A., Naksmoto, A., Akihiro, T., and Nagao, M., 2011. Colorimetric detection and chromatographic analyses of designer drugs in biological matrices: A comprehensive review, *Forensic Toxicol.*, 29: 1–14.

43. Schwaninger, A.E., Meyer, M.R., and Maurer, H.H., 2012. Chiral drug analysis using mass spectrometric detection relevant to research and practice in clinical and forensic toxicology, *J. Chromatogr. A*, 1268: 122–135.

44. Plotka, J., Malgorzata, B., Biziuk, M., and Morrison, C., 2011. Common methods for the chiral determination of amphetamines and related compounds I. Gas, liquid and thin layer chromatography, *TrAC, Trends Anal. Chem.*, 30: 1139–1158.

45. Shima, N., Katagi, M., and Tsuchihashi, H., 2009. Direct analysis of conjugate metabolites of methamphetamine, 3.4-methylenedioxymethamphetamine, and their designer drugs in biological fluids, *J. Health Sci.*, 55: 495–502.

46. Thevis, M. and Schanzer, W., 2007. Mass spectrometry in sports drug testing: Structure characterization and analytical assays, *Mass Spectrom. Rev.*, 26: 79–107.

2 使用类别定义和药效团原理对策划药立法

格雷戈里·W. 昂德雷斯（Gregory W. Endres）、特拉维斯·J. 沃斯特（Travis J. Worst）和乔恩·E. 斯普拉格（Jon E. Sprague）

2.1 引言

为了规避法律，地下实验室通过改变具有已知精神活性作用药物的化学结构来生成新精神活性物质（NPSs）。NPSs药物通常被称为合成药物，如合成卡西酮（浴盐）、合成大麻素（香料）和合成阿片类药物。由于非法制造商使用包装和分销技术来规避法规，促使策划药物得以作为非管制药物在商店和互联网上出售。在大多数情况下，这些产品被贴上"不可食用"的标签。因为其化学结构新颖，这些药物并不总是被列为受管制物质，而且由于通过结构修饰不断改变药物性质，很难对这些药物进行及时管制。在此，我们概述了未来如何通过使用类别定义和药效团原理为策划药立法。

2.2 联邦立法

《受控物质法案》于1970年通过，该法旨在阻止管制药物的非法进口、制造、分销、拥有和不当使用，这些药物对美国人民的健康和普遍利益有重大不利影响[1]。这些管制药物可以通过立法程序按名称列出，或通过满足《受控物质法案》的某些标准由法院满意的方式来指定。根据滥用可能性、安全性和可接受的医疗用途，将特定命名的受管制物质分为5个指定的"附表"（表2.1）。《受控物质法案》经过了若干修正，包括1986年通过的《联邦类似物法案》，该法案规定的化学品与附表 I 或附表 II 所列受管制物质"基本相似"，在符合与其药理活性有关的其他标准时，或在被认为具有这种活性时，应视为受管制物质。这些类似的物质通常被称为"策划药"，它们是为了规避法规而设计生产出附表所列的"合法"物质。《受控物质法案》进行了更多的更新，包括在2012年6月的立法中提到的26种合成大麻素被列入附表Ⅰ中。

表2.1 药品强制执法管理局药物附表

序号	定义	药物示例
Ⅰ	目前没有公认医疗用途和滥用可能性高的药物	海洛因、麦角酰二乙胺（LSD）、大麻，3,4-亚甲二氧基甲基苯丙胺（摇头丸）、安眠酮和佩奥特
Ⅱ	滥用可能性高的药物，联合使用后可能导致严重的心理或身体依赖性，这些药物也被认为是危险的	每剂量单位含15 mg以下的复合产品：氢可酮、可卡因、甲基苯丙胺、美沙酮、氢吗啡酮、哌替啶、羟考酮和芬太尼
Ⅲ	具有低度至中度潜在身体和心理依赖性的药物。附表Ⅲ药物滥用可能性低于附表Ⅰ和附表Ⅱ药物，但高于附表Ⅳ	每剂量单位可待因含量低于90 mg的产品，氯胺酮、合成代谢类固醇、睾酮
Ⅳ	滥用可能性低且依赖风险低的药物	阿普唑仑、地西泮、曲马多
Ⅴ	滥用可能性低于附表Ⅳ的药物，由含有限量某些麻醉品的制剂组成。附表Ⅴ药物一般用于止泻、镇咳、止痛	咳嗽制剂用，每100 mL少于200 mg可待因

资料来源：https://www.dea.gov/druginfo/ds.shtml.

尽管对这些NPSs进行单独监管（具体说明每种物质的名称）可能不那么模糊，但无合法用途也无医疗目的的新物质的出现速度远远超过了其被管制的速度。因此，需要一种替代机制来解决这些问题，并提供威慑来保护公众。

在联邦一级，受管制物质分为两类：（1）通过立法程序指定的单个具体物质；（2）确定一种物质是受管制物质的"类似物"。类似物测定由《美国法典》第21章第802（32）节中采用的以下规则定义：

A. 除第（三）项另有规定外，"受控物质类似物"是指一种物质——
 i. 其化学结构与附表Ⅰ或附表Ⅱ所列管制物质的化学结构基本相似；
 ii. 其对中枢神经系统的兴奋、抑制或致幻作用，与附表Ⅰ或附表Ⅱ所列受管制物质对中枢神经系统的兴奋、抑制或致幻作用大致相同或更大；
 iii. 针对特定人员，该物质对其中枢神经系统产生的兴奋、抑制或致幻作用，与附表I或II所列管制物质对中枢神经系统的兴奋、抑制或致幻作用基本相似或更强。

简而言之，《联邦类似物法案》规定，如果一种物质与非法物质"基本相似"并且具有相似或相同效果，那么该物质就是类似物。因此，药理学数据（第二部分）对类似物的确定可能是有帮助的，但不是必需的，除非可以证明它具有或旨在具有这种效果。因此主要要求是附表Ⅰ或附表Ⅱ所列物质与所关注的物质之间的"实质基本相似性"。"相似"在用于比较两种化学结构的情况下只是一个相对术语。"实质"一词只是限定了这两种物质的相似程度，要求提出一个更有说服力的理由，证明它们是相似的，而不是不相似的。由于两种物质是否基本相似是由没有受过科学培训的法官或陪审团来决定的，因此，与物质相关的信息必须以一种既准确又能够被外行人理解的方式呈现。在考虑结构相似性时可以使用各种方法，法院的职责是确保所提出的方法和观点来源于经过本领域培训的人员公认的合理、既定的科学原则。

鉴于化学物质结构的复杂性，没有一个单一的规则或公式可以明确适用于所有例子，只能向法院提交支持或驳斥这两种物质实质上相似的论点。通常依靠法医科学家和专家证人的证词来帮助控方和辩方。有人可能会认为，更简单、更可靠的确定方法是在结构相似性评估中使用已定义的公式和值，如罗杰斯（Rogers）和塔尼莫托（Tanimoto）[2]所述，这些公式和值是为计算药物化学而开发的。塔尼莫托系数（Tc）可用于量化分子相似性，通常定义为$Tc = c/(a+b-c)$，其中a和b分别表示分子A和分子B的总属性，c表示物质之间的共有属性。该函数中，两个分子（A，B）之间共享和独特特征的相似性在单位区间$0<Tc(A，B)<1$的极值内用数值表示。在比较性方面，塔尼莫托系数比其他此类计算公式有一些优势，并可能抵消类似物相似性评估中的主观性，但最好避免将其用于受管制物质相似性程度（"实质性"或其他）的确定性测量。这种基于计算值的严格定义的使用，如果用作确定实质相似性的阈值，可能会无意中为非法化学家提供一个路线图，他们将可以自由制造和销售落在该值之外的NPSs。

2.3　州法律

宪法是美国的指导性文件，囊括了从权利声明到政府的组成，以及如何制定法律。等级制度是在第六条中确立的，该条规定："本宪法及根据本宪法制定的合众国法律，以及所有在合众国的授权下制定的或将要制定的条约，都是美国的最高法律，每个州的法官都应受其约束，即使任何州的宪法或法律有相反的规定。" 宪法的这一部分本质上描述了联邦法律，包括毒品法，是这个国家的最高法律，如果两者相矛盾，则联邦法律优先于州法律。这很可能是州法律长期以来遵循联邦法律的原因。以至于大多数州都制定了一项规定，如果联邦药物法发生变化，州法律将立即遵守。对于俄亥俄州，该规则可在《俄亥俄州修订法典》3719.43（2015）中找到，规定为：

> 根据联邦药物滥用控制法，美国司法部长将化合物、混合物、制剂或物质添加到法律附表中，将这些物质从一个法律附录转移到另一个法律附录中，或从法律附件中删除化合物、混合物、制剂或物质，则此类添加、转移或删除会在修订法典第3719.41节的相应附件中自动生效，并根据修订法典第3719.44节进行修订[3]。俄亥俄州的规定是针对美国司法部长的，但后来被澄清为包括司法部部长的任何代理人，如缉毒署（DEA）。

策划药热潮的出现要求州一级的法律比联邦一级的法律更快地控制药物。为了解决这种情况，各州采取了各种方法来使某些化合物非法。在科罗拉多和俄亥俄州，药品委员会拥有调度化合物的应急处置权。在其他州，如佛罗里达州，这项职责属于州检察长。有的州还设立了专门委员会，如威斯康星州的管制药物委员会，将应采取的行动向适当的立法机构提出建议。有些州将这一权力留给实际的立法机构，通过法律将这些危险化合物定为非法。

最近出现的策划药热潮，包括合成大麻素、取代卡西酮，以及最近出现的芬太尼类阿片，使得美国药品管理局和各州紧急列表化合物的工作更加困难。确定一种药物是非法药物的过程复杂又漫长，这给了非法药物设计者足够的时间去改变药物结构，使新药不再是非法的。这迫使禁毒法进入了一个新的时代，其中涵盖了整个类别的药物，而不仅仅是单一的药物。

2.4 类定义和药效团

联邦和州法律在使用个体命名（精确）和/或类别定义（特定）模型方面有很大不同（图2.1）。1970年，《受控物质法案》对单个药剂进行了命名，之后在1986年进行了修改，纳入了"类似物"。2012年，《预防合成药物滥用法》在《受控物质法案》中永久性地增加了"大麻类似物"。大麻类似物"模仿"大麻素的作用。根据2012年《预防合成药物滥用法》，大麻类似物被定义为5种结构类别之一（即类别定义模型）。许多州修改了这一类别定义方法，以涵盖其他新发现的合成药物。然而，地下实验室迅速修改了合成药物的结构以避免其按照类别定义进入列表，这促使俄亥俄州在药物设计中更普遍地采用了基于药效团列表方法。

　　药物通过与蛋白质靶标的相互作用诱导其药理学和毒理学反应，受体、酶和重摄蛋白是常见的药物靶点，它们由氨基酸组成。氨基酸具有两性解离特性，因此可以参与药物分子的化学作用。药物可以通过下列任何一种方式与这些生物靶点相互作用：氢键、离子键、π堆积和疏水效应（见综述[4]）。在药物发现过程中，这些化学结构修饰方式试图将药物与生物靶标的相互作用最大化。在内源性配体已经被确定的情况下，与蛋白结合的靶标结构要求就是确定的。负责产生药理学反应的药物分子的一个或多个结构部分被称为药效团（见综述[5]）。例如，神经递质多巴胺有一个已知的药效团，分子的苯乙基胺部分（图2.2）是"核心"支架，可以添加功能基团。在这种情况下，3,4-二羟基取代基使多巴胺成为儿茶酚经典识别。与多巴胺转运体（药物靶点）结合，以促进多巴胺释放的苯丙胺具有相同的苯乙胺骨架。对于苯丙胺，添加的官能团是α-碳上的甲基。一般来说，加入甲基会增加亲脂性和药物穿过膜的可能性。图2.3提供了添加到药效团核心支架的一些常见官能团。

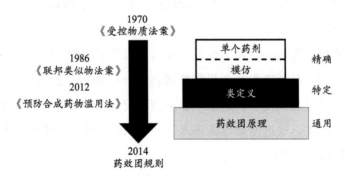

图2.1　策划药物相关的法律进展时间线。多年来，法律已从基于药物特定精确名称的原则发展到更具普遍性的涵盖药物设计原则

　　官能团可以参与氢键给予（HBD）或氢键接受（HBA）。从纯化学的角度来看，官能团之间有很大的不同。然而，从药理学角度看，它们有助于HBD或HBA，使药物能够与受体相互作用。《联邦类似物法案》中出现的"基本相似"问题是由于缺乏对

药物合成原则的考虑。

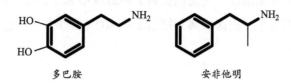

图2.2 内源性产生的多巴胺与外源性给予的苯丙胺具有相同的苯乙胺药效团

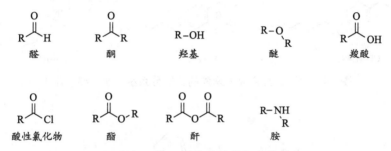

图2.3 添加到核心结构中的常见药物官能团

在确定结构是否具有相似性方面，使用药效团来比较两种物质之间的共性是一种特别有效的方法。例如，一种化学物质可以分为多个亚组。在两种化学结构的比较中，亚组（药效团）的相似性或同一性为它们基本相似的观点提供了支持。同样，如果这两种物质的组成方式不同，它们可能被分成相似的亚组，或者如果亚组本身不相似，这将认为这两种物质不符合基本上相似。多组分药效团模型通常用于药物发现过程，这种模型已应用于NPSs[6-8]。图2.4显示了CP-47,497，Δ9-四氢大麻酚（THC）和JWH-018的比较。在本例中，三组分系统用于细分每种物质，但使用了两种不同的模型。CP-47,497和THC均使用基于Δ9-THC的四氢大麻酚结构的独立（A、B和C）环的系统。可以认为，CP-47,497与Δ9-THC基本相似，因为在相同的药效基团模型中能描述这两种物质，并且存在两种成分（A和C），在结构上与附表Ⅰ物质Δ9-THC结构类似成分相似。相比之下，JWH-018的结构不符合同样的三环模型，而是可以根据"头、核、尾"亚单位分为一个独立的三组分模型。基于不同的药效团模型和各个亚组分之间缺乏结构相似性，可以认为JWH-018与Δ9-THC本质上并不相似。

图2.5提供了合成大麻素UR-144和JWH-018与必需氨基酸色氨酸之间的另一个例子。本例中的每个分子都符合三组分（头、核、尾）模型，并且每个实例都具有相同的核心吲哚亚基（**加粗**显示）。当简单和普通的子结构在这个策略中用于比较目的时，存在模型过度扩张的可能性。简单的药物基团如吲哚亚组分在自然界中普遍存

在；然而，这并不意味着所有含吲哚的物质都是违法的。相反，符合该行为的背景要求结构相似性与药理学相似性［《美国法典》第21章第 802（32）节第二条］互补，或表示或意图拥有第三条［《美国法典》第21章第 802（32）节］所述这样的活性。

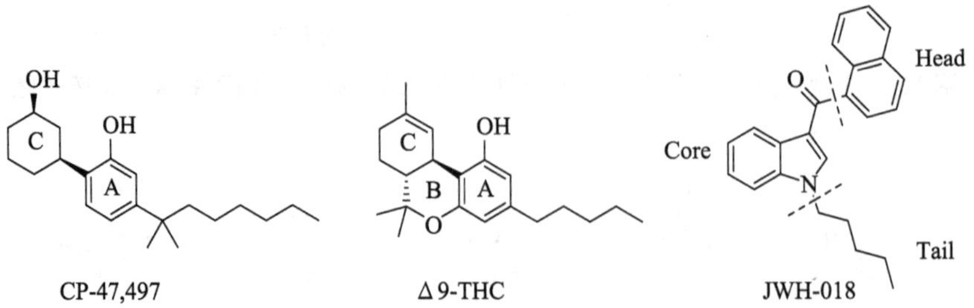

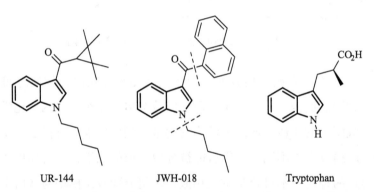

图2.4　用于细分合成大麻素的三组分系统（头、核、尾）

UR-144　　　　　JWH-018　　　　　Tryptophan

图2.5　必需氨基酸色氨酸三组分系统（头、核、尾）的扩展

　　色氨酸不符合这些要求，因此任何关于色氨酸是受控物质类似物的观点都是断章取义，不予考虑。

　　除大麻素外，基于药效团的方法可用于所有实例。图2.6描述了三种基于苯乙胺结构物质的类似示例：α-PVP、苯丙胺和苯乙胺。在本例中，可能会认为α-PVP（一种基于卡西酮的NPS，也称为flakka）与苯丙胺基本相似，这是由于它们具有相似（以及相同）亚组分的常见三组分药效团模型。苯乙胺是一种存在于生物系统和食品中的物质，也符合这一药效团模型。然而，基于相同"左、中、右"模型中苯乙胺和苯丙胺之间的基本相似性，进行附表I类似物测定，也要求满足类似物法案第二或第三条的条件。

　　2014年，俄亥俄州颁布了俄亥俄州行政法典4729-11-02[3]，即《药效团规则》。

《药效团规则》将上述药物设计的一般原则应用于合成卡西酮、大麻素和阿片类药物。合成卡西酮（浴盐）通常被认为具有一个药效团，以此来规避《联邦类似物法案》。作为合法药物研发的一部分，人们设计并合成了与已知药效物质有变化的新化学实体。批准之前，在药理学和毒理学专业指导下对这些修改的差异性进行测试，以确保安全。新的滥用药物也是通过对已知药物进行改造而产生的，这些药物能够提供预期的效果，但其目的是规避法规，并且没有考虑潜在的毒性。如上所述，基于药效团的立法为该问题提供了背景，并为"结构相似性"问题的确定提供了指导。这是通过对两种物质进行简单比较，并根据列表（已列出）和未列出的滥用药物之间各个亚组的共性确定结构相似性来实现的。

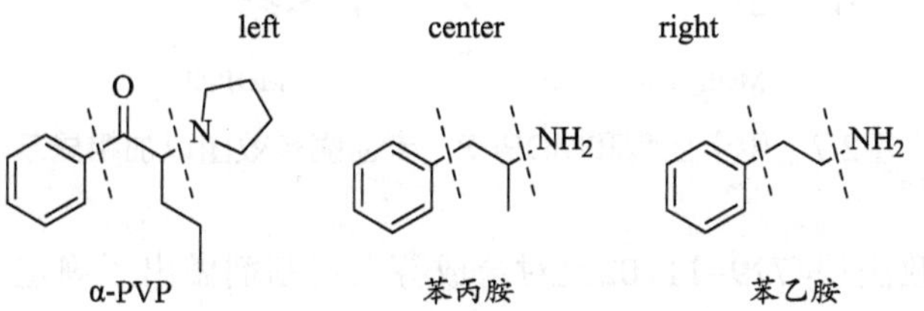

图2.6　药效团原理在三种苯乙胺类物质中的应用：α-PVP、苯丙胺和苯乙胺

为了便于说明，我们将比较两种合成卡西酮（浴盐）：3,4-亚甲二氧基甲卡西酮（Methylone）和3′,4′-亚甲二氧基-α-吡咯烷苯丙酮（MDPPP）（图2.7）。

根据《联邦类似物法案》，这两种化合物可能被视为"基本相似"，也可能不被视为"基本相似"，这取决于个人观点。但是，如果根据结合受体（在本例中为多巴胺转运蛋白）的药效团对分子进行分类，则它们都应归类为附表I化合物。此外，基于甲基酮的常见卡西酮"核心"的存在，即特定命名的附表I物质的已知结构药效团，MDPPP也可根据药物分子的结构部分满足药物作用的药效团要求归类为附表I化合物。关于合成卡西酮，《俄亥俄州修订法典》仅规定"除修订法规第3719.41节中另有规定外，经过国家认可的法医实验室鉴定确认的任何含有卡西酮药效团结构要求的化合物，均为附表I管制物质"。这种例外情况包括抗抑郁药安非他酮，它也含有一个卡西酮核心。

关于合成大麻素，《俄亥俄州修订法典》规定：

　　　　任何化合物，只要符合下列药效团要求中的三个，并经国家认可的法医实验室出具鉴定报告，认定其与CB1和CB2受体结合，即为附表I管制物质致幻剂：

（1）由促进所需元素结合的取代或未取代的环结构组成的化学支架（如：吲哚化合物、吲唑、苯并咪唑或其他环类型）；

（2）化学支架上的烷基或芳基侧链，提供了CB1和CB2受体的疏水相互作用；

（3）羰基、酯或氢键的等价物；

（4）环己烷、萘环、替代性丁酰胺或CB1与CB2受体结合空间位阻要求的等效物。

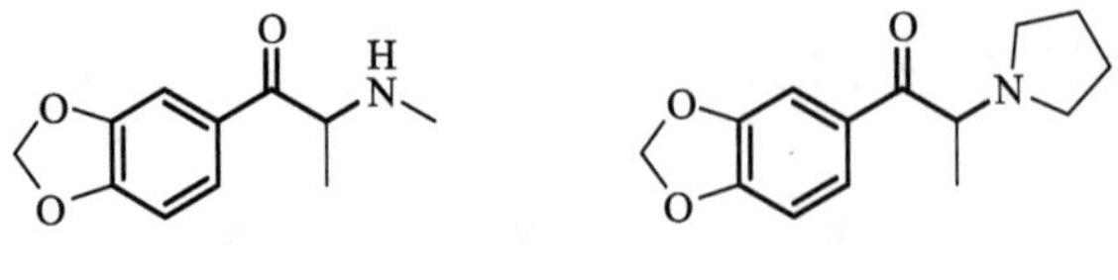

图2.7　甲卡西酮和MDPPP。卡西酮药效团以加粗显示

俄亥俄州行政法规4729-11-02也对合成芬太尼制剂做出了规定。芬太尼的镇痛和寻药作用是通过其与μ–阿片受体的相互作用来介导的。芬太尼相关药物的药效团是一个含氮的五元、六元或七元环（图2.8）。氢与μ–阿片受体结合需要一个带有极性基团的含氮官能团。最后，连接到环上的芳基或芳基取代基是结合的空间要求。图2.8显示了呋喃芬太尼如何满足与μ–阿片受体结合的药效团要求。

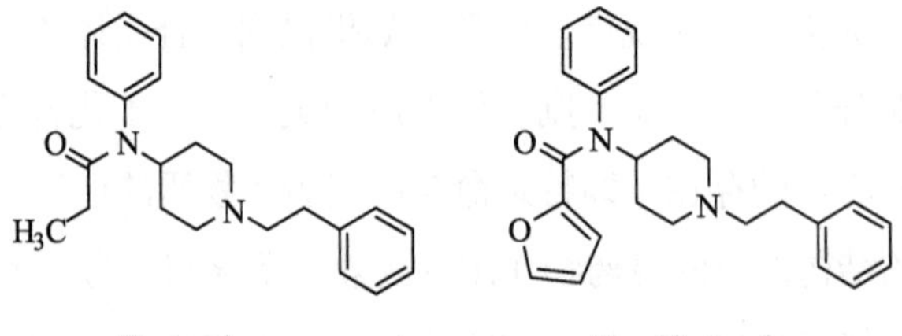

图2.8　芬太尼和呋喃芬太尼符合药效团规则的要求

2.5　结论

专注于禁毒的药物政策，如本章所述，最近受到了密切关注[9]。约翰·霍普金斯-柳叶刀药物政策与健康委员会对药物政策中缺乏关于药物使用和依赖性的科学证据

表示担忧[9]。此处概述的政策考虑了药物设计的一般原则，但未考虑药物使用和依赖的神经生物学。2011年，物质滥用和精神健康服务管理局（SAMHSA）报告称，医院急诊科接收合成卡西酮滥用就诊人数占到22 904[10]。2010年，合成大麻素类药物滥用就诊人数占到11 406[11]。在用药过量致死病例中还发现了合成类阿片[12]。当地下实验室改变药物分子以规避法律时，也改变了药物的毒理学特征。因为这些新的化学药剂尚未经过药理学鉴定，使用者不情愿地、不知不觉地玩着"俄罗斯轮盘"的化学游戏。出台与合成策划药相关的政策能够保护社会免受策划药的毒性影响。

参考文献

1. The Controlled Substance Act of 1970. Pub. L 91-513, 84 Stat. 1242, enacted 27 October 1970; 21 Code of Federal Regulation, Section 801 et. seq., Part 1300 to end. *United States Government Publishing Office.* https://www.gpo.gov/fdsys/pkg/STATUTE-84/pdf/STATUTE-84-Pg1236.pdf (accessed 3 January 2017).
2. Rogers, D.J., and Tanimoto, T.T. 1960. A computer program for classifying plants, *Science.* 132(3434): 1115–1118.
3. Ohio Revised Code Section 3719.43. *LexisNexis Academic.* http://www.lexisnexis.com/hottopics/lnacademic/ (accessed 3 January 2017).
4. Jordon, A.M., and Roughley, S.D. 2009. Drug discovery chemistry: A primer for the non-specialist, *Drug Discovery Today.* 14: 731–744.
5. Worst, T.J., and Sprague, J.E. 2015. The "pharmacophore rule" and the "spices," *Forensic Toxicol.* 33(1): 170–173.
6. *Cayman Currents* Issue 26, October 2015. Caymanchem.com/syncanflipbook (accessed 3 January 2017).
7. EMCDDA Perspectives on Drugs: Synthetic Cannabinoids in Europe, 2015. emcdda.europa.eu/topics/pods/synthetic-cannabinoids (accessed 3 January 2017).
8. Shevyrin, V., Melkozerov, V., Endres, G.W., Shafran, Y., and Morzherin, Y. 2016. On a new cannabinoid classification system: A sight on the illegal market of novel psychoactive substances, *Cannabis Cannabinoid Res.* 1(1): 186–194.
9. Csete, J., Kamarulzaman, A., Kazatchkine, M. et al. 2016. Public health and international drug policy, *Lancet.* 387: 1427–1482.
10. Drug Abuse Warning Network (DAWN). 'Bath Salts' were involved in over 20,000 drug-related emergency department visits in 2011. *The DAWN Report*, 17 September 2013.
11. Drug Abuse Warning Network (DAWN). Drug-related emergency department visits involving synthetic cannabinoids. *The DAWN Report*, 4 December 2012.
12. Fort, C., Curtis, B., Nichols, C., and Niblo, C. 2016. Acetyl fentanyl toxicity: Two case reports, *J Anal Toxicol.* 40(9): 754–757.

3 策划药的替代立法

达留什·祖巴（Dariusz Zuba）

3.1 引言

众所周知，不同的国家有不同的法律制度。普通法系是美国使用的法律制度，起源于中世纪的英格兰，并从那里传播到大英帝国的殖民地。如今，世界上三分之一的人生活在普通法系或混合了大陆法系的法律体系中。在英国一直延续至今的普通法的基础是判例的理念：当法院对案件作出裁决时，该裁决成为该国法律的一部分。然而，政府可以增加或修改普通法：例如，《1971年滥用药物法》是英国议会的一项法案，规定了在符合英国各项制度的前提下，依照该法案可以采取的各项措施。该法案在附表Ⅱ中给出了违禁药物清单。它还对相关犯罪进行了定义，其中包括非法持有、持有并试图销售、销售或提供（即使未对该药物收取费用）受管制药物以及为非法生产或供应受管制药物提供场所。2016年，关于精神活性物质的新立法《新精神活性物质法2016》在英国生效。这部法律的目的在于限制通常被称为"合法兴奋剂"的新型精神活性物质生产、销售和供应。该法案于2016年1月28日获得批准，并于2016年5月26日在英国生效。

与普通法系相对应的是民法法系，通常被称为大陆法系或罗马法系。大陆法系的概念、类别和规章源自罗马法，有时依照当地习俗或文化进行大幅度补充或修改。大陆法系以固定的法典和法规为基础，在这个法律体系中，法官的决定不影响一个国家的法律。最初，大陆法系在欧洲大部分地区是一种普遍的法律体系，但在17世纪，它被分成了不同的国家体系。

如今，欧洲的法律是多样的，变化很快。每个欧洲国家都有自己的法律体系；然而，欧盟的28个成员国受到欧盟法律的影响。适用于所有成员国的标准化法律体系，在欧盟内部形成了统一的法律适用。欧盟政策的目的是确保国内市场中人员、货物、服务和资本的自由流动，并颁布司法和内政立法。它在贸易、农业、渔业和区域发展方面有着共同的监管措施，但在药物管制方面没有。

从20世纪90年代初开始，欧洲就经常发现许多所谓的"策划药"，通常是与苯丙胺有关的精神药物。它们的出现引发了潜在的健康风险和其他问题。由于管制药物在不同的司法管辖区和国家之间会有所不同，人员在欧洲的自由流动可能会导致无意的违法行为。例如，几乎在所有地方可卡因都受到监管，而恰特草只在其中一些国家受到监管。大多数司法管辖区还对处方药进行监管（处方药不被认定为危险药品，但只能提供给持有医疗处方的人），因为这些药物有时没有处方也能从经批准的供应商（如药店）获得。20世纪90年代人们普遍认为，通过在欧盟内部建立可控的信息共享机制和风险评估程序，可以加强对欧洲毒品市场的掌握和控制。1993年，欧盟设立了欧洲毒品与毒瘾监测中心（EMCDDA），该机构向欧盟及其成员国提供欧洲药物滥用概况并为毒品问题提供数据支撑。如今，它为决策者提供数据，起草适合的药物法律和战略。它还帮助该领域的专业人员和从业人员确定最佳实践，拓展新研究领域[1]。1997年，也就是在全球销售的新精神活性物质数量大幅增加的十多年前，欧盟理事会采取了联合行动，采用了一种三步走的办法：通过预警系统交换信息（EWS）、风险评估、控制特定新合成药物的程序[2]。EWS是法医和临床实验室以及参与药物分析的其他机构之间分享新上市的策划类药物信息的一个非常有效的平台。2005年，欧盟理事会将新型精神活性物质定义为"无论是以纯品还是配制品形式存在，没有受联合国药物公约管制、但仍可能对公共健康构成和公约所列物质相当程度威胁的新型麻醉或精神药物"[3]。下一段将详细讨论上述联合国公约。

3.2　单独药物清单制度

世界上大多数国家采用单独清单制度来管制麻醉药品和精神活性物质，包括策划药。国际药物管制受制于协商一致的多边协定，这一领域的现有法律受联合国公约管辖，要求遵守这些公约的会员国确立刑事处罚，以打击和惩罚未经授权交易受管制物质的贸易。由于刑法遵循罪刑法定原则，因此必须明确规定哪些药物受到管制，这意味着此类物质要根据其化学结构将它们单独列出，或按严格定义的类别列出[4]。

100多年前，即1909年，当国际社会在上海开会讨论中国鸦片流行问题时，就开始了药物管制和打击吸毒成瘾方面的国际合作。第一项国际药物公约《海牙国际鸦片公约》于1912年签署，1915年生效。1920年，国际药物管制成为国际联盟的任务之一。1925年、1931年和1936年制定了三项主要公约[5]。上述公约为国际药物管制制度的实际运作奠定了基础。

第二次世界大战后，联合国担起了国际药物管制的责任，并制定了许多议定书来改进这一制度，其中最重要的是1953年《鸦片议定书》[5]。下一个里程碑是目前仍然有效的三项公约：1961年《麻醉品单一公约》（随后于1972年由一项议定书修正）、1971年《精神药物公约》和1988年《联合国禁止非法贩运麻醉药品和精神药物公约》。这些公约的主要目标是将药物的拥有、使用、交易、分销、进口、出口、制造和生产仅限于医疗和科研目的，并通过国际合作精准打击非法交易，以此遏制贩毒者。联合国大多数会员国都通过了这些公约，随后根据这些公约的条例规定制定了本国的管制药物立法。

根据1961年《麻醉品单一公约》[6]，116种药物被列为麻醉品，主要包括以植物为基础的产品，如大麻、古柯（以及从中获得的可卡因）以及鸦片和罂粟成分（吗啡、可待因）。麻醉药品清单可在会员国或世界卫生组织（世卫组织）通知后修订。如果得到通知，则由世卫组织对该物质进行评估，如果发现该物质可能与清单上的受管制麻醉药品类似地被滥用并产生类似的不良后果，或者该物质可以转化为这些药品，则可将其添加到清单中。目前受国际管制的麻醉药品清单被称为国际麻醉品管制局（麻管局）黄单[7]。

《麻醉品单一公约》有四个管制药物附表，从附表Ⅰ（限制性最强）到附表Ⅳ（限制性最弱）。附表Ⅰ所列药物被宣称对公共健康造成严重风险，其治疗价值目前尚未得到麻醉药品委员会的认可。其中包括常见的滥用药物，如海洛因（二乙酰基吗啡）和可卡因、吗啡及其多种衍生物，以及许多其他阿片受体的兴奋剂，例如芬太尼。附表Ⅱ主要包括可待因及其多种衍生物，附表Ⅲ包括可待因及吗啡其他衍生物的药物制剂，以及低剂量的可卡因、鸦片或吗啡类药物。附表Ⅳ主要是含有芬太尼的衍生物。麻醉药品清单的修正相对较少，各附表无法禁止许多新发现的物质，因为《麻醉品单一公约》的范围仅限于具有大麻、古柯和鸦片类作用的药物。在过去10年上市的策划药中，只有一种物质AH-7921被添加到附表Ⅰ（2016年）。该物质是一种有潜在镇痛作用的药物，具有成瘾性，可模拟吗啡或芬太尼的作用。AH-7921最早合成于20世纪70年代中期，但直到最近（2012年）才出现在药物市场上，并导致了多起中毒和死亡事件[8]。

　　然而，联合国会员国可自由扩大其国家立法中的物质清单。在大多数情况下，对国家一级受管制的单独物质清单的任何修订都需要一个过程，其中包括基于科学数据和人类经验数据的健康风险评估，而在新精神活性物质的案例中，这种评估往往很少。不幸的是，这样的过程非常耗时，通常需要几个月的时间[4]。由于这些物质通常不用于医学，因此国家立法者在对策划药进行分类时通常采用的规则是将其分类至附表Ⅰ中。问题是一种物质是否会引起依赖性，以及在何种程度上引起依赖性，因为许多物质尚未进行毒理学研究，并且通常策划药物是在上市前首先合成的。唯一可证实的信息来自成瘾治疗中心，但收集可靠数据至少需要几周时间。作为联合国公约中的一部分被列入麻醉药品清单的最大一类策划药是合成大麻素，其他类别是作用于阿片受体的化合物，包括芬太尼类策划药和苯二氮䓬类策划药，从药理学角度看，这些药物可被视为麻醉品（尽管苯二氮䓬类药物的许多衍生物被联合国归类为精神药物）。芬太尼或苯二氮䓬类的新衍生物也受美国类比法则控制，因为它们的化学结构与母体化合物的化学结构基本相似，并且对中枢神经系统的抑制作用与这些物质母体化合物的抑制作用相仿，甚至前者比后者更大。一个更复杂的问题是合成大麻素，其化学结构往往不同于受管制物质。

　　1971年《精神药物公约》包括四个附表[9]，这些附表进行了多次修正，频繁地增加了一些物质。《公约》第2条规定了在附表中增加额外药物的程序。世卫组织通报了对该物质的评估，包括滥用的程度或可能性、对公共健康和社会问题影响的严重程度以及该物质在医学治疗中的有用程度，并在发现以下情况时根据其评估提出适当的控制措施建议：

　　a. 这种物质有被量产的潜力

　　　i. 1. 依赖的状态，并且

　　　　2. 中枢神经系统刺激或抑制，导致幻觉或运动功能、思维、行为、知觉或情绪障碍，或

　　　ii. 与附表Ⅰ、Ⅱ、Ⅲ或Ⅳ所列物质存在类似的滥用和类似的不良影响；并且

　　b. 有充分证据表明该物质正被滥用或可能被滥用，从而构成公共健康和社会问题，需要对该物质实施国际管制。

　　麻醉药品委员会最终决定是否将该药物增列入附表，"参考到世界卫生组织的

评估，该组织的评估对医疗和科学事项具有决定性，并考虑到它可能产生的经济、社会、法律、行政和其他因素"。

受国际管制的精神药物列于所谓的麻管局绿色清单[10]。附表Ⅰ包括卡西酮，这是近年上市的最大策划药化学组的母体物质。许多国家也已将卡西酮的简单衍生物添加到该附表中，这表明它具有导致依赖性并缺乏药用价值的高风险。20世纪90年代上市并接受欧洲毒品与毒瘾监测中心（EMCDDA）风险评估的几种策划药也被列入附表Ⅰ。更为复杂的情况是焦戊酮衍生物，它是一种具有兴奋作用的精神活性药物，用于慢性疲劳或嗜睡的临床治疗，以及作为厌食剂或食欲抑制剂用于减肥目的，该物质列于附表Ⅳ。在许多国家，该类别的策划药也已列入附表Ⅳ，尽管它们并未用于医疗目的。

值得一提的是，许多国家已单独决定将管制措施扩大到一种物质的异构体、酯类和醚类以及盐类。但一些国家表示，单独清单制度并不有效，因为立法程序可能需要几个月的时间。与此同时，新的策划药上市，旧的药物停产。市场上许多策划药的"保质期"不超过几个月，进行复杂的毒理学研究（通常需要两到三年时间）以找到在此期间应控制该物质的可靠证据是不现实的。为了应对策划药的迅速出现，许多国家采用了替代办法，通过临时或快速程序加快其普通立法程序。临时（紧急）禁令是一种加速程序，先在有限的时间内（通常为一或两年）快速对该物质实施临时管制，同时完成立法程序或进行严格风险评估。到期后如果没有决定控制该物质，临时禁令将失效[4]。但许多国家已决定改变其对药物管制立法的做法，不再局限于单独清单，例如，通过引入类似物和仿制药立法，或通过使用药物产品法来对抗策划药问题。第2章讨论了模拟方法，其他方法将在下面讨论。

3.3 通用方法

管制策划药的通用方法基于一种物质的化学结构与已知非法药物的相似性，但是，与美国现有的模拟法律不同，通用立法严格描述了化合物簇。当分析策划药的结构时，很明显许多结构与对照药物的结构非常接近。大量的化学取代基可以插入母体化合物基本骨架的几乎任何原子（碳或氮）上[11]。策划药的修饰通常涉及氢原子被另一个原子取代，例如氯、氟、溴或碘，或通过羟基化、烷氧基或硝基化、延长烷基链、环化或改变原子顺序（形成异构体）。有时一个苯环被另一个取代，例如萘基或噻吩基。根据通用方法概念，所有可能的取代基都必须包含在类的定义中。此外，还应包括推定的盐和酯。因此，所有可能的化学衍生物，即母体化合物的所有变体，都被包含在要联合禁止的簇中[11]。

关于新精神活性物质的许多通用定义侧重于合成药物的衍生物，主要是苯丙胺和苯丙胺类兴奋剂（甲基苯丙胺、MDMA——3,4-亚乙基二氧甲基苯丙胺）。定义涉及母体化合物的常见化学结构，如苯乙胺、卡西酮、色胺、哌嗪、芬太尼等。通用法规描述了与母体化合物具有相似化学结构的整类化合物。合成大麻素的情况较为复杂，其化学结构与大麻植物的主要精神活性成分 δ-9-四氢大麻酚（δ-9-THC）的结构有很大不同，因此其定义参考了不同类别合成大麻素的共同化学骨架。

世界上许多国家都采用了通用方法，但各国之间存在显著差异。其中包括通用定义涵盖的化学基团范围以及取代基的数量和种类。

2016年，德国提出了策划药的最新和最有趣的通用定义之一[12]。对于三类物质，即苯乙胺、卡西酮和大麻素，对照结构的定义非常严格。前两类的结构是通过将模型分子分成两个结构片段来描述的：具有潜在取代基的环系统和侧链。最大分子质量设定为500 Da。22个环系统被管制。环取代基包括卤素原子、具有限定的最大碳链长度的官能团（例如，最多6个碳原子的烷氧基）。原子或基团的位置未定义，因此可以控制位置异构体。反过来，2-氨基乙基侧链可以被不同的基团或环系统取代。氮原子是环系一部分的物质（如吡咯烷基或哌啶基）也包括在内。卡西酮和苯乙胺之间的区别在于羰基位于C2原子上，即位于氮原子的β位置。因此，卡西酮通常被称为苯乙胺的β-酮衍生物（或简称bk衍生物）。

受管制合成大麻素的定义是将其结构分为四个部分。核心结构在一个确定的位置通过桥与另一个环系或原子团连接；特定的侧链可以取代核心环。

德国的通用法则充满了化学术语。该法是否符合德国宪法，特别是普通人是否能够理解该法，引起了很大的争议，但该法最终于2016年11月获得批准。

相反，英国《1971年滥用药物法》按化学名称包含物质和产物，之后是几个化学基团的通用定义，包括苯乙胺、色胺和芬太尼[13]。几年前，药物滥用问题咨询委员会（ACMD）负责就可能被滥用的新药物或现有药物的分类提出建议，该委员会审议了管制卡西酮衍生物的若干备选方案，包括列出指定物质、若干通用定义以及这些方法的组合。药物滥用问题咨询委员会建议卡西酮的通用定义为：那些由2-氨基-1-苯基-1-丙酮通过在苯环上以任何程度被烷基、烷氧基、亚烷二氧基、卤代烷基或卤化物取代基取代；通过在3-位被烷基取代基取代；通过在氮原子上用烷基或二烷基取代；

或者通过在环状结构中包含氮原子而获得的化合物[14]。卡西酮衍生物的最初定义开始生效，但事实证明，在秘密实验室工作的人生产了这种不为最初定义所涵盖的新化合物。一个例子是萘苯甲酮，是一种衍生自卡西酮的药物，其中苯环被萘环取代。

这些问题促使人们改变了管制策划药的方法。去年，《新精神活性物质法2016》在英国生效[15]。在该法中，"精神活性物质"是指除豁免物质外能够对消费该物质的人产生精神活性作用的任何物质。豁免物质包括管制药物（《1971年滥用药物法》所指）、医药产品、不含任何精神活性物质的酒精和酒精产品、尼古丁和烟草产品、咖啡因或咖啡因产品以及食品。

3.4 药品方法

药物设计不仅来自秘密实验室。它也是药理学的一个分支，旨在基于生物靶点的知识发现新药。基于配体的药物设计依赖于与特异性生物靶标结合的化合物知识。这些其他分子可用于推导所谓的药效团模型，该模型定义了分子为了与靶标结合的最低必要结构特征，以便与靶结合。关于美国策划药类似物定义中存在的"实质相似性"解释，建议参考药效团模型。

这些模型研究是在大学里进行的，但也有为犯罪集团工作的人开展这类研究。非法生产获批药物的简单衍生物并将其引入市场是众所周知的现象。这种非法制造的物质也被称为策划药，或特制药物，产品通常在网上销售。未经测试的物质进入市场可能导致严重后果，包括非致死性和致死性中毒。非法药物衍生物的营销也导致了类似的问题，即流行程度的迅速增加对公众健康造成了危害。管制策划药供应的一个对策是将其归类为药物，至少有7个欧洲国家使用了欧盟统一的药品定义来应对这一威胁。在欧洲议会和理事会2001年11月6日关于人类使用的药品的共同体法规的第2001/83/EC号指令中，药品被定义为：

a. 被视为具有治疗或预防人类疾病特性的任何物质或物质组合；或者

b. 可用于或适用于人类的任何物质或物质组合，其目的是通过发挥药理、免疫或代谢作用恢复、纠正或改变生理功能，或进行医学诊断[16]。

这种药物产品的定义似乎并未要求此类产品对人类健康具有有益影响，因此，各国仍有利用这一立法应对策划药的空间。当国家药品机构将新的精神活性物质归类为药品时，它可以要求对该产品的任何进口、营销或分销颁发许可证。然而，2014年7月，欧洲联盟法院（CJEU）裁定，对欧盟药品统一定义的这种解释是不正确的。欧洲联盟法院判决的主要理由是，虽然"改变生理功能"一词没有明确说明改变必须是积极的还是消极的，但立法者的意图显然是只包括对人类有好处的物质。这一意图是明确的，因为"改变"与"恢复（和）纠正生理功能"的措辞结合使用，这意味着有益的效果。因此，"改变"一词必须被解释为伴随着对人类健康有益影响的改变[4]。

已利用药品法打击策划药的欧盟成员国已宣布，针对这一判决已经采取或正在计划采取立法举措。如上一段所述，德国已决定采用一种通用方法来控制合成大麻素和源自2-苯乙胺的化合物。荷兰正计划采取立法行动，以便在法律确定性和清晰度之间取得平衡，避免在物质的化学成分稍有变化时落后一步。在芬兰，自2014年以来，新精神活性物质已被纳入《芬兰麻醉品法》，并被列入政府关于精神活性物质消费市场的法规。在法国，新精神类活性物质被提交以进行定期评估，并被归类为麻醉品。2015年，根据卫生部长令，合成大麻素有七大类被按照上述方法定义[4]。

3.5　结论

对精神活性物质的管制是国际条约的主题，目的是保护公众健康。对管制药物进行管理的主要文件是联合国公约，这些公约旨在将药物的拥有、使用、交易、分销、进口、出口、制造和生产仅限于医疗和科研目的。由于刑法的明确性是一项普遍原则，因此必须明确规定应受此类处罚的物质，这意味着要单独列出这些物质。因此，这些公约包括受管制麻醉药品和精神药物清单。这些清单可能会被修改，但在此过程之前必须由世卫组织（WHO）进行风险评估。欧洲毒品与毒瘾监测中心（EMCDDA）与欧洲刑警组织合作，在欧洲为欧盟理事会开展了类似的工作。有时，这一进程也由会员国进行，但不幸的是，这一方法目前并不十分有效。这种方法效率低的主要原因是近年来引入药物市场的策划药数量显著增加。十多年前，当该系统形成时，每年鉴定出不到5种新的策划药，并且可以评估与它们的上市相关的风险。然而，近年来新型精神活性物质的数量约为每年100种，这意味着每隔三到四天就会有一种新的新精神活性物质进入市场。

个别药物管制系统的低效率使该系统被修正。为了加快立法进程，一些国家引入了临时管控制度，以便有时间调查永久控制的必要性。针对新型策划药威胁的另一种应对措施是根据药品法对其进行管理，该法基于欧盟对药品的统一定义。但这些法律的使用在2014年受到了欧洲联盟法院的质疑，该法院裁定，如果合成大麻素对人类健康没有好处，则它们不属于药品。因此，根据药物法起诉策划药案件变得更加困难。因此，大多数国家都改变了做法以管控这些物质，并通常根据受管制物质的组别定义采用通用方法。这种方法也有其反对者，因为通用定义是用化学专业术语表达的，法律专业人士和普通人通常都很难理解。然而，通用方法是最有效的方法之一，可以限制新策划药的快速增长，并且符合刑法的要求。

其他现有法律侧重于消费者或健康保护，或引入了创新的新法律来控制这些物质——在少数情况下，甚至根据其影响而不是化学结构来界定精神活性物质。然而，不同的国家使用不同的定义，本书没有对范围进行详细介绍。

参考文献

1. European Monitoring Centre for Drugs and Drug Addiction. www.emcdda.europa.eu /about/mission (accessed 3 March 2017).
2. European Monitoring Centre for Drugs and Drug Addiction. 2007. Early-warning system on new psychoactive substances—Operating guidelines, Office for Official Publications of the European Communities, Luxembourg.
3. Council Decision 2005/387/JHA of 10 May 2005 on the information exchange, risk-assessment and control of new psychoactive substances, OJ L 127, 20.5.2005, 32–37.
4. European Monitoring Centre for Drugs and Drug Addiction and Eurojust. 2016. *New psychoactive substances in Europe: Legislation and prosecution—Current challenges and solutions*, EMCDDA–Eurojust joint publication, Publications Office of the European Union, Luxembourg.
5. United Nations Office on Drugs and Crime. 2008. A century of international drug control. www.unodc.org/documents/data-and-analysis/Studies/100_Years_of_Drug_Control.pdf (accessed 3 March 2017).
6. International Narcotics Control Board. 1961. Single Convention on Narcotic Drugs. www.incb.org/incb/en/narcotic-drugs/1961_Convention.html (accessed 3 March 2017).
7. International Narcotics Control Board. 2016. Yellow List: List of Narcotic Drugs under International Control. www.incb.org/incb/en/narcotic-drugs/Yellowlist_Forms/yellow -list.html (accessed 3 March 2017).
8. Katselou, M., Papoutsis, I., Nikolaou, P., Spiliopoulou, C., and Athanaselis, S. 2015. AH-7921: The list of new psychoactive opioids is expanded. *Forensic Toxicol.* 33(2): 195–201.
9. United Nations. 1971. Convention on Psychotropic Substances. www.unodc.org/pdf /convention_1971_en.pdf (accessed 3 March 2017).

10. International Narcotics Control Board. 2016. Green List: List of Psychotropic Substances under International Control. www.incb.org/incb/en/psychotropic-substances/green-lists .html (accessed 3 March 2017).
11. van Amsterdam, J., Nutt, D., and van den Brink, W. 2013. Generic legislation of new psychoactive drugs. *J. Psychopharmacol.* 27(3): 317–24.
12. Gesetz zur Bekämpfung der Verbreitung neuer psychoaktiver Stoffe. 2016. Bundesgesetzblatt Tail I Nr. 55 (25 November 2016).
13. Misuse of Drugs Act. 1971. www.legislation.gov.uk/ukpga/1971/38/contents (accessed 3 March 2017).
14. Advisory Council on the Misuse of Drugs. 2010. Consideration of the cathinones. www .gov.uk/government/publications/acmd-report-on-the-consideration-of-the-cathinones (accessed 3 March 2017).
15. Psychoactive Substances Act. 2016. www.legislation.gov.uk/ukpga/2016/2/contents /enacted (accessed 3 March 2017).
16. Directive 2001/83/EC of the European Parliament and of the Council of 6 November 2001 on the Community code relating to medicinal products for human use, OJ L 311, 28.11.2001, p. 67.

4 策划药的生物学背景

卢卡什·科姆斯塔（Łukasz Komsta）、卡塔日娜·维哈-科姆斯塔（Katarzyna Wicha-Komsta）

4.1 引言

人体中枢神经系统是一个由脑和脊髓组成的复杂结构，它的生理功能受数十个相关联的因素影响。中枢神经系统与记忆、知识、技能及情感相关。人体的情绪和心理状况由神经递质进行调节。

神经递质是内源性物质（即在体内合成），它们主要通过与受体的化学作用来实现其功能。受体是细胞膜内复杂的蛋白质结构，它就像一个开关，这个开关由一种叫配体[1, 2]的物质控制。配体与受体形成化学络合物的模式取决于受体的类型。以亲电受体为例，当受体蛋白质的构象发生改变时，位于受体内部的离子通道打开，离子通道由隧道状的特殊蛋白质组成。通道打开后允许离子以被动转运模式（根据浓度梯度，不需要任何能量）自由地通过细胞膜。就不含任何离子通道的代谢受体而言，与配体的结合启动了一系列的生化反应，从而改变细胞内的代谢，它们也可以间接地打开细胞膜中的其他离子通道。

可开关（激活）受体的配体，被称为受体激动剂。也有其他已知具有相反行为的配体。拮抗剂与受体结合并不是激活它，而是阻止受体被天然内源性激动剂激活。反向激动剂可以与受体结合并对激动剂起相反的作用。受体也有可以改变其敏感性物质的活性位点。这些物质被称为调节剂，它们不与受体的主要活性部位结合[1, 2]。

一些神经递质通过再摄取进行调节[3, 4]。释放到突触间隙的神经递质通过特殊转运蛋白转运回神经元，这使得神经递质无须再合成就可以重复使用。有些物质通过抑制神经递质的再摄取来增加它们的活性。

受体在不同器官之间的结构也不同，因此只有一种受体亚型的配体可以在具有该亚型受体的器官中诱导特异性作用。例如，组胺主要引起炎症和过敏反应[5]，它还通过一种称为H2的组胺受体亚型激活胃中盐酸的分泌，这些受体的拮抗剂是抗酸剂，与组胺没有任何关系。

在正常情况下，神经递质浓度随生活中情绪的变化而变化，但身体可以将它们的浓度保持在安全范围内[6]。几乎所有的心理疾病，如抑郁症、精神分裂症、失眠、异常焦虑和神经症，都是由神经递质之间的活动失衡引起的，这种不平衡也会导致帕金森病等疾病，这些疾病严格来说不是心理疾病，但与中枢神经系统有关。这种失衡有多种原因，例如，除了神经递质本身的浓度不当，还可能由于受体的数量（浓度）异常低或受体敏感性的显著变化引起神经递质活性低下，后者也可能是由于长期接触成瘾物质造成的。

4.2 神经递质

神经递质与中枢神经系统（对于策划药作用很重要）的关系划分列于图4.1。

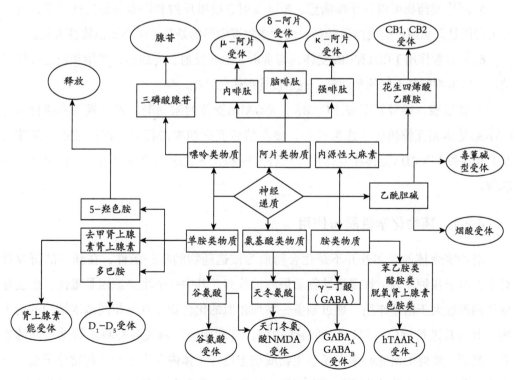

图4.1 神经递质的分类（相应的受体在椭圆内）

这是本章策划药物分类的基础，它们是在与特定神经递质的化学相似性或与特定受体的唯一亲和性的背景下描述的，然而，生物过程是复杂的，有些药物不能被轻易地归为一类。分类汇总如下。本章后面将给出详细的介绍。

1. 乙酰胆碱是脑内烟碱受体和各器官毒蕈碱受体的配体，对精神方面的影响非常有限。烟碱、毒蕈碱配体（毒蕈碱、阿托品、莨菪碱等）都不是策划药候选药物。

2. 腺苷适配的受体，主要与放松和诱导睡眠有关，嘌呤类（咖啡因、可可碱、茶碱）是它们的拮抗剂，但目前还不认为它们是策划药的基础。

3. 多巴胺的受体D_1—D_5，在欲望和愉悦的情绪产生以及成瘾的形成中发挥着非常重要的作用，麻黄碱、卡西酮和安非他明与多巴胺和另一种内源性物质苯乙胺具有很强的化学相似性。在本章中，它们被描述为多巴胺类似物，但它们的药理作用更加广泛。可卡因及其衍生物和酚盐也表现出类似的作用，它与苄基哌嗪也有很强的相似性。

4. 血清素（5-羟色胺，5-HT）作用于$5\text{-}HT_1$—$5\text{-}HT_7$受体，负责愉悦和放松；缺乏这种神经递质被认为是患抑郁症的主要因素，具有5-羟色胺作用模式的主要物质是色胺和麦角生物碱。

5. 阿片类药物可以介导疼痛感、呕吐反射、咳嗽反射和许多其他生理现象，吗啡和可待因是天然阿片类受体激动剂，而大多数策划药物是基于吗啡类似物芬太尼。

6. 大麻素作用于CB1和CB2受体，与食欲、呕吐反射、疼痛感、情绪和记忆过程有关。大麻生物碱是天然的激动剂，也是设计配体的基础。

7. 氨基酸。γ-羟基丁酸（GABA）是GABA受体的激动剂，苯二氮䓬类药物是与$GABA_A$受体相互作用的合成类药物，参与情绪变化和攻击行为等许多过程。氯胺酮及其衍生物与NMDA受体相互作用（由谷氨酸和天冬氨酸内源性激活），会引起全身麻醉。

4.2.1 药物化学性质与作用

对特定受体的亲和性并不是化合物成为候选药物的唯一条件，在新药的研发过程中，由于各种原因，许多活性物质最终被放弃。其中一个主要原因是毒性，也就是副作用远远大于治疗作用。通过制备一系列相似的化合物（具有相同基本结构的衍生物）并对其进行评价，可以找到最优物质。可利用电脑通过各种算法筛选可能的物质，然而，最终的研究必须在模型生物或细胞培养（体内）中进行，药物分子的一个微小变化可以极大地改变药物的药理学和生理学参数，包括作用方式。这条规则既适用于完全合成的药物，也适用于从天然化合物中提取的药物。

　　药物在人体内的分布简称为LADME（释放、吸收/给药、分布、代谢、排泄；见图4.2），在药物设计时必须考虑所有过程。临床学中的药代动力学曲线（药物在血液中的浓度随时间变化的曲线）必须超过治疗浓度，而不超过毒性浓度（图4.3）[7, 8]，该曲线由类似于化学动力学过程的微分动力学方程系统建模，在实践中使用了各种动力学模型，具体取决于所有LADME步骤和药物对不同室（体内药物浓度恒定的身体部位）的渗透情况。最简单的例子是一阶指数衰减：当立即（静脉）给药时，可以忽略各室间的转移，消除仅仅取决于整个治疗范围内的浓度。在口服给药的情况下，曲线类似于化学动力学中间产物反应的浓度。

图4.2　药物化合物在人体内的分布通常缩写被记作"LADME"

　　良好的候选药物要满足著名的Lipiński五法则：即不能超过5个氢键供体，不能超过10个氢键受体，分子质量小于500 Da和辛醇−水分配系数log P（亲脂性）不大于5。亲脂性是决定药物作用的最重要参数之一，因为它影响细胞膜的穿透[8, 9]，当log P过低时，药物不能渗透到细胞内；然而，过高的亲脂性会损害物质的吸收和分布，强亲脂性物质不溶于生理液体，与原化合物相比，新策划药物中的取代基往往会显著改变其亲脂性。

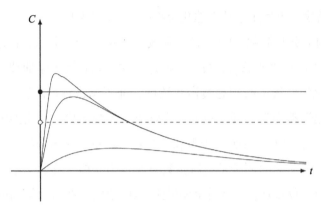

图4.3　药代动力学对药物作用的影响。药物的浓度（C）与时间（t）的函数只有超过治疗浓度（水平虚线），低于毒性浓度（水平实线）的中间部分才能满足临床要求。药物的化学结构是决定浓度分布的主要因素，微小变化就可改变曲线的形状。

剂型的设计影响药物的释放步骤，这是在不改变化学结构的前提下改变药代动力学的唯一途径，当需要延长药效（随后降低药物浓度）时使用缓释制剂，黑市在生产药片或其他策划药物配方时很难考虑到这一因素。

药物在肠道内（或在身体的其他部位，取决于给药途径）的吸收取决于各种参数：溶解度、亲脂性和酸/碱性，药物可能是弱酸或弱碱性，它们可以以电离或自由形式存在，这取决于pH。吸收通常发生在药物以游离形式存在时，即当药物不发生解离时，这种药物必须被设计成能以游离形式存在且溶解度低。酸性药物在酸性条件下（胃内）被吸收，而碱性药物在碱性条件下（十二指肠内）被吸收。一般来说，自由转运是根据浓度梯度发生的，在特殊情况下，可以进行主动转运（涉及储存在ATP中的能量）。

然后，药物随血液分布到身体的各个部位，并可选择性地与血液中蛋白质相结合，药物与这些蛋白质的结合能力很大程度上取决于化学结构，结合程度会改变其药代动力学特征。只有非结合药物才能渗透到组织中，其药效取决于非结合药物的血药浓度，当药物具有较高的蛋白质亲和力时，其消除率（血液衰变的动力学参数）可以很低，并且可以在体内存在很长时间。

另一个重要影响分布的参数是通过血脑屏障的能力，血液与脑组织被一层高度选择性的膜隔开，这层膜为大脑提供了天然的保护，使其免受毒素的侵害。作用于中枢神经系统的药物必须能够穿透这道屏障，通过这道屏障比药物渗透到所有其他组织要困难得多。当对孕妇进行治疗时，另一个重要的屏障是血液胎盘屏障，它保护胎儿免受毒素的侵害。

药物属于外源性物质，即在正常生理条件下不应存在于体内的物质。因此，身体将药物视为毒素，难以原始形态排出的药物在肝脏[10]内进行代谢，新陈代谢是生物进化过程中产生的一种防御机制，用来清除体内的毒素，口服的药物在到达大部分机体组织之前要经过肝脏，这种现象被称为首过效应。为了避免药物分解和需要服用更高的剂量，必须使用其他的给药途径。

代谢的第一阶段（Ⅰ相代谢）是在各种肝酶的催化下，对药物分子进行小的修饰。药物可经过氧化、甲基化、水解或其他分解作用形成代谢物。分析生物样本中的策划药时，药物代谢是非常重要的。除需确定药物原型外，还应确定代谢物。必须研究和了解给定药物的代谢途径，以确定哪些化合物是代谢物，有时可以通过体外，电脑模拟研究新合成化合物的代谢途径。如果第一阶段的代谢物不能轻易排出，就会发生第二阶段的代谢（Ⅱ相代谢），药物可以发生乙酰化作用或与多种物质结合，如葡萄糖醛酸。重要的是，代谢产物可能是有活性的，也可能是没活性的，甚至是有毒性的，有些药物本身并没有活性，因为它们是前药，在体内经过新陈代谢，由代谢产物产生药效。

药物的排泄有多种方式，最常见的是通过尿液，但也有一些药物随粪便或胆汁排出。药物很少会随唾液、汗液或呼出的气体排出体外，因此，除了血液，检测策划药（和/或其代谢物）的主要生物检材是尿液。

新策划药的开发不是为了改善其药理特性，而是为了通过任何方式创造另一种物质，从而规避法律法规对违禁物质的管控[11]。考虑到这一事实，策划药在毒性、代谢、药代动力学和生物利用度方面可能会存在很大差异[12]，不建议采用基于类似已知物质的新策划药的任何参数[13, 14]。

4.2.2 成瘾机制

许多药物会影响奖赏系统，这是大脑负责感觉喜欢和满足渴望（欲望）的系统[15, 16]。当奖赏系统正常工作时，它在人类生活中发挥着积极的作用：许多日常活动如性活动、饥饿时吃东西、口渴时喝水、与孩子互动（父母的本能），都能获得奖赏[17]。这个系统的主要目的是满足由于失去体内平衡（身体过程的平衡）而引起的需求。还有一个惩罚系统，负责消极情绪反应。人们认为，多巴胺系统是参与奖赏[18]和心理成瘾[19]的主要部分。大多数策划药只会引起心理依赖，当药物的生化路径改变时，其中一些（主要是阿片类衍生物）可能导致生理依赖，这一过程不易逆转。

在特殊条件下，奖励和惩罚系统可以参与调节过程[20—22]，在这种情况下，与奖励刺激一起发生的中性刺激（情境或行为）也会成为奖励，或被大脑视为获得奖励的中间步骤。这种现象与意识无关，它会导致无意识习惯，当条件反射重复多次后，这种习惯会得到强化（越来越固定）[23—25]。条件反射被认为是心理成瘾过程的主要因素之一[20, 21, 26]。强化可以是积极的（当目的是获得奖励时），也可以是消极的（当目的是避免惩罚，例如减少恐惧、焦虑或戒断症状时）[27]。在许多情况下，成瘾的发展是两个过程（奖励和惩罚）多次重复的结果。许多作者认为奖励和强化是相互关联的过程，但是在寻求奖励和消费奖励的不同阶段分别发生的避免压力（被理解为一种惩罚）的作用也非常重要[28]。

刺激并不需要非常强烈就能诱导上瘾，最好的例子就是行为上瘾（购物、看电视、洗手等）。关键因素是敏感性，与耐力相反，当暴露不是连续的时候（耐力会降低对连续刺激的反应），这种现象会增加对刺激的反应。对于策划药而言，致敏作用非常重要，特别是对于多巴胺系统，一旦发生刺激，敏感化可以持续很长一段时间，在寻找奖励的过程中对强迫行为负责。敏感和强迫反应往往是由某些特殊因素或环境引起的，当环境和条件不同时，它们可以隐藏起来，敏感化对渴望行为负责，并且主要发生在奖赏系统中那些不负责"喜欢"奖赏，而是负责"希望"得到奖赏的部分。人们认为多巴胺能系统是这种变化的主要底物，小熊维尼非常准确地描述了想要奖赏的情况，即被奖赏比奖赏本身给予更多的乐趣：虽然吃蜂蜜是一件非常好的事情，但是在你开始吃蜂蜜之前的某个时刻的感觉比你吃的时候更好。导致正面强化的活动会引发神经系统的防御反应（耐受性），在很多情况下，当经常服用药物时，对刺激的反应会降低。长时间暴露在刺激和非常强烈的刺激下称为超刺激，会导致神经元发生永久性的形态学变化。停止接触会导致戒断症状。

4.3　植物生物碱

植物没有排泄系统，它们只能排出有限的物质（主要是水、氧气和二氧化碳），其他代谢产物必须以液泡的形式储存在细胞内，通常储存在特殊的器官中（根、球茎、块茎、根茎、果实）。贮藏器官用来储存可以进一步再利用的物质（如碳水化合物、蛋白质、脂肪、核酸等）。在植物的生命周期中，它们对植物的生存至关重要。例如，两年生植物在生长的第一年长出叶子，并把光合作用的主要代谢产物集中储存在根中，这些代谢物在第二年被作为备用食物重新利用，使茎快速开花，然后结束生命周期。

作为候选药物的化合物是次生代谢产物，它们在生命过程中不是必需的；然而，它们是在进化过程中发展起来的，用来保护植物免受自然危险，或者用它们的气味来引诱昆虫[29]。生药学研究的化合物几乎都是次生代谢产物：类黄酮、类固醇、皂苷、萜类、香豆素、木脂素、鞣质等。从策划药物的角度来看，最重要的产物是生物碱。

生物碱的定义仍在讨论中，主要的疑问是生物碱与一些复杂胺类的区别[30]，一般来说，它们是含有一个或多个碱性氮原子的次生代谢产物。几乎所有的生物碱都具有很强的药理作用，并表现出明显的毒性。生物碱有数千种，其中只有少数几种是策划药物前体[31—33]。

在大多数情况下，生物碱的生物合成都是从作为氮源的氨基酸开始的[34, 35]：

1. 鸟氨酸和精氨酸是阿托品合成的起点，它们可以转化为腐胺，腐胺再转化为N –甲基–Δ1–吡咯烷阳离子。它可以直接缩合最终形成尼古丁，但也可以转化为古豆碱，然后再循环成托品酮，进一步可产生托品碱、利托碱，最后是莨菪碱、阿托品。可卡因的合成途径不同：N –甲基–Δ1–吡咯烷阳离子与乙酰–辅酶A缩合，然后环化与苯甲酰–辅酶A缩合产生。

2. 苯丙氨酸是鸦片生物碱（吗啡、可待因）、麻黄碱和卡西酮的氮源。在鸦片生物碱的代谢过程中，苯丙氨酸被转化为多巴、乌药碱、网脉碱和沙丁胺醇，形成蒂巴因，接着蒂巴因被转化为尼奥品酮、可待因酮、可待因，最后转化为吗啡。另一种途径是从蒂巴因到吗啡，中间产物是东罂粟碱和吗啡酮。麻黄碱和卡西酮的主要生物合成途径是从苯丙氨酸开始，转化为苯甲醛，它与丙酮酸缩合，形成1–羟基–1–苯基丙烷–2–酮或1–苯基丙烷–1,2–二酮，然后该化合物转化为去甲麻黄碱，最后甲基化为麻黄碱，推测卡西酮是该反应的中间产物[30]。众所周知，在乙酰–辅酶A的参与下，从苯丙氨酸到1–苯基丙烷–1,2–二酮的转变步骤可以通过另一个β –氧化途径独立发生。

3. 色氨酸是麦角生物碱生物合成的底物，它被4–二甲基烯丙基取代基取代，然后环化形成裸麦角碱。裸麦角碱经氧化生成醛类衍生物，再还原为田麦角碱，田麦角碱接着变成野麦碱，苦瓜酸，最后是麦角酸，这是本章提到的所有麦角生物碱的底物。

4. 黄嘌呤核苷（与所有嘌呤一起合成的一种核苷酸）是合成咖啡因、可可碱和茶碱的底物。

4.4　腺苷

腺苷是嘌呤衍生物，也是核苷，它能降低心率，扩大冠状动脉，减少中枢神经系统多巴胺能的活性，并抑制各种神经元的活动（与睡眠诱导有关的作用）。它还能收缩细支气管壁上的肌肉，松弛心肌。到目前为止，还没有腺苷可以作为策划药物。

有三种重要的天然物质是腺苷受体的拮抗剂（因此它们诱导逆转现象）[36—38]：

1. 咖啡因[36, 39, 40]是一种存在于咖啡植物中的天然生物碱。这些植物包括阿拉比卡咖啡树（*Coffea arabica* L.）和罗巴斯达咖啡树（*Coffea canephora* Pierre ex A. Froehner），同义词：（*Coffea robusta* L. Linden）[41]，茶树［*Camellia sinensis*（L.）Kuntze，同义词：*Thea sinensis* L.］[42]，可乐果［*Cola acuminata*（P. Beauv.）Schott & Endl. 和其他可乐物种］[43]，各种冬青属植物，尤其是巴拉圭茶树（*Ilex paraguariensis* A. St.–Hil.）[44]和瓜拉纳（*Paullinia cupana* Kunth）[45, 46]。

2. 可可碱[36, 37]和茶碱[47]，可可豆种子中存在大量的天然生物碱（可可树 *Theobroma cacao* L.）[48]，在上述富含咖啡因的植物中也发现了少量的可可碱。

4.5　阿片类物质

内源性阿片类物质（内啡肽、脑啡肽、强啡肽）是神经递质，负责抑制疼痛、抗抑郁作用、抑制呼吸系统（包括减少咳嗽反射）、抑制腹泻和减少呕吐反射[49]，每个作用都与一种或几种阿片受体类型有关。除了3种主要的受体（μ、δ和κ），还有几个亚型。阿片分子的化学修饰可以改变对特定类型受体的亲和性，许多合成阿片类药物被设计成仅有一种作用模式（例如，洛哌丁胺是止泻剂，右美沙芬是止咳剂）。

吗啡、可待因和蒂巴因是鸦片罂粟（罂粟*Papaver somniferum* L.）中阿片受体的天然激动剂[50]。它是一种一年生植物，在世界各地有许多栽培品种。它的起源尚不完全清楚；然而，人们认为这种植物来自地中海东部地区。鸦片是指未成熟的蒴果榨出汁的干燥品，除了鸦片生物碱，罂粟中还含有异喹啉生物碱（有抗痉挛作用的罂粟碱，有止咳作用的那可汀）。由于存在被滥用的风险，在许多国家种植罂粟需要特别许可证。野生罂粟（*Wild poppies*）（虞美人*Papaver rhoeas* L.，大红罂粟*Papaver argemone* L.和淡红罂粟*Papaver dubium* L.）不含任何阿片类物质，其传统药用仅限于异喹啉物质（特别是具有温和镇静作用的虞美人碱）。

海洛因（二乙酰吗啡）是鸦片乙酰化的主要产物，因易于在家庭环境中生产而被广泛滥用。然而，没有对海洛因或吗啡类似物策划药物进行研究的明显趋势。黑市制造商主要研究芬太尼（吗啡合成类似物）[51—54]（表4.1）。该药物通常用于手术麻醉，具有很强的麻醉作用（比吗啡强许多倍），并能减少睡眠后的遗忘。该化合物的代谢复杂，主要是与氮相连的取代基分离和烷基链末端的羟基化。尽管芬太尼的许多药理特性与吗啡相比有所改善，但这种药物（及其类似物）仍然有不良反应，其中最重要的是呼吸抑制，在过量服用的情况下可能危及生命。

表4.1　吗啡（左）、曲马多（中）和芬太尼衍生物（右）的结构相似性

	R₁	R₂	R₃
3–MF	C_2H_5	CH_3	H
3–MBF	C_3H_7	CH_3	
丁芬太尼		H	
4–FBF			F
4–MeO–BF			OCH_3
乙酰芬太尼	CH_3		H
丙烯芬太尼	$CHCH_2$		
芬太尼	C_2H_5		
呋喃芬太尼	呋喃		

4.6 大麻类

大麻素受体有两种：CB1和CB2。它们由内源性配体激活，如内源性大麻素（可激活CB1和CB2）和2-AG（2-花生酰基甘油，仅激活CB1）[55]。CB1受体位于大脑（主要在海马体、小脑和纹状体），而CB2受体位于脾脏和造血细胞[56]。

激活CB受体会引起一系列的生理效应：抑制呕吐反射，增加食欲，降低疼痛敏感性，保持良好情绪，心理放松（类似乙醇的效果），降低肌张力，增加对刺激的敏感性，但同时抑制记忆和认知能力。并且，增加心率的同时降低血压。

大麻素受体的天然激动剂存在于大麻属[57]植物中。随着时间更迭，这个属的分类发生了变化，现在它被认为是单型的，即只包含一个物种：大麻。以前被认为是不同种的所有分类群，如印度大麻（*Cannabis indica* Lam.），中国大麻（*Cannabis chinensis* Delile），美国大麻（*Cannabis americana* Pharm. ex Wehmer）或者野生大麻（*Cannabis ruderalis* Janisch.），以上几种现在被视为大麻的亚种（一些作者将它们归为3类：C. sativa、C. indica和C. ruderalis）。自古以来大麻就因其药理特性和经济特性而被使用。

大麻含有60多种已知的大麻素[58]，然而，其作用主要是由四氢大麻酚（THC）、大麻酚和大麻二酚（大麻二酚对CB2受体的亲和力强）[50]引起的。其他重要的化合物有亚精胺生物碱、多种胺和酰胺、多种季碱（包括毒蕈碱）、氨基酸、蛋白质、糖蛋白、酶和糖、类固醇（主要是菜油甾醇、麦角固醇和谷甾醇）和萜烯。

精神活性物质大麻素产生的所有效果都与激活CB受体相关，应该强调的是，由此产生的对认知缺陷的抑制是长期的，似乎在使用后会持续很长一段时间。激活受体会增强中脑腹侧被盖区中脑边缘通路多巴胺能神经元的活性，这一机制负责加强成瘾特性。大麻素的代谢是基于苯环上的CH_3取代基羟基化为CH_2OH，然后氧化生成羧酸。

长期使用大麻素可导致对抗癫痫、抗惊厥、强直性昏厥、运动活动抑制和低血压，这种现象只涉及一小部分人，主要是那些大量吸食大麻的人。人们严重怀疑大麻素是否能使人成瘾。它的戒断症状很弱，与乙醇和阿片类药物的戒断症状相似：恶心、亢奋、刺激、心动过速和出汗，未观察到强迫行为。

使用大麻素治疗各种疾病仍存在很大争议；然而，在许多国家，它们被当作药物使用，最大的希望是它们在治疗癌症方面的作用。人们在生产合成大麻素方面也做出了很多努力，这种合成大麻素可以作为药物使用，但不会产生典型的负面精神和心理影响[59]。

设计合成大麻素的结构高度分化，不能简单地概括为带有一些取代基的基本骨架，它们中大多数都是明显比天然大麻素更有效的激动剂：它们对大麻素CB1受体的结合亲和力大于四氢大麻酚（THC），对CB1的亲和力大于CB2；还报道过一些选择性强的CB2配体，它们可以分为[60]吲哚类（金刚烷基吲哚、氨基烷基吲哚、苯甲酰吲哚、萘甲酰吲哚和苯乙酰吲哚）、环己基苯酚类、二苯比吡喃类、吲唑类、萘甲酰甲基茚类和萘甲酰吡咯类。

4.7 血清素

血清素（5-羟色胺，5-HT）是一种神经递质和外周激素。5-羟色胺能系统是非常复杂的，其受体发挥着不同的，通常是相反的作用。5-羟色胺能系统的失衡是导致焦虑、情绪障碍、抑郁和偏头痛的原因。5-羟色胺受体5-HT_1—5-HT_7有7种主要类型，进一步划分为字母标记的亚型。5-羟色胺能系统的过度活跃（5-羟色胺受体激动剂或再摄取抑制剂用药过量）会导致5-羟色胺综合征：头痛、幻觉、发烧、失眠、出汗、高血压、呕吐、腹泻和抽搐。5-羟色胺受体的设计配体和天然配体是色胺和麦角生物碱。

4.7.1 色胺

裸盖菇素和脱磷酸光盖伞素（二甲-4-羟色胺）是天然存在于裸盖菇属［主要是古巴光盖伞模式菌株（*Psilocybe cubensis*）和裸盖菇（*Psilocybe semilanceata*）］的各种蘑菇中的色胺类生物碱。裸盖菇素在体内迅速转化为赛洛新，其作用类似于麦角酰二乙胺（LSD）和麦斯卡林。麦斯卡林是一种天然的苯乙胺衍生物，作用于5-HT_2受体，它存在于几种植物中，包括仙人掌科乌羽玉属的乌羽玉（*Lophophora williamsii*），仙人掌科仙人球属的青绿柱（*Echinopsis pachanoi*）和仙人掌科毛花柱属的成程柱（*Trichocereus bridgesii*）。

色胺骨架的调整可以改变其药理性质，例如，舒马曲坦是一种抗偏头痛药物，具有抑制精神活性的作用，但最有趣的是其天然衍生物是伊博格碱，一种来自夜灵木（*Tabernanthe iboga*，又名鹅花树）的生物碱。它是中枢神经系统中许多受体类型的配体，用于治疗各种成瘾。

色胺类策划药（表4.2）是许多血清素受体亚型的激动剂[61]。与苯乙胺相比，它们对5-HT_{2A}受体的亲和力较低。然而，它们对5-HT_{1A}受体的亲和力仍然很高，这些受体主要负责致幻作用。一些α-甲基化的色胺也表现出兴奋活性（通过强烈抑制多巴胺再摄取），这主要发生在低剂量时。它们经过复杂的首过效应，在口服时几乎无活性。二甲基色胺（DMT）会很快从血液中消除（在1h内），主要是在氧化脱氨后生成3-吲哚乙酸。第五位取代基的引入会增加临床效应，并降低代谢化合物必须进行的O-去甲基化、6-羟基化和氮-脱烷基化代谢。一般来说，色胺衍生物的代谢是非常复杂的，有多种替代途径[62]。

表4.2　色胺衍生物的结构

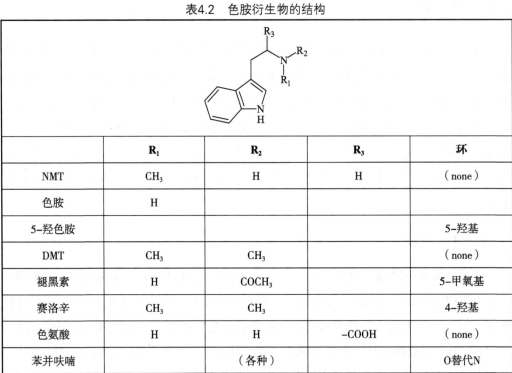

	R₁	R₂	R₃	环
NMT	CH₃	H	H	（none）
色胺	H			
5-羟色胺				5-羟基
DMT	CH₃	CH₃		（none）
褪黑素	H	COCH₃		5-甲氧基
赛洛辛	CH₃	CH₃		4-羟基
色氨酸	H	H	–COOH	（none）
苯并呋喃		（各种）		O替代N

4.7.2　麦角生物碱衍生物

麦角生物碱的天然来源（表4.3）是麦角真菌——麦角菌（*Claviceps purpurea*）[63, 64]。麦角菌是草本植物的寄生菌，主要寄生在黑麦上（黑麦属*Secale cereale*）。麦角菌的生命周期与寄主植物的周期完全匹配：子囊孢子充当花粉粒，在花内发育感染；菌核的形状与果实（谷物）相似。在有效的杀真菌剂研制出来之前，麦角菌引起许多中毒事件，但现在已经几乎消失了。然而，麦角菌作为药用生物碱的来源，仍然是人工培养的。菌核根据发育条件含有不同比例的麦角新碱、麦角异新碱、麦角胺、麦角异胺、麦角高碱、麦角异高碱、麦角隐亭、麦角隐亭碱、麦角克碱、麦角异克碱、麦角生碱、麦角异生碱。麦角生物碱以其纯化合物的形式和衍生物的形式广泛应用于治疗偏头痛。20世纪30年代，阿尔伯特·霍夫曼（Albert Hoffman）在山德士合成了麦角酸二乙胺（LSD，LSD–25）后，麦角酸开始被滥用。LSD是已知最强的药物之一，因为它可以以惊人的低剂量发挥药理作用。

表4.3　麦角生物碱及其衍生物

	R_1	R_2	R_3
麦角酸	H	OH	CH_3
麦角酰胺（LSA）		NH_2	
麦角胺		（复合取代基）	
麦角新碱		–NHCH（CH_3）CH_2OH	
甲基麦角酸胺	CH_3	NHCH（C_2H_5）CH_2OH	
1P–LSD	COC_2H_5	N（C_2H_5）$_2$	
LSD	H		
AL–LAD			CH_3CHCH_2
ETH–LAD			C_2H_5
PRO–LAD			C_3H_7

　　麦角衍生物的作用与抑制血清素受体有关，但其作用方式和药理作用各不相同。受体的位置也很重要。例如，麦角胺是$5–HT_{1A}$和$5–HT_{1D}$的拮抗剂，同时也是$5–HT_{1B}$的激动剂。LSD–25激活CNS中的$5–HT_{2B}$、$5–HT_{2C}$、$5–HT_7$和$5–HT_{2A}$，但抑制外周的$5–HT_{2A}$。这就是偏头痛药物没有引起幻觉效应，而LSD是引起幻觉的主要因素。LSD会改变人体感观，改变听到的声音，并产生虚假的视觉、声音和气味。许多通感（视

觉、听觉等）的案例已有报道，人们对幻觉的总体感知主要是积极的（一次愉快的旅行），然而糟糕的旅行也会发生，这主要发生在焦虑的人身上。他们在服用LSD后很长一段时间不再给药的情况下，还会自发产生幻觉，这种现象被称为闪回。LSD代谢的基础是生成2-氧衍生物、N-去甲基衍生物，并与葡萄糖醛酸结合[62]。

在黑市上可以买到策划药麦角酰胺，最广为人知的化合物是1P-LSD（1-丙酰基-LSD）、AL-LAD（6-烯丙基-6-nor-LSD）和LSZ（2,4-二甲基氮杂环戊烷）[65, 66]。

4.8　氨基酸

有三种神经递质属于这一组：谷氨酸、γ-氨基丁酸（GABA）和天冬氨酸。γ-氨基丁酸和谷氨酸都有专一的受体家族。此外，天冬氨酸和谷氨酸激活了NMDA（天冬氨酸）受体。

GABA存在于中枢神经系统近半的突触中，其作用非常复杂，GABA的活性改变了许多生理过程：运动、食欲、攻击性、性活动、情绪变化、体温调节和疼痛敏感性。GABA受体分为两类：$GABA_A$和$GABA_B$。第二类主要位于外周神经系统，其选择性激动剂巴氯芬除轻微镇静外，无任何精神病效应，常用作肌肉松弛剂。精神病效应只与$GABA_A$受体有关。除了与GABA本身结合的活性位点，$GABA_A$受体还具有与苯二氮䓬类和巴比妥类化合物结合的活性位点。

NMDA受体被认为是突触可塑性的关键，突触可塑性是一种学习和记忆的细胞机制，抑制它们会导致全身麻醉。

4.8.1　苯二氮䓬类药物

苯二氮䓬类药物包括大量的镇静剂、抗焦虑药和抗癫痫药。通过改变化学结构，有可能创造出镇静剂（艾司唑仑、氟硝西泮）、抗焦虑药（阿普唑仑、氯氮䓬）和抗癫痫药（氯硝西泮）。当一些衍生物是其他衍生物的代谢产物时，它们会表现出药理活性，且作用也受到复杂代谢的影响，复杂代谢可以调节它们的作用时间，从极短到极长。

历史上，苯二氮䓬类第一批策划药物（未获批准用于医学用途，但在黑市上出售）是吡唑仑、二氯西泮和氟氯硝西泮，然后是氯硝西泮、去氯乙酰唑仑、氟溴硝西泮、硝氟西泮和甲氯西泮[67]。

4.8.2 氯胺酮和苯环己哌啶类似物

氯胺酮是一种古老的药物，主要用于麻醉，没有天然前体，其作用主要与阻断NMDA受体有关[68]。消遣性使用氯胺酮会导致认知改变，随后是反应性意识的普遍缺乏，它会使使用者面临严重的人身伤害风险。它的药理作用与使用剂量密切相关：低剂量时，氯胺酮表现相反（兴奋）作用；高剂量时，会致幻和导致精神分裂。氯胺酮的代谢主要基于去甲基化和羟基化。黑市上出现了几种氯胺酮衍生物策划药[69]：2-氟脱氯氯胺酮、2-氟氯胺酮、甲氧基氯胺酮、乙胺丁醇和甲氧基氯胺酮。

苯环己哌啶曾作为一种具有类似解离和麻醉作用的药物使用，现在已停止药用。但在非医疗和非法用途领域，截至20世纪90年代，已有十多种策划药衍生物被出售、使用[69]，包括甲氧基环哌啶、羟基苯环哌啶、羟基环哌啶和甲氧基吡啶。一些类似的二芳基乙胺，如麻黄碱、地芬尼定或者甲氧哌啶，也在黑市上出售（尽管它们是多年前合成的，后来被废弃了）。

4.9 乙酰胆碱

乙酰胆碱作用于两种胆碱能受体：毒蕈碱样受体和烟碱样受体。烟碱样受体主要分为神经元受体和肌肉受体两种类型，神经元受体的作用目前知之甚少[70, 71]。它们可能参与了记忆过程，因为这些受体的拮抗剂损害了动物的记忆；这种作用会在给药期间被逆转。毒蕈碱受体的作用更为人所知[72]，它们可引起许多生理反应：增加外分泌腺的活动，降低心率，诱发平滑肌和子宫痉挛，以及血管舒张。与这些受体相关的胆碱能系统，起着平衡肾上腺素（去甲肾上腺素）能系统的作用。

尼古丁自然存在于烟草植物中（特别是普通烟草和黄花烟草）[73]，如皮特尤里木（*Duboisia hopwoodii*）[74]和叙利亚马利筋（*Asclepias syriaca*，夹竹桃科马利筋属）[75]。毒蕈碱可以在多种蘑菇中找到，这也是蘑菇有毒的原因，例如毒蝇鹅膏菌（*Amanita muscaria*）、洁小菇（*Mycena pura*）和丝盖伞属和杯伞属的不同种类蘑菇[76]。

当胆碱能受体被激活或阻断时，它们不能产生任何可见的情绪和精神病效应；此外，它们的激活会导致毒性作用（例如蘑菇中的毒蕈碱），这就是它们没有被视为新的策划药物目标的主要原因。

一些莨菪烷类生物碱，如阿托品、莨菪碱、东莨菪碱和颠茄碱（表4.4），表现出

色谱技术在策划药分析中的应用

很强的抗胆碱能活性，它们主要存在于茄科植物中[73]：颠茄子，曼陀罗属（主要是毛曼陀罗和曼陀罗），曼陀罗草属［主要是药用茄参（*Mandragora officinarum*）］，莨菪属（主要为天仙子）和木曼陀罗属（Brugmansia）。可卡因是唯一被用作策划药的莨菪烷类生物碱；然而，它的作用机制不同（如下一节所示）。

表4.4　苯乙胺衍生物的结构

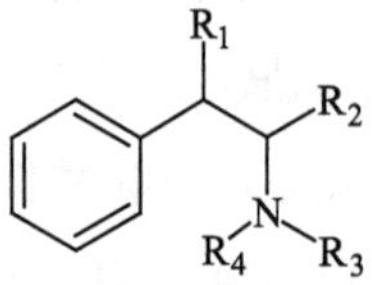

	R₁	R₂	R₃	R₄	环
哌甲酯	COOCH₃	对哌啶环封闭		H	无
苯丙胺（安非他明）	H	CH₃	H		
去甲麻黄碱，去甲伪麻黄碱	OH				
卡西酮	=O				
麻黄素（伪麻黄碱）	OH		CH₃		
甲基麻黄碱（甲基伪麻黄碱）				CH₃	
甲卡西酮	=O			H	
甲基苯丙胺	H				
MDMA					3,4-亚甲二氧基
4-甲基甲卡西酮	=O				4-甲基
苯乙胺	H	H	H		
2C-x 衍生物					2,5-二甲氧基
肾上腺素	OH		CH₃		3,4-二甲氧基
去甲肾上腺素			H		
多巴胺	H				
酪胺					3-羟基
麦斯卡林					3,4,5-三甲氧基
苯并呋喃		（各种）			呋喃与苯连接
甲氧丙基帕米					噻苯取代苯

52

4.10 多巴胺

多巴胺是最复杂、最重要的神经递质之一，其作用很多[77]，多巴胺系统紊乱是精神分裂症（如果发生多动）和帕金森病（活动减退）的主要因素之一。由于所有的单胺系统都是相互联系和相互作用的，多巴胺系统也被认为在抑郁症中发挥重要作用（连同血清素），多巴胺的作用对于成瘾和记忆也至关重要[18, 23, 78]。

所有苯乙胺衍生物（表4.4）和苄基哌嗪表现出与多巴胺强烈的结构相似性，这是本节中描述它们的原因。可卡因有类似的机制，然而，与简单的多巴胺类似物相比，它们的作用机制复杂且范围更广。

4.10.1 麻黄碱

麻黄素（麻黄科）有40余种，其中最重要的是具有上千年药用历史的中草药麻黄和用于印度民间医学的野麻黄（*Ephedra gerardiana*）[79]。它们是生长在南欧、亚洲、北非和两个美洲的多年生草本植物，具有强烈的松香和涩味。这些植物含有麻黄碱、甲基麻黄碱和去甲麻黄碱，它们都有同分异构体，具有R构型的碳与羟基基团相连，S构型的碳与其他不对称碳相连。这些化合物有其（S,S）类似物，也天然存在于麻黄属植物中，分别称为伪麻黄碱、甲基伪麻黄碱和去甲伪麻黄碱。一些物种还含有麻黄氧烷，其侧链靠近噁唑烷酮环，表现出抗炎活性，其化学结构类似于非甾体抗炎药。其他类别的生物碱（大环精胺家族）也存在，其他成分包括黄酮、黄烷醇、鞣质、羧酸、挥发性萜烯和N-甲基苄胺；与麻黄碱相似，但链较短。

麻黄碱是主要的活性物质，是肾上腺素能受体α和β家族的激动剂。此外，它会导致突触释放去甲肾上腺素，与受体结合刺激中枢神经系统（因为它很容易穿透血脑屏障），也会导致心率增加、血管收缩和支气管扩张[79]，这就是为什么麻黄碱在许多国家被用作滴鼻剂或止咳糖浆的一种成分。许多国家有将这些作为潜在的滥用来源的药品撤出市场的趋势。它可能被直接滥用，也可能被化学家转化成苯丙胺、甲卡西酮或其他毒品。麻黄碱还会降低食欲，这也是人们为了减肥而滥用它的原因。麻黄碱会造成尿潴留，过量服用会导致高血压、心悸、心律失常、中风、心脏骤停、精神病、尿潴留、失眠、焦虑和皮肤干燥剥落。麻黄碱代谢产生去甲麻黄碱（与植物中的生物合成反应相反）。

4.10.2 卡西酮

阿拉伯茶的拉丁学名为*Catha edulis*（Vahl）Endl.（卫矛科），原产于非洲之角和阿拉伯半岛的常青树灌木[80]，已有较长的种植史，主要分布在埃塞俄比亚和也门，生长在排水良好的土壤中，种植2~3年后收获幼枝[30]。许多作者认为阿拉伯茶在古埃及已被使用；然而，最初的文字记录是14世纪[81]。无论是在欢乐还是悲伤的场合，咀嚼阿拉伯茶叶片在当地人中都很流行，据说每天使用阿拉伯茶的人数约为2000万[82]，它也可以作为泡茶或熏制的材料，但这种情况很少[82, 83]。历史上，人们在19世纪就怀疑阿拉伯茶含有咖啡因，直到20世纪30年代才分离出该植物的主要活性成分阿茶碱（去甲伪麻黄碱）[30, 84]。幼叶中也含有卡西酮，在生长过程中会转化为阿茶碱。其他复合生物碱基团有导管素cathedulins和苯基戊烯基胺phenylpentenylamines（美鲁卡因、美鲁卡因酮、假美鲁卡因酮）。阿拉伯茶还含有黄酮类化合物（二氢杨梅素、山奈酚、杨梅素、槲皮素及其苷类）、甾醇和三萜类、挥发物、氨基酸和维生素[30]。卡西酮在体内可转化为异卡西酮或环吡嗪[84]。

由于酮基的存在，卡西酮的亲脂性不如苯丙胺，需要更高的剂量才能达到同样的效果[84]。它们可以通过口服、静脉注射或吸入给药，并经常与其他药物一起服用以增强疗效；这往往会导致危险的相互作用[85~87]。它们在口腔和小肠中被吸收，阿茶碱和卡西酮在给药后约2小时达到血药浓度峰值[84]；它们也存在于母乳中[82]。卡西酮衍生物进行广泛的（立体选择性）I相代谢：脱甲基、酮还原成醇、甲基羟基化成醇，然后氧化成羧酸，在长期储存过程中也会发生类似的化学反应[82, 84, 86]。亚甲二氧衍生物被去甲基化为两个羟基，再进一步进行甲基化。由于氟键很难断裂，氟化衍生物的作用时间较长。I相代谢物以游离形式随尿液排出，或在以葡萄糖醛酸化为主的II相代谢后排出。

卡西酮的作用类似于麻黄碱：正性肌力和心脏变时性效应、动脉收缩、散瞳症、欣快、多动、流涎、高热、厌食、口干。它抑制神经摄取去甲肾上腺素[31]。虽然很容易产生对苯丙胺的耐受性，但咀嚼阿拉伯茶并不容易产生依赖性，这可能是由于咀嚼时摄入的量很低[80]。

所有卡西酮衍生物都能增强多巴胺和去甲肾上腺素的释放，从而抑制它们的再摄取[86, 88, 89]，而它们对血清素的作用则明显较弱[84]。有人认为[82]精神刺激主要是由中纹状体—皮质边缘多巴胺能通路介导的，其精神症状与苯丙胺和可卡因相似（包括饥饿感减轻）；然而，没有证据表明在也门相比于不咀嚼阿拉伯茶的人，咀嚼阿拉伯茶的人更易患精神病。有消息称（见参考文献［82］），在开始使用时，会诱发抑郁情绪。虽然对这些物质成瘾的风险没有明确的共识，但有明确的证据表明，一些经常咀嚼阿拉伯茶或服用卡西酮衍生物的人有重复自我给药的强迫性需要。对甲氧麻黄酮使用者的调查显示，其中80%的人有强烈的渴求[84]。关于戒断综合征的存在及其机制的报道存在分歧[82]，当对动物进行研究时，卡西酮及其衍生物与苯丙胺（运动过度、刻板动作、通过抑制食物而增强的反应）、可卡因（自我给药、条件性味觉厌恶）以及两者（镇痛、厌食、条件性位置偏爱）具有相同作用[82]。

4.10.3 苯丙胺类

苯丙胺类（安非他明）最早是19世纪后期在德国合成的。之后不久，麻黄碱被合成为甲基苯丙胺，它们与阿茶碱、麻黄碱、苯乙胺以及部分多巴胺相似。

苯丙胺类是中枢神经系统的强效兴奋剂[90]，它们作为神经元中单胺转运体的底物，释放并抑制多巴胺、去甲肾上腺素的再摄取。它们与肾上腺素能和多巴胺能受体没有直接的亲和力。苯丙胺类能改善运动，引起欣快感和兴奋感，减少饥饿感和睡眠需求。这种作用在服药后持续数小时，然后转变为相反的症状（抑郁和焦虑），为避免这种不良症状而再次服用是成瘾发展的主要因素之一。此外，反复服用苯丙胺类引起耐受性，欣快症状减少，鼓励增加剂量是另一个成瘾因素，长时间使用并增加剂量会导致苯丙胺类精神病，其症状与精神分裂症非常相似。

苯丙胺类的代谢有两个主要途径：氧-去甲基化生成二羟基衍生物（儿茶酚），然后甲基化生成甲氧基衍生物，或者侧链降解生成N-脱烷基和脱氨基氧代谢产物。有证据表明，存在第三种代谢途径（且仅在高剂量后才发生），产生神经毒性三羟基苯丙胺[91]。

许多苯丙胺类衍生物在治疗上被用作拟交感神经镇痛药、厌食药、非阿片类镇痛药、抗帕金森药或血管扩张剂，例如安非他尼、芬乃他林、芬咖明、芬氟拉明、西布曲明、司立吉林和普尼拉明。哌醋甲酯是第二个闭合环的衍生物，用于治疗注意力缺陷多动障碍（ADHD）。

4.10.4 苯乙胺衍生物的结构修饰

在策划药物合成中，所有的苯乙胺衍生物都以相似的方式进行结构修饰。最简单的设计修饰是基于第4位的环取代，形成溴、氯、甲基、氟、碘和甲氧基衍生物，还合成了2,5-二甲氧基衍生物（命名为2C-X）[92]。苯环可以变成萘、苯并二呋喃、苯并呋喃或其他类似的杂环结构。氮原子上可以连接各种取代基，还可以选择将两个取代基合起来形成吡咯环。许多策划衍生物都含有3,4-亚甲基二氧基；以这种方式修饰的安非他明分子称为MDMA（Methy lenedioxy methamphetamine，亚甲基二氧基甲基苯丙胺，俗称摇头丸）[93, 94]，而相应的酮称为甲酮[95]。这些衍生物也作用于5-羟色胺系统，诱导释放并减少再摄取。策划药卡西酮衍生物通常以"浴盐"名称销售[96—100]，且其数量在不断增加[86]。

4.10.5　哌嗪类

哌嗪类通常被认为是草药或天然制剂，但它们是一组完全人工的药物（在自然界中没有直接类似物，但它们表现出与苯乙胺的化学相似性）[101]，可分为1-苄基和1-苯基哌嗪衍生物[61]。它们最初被开发用于对抗寄生虫，后期研究集中在抗抑郁的作用上。如今，除了一些特殊情况（例如，环克利嗪用于治疗恶心），官方药物中并不使用它们。20世纪90年代，它们在黑市上还不为人知，直到2004年左右，才开始被严重滥用。

苄基哌嗪的作用与苯丙胺衍生物非常相似；人们常常无法区分，它们增加了中枢神经系统的细胞外多巴胺水平，也增加了血清素和去甲肾上腺素。所有这些神经递质通过增强释放和抑制神经递质的再摄取来增强作用，而苯基哌嗪主要直接（突触后）作用于5-羟色胺，并通过逆转5-羟色胺再摄取的转运体作用于突触前[61]。因此，两组急性中毒的症状是不同的：苄基哌嗪会产生拟交感神经症状（高血压、卒中、焦虑、妄想、瞳孔模糊、偏执），而苯基哌嗪会产生类似血清素综合征的症状（恶心、焦虑和头痛）。

4.10.6　可卡因

可卡因是一种天然生物碱，存在于近20种不同的古柯属植物中，主要是红木古柯林 [*Erythroxylum coca* Lam.（*Erythroxylaceae*）] 和新花红木 [*Erythroxylum novogranatense*（D.Morris）Hieron.]，它们生长在南美洲[102]。古柯叶自古以来就被印第安人咀嚼以防止饥饿和增强耐力。

古柯叶含有作为主要生物碱的可卡因（表4.5），以及几种类似的化合物：肉桂酰可卡因、苯甲酰唑嗪、甲基爱康宁、甲基爱可尼丁、伪托品、托品那卡因、二羟基托品烷。几种吡咯烷类生物碱（古豆碱、古豆醇碱、菟丝子碱）和微量尼古丁也存在。

表 4.5 莨菪烷生物碱的结构

	R_1	R_2
可卡因	COOCH$_3$	OCOPh
苯甲酰芽子碱	COOH	OCOPh
阿托品	H	OCO（CH$_3$OH）Ph
爱康宁	COOH	OH

可卡因的作用与苯丙胺类似，但诱导妄想症和幻觉的倾向较低。它经常被吸入或作为一种游离碱（称为"Crack"）被吸食，过量服用会引起惊厥，外周作用引起心跳过速、血管痉挛和高血压，可以观察到一种强烈的心理成瘾。它在水解的基础上进行新陈代谢，通常认为可卡因不会产生生理成瘾，然而，仍存在异议。除了纯可卡因，其4-氟衍生物也经常在黑市上出售。

可卡因具有局部麻醉作用，其不含莨菪烷部分的类似物被用于局部麻醉（苯佐卡因、普鲁卡因、丁卡因、利多卡因等）。部分被当作非法毒品出售（美普卡因、硝化卡因、二甲卡因）。

4.11 类固醇

策划药类固醇主要用作合成代谢剂，在竞技运动中主要用来提高成绩，它们都是天然激素的类似物：睾酮和双氢睾酮[103]。二甲肼、甲基氯斯特波、明他博兰、甲氧基性腺素、甲基表硫甾烷醇和甲基烯勃龙[104]，这些药物的药理学几乎与天然激素相同，它们诱导合成代谢，构建人体组织，促进骨骼的生长和肌肉质量的增加。

近年来，一组新的药物——选择性雄激素受体调节剂（SARMs）相继上市[105, 106]，它们是一种纯粹的合成代谢物质，不带雄性特征。在许多疾病中，它们被用来维持理想的肌肉重量，同时减少雄激素的副作用。由于在肌肉锻炼中使用它们比类固醇本身更安全，因此黑市对它们的需求很大。然而，在修饰分子的合成中没有观察到显著的研究趋势。

参考文献

1. Kenakin, T. 2008. Overview of receptor interactions of agonists and antagonists, *Current Protocols in Pharmacology*, 42 (Suppl.): 4.1.1–4.1.24.
2. Hoyer, D., and H. W. G. M. Boddeke. 1993. Partial agonists, full agonists, antagonists: dilemmas of definition, *Trends in Pharmacological Sciences*, 14 (7): 270–275.
3. Rudnick, G., and J. Clark. 1993. From synapse to vesicle: The reuptake and storage of biogenic amine neurotransmitters, *BBA—Bioenergetics*, 1144 (3): 249–263.
4. Fuller, R. W., and D. T. Wong. 1977. Inhibition of serotonin reuptake, *Federation Proceedings*, 36 (8): 2154–2158.
5. Shahid, M., T. Tripathi, F. Sobia, S. Moin, M. Siddiqui, and R. A. Khan. 2009. Histamine, histamine receptors, and their role in immunomodulation: An updated systematic review, *Open Immunology Journal*, 2 (1): 9–41.
6. LeDoux, J. E. 1995. Emotion: Clues from the brain, *Annual Review of Psychology*, 46: 209–235.
7. Ruiz-Garcia, A., M. Bermejo, A. Moss, and V. G. Casabo. 2008. Pharmacokinetics in drug discovery, *Journal of Pharmaceutical Sciences*, 97 (2): 654–690.
8. Testa, B., P. Crivori, M. Reist, and P.-A. Carrupt. 2000. The influence of lipophilicity on the pharmacokinetic behavior of drugs: Concepts and examples, *Perspectives in Drug Discovery and Design*, 19: 179–211.
9. Arnott, J. A., and S. L. Planey. 2012. The influence of lipophilicity in drug discovery and design, *Expert Opinion on Drug Discovery*, 7 (10): 863–875.
10. Xu, C., C. Y.-T. Li, and A.-N. T. Kong. 2005. Induction of phase I, II and III drug metabolism/transport by xenobiotics, *Archives of Pharmacal Research*, 28 (3): 249–268.
11. Carroll, F. I., A. H. Lewin, S. W. Mascarella, H. H. Seltzman, and P. A. Reddy. 2012. Designer drugs: A medicinal chemistry perspective, *Annals of the New York Academy of Sciences*, 1248 (2): 18–38.
12. Bialer, P. A. 2002. Designer drugs in the general hospital, *Psychiatric Clinics of North America*, 25 (1): 231–243.
13. Staack, R. F., and H. H. Maurer. 2005. Metabolism of designer drugs of abuse, *Current Drug Metabolism*, 6 (3): 259–274.
14. Meyer, M. R., and H. H. Maurer. 2010. Metabolism of designer drugs of abuse: An updated review, *Current Drug Metabolism*, 11 (5): 468–482.
15. Giannantonio, M. Di, G. Davide, R. Giovannangelo, D. Leonetti, and M. Nacci. 1998. Reward system: A biological and psychological perspective, *Italian Journal of Psychiatry and Behavioural Sciences*, 8 (1): 36–40.
16. Wise, R. A. 1981. Action of drugs of abuse on brain reward systems, *Pharmacology Biochemistry and Behavior*, 13 (Suppl. 1): 213–223.
17. Olsen, C. M. 2011. Natural rewards, neuroplasticity, and non-drug addictions,

Neuropharmacology, 61 (7): 1109–1122.

18. Berridge, K. C., and T. E. Robinson. 1998. What is the role of dopamine in reward: Hedonic impact, reward learning, or incentive salience?, *Brain Research Reviews*, 28 (3): 309–369.

19. Nutt, D. J., A. Lingford-Hughes, D. Erritzoe, and P. R. A. Stokes. 2015. The dopamine theory of addiction: 40 years of highs and lows, *Nature Reviews Neuroscience*, 16 (5): 305–312.

20. West, R. 2001. Theories of addiction, *Addiction*, 96 (1): 3–13.

21. Lazić, N. 1997. The general theory of systems and the addiction diseases, *Alcoholism*, 33 (1-2): 45–53.

22. Thauberger, P., L. Vaselenak, and L. Pagliaro. 1989. The need for a shift in paradigm in the theory of addiction, *Proceedings of the Western Pharmacology Society*, 32: 27–31.

23. Dayan, P. 2009. Dopamine, reinforcement learning, and addiction, *Pharmacopsychiatry*, 42 Suppl 1: 56–65.

24. Everitt, B. J., and T. W. Robbins. 2005. Neural systems of reinforcement for drug addiction: From actions to habits to compulsion, *Nature Neuroscience*, 8 (11): 1481–1489.

25. Self, D. W., and E. J. Nestler. 1995. Molecular mechanisms of drug reinforcement and addiction, *Annual Review of Neuroscience*, 18: 463–495.

26. Volkow, N. D., and R. D. Baler. 2014. Addiction science: Uncovering neurobiological complexity, *Neuropharmacology*, 76 (Part B): 235–249.

27. Koob, G. F. 2013. Negative reinforcement in drug addiction: The darkness within, *Current Opinion in Neurobiology*, 23 (4): 559–563.

28. Koob, G. F., C. L. Buck, A. Cohen, S. Edwards, P. E. Park, J. E. Schlosburg, B. Schmeichel et al. 2014. Addiction as a stress surfeit disorder, *Neuropharmacology*, 76 (Part B): 370–382.

29. Waterman, P. G. 1992. Roles for secondary metabolites in plants, *Ciba Foundation symposium*, 171: 255–269; discussion 269.

30. Getasetegn, M. 2016. Chemical composition of Catha edulis (khat): A review, *Phytochemistry Reviews*, 15 (5): 907–920.

31. Carlini, E. A. 2003. Plants and the central nervous system, *Pharmacology Biochemistry and Behavior*, 75 (3): 501–512.

32. Richardson III, W. H., C. M. Slone, and J. E. Michels. 2007. Herbal drugs of abuse: An emerging problem, *Emergency Medicine Clinics of North America*, 25 (2): 435–457.

33. Ujváry, I. 2014. Psychoactive natural products: Overview of recent developments, *Annali dell'Istituto Superiore di Sanita*, 50 (1): 12–27.

34. Ziegler, J., and P. J. Facchini. 2008. Alkaloid biosynthesis: Metabolism and trafficking, *Annual Review of Plant Biology*, 59: 735–769.

35. Kutchan, T. M. 1995. Alkaloid biosynthesis—The basis of metabolic engineering of medicinal plants, *Plant Cell*, 7 (7): 1059–1070.

36. Ashihara, H., H. Sano, and A. Crozier. 2008. Caffeine and related purine alkaloids: Biosynthesis, catabolism, function and genetic engineering, *Phytochemistry*, 69 (4): 841–856.

37. Anaya, A. L., R. Cruz-Ortega, and G. R. Waller. 2006. Metabolism and ecology of purine alkaloids, *Frontiers in Bioscience*, 11 (Suppl. 1): 2354–2370.

38. Ralevic, V., and G. Burnstock. 1998. Receptors for purines and pyrimidines, *Pharmacological Reviews*, 50 (3): 413–492.

39. Ferré, S. 2016. Mechanisms of the psychostimulant effects of caffeine: Implications for

substance use disorders, *Psychopharmacology*, 233 (10): 1963–1979.

40. Stephenson, P. E. 1977. Physiologic and psychotropic effects of caffeine on man: A review, *Journal of the American Dietetic Association*, 71 (3): 240–247.

41. Patay, É. B., T. Bencsik, and N. Papp. 2016. Phytochemical overview and medicinal importance of *Coffea* species from the past until now, *Asian Pacific Journal of Tropical Medicine*, 9 (12): 1127–1135.

42. Mohanpuria, P., V. Kumar, and S. K. Yadav. 2010. Tea caffeine: Metabolism, functions, and reduction strategies, *Food Science and Biotechnology*, 19 (2): 275–287.

43. Burdock, G. A., I. G. Carabin, and C. M. Crincoli. 2009. Safety assessment of kola nut extract as a food ingredient, *Food and Chemical Toxicology*, 47 (8): 1725–1732.

44. Heck, C. I., and E. G. De Mejia. 2007. Yerba mate tea (*Ilex paraguariensis*): A comprehensive review on chemistry, health implications, and technological considerations, *Journal of Food Science*, 72 (9): R138–R151.

45. Schimpl, F. C., J. F. Da Silva, J. F. D. C. Gonçalves, and P. Mazzafera. 2013. Guarana: Revisiting a highly caffeinated plant from the Amazon, *Journal of Ethnopharmacology*, 150 (1): 14–31.

46. Ravi Subbiah, M. T. 2005. Guarana consumption: A review of health benefits and risks, *Alternative and Complementary Therapies*, 11 (4): 212–213.

47. Hendeles, L., and M. Weinberger. 1983. Theophylline: A 'state of the art' review, *Pharmacotherapy*, 3 (1): 2–44.

48. Rusconi, M., and A. Conti. 2010. Theobroma cacao L., the Food of the Gods: A scientific approach beyond myths and claims, *Pharmacological Research*, 61 (1): 5–13.

49. Foley, K. M. 1993. Opioids, *Neurologic Clinics*, 11 (3): 503–522.

50. Calixto, J. B., A. Beirith, J. Ferreira, A. R. S. Santos, V. C. Filho, and R. A. Yunes. 2000. Naturally occurring antinociceptive substances from plants, *Phytotherapy Research*, 14 (6): 401–418.

51. Suzuki, J., and S. El-Haddad. 2017. A review: Fentanyl and non-pharmaceutical fentanyls, *Drug and Alcohol Dependence*, 171: 107–116.

52. Davis, M. P. 2011. Fentanyl for breakthrough pain: A systematic review, *Expert Review of Neurotherapeutics*, 11 (8): 1197–1216.

53. Vučković, S., M. Prostran, M. Ivanović, Lj. Došen-Mićović, Z. Todorović, Z. Nešić, R. Stojanović, N. Divac, and Ž. Miković. 2009. Fentanyl analogs: Structure-activity-relationship study, *Current Medicinal Chemistry*, 16 (19): 2468–2474.

54. Clotz, M. A., and M. C. Nahata. 1991. Clinical uses of fentanyl, sufentanil, and alfentanil, *Clinical Pharmacy*, 10 (8): 581–593.

55. Pamplona, F. A., and R. N. Takahashi. 2012. Psychopharmacology of the endocannabinoids: Far beyond anandamide, *Journal of Psychopharmacology*, 26 (1): 7–22.

56. Ameri, A. 1999. The effects of cannabinoids on the brain, *Progress in Neurobiology*, 58 (4): 315–348.

57. Szulakowska, A., and H. Milnerowicz. 2007. Cannabis sativa in the light of scientific research, *Advances in Clinical and Experimental Medicine*, 16 (6): 807–815.

58. Turner, C. E., M. A. Elsohly, and E. G. Boeren. 1980. Constituents of cannabis sativa L. XVII. A review of the natural constituents, *Journal of Natural Products (Lloydia)*, 43 (2): 169–234.

59. Seely, K. A., P. L. Prather, L. P. James, and J. H. Moran. 2011. Marijuana-based drugs: Innovative therapeutics or designer drugs of abuse?, *Molecular Interventions*, 11 (1):

36–51.

60. Castaneto, M. S., D. A. Gorelick, N. A. Desrosiers, R. L. Hartman, S. Pirard, and M. A. Huestis. 2014. Synthetic cannabinoids: Epidemiology, pharmacodynamics, and clinical implications, *Drug and Alcohol Dependence*, 144: 12–41.

61. Hill, S. L., and S. H. L. Thomas. 2011. Clinical toxicology of newer recreational drugs, *Clinical Toxicology*, 49 (8): 705–719.

62. Araújo, A. M., F. Carvalho, M. L. Bastos, P. Guedes de Pinho, and M. Carvalho. 2015. The hallucinogenic world of tryptamines: An updated review, *Archives of Toxicology*, 89 (8): 1151–1173.

63. Wallwey, C., and S.-M. Li. 2011. Ergot alkaloids: Structure diversity, biosynthetic gene clusters and functional proof of biosynthetic genes, *Natural Product Reports*, 28 (3): 496–510.

64. Flieger, M., M. Wurst, and R. Shelby. 1997. Ergot alkaloids: Sources, structures and analytical methods, *Folia Microbiologica*, 42 (1): 3–30.

65. Brandt, S. D., P. V. Kavanagh, F. Westphal, S. P. Elliott, J. Wallach, T. Colestock, T. E. Burrow et al. 2017. Return of the lysergamides. Part II: Analytical and behavioural characterization of N6-allyl-6-norlysergic acid diethylamide (AL-LAD) and (2'S,4'S)-lysergic acid 2,4-dimethylazetidide (LSZ), *Drug Testing and Analysis*, 9 (1): 38–50.

66. Brandt, S. D., P. V. Kavanagh, F. Westphal, A. Stratford, S. P. Elliott, K. Hoang, J. Wallach, and A. L. Halberstadt. 2016. Return of the lysergamides. Part I: Analytical and behavioural characterization of 1-propionyl-d-lysergic acid diethylamide (1P-LSD), *Drug Testing and Analysis*, 8 (9): 891–902.

67. Moosmann, B., L. A. King, and V. Auwärter. 2015. Designer benzodiazepines: A new challenge, *World Psychiatry*, 14 (2): 248.

68. Wolff, K., and A. R. Winstock. 2006. Ketamine: From medicine to misuse, *CNS Drugs*, 20 (3): 199–218.

69. Morris, H., and J. Wallach. 2014. From PCP to MXE: A comprehensive review of the non-medical use of dissociative drugs, *Drug Testing and Analysis*, 6 (7-8): 614–632.

70. Gotti, C., M. Zoli, and F. Clementi. 2006. Brain nicotinic acetylcholine receptors: Native subtypes and their relevance, *Trends in Pharmacological Sciences*, 27 (9): 482–491.

71. Gotti, C., and F. Clementi. 2004. Neuronal nicotinic receptors: From structure to pathology, *Progress in Neurobiology*, 74 (6): 363–396.

72. Karczmar, A. G. 2009. Story of muscarinic receptors, alkaloids with muscarinic significance and of muscarinic functions and behaviors, *Annual Review of Biomedical Sciences*, 11: 1–50.

73. Shah, V. V., N. D. Shah, and P. V. Patrekar. 2013. Medicinal plants from solanaceae family, *Research Journal of Pharmacy and Technology*, 6 (2): 143–151.

74. Moyano, E., S. Fornalé, J. Palazón, R. M. Cusidó, N. Bagni, and M. T. Piñol. 2002. Alkaloid production in Duboisia hybrid hairy root cultures overexpressing the pmt gene, *Phytochemistry*, 59 (7): 697–702.

75. Marion, L. 1939. The occurrence of l-nicotine in Asclepias syriaca L., *Canadian Journal of Research*, 17 (1): 21–22.

76. Persson, H. 2007. Mushrooms, *Medicine*, 35 (12): 635–637.

77. Beaulieu, J.-M., and R. R. Gainetdinov. 2011. The physiology, signaling, and pharmacology of dopamine receptors, *Pharmacological Reviews*, 63 (1): 182–217.

78. Nieoullon, A. 2002. Dopamine and the regulation of cognition and attention, *Progress*

in Neurobiology, 67 (1): 53–83.

79. Abourashed, E. A., A. T. El-Alfy, I. A. Khan, and L. Walker. 2003. Ephedra in perspective: A current review, *Phytotherapy Research*, 17 (7): 703–712.

80. Al-Hebshi, N. N., and N. Skaug. 2005. Khat (Catha edulis): An updated review, *Addiction Biology*, 10 (4): 299–307.

81. De Felice, L. J., R. A. Glennon, and S. S. Negus. 2014. Synthetic cathinones: Chemical phylogeny, physiology, and neuropharmacology, *Life Sciences*, 97 (1): 20–26.

82. Feyissa, A. M., and J. P. Kelly. 2008. A review of the neuropharmacological properties of khat, *Progress in Neuro-Psychopharmacology and Biological Psychiatry*, 32 (5): 1147–1166.

83. Graziani, M., M. S. Milella, and P. Nencini. 2008. Khat chewing from the pharmacological point of view: An update, *Substance Use and Misuse*, 43 (6): 762–783, 832, 834, 836.

84. Kelly, J. P. 2011. Cathinone derivatives: A review of their chemistry, pharmacology and toxicology, *Drug Testing and Analysis*, 3 (7-8): 439–453.

85. Schifano, F., A. Albanese, S. Fergus, J. L. Stair, P. Deluca, O. Corazza, Z. Davey et al. 2011. Mephedrone (4-methylmethcathinone; 'Meow meow'): Chemical, pharmacological and clinical issues, *Psychopharmacology*, 214 (3): 593–602.

86. Dargan, P. I., R. Sedefov, A. Gallegos, and D. M. Wood. 2011. The pharmacology and toxicology of the synthetic cathinone mephedrone (4-methylmethcathinone), *Drug Testing and Analysis*, 3 (7-8): 454–463.

87. Dybdal-Hargreaves, N. F., N. D. Holder, P. E. Ottoson, M. D. Sweeney, and T. Williams. 2013. Mephedrone: Public health risk, mechanisms of action, and behavioral effects, *European Journal of Pharmacology*, 714 (1-3): 32–40.

88. Coppola, M., and R. Mondola. 2012. Synthetic cathinones: Chemistry, pharmacology and toxicology of a new class of designer drugs of abuse marketed as "bath salts" or "plant food", *Toxicology Letters*, 211 (2): 144–149.

89. Iversen, L., M. White, and R. Treble. 2014. Designer psychostimulants: Pharmacology and differences, *Neuropharmacology*, 87: 59–65.

90. Sulzer, D., M. S. Sonders, N. W. Poulsen, and A. Galli. 2005. Mechanisms of neurotransmitter release by amphetamines: A review, *Progress in Neurobiology*, 75 (6): 406–433.

91. Kraemer, T., and H. H. Maurer. 2002. Toxicokinetics of amphetamines: Metabolism and toxicokinetic data of designer drugs, amphetamine, methamphetamine, and their N-alkyl derivatives, *Therapeutic Drug Monitoring*, 24 (2): 277–289.

92. Boer, D. De, and I. Bosman. 2004. A new trend in drugs-of-abuse: The 2C-series of phenethylamine designer drugs, *Pharmacy World and Science*, 26 (2): 110–113.

93. Climko, R. P., H. Roehrich, D. R. Sweeney, and J. Al-Razi. 1986. Ecstasy: A review of MDMA and MDA, *International Journal of Psychiatry in Medicine*, 16 (4): 359–372.

94. Rattray, M. 1991. Ecstasy: Towards an understanding of the biochemical basis of the actions of MDMA, *Essays in Biochemistry*, 26: 77–87.

95. Bossong, M. G., J. P. Van Dijk, and R. J. M. Niesink. 2005. Methylone and mCPP, two new drugs of abuse?, *Addiction Biology*, 10 (4): 321–323.

96. Baumann, M. H., J. S. Partilla, and K. R. Lehner. 2013. Psychoactive "bath salts": Not so soothing, *European Journal of Pharmacology*, 698 (1-3): 1–5.

97. German, C. L., A. E. Fleckenstein, and G. R. Hanson. 2014. Bath salts and synthetic cathinones: An emerging designer drug phenomenon, *Life Sciences*, 97 (1): 2–8.

98. Lewin, A. H., H. H. Seltzman, F. I. Carroll, S. W. Mascarella, and P. A. Reddy. 2014. Emergence and properties of spice and bath salts: A medicinal chemistry perspective, *Life Sciences*, 97 (1): 9–19.

99. Murphy, C. M., A. R. Dulaney, M. C. Beuhler, and S. Kacinko. 2013. "Bath salts" and "plant food" products: The experience of one regional US poison center, *Journal of Medical Toxicology*, 9 (1): 42–48.

100. Gunderson, E. W., M. G. Kirkpatrick, L. M. Willing, and C. P. Holstege. 2013. Substituted cathinone products: A new trend in "bath salts" and other designer stimulant drug use, *Journal of Addiction Medicine*, 7 (3): 153–162.

101. Arbo, M. D., M. L. Bastos, and H. F. Carmo. 2012. Piperazine compounds as drugs of abuse, *Drug and Alcohol Dependence*, 122 (3): 174–185.

102. Novák, M., C. A. Salemink, and I. Khan. 1984. Biological activity of the alkaloids of *Erythroxylum coca* and *Erythroxylum novogranatense*, *Journal of Ethnopharmacology*, 10 (3): 261–274.

103. Kazlauskas, R. 2010. Designer steroids, *Handbook of Experimental Pharmacology*, 195: 155–185.

104. Rahnema, C. D., L. E. Crosnoe, and E. D. Kim. 2015. Designer steroids—Over-the-counter supplements and their androgenic component: Review of an increasing problem, *Andrology*, 3 (2): 150–155.

105. Zhang, X., J. C. Lanter, and Z. Sui. 2009. Recent advances in the development of selective androgen receptor modulators, *Expert Opinion on Therapeutic Patents*, 19 (9): 1239–1258.

106. Zhang, X., and Z. Sui. 2013. Deciphering the selective androgen receptor modulators paradigm, *Expert Opinion on Drug Discovery*, 8 (2): 191–218.

5　液相色谱-质谱法在策划药分析中的应用

贝里尔·阿尼兰默特（Beril Anilanmert）

5.1　引言

　　随着新的未知药物的不断出现，检测新的策划药对临床和法医毒物学家来说是一个挑战[1]。标准免疫筛查方法可能因存在交叉反应，或没有涵盖最近发现的未知物质而失败。然而，现已发表了许多关于这些药物代谢、筛查和结构分析的方法及验证研究，以及一种或几种化合物的案例报道。由于这些药物不能通过标准的筛查试验检测到，因此无法准确评估这些新药使用的真实情况[2]。随着新精神活性药物被地下实验室引入市场，这些物质的法律地位定期发生变化，但其化学结构只有轻微改变。正因如此，在某些情况下，世界正朝着通用分类的应用方向发展，科学家们正在研究能够同时检测结构上类似的策划药的分析方法。

　　新精神活性物质（NPSs）是不法分子为逃避打击而对传统毒品进行化学结构修饰所得到的毒品类似物，传统毒品如大麻、可卡因、摇头丸和LSD[3]等。地下实验室不断合成新的化学物质，试图通过不断改变药物的化学结构，取代那些不断被添加到管制范围内的化学物质，并长期走在法律管制之前。NPSs正以惊人的速度被引入毒品市场（图5.1）[4]。关于NPSs最大的一个误解是广告将其称为"合法兴奋剂"，但它们并不是安全的。不法分子利用一些药物研究成果（例如发表的论文和科学专利），选择可以满足他们精神和/或生理需求的药物[5]。在许多国家，这些药物未经食品药品监督管理局或卫生部批准就开始销售，实际上，仅这一点就足以认定其非法性。但是，地下实验室通常会将他们生产的药物制剂贴上"不供人类食用"的虚假标签，从而避开法律制裁。除了新药出现的速度外，很难根据剂量范围了解这些药物的作用和作用类型。它们不受管制并且未经检测，包装内的剂量通常与标签上印刷的推荐剂量不一

图5.1 部分新精神活性物质样本

（转载自 Dunn, T. N. 2016. Prison Drugs Scandal: One in 10 prisoners are high on dangerous designer drugs as deadly new epidemic sweeps jail, https://www.thesun.co.uk/news/1828789/one–in–10–prisoners–are–high –on–dangerous–designer–drugs–as–deadly–new–epidemic–sweeps–jail/，2017年4月20日接收。）

致。非法制造商或销售商不断开发新的生产工艺、产品和开辟新的销售途径，使得这种情况更加难以应对[6]。管制措施出现后，供应商会迅速引入合法的药物替代品，因此在如此短的时间内，关于药物短期和长期影响、代谢和药代动力学的信息很难获得。一些策划药的分子结构如图5.2所示。

5.1.1 颜色反应

在筛查试验中，2,4-二硝基苯肼试剂可以与合成大麻素中的酮基（羰基）反应，如萘酰吲哚、苯乙酰吲哚、苯甲酰吲哚和环丙基吲哚等，它们通常是粉末状态或吸附在植物材料上，如果样品呈阳性，颜色从黄色变为橙色[7]。Marquis试剂可以与所有含氮药物发生反应，同时对环己苯酚和JWH类似物也会呈阳性反应。Dragendorff试剂也适用于检测JWH类似物；但是，这些颜色反应检测限都比较高。虽然可以用这些显色剂检测合成大麻素，但需要更灵敏的方法来检测低浓度药物。伊斯坦布尔大学内部研发的ELISA分别用5 ng/mL JWH-018和JWH-250的5-OH和4-OH代谢物进行校准，就可用于尿液中合成大麻素的筛查分析。一些商业免疫分析试剂盒，如K2/Spice检测试剂盒、DrugSmart试剂盒和RapiCard InstaTest试剂盒都已经开发出来，可以方便、快速地筛查尿液中的这些药物，而不需要显色试剂。然而，像QUPIC和AB-CHMINACA等新型策划药还无法检测。

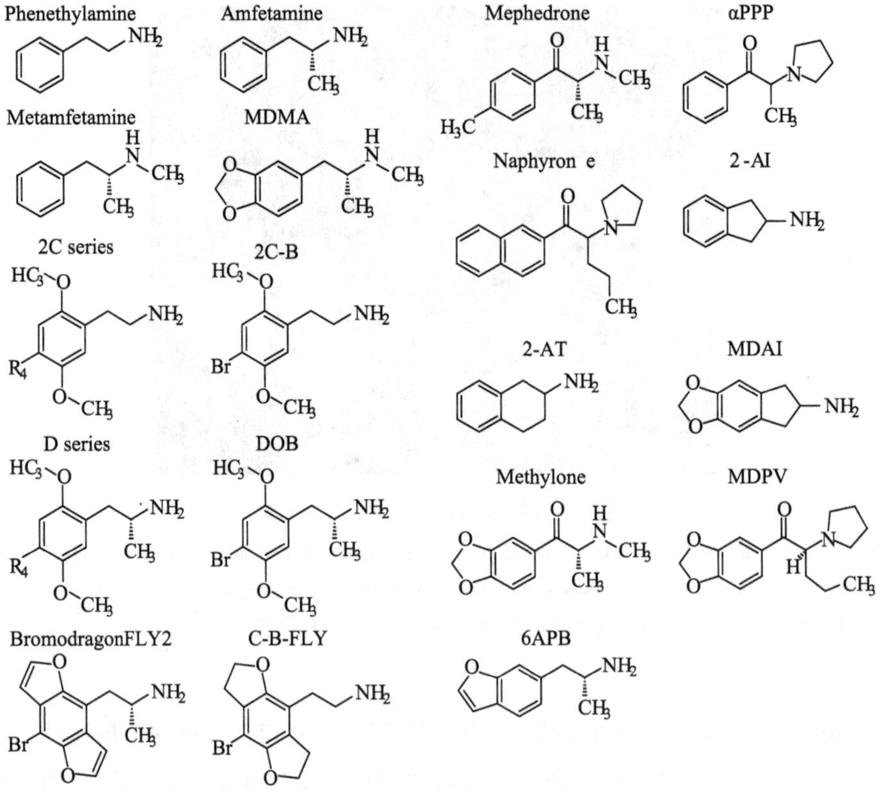

图5.2　部分策划药的分子结构

（转载自Hill, S. L. 和Thomas, S. H., 临床毒理学, 2011, 49: 705–719。）

5.1.2　免疫分析

免疫分析是传统策划药的经典筛查技术，如果是阳性结果再使用GC–MS或LC–MS/MS检测方法进行确证。近年来，有一些免疫分析方法检测NPSs的研究，但许多新的策划药在常规的药物筛查中不能用现有的标准免疫分析方法进行检测[8]。虽然免疫分析可用于筛查常见的合成大麻素类似物，如JWH–018[5]，但它们对许多新的合成大麻素会有很大概率的交叉反应。而且，即使研发了新的免疫分析法，可检测的合成大麻素类药物也不能做到全覆盖，因为会随着新的大麻素不断推向市场而过时。有实验室对免疫分析交叉反应进行了研究[9]，结果表明34%～46%的安非他明类兴奋剂在标准免疫分析筛查试验中会显示出阳性，而且检测结果因具体物质、浓度和制造商的不同有很大差异。

急救医学中使用的标准免疫分析测试一般不用于检测毒品"浴盐"（卡西酮

类）。有报道称，由于结构相似，合成卡西酮类毒品会造成某些药物［苯丙胺和 PCP（苯环利定）］出现假阳性。在5000 ng/mL时，采用CEDIA、AxSYM和EMIT三种试剂盒检测3,4-亚甲基二氧基吡咯戊酮（MDPV），未发生交叉反应；采用CEDIA检测甲氧麻黄酮时会发生交叉反应[10]，而且浓度越高越容易引起假阳性。

近年来出现了一些新的方法，比如采用二维分子相似度计算法，来预测交叉反应实验中应进行哪些药物和代谢物的测试，从而更好地设计实验，并从交叉反应的关键因素出发找到涵盖范围更广的策划药抗原[8]。在缺少数据的情况下，可以利用虚拟化学数据库来分析相似的分子结构。通过药物包装说明书插页、参考文献获取苯丙胺类兴奋剂和合成大麻素类药物原型、代谢物及药代动力学的相关信息，根据这些信息建立数据库。

虽然免疫分析技术在不断改进，但它的缺点也很难弥补，所以免疫分析技术不太适合于全面的毒理学筛查。

5.1.3　质谱技术在筛查、鉴定和确认中的应用

除了颜色反应和免疫分析外，气相色谱-质谱联用法（GC-MS）或液相色谱串联质谱法（LC-MS/MS）也可用于NPSs及其代谢物的筛查和鉴定。GC-MS和LC-MS/MS法可用于免疫分析筛查阳性结果的再次确认，也可对免疫分析无法检测、不易检测到的药物进行筛查及鉴定[8]。

溴蜻蜓是一种新型可致幻的NPS，属于苯乙胺类似物，药物作用可以持续三天[11]，其精神活性作用类似于麦角酸二乙基酰胺（LSD）。使用者通常会将溴蜻蜓与LSD、大麻、2C-B、氯胺酮、甲基酮、安非他明、阿普唑仑、可卡因和酒精混合使用。虽然免疫分析技术无法检测到溴蜻蜓，但GC-MS或LC-MS/MS法可以。质谱方法更适用于不断变化的策划药市场[5]，因为通过实验室很容易研究建立新的化合物的质谱方法，通过分析生物检材、市售产品、人肝微粒体和肝细胞（特别是在代谢物鉴定方面）这些信息，结合高分辨率质谱仪（HRMSs）等仪器可以检测出化合物。

多年来，在法医毒物分析中，样本一般是经过提取后采用气相色谱（GC）进行分离，然后使用质谱（MS）进行分析[12]。GC-MS一直是黄金标准，因为大多数精神活性药物分子容易气化，被打碎后还能获得专属性极强的质谱碎片离子。为了获得更好的分辨率，法医科学家还可以串联第二个质谱仪，采用GC-MS/MS进行检测。近年来，GC-MS和/或LC-MS/MS已成为NPS分析最常用的技术，这从相关文献和常规检验报告中都可以看出。多种类型的合成大麻素甚至是它们的位置异构体和代谢物都可以采用

GC-MS[13, 14]或LC-MS/MS[11]进行检测。还可以使用GC-MS等技术检验血液、尿液和其他体液中的合成卡西酮类药物[9]。卡西酮的检验在"浴盐"毒品滥用者戒断康复过程中和流行病学研究中的重要性大于它在病患的急性治疗中的重要性。

GC-MS方法可与自动固相微萃取（SPME）技术相结合，SPME是使用末端带有纤维涂层的笔式仪器对分析物进行萃取，吸附的分析物在仪器的进样口解吸附[15]。SPME技术经常与气相色谱、高效液相色谱和毛细管电泳相结合，它加快了分析的速度，并且对MS没有任何限制。

毛细管电泳（CE）与质谱联用也可以应用于某些新药的分析。例如，有文献报道CE-MS方法可用于血浆中4-硫代苯丙胺的4种2,5-亚甲基二氧基衍生物（ALEPH系列）的筛查、定性和定量，其结构类似于2C-T系列的苯乙胺（4-噻吩乙胺的2,5-亚甲基二氧基衍生物）[16]。CE-MS是一种稳固的串联系统[17]。然而，其灵敏度低，方法稳定性、迁移时间变异性以及标准化操作条件的缺乏限制了其使用范围。但CE-MS接口设计和方法开发的最新进展为该技术提供了一个新的视角。例如，近年来，电动抽吸鞘流ESI接口（流速为nL/min）、带有多孔尖端的无鞘接口为CE-MS仪器提供了更好的稳定性[18]。然而，CE-MS仍旧作为LC-MS/MS的补充技术。

高分辨质谱（HRMS）法越来越多地用于NPSs的检测，但也有一定的局限性，例如：无法区分位置异构体，不能解析未知化合物的结构[19]。在许多研究中，这些局限性可以结合良好的分离技术（如手性柱或合适的GC方法）或通过其他仪器（如核磁共振仪和傅里叶变换红外光谱仪）来解决，HRMS仍旧是检验鉴定和获取尖端生物学信息的方法。

文献报道，MALDI-HRMS也会用于血液、尿液等生物样本中未知物的快速检测。奥斯特曼（Ostermann）等人使用MALDI LTQ Orbitrap XL质谱仪进行MALDI-HRMS和MS/MS检测，扫描范围为m/z 100～600。药物样本用甲醇溶解后与1.5 μL固体或液体MALDI基质结合。使用MALDI全扫描HRMS对74份街道采集药物样本进行分析。通过MS/MS鉴定并确认了49种成分。通过对一些样品进行光谱分析发现了大量掺杂物。例如，一份样本中含有摇头丸（MDMA）、卡西酮（甲酮和丁酮）、MDMA前体（黄樟素）、一种生物碱（东莨菪碱）和一种杂质（士的宁）。对一份贩卖的可卡因样品进行光谱分析，结果显示，除了添加一些其他成分（咖啡因、非那西丁、顺式/反式肉桂酰可卡因、左旋咪唑、利多卡因和普鲁卡因）外，还添加了一种可卡因代谢物（苯甲酰爱康宁）。

近年来，出现了很多新的检测方法，例如DART电离源与TOF-MS相结合，用于新精神活性物质的快速检测和识别，该方法只需要进行简单的样本处理或不处理就可以进样分析，而且不需要进行色谱分离[20]。在DART源中，中性或惰性气体经放电产生激发态原子，对该激发态原子进行快速加热和电场加速，使其解析并瞬间离子化样品表面的待测化合物，然后进行TOF–MS检测。离子迁移谱（IMS）也可用于DART系统，它可以根据离子的大小和形状在10秒内识别分析物。在该技术中，样品在离子源放射性Ni-63的作用下形成各种离子，在电场的作用下通过漂移区，根据它们的碰撞截面不同被分离。2015年，格瓦克（Gwak）和阿尔米拉利（Almirall）使用63Ni–IMS和DART电离源结合QTOF–MS技术，对35种新的策划药进行快速筛查和鉴定，检测限LODs为40～80pg。

目前，LC–MS/MS是NPSs分析最常用的方法，因为它具有使用率高和分离定量能力强等特点。

5.1.4　多种技术在策划药分析中的应用

据报道，新策划药的分析技术还有很多[21]。例如，N,N–二甲基色胺（DALT）母核是许多潜在但研究较少的替代母核之一。Brandt等人运用多种技术对17种DALT进行了分析，包括DALT、2–苯基、4–乙酰氧基、4–羟基、4,5–亚乙基二氧基、5–甲基、5–甲氧基、5–甲氧基–2–甲基、5–乙氧基、5–氟代、5–氟代–2–甲基、5–氯代、5–溴代、5,6–亚甲氧基、6–氟代、7–甲基和 7–乙基–DALT。这些技术包括核磁共振（NMR）、气相色谱（GC）、电子轰击离子源/化学电离源（EI/CI）、质谱（MS）、低分辨和高分辨串联质谱（MS/MS）、二极管阵列检测和GC固态红外。其中MS/MS系统是由LTQ和Orbitrap傅里叶变换质谱仪组成的混合系统，可以进行精确的质量测定。文献报道中有一些关于GC–MS、IR、LC–PDA、LC–MS、GC–EI–IT–MS、LC–QqQ–MS、^{1}H NMR和 ^{13}C NMR、元素分析等方法检测常见策划药的研究，但检测DALT衍生物的研究却很少。

多种技术综合的研究结果可以提供分析物重要的光谱和色谱学数据，在遇到新药物缺乏分析数据的情况下，可以采用这种方法。第5.2.9节给出了应用示例。

5.2　LC–MS/MS技术在策划药分析中的应用

新的策划药为药物监测应用带来了巨大挑战。新出现的药物类似物通常包含微小的结构修饰，无法在光谱学数据库中检索到，因此这些化合物会成为不确定的目标物[22]。因此，要确定目标物的分子结构，除了GC–MS法还需要通过TOF–MS或串联MS获得更多的信息[7]。目标物的准确定性需要标准品、真实样品或数据库信息。GC–MS是公认的筛查和确认的黄金标准；但是，高分辨LC–MS/MS技术开始取而代之，因为它具有更高的灵敏度、更少的假阴性、可以识别更多策划药的准确分子式以及使用LC–QTOF–MS可以对目标物进行更精确的MRM筛查[7, 23]等诸多优势。从质谱碎片离子信息中可以准确推断出目标物的偶联基团和官能团，因为几个代谢产物在碎裂时都会失去同一个独特的基团[23]。

LC–MS/MS和GC–MS这类联用技术，在分析前都需要进行样本前处理，尤其是对于复杂基质，比如血液[24]。样品预处理可以有效去除基质干扰，以提高分析灵敏度。许多样品处理方法，如LLE、SPE、固液萃取（SLE）、稀释等，都适用于LC–MS/MS检测。如果使用不溶于水的非极性溶剂进行提取，提取溶剂氮气吹干后，残留物要溶解在流动相或LC–MS/MS兼容的溶剂中，如甲醇、乙腈等。在处理血浆和血清等基质时，需要沉淀蛋白[25]。最简单的蛋白质沉淀方法是使用乙腈和甲醇。有一些新兴的样本处理技术如DLLME和SLE，需要的样品量非常小、绿色环保且简单快速。DLLME是一种简单快速、成本低且更环保的萃取技术，有机溶剂用量在微升级[24]。DLLME可作为传统LLE或SPE技术的替代方法，因为其速度快、有机溶剂用量小、成本低、富集效率高，同时具有良好的重复性。

分析工作者可以将样本处理（提取）和进样结合在一个设备中，比如使用SPME或其他在线提取技术联合GC–MS或LC–MS/MS进行检测，将所有步骤如样本提取、富集、衍生化、进样级仪器分析集中在一个步骤和一个设备中，简化整个分析过程[15]。SPME技术是基于采用涂有固定相的熔融石英纤维来吸附、富集样品中的待测物质。当其浸入样品中时，目标物直接被吸附提取到纤维涂层中。也有自动SPME系统与LC–MS/MS相结合，用于多样本分析[26]。

适用于LC–MS/MS分析的另一种样本处理方法是直接进样法（DAS），即样本稀释后直接进样，该方法简单、省时。样品稀释后直接进行LC–MS/MS检测，虽然未经过提取但随着基质成分的共同稀释基质效应也会降低[27]。采用直接进样法最好使用保护柱来保护分析柱。但是，当样品中含有高浓度的、与目标物质量数相似的成分（在正离子模式下为碱性成分；在负离子模式下为酸性成分）且与目标物在同一时间窗口流出时，很有可能发生离子抑制现象。通过优化分离条件将目标物色谱峰移出最大离子抑制时间窗口，可以防止干扰峰，并进一步提高灵敏度。

固液萃取（SLE）是一种快速、简单的"上样—静止—洗脱"的提取方法，与其他简单技术（如直接进样或沉淀蛋白）相比，SLE的提取物更干净。据文献报道，在使用简单的提取方法进行分析时，要首选极性和pKa值与目标物相近的溶剂。

在保证高回收率的情况下，同时提取和分析极性、非极性、pH差异很大的样本，对分析工作者来说是一个挑战。2016年，我们研发了四步液－液萃取法，结合LC-MS/MS对尿液中8种迷奸药进行提取分析，虽然8种目标物的极性和pKa范围很宽，但使用的尿液检材只有1 mL[28]。采用保护柱对分析柱进行保护，同时检测了氯胺酮、苯妥英和苯二氮䓬类药物、巴比妥类药物和GHB（γ-羟基丁酸），获得较低的LODs和较高的回收率（只有极性分析物GHB的回收率为71%）。由于有些药物含有容易水解的酯和酰胺官能团，所以使用弱酸HCOOH在40℃下水解45 min；加入40.0 mg NaF作为1 mL尿液的防腐剂，涡旋、备用。第一步用6 mL乙酸乙酯：二氯甲烷（3：1）混合溶剂提取10 min。第二步2 mL正己烷：乙酸乙酯：二氯甲烷：乙醚（1：1：1：1）混合溶剂提取5 min。用$NH_3 \cdot H_2O$将pH调节至11.0后，进行第三和第四步提取，分别用3 mL正己烷：乙酸乙酯：乙醚（1：1：1）和3 mL正己烷：乙酸乙酯：二氯甲烷：乙醚（1：1：1：1）混合溶剂提取5 min。提取的有机溶剂挥干，残渣用400.0 μL甲醇复溶后进行LC-MS/MS分析。使用Poroshell C18色谱柱（2.7 μm C18，100×3.0 mm，60℃）；采用ESI（－）和ESI（＋）模式同时检测目标物，以更好地解析目标物分子结构。电喷雾ESI（电晕）针电压为-5500.0 V和+5500.0 V；屏蔽电压为-600.0 V和+600.0 V。雾化气压力为55.0 psi，干燥气压力为30.0 psi，干燥气温度为350℃。流动相等度50：50（A：B，v/v）洗脱，流速为0.3 mL/min，可在5.5 min内检出全部目标物，并获得大多数目标物的最大S/N比。

5.2.1　LC-MS/MS技术简介

LC-MS/MS可以用于复杂基质和痕量目标物的分析，可以通过MS/MS裂解产生的碎片离子进行未知物结构解析，还可以用于相似和非相似目标物的定性和定量分析，不管目标物是否具有不同极性、pKa值等[29]。它的局限性在于目标物要能离子化，所以目标物分子应具有极性。

在LC-MS/MS技术中，高效液相色谱（HPLC）作为分离系统，质谱（MS）作为检测系统，样本在液相部分根据其物理化学性质的不同进行分离，分离的目标物进入串联质谱进行检测。将目标物的响应值和保留时间与标准物质或数据库比对获得检测结果。将色谱的分离和纯化能力与MS/MS的定性能力相结合，可用于目标物的识别、确认和定量。即使目标物保留时间相同，只要质谱信息不同也可以进行识别、确认和定量。这种高度特异的技术可以成功地测定某些分析物，而这是其他色谱技术所不能达到的。在传统的质谱法中，不同的离子在磁场中前进时，会以不同的比率彼此偏离。偏差比取决于离子的质量和电荷，轻离子的偏差大于重离子，高电荷离子的偏差大于低电荷离子的偏差。这两个因素组合的变量就是m/z（质荷比）。在四极杆质谱法中，四根平行圆柱形或双曲面柱状电极构成正负两组电极，在其上施加射频电压（RF）和直流电压（DC）。四极杆检测器原理如图5.3所示。施加直流电压和射频电压产生动态电场（四极场），部分离子（共振离子）在电场作用下沿着固定轨道通过四极杆到达检测器，而其他离子（非共振离子）在电场作用下沿着非固定轨道消失在系统中[30]。在选择电压时，需要让离子移动到离四个彼此相对的电极中心最近的位置。

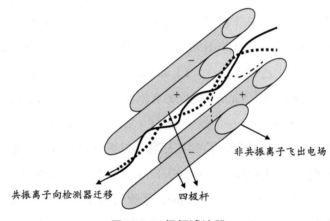

共振离子向检测器迁移　　四极杆　　非共振离子飞出电场

图5.3　四极杆滤波器

LC−MS/MS中使用的一些电离方法有EI、CI、FAB、TSP、ESI和APCI[31]。在大多数情况下，分析物的分子量大于溶剂杂质，所以溶剂效应最小。LC−MS/MS方法中常用的电离技术是ESI和APCI等，它们被称为"软电离"，因为它们产生的主要是分子离子，碎片很少[29]。这些技术适用于检测各种物质，包括大分子和小分子、不同极性的物质、挥发性或非挥发性物质等[32]。电离会形成分子离子（M^+或M^-）、质子化分子$[M+H]^+$、简单加合离子$[M+Na]^+$、简单损耗形成的离子如$[M+H-H_2O]^+$等。色谱改进剂可以改变化学电离等离子体的成分，从而形成其他离子。例如，引入乙酸铵在正离子模式下可能形成$(M+NH_4)^+$，负离子模式下可能形成$(M+CH_3COO)^-$[31]。这种技术，在每个MS四极杆中都会除去一些不需要的离子，从而降低噪声，提高信噪比。所以四极杆质谱灵敏度比较高，专属性比较好，可以对低浓度的化合物进行检测和定量。

ESI是LC-MS/MS中最常用的电离技术，适用于极性范围非常广泛的化合物（图5.4）。流动相从色谱柱中流出时在高电场和雾化气体的作用下从金属毛细管中喷出[31]。正电离需要更高的电压（3～5 kV），因为流动相中有更多的正离子；负电离需要稍低的电压，并且流动相中要有负离子。在高温干燥气的作用下流动相液滴从针头喷射出后被气化，同时分析物被释放。从流动相中释放的分析物离子通过毛细管进入质谱。

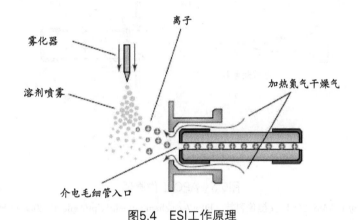

图5.4 ESI工作原理

（转载自 *Basics of LC-MS*. 2001.安捷伦科技，http://ccc.chem.pitt.edu/wipf/Agilent%20LC-MS%20primer.pdf，accessed April 2017。）

在APCI技术中（图5.5），HPLC流动相一般会通过加热后的气动雾化器，温度在250～400℃[32, 33]。此后，喷雾通过干燥区域[33]，产生的中性物质通过电晕放电装置，分析物通过化学反应进行电荷转移从而离子化，通常电离后的溶剂离子作为反应气体。分析物离子通过气帘挡板中部的孔，快速移向带电较少的荷电板和毛细管。

ESI更适用于极性化合物，极性化合物可以自身供给电荷；APCI更适用于非极性化合物，因为与反应气体碰撞后可获得电荷[29]。LC-MS/MS中用到的缓冲溶液应该是易挥发的。ESI最常用的酸性缓冲体系（尤其是正离子模式）包括甲酸（通常为0.1%）、乙酸、甲酸盐和乙酸盐，优选铵盐。APCI技术检测化合物时，通常会采用含0.1%硝酸铵或氯化铵等盐的氯仿溶液。应避免使用磷酸盐和硫酸盐以保护质谱。

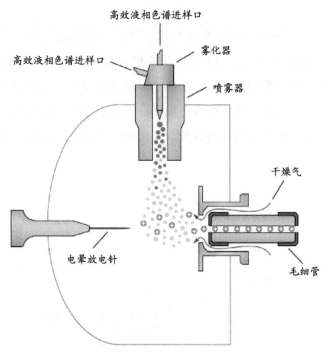

图5.5 APCI工作原理

（转载自 *Basics of LC-MS*. 2001. 安捷伦科技，http://ccc.chem.pitt.edu/wipf/Agilent%20LC–MS%20primer.pdf，accessed April 2017.）

5.2.2 三重四极杆LC–MS/MS技术

在多级MSs（图5.6）中，进入毛细管（Q_0）的样品受到一次破碎，生成分子离子（母离子）；第一个四极杆过滤器（Q_1）利用*m/z*（质量/电荷）比对样品进行过滤。第一个四极杆（Q_1）用于选择分子离子（例如，［M+H］$^+$）。所需离子（母离子）通过过滤器，其他的都被移除了。在碰撞池（Q_2）（二级质谱中的诱导碰撞解离，CID）中分子离子与高纯度氩气或氮气发生碰撞反应，进行第二次碎裂，生成二级离子（子离子）。Q_3，即第二个四极杆过滤器，只通过某一种质荷比的子离子，其余的都被过滤掉了。利用Q_3进行定性、定量检测，通过母离子形成的子离子信息来定性，通过子离子信号强弱来进行定量。这一过程称为"多反应监测"（MRM）。子离子的信号强度或S/N决定了MRM的灵敏度。虽然有许多分子具有相同的质荷比（*m/z*），但可以通过调整MRM检测条件形成不同的二级离子来相互区分。通过两级过滤，目标离子（母离子和子离子）保留，不需要的离子排除，能够有效降低噪声。

LC-MS/MS可以对浓度非常低的物质进行定量，还可以分析特定的目标物。该技术根据目标物的分子离子和二级离子（母离子和子离子）以及保留时间（t_R）来定性，所以具有很高的特异性。LC-MS/MS有全扫描（scan）模式和选择离子（SIM）模式。在全扫描模式下，可获得所有的碎片离子。在SIM模式下，质量分析器只检测样品的少量碎片离子。全扫描模式仅用于定性分析[32]。SIM模式可以用于目标化合物的定量和检验以及在方法开发过程中选择特征离子。在测定LC-MS/MS方法灵敏度时，一般采用MRM或SRM模式[7]。新化合物的碎裂路径可以在MS数据库或最新的参考文献中找到。通常，[M+H]⁺离子为母离子，能够反映目标物化学结构的子离子数量越多，目标物定性的准确性就越高。定量中使用的S/N最高、最稳定MRM离子称为"定量离子"。同一目标物的其他支持性MRM特征离子称为"定性离子1""定性离子2"等。LC-ESI-MS由于ESI的软电离作用可以提供分子量信息[34]。

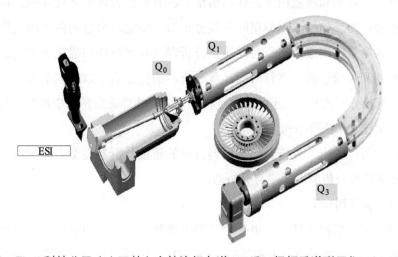

图5.6　Zivak科技公司（土耳其）高效液相色谱-三重四极杆质谱联用仪MS/MS部分

5.2.3　在策划药分析中最常用的LC-HR-MS技术

近年来，高效液相色谱-串联高分辨质谱（LC-HR-MS）技术开始频繁用于 NPSs 的检验、筛查、鉴定和定量。根据霍尔恰佩克（Holcapek）等人[35]的分类，大多数四极杆（Q）和离子阱（IT）质量分析器属于低分辨（RP）类别，飞行时间质量分析器（TOF）属于高分辨类别，超高分辨质量分析器包含两种傅里叶变换（FT）质量分析器：轨道离子阱（Orbitrap）和离子回旋共振（ICR）。HRMS技术如Orbitrap、QTOF等特别适用于新的策划药及其代谢物的识别和对映体的分析。

分辨率是质量分析仪解析质谱峰的能力。当使用离子回旋共振（ICR）仪器时，两个峰之间的谷值等于较弱峰强度的10%则认为两个峰已分开；当使用四极杆、离子阱、飞行时间质量分析器等时，两个峰之间的谷值等于较弱峰强度的50%才认为两个峰已分开[36]。通过以下公式计算分辨率：$RP=m/\Delta m$，其中Δm是质量为m和$m+\Delta m$两个峰的最小质量差。质量精度（MA）是质量分析仪计算的m/z的准确性，是理论（theor）m/z值和测量/实验（exp）m/z值之间的差值。$MA \times 10^{-6}=106 \times [(m/z)exp-(m/z)theor]/(m/z) theor$[35, 36]。MA与仪器的稳定性和分辨率有关，低分辨率仪器不能提供高质量精度。高质量精度仪器可用于元素成分分析。

与四极杆质量分析器相比，离子阱特别是线性离子阱的分辨率会略高一些，但随着分辨率的增加，灵敏度会降低[35]。低分辨率质量分析器因为质量精度不够高无法用于元素成分分析。具有理想双曲线截面的四极杆比常规的四极杆分辨率更高，但采集速度比较慢。分辨率和质量精度最佳的质量分析器依次为离子回旋共振、轨道阱和飞行时间质量分析器。如果使用傅里叶变换分析器，要记录大量的色谱图信息，以获得最佳分辨率和质量精度值。飞行时间质量分析器具有最高的扫描速度和高选择性，即使存在重叠峰和基质干扰。飞行时间质量分析器的优点是可以根据精确质量数和同位素峰推断目标物分子式[37]。还可以通过将碎片离子的准确质量和中性损失与假定碎片分子式进行比较，来获得结构信息。

从文献中可以看出，分析新的策划药首选的质量分析器类型有离子阱、三重四极杆、飞行时间质量分析器以及混合分析器。

5.2.3.1　离子阱MS

离子阱质量分析器（IT），由一个环形电极和两个呈双曲面形的端盖电极形成一个室腔（阱）[32]。离子通过电离源EI、ESI或MALDI后，再通过静电透镜系统，到达离子阱[38]。在静电场的作用下离子被困在离子阱里，子离子或碎片离子发生进一步的碰撞。一种静电离子栅通过施加正负电压将离子引入并保留在离子阱中。该系统不同于离子持续进入质量分析器的"束"仪器（如四极杆）。离子被引入阱中的时间周期称为"电离周期"，仪器条件设置应使信号最大化，空间电荷效应最小化（空间电荷效应是阱中大量离子引起的电场畸变），空间电荷效应会导致分析器性能降低。离子的动能通过与1 mTorr*氦碰撞而降低，这样更容易将离子群引到阱的中心。离子在阱中被捕获，并通过在环形电极上施加射频电压（RF），让离子集中在中心。最后，施加

---

*　Torr，流体压力的非法定计量单位，1 Torr=133.322Pa。——译者注

一个电场以选择性地从离子阱中喷射出离子[32]。离子阱可以进行多级质谱（MS^n）分析，目标物离子会在多级质谱中被一次又一次地碎片化，并在每个阶段都会获得新的子离子和新的离子碎片谱图。利用多级质谱可获得指纹图谱，为目标物解析提供重要的结构信息。增强子离子扫描和MS^n扫描可以为未知药物及其代谢物的结构解析提供支持。

市场上存在多种类型离子阱如三维离子阱、线性离子阱、轨道离子阱等。四极IT的工作机制类似于四极质量过滤器，可采用2D和3D的装置[36]。在3D离子阱中，电极呈三明治形状排列：两个端盖电极包围一个环形电极（图5.7）。与二维仪器不同的是，3D离子阱是以三维电场的形式来捕获离子的。与四极质量过滤器不同，它们检测不稳定离子。扫描时，施加射频电压，离子进入不稳定区；随着电压的增加，质荷比从大到小的离子逐次从端盖极上的小孔排出。线性离子阱（LQT）聚集和射入的离子束来自连续不断的离子源[39]。LQT使用射频电压收集离子，射频电压由四根双曲形电极产生，如图5.8所示。离子束在四极杆末端的两个极板之间反复反射，产生直流束缚电场[39]。离子被射频电压径向俘获在中心位置，并被两端电极的直流电压俘获在轴线位

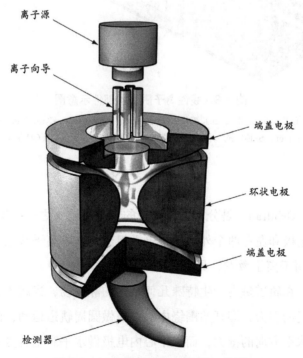

图 5.7 三维离子阱基本组件示意图

（转载自Hart Smith，G.和 Blanksby，S.J.2012. 质量分析，摘自Barner-Kowollik，C.，Gruendling，T.，Falkenhagen，J. and Weidner，S. Eds.的《高分子化学中的质谱学》，Wiley-VCH Verlag & Co.第5-32，20-21，86-87页。）

置[36]。当施加交流电压时，会驱动离子从极杆上的窄缝射出[36]。这种径向喷射装置以及轴向喷射线性离子阱都会用于提高三重四极质谱仪的性能。线性离子阱的存储能力更强，所以具有更高的灵敏度[39]。但是，LQT的性能与机械装置的误差密切相关；如果极杆不是精确的平行，那么不同位置的场强就会有变化，同一离子在不同位置射出的时间就会有差异。

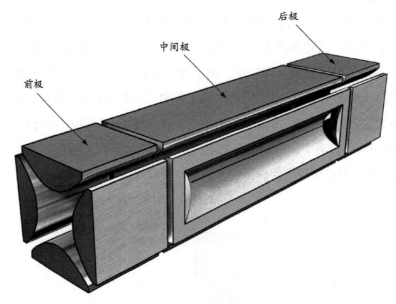

图 5.8　线性离子阱基本部件示意图

（转载自Hart Smith，G.和 Blanksby，S.J.2012. 质量分析，摘自Barner-Kowollik，C.，Gruendling，T.，Falkenhagen，J. and Weidner，S. Eds.的《高分子化学中的质谱学》，Wiley-VCH Verlag & Co.，第5–32，20–21，86–87页。）

　　轨道离子阱（Orbitrap）是分析新策划药的首选新技术之一。Orbitrap质量分析器由纺锤形中心内电极和左右两个外纺锤半电极组成，其中离子被径向捕获，外电极的两部分，一部分用于离子激发，另一部分用于检测（图5.9）[39, 40]。在中心电极逐渐加上直流高压，在轨道阱内产生特殊几何结构的静电场，当离子进入轨道阱舱室内后，受到中心电场的引力，即开始围绕中心电极做圆周轨道运动，同时离子受到垂直方向的离心力和水平方向的推力，而沿中心内电极做水平和垂直方向的振荡。离子的 m/z 可由轴向场的离子谐振运动频率而推得，这与离子的初始性质无关。这种独立性让Orbitrap具有高分辨率和质量精度。离子在两极之间运动产生的电流可以测得。电流的大小与离子的数量成正比。当离子轴向来回振荡时，产生电流影像，并使用外部电极的一个或两个部分进行测量。在外部电极中获得的电流影像（由离子的轴向运动引起）经过快速傅里叶变换生成频谱，频率转换为*m/z*。Orbitrap可用于检测低丰度离子和高度复杂的样品。传统离子阱、FT和Orbitrap分析器都会用到电流影像检测技术[39]。Orbitrap的高分辨率是通过在很短的时间内爆发式的射入离子来实现的，所以，相同*m/z*的离子会一起移动。弯曲线性离子阱是将离子注入轨道阱最有效的方法之一。

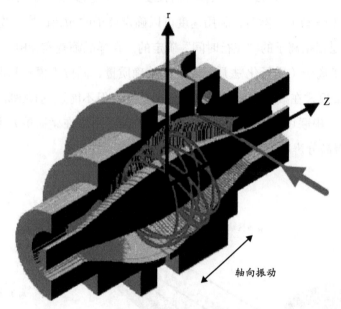

图5.9　轨道离子阱剖面图

（转载自Perry, R.H.等人，2008年，《质谱（修订版）》，27：661–699。）

　　赛默飞世尔科技研究建立了同时检测24种大麻素类化合物（包括 20 种合成类似物和4种天然产物）的高分辨串联质谱方法，用于鉴别非法药物和掺假样品[22]。该方法采用LTQ Orbitrap XL质谱和HPLC串联，单次进样就可以检出所有分析物。通过精确质量、保留时间和断裂模式（MS^2）特征，在8 min内就可以对多种目标物进行鉴定。研究人员将此方法应用于11个查获样本的检验。这些样本包括四支熏香、两支香烟、三份草药样本、一份大麻样本和一份药片，其中7例大麻素阳性，还在一支熏香中检出两种合成大麻素。他们报告说，该方法既不会产生假阳性，也不会产生假阴性。

5.2.3.2　TOF–MS

　　飞行时间质谱（TOF）是检测新精神活性物质最常用的质谱系统之一。TOF分析器工作原理是，离子源产生的离子被收集后，使其在固定电压作用下沿一定长度的漂移管移动[36]，所有质量不同但电荷相同的离子以（或多或少）恒定动能沿同一方向移动，形成相应的速度分布[36, 41]。动能公式对于理解TOF工作原理比较重要：KE=1/2 mv^2，其中m是离子的质量，v是离子的速度。也就是说，TOF原理是将一组离子加速到达检测器，在检测器中，所有离子都被赋予相同的能量[42]。质量较低的离子获得较大的速度，在漂移管中以较短的时间移动较远的距离，因此，离子可以根据其m/z进行分离（图 5.10）[36]。离子速度通过漂移管的长度和离子迁移的时间（离子到达检测器的时间）来计算（$v=d/t$）。然后，利用速度可以确定离子的m/z值[42]。分析仪被称为TOF，因为m/z值是根据离子的"飞行时间"确定的。在样品筛查实验中，TOF-MS鉴定化合物是通过分子离子（质子化/去质子化）的精确质量、同位素模式和保留时间来确定的[43]。同位素模式在减少假阳性结果方面很重要，但不能达到100%。将四极杆和TOF仪器（QTOF）串联可以获得先驱般的选择性，离子可以在碰撞单元中碎片化，通过TOF检测，获得高分辨率的产物离子质谱。

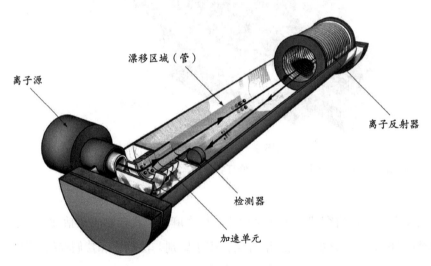

图 5.10　正交加速TOF的基本组件图

（转载自Hart Smith，G.和 Blanksby，S.J.2012. 质量分析，摘自Barner-Kowollik，C.，Gruendling，T.，Falkenhagen，J. and Weidner, S. Eds.的《高分子化学中的质谱学》，Wiley-VCH Verlag & Co.，第5-32页，第20-21页，第86-87页。）

对于信息依赖型（IDA）质谱采集技术，特征前体的选择很重要，它是根据用户设定的条件进行的。任何情况下要想获得最佳设置都不太可能，因为在IDA模式下，尤其是在复杂样本中，总是有丢失特征离子的风险。在所有理论碎片离子的顺序窗口采集（SWATH）模式的数据采集中，是用户设定一定的质量范围，然后以低碰撞能量进行检测扫描。在此阶段，Q_1设置为最大输出。然后设置Q_1范围（通常为 20 Da），在此质量范围内连续扫描，应用一系列碰撞能量来获得碎片离子的质谱（针对二级离子）。在SWATH模式下，可以通过有目标或无目标数据分析两种模式来进行非目标数据采集。它适用于定性和定量分析，包括复杂样品（如全血、血清等），无需重新进样。所有后处理实验模式（例如中性丢失实验、质量缺陷过滤等）也可用于研究目的。实验证明SWATH比IDA模式更适合于筛查实验，SWATH模式容易捕获的分析物在IDA模式下可能会被遗漏。

超高效液相色谱（UPLC）正在成为使用最广泛的LC方法。基于小颗粒（尺寸小于 2 μm）固定相和超高压（高达1300 bars），UPLC分析速度比较快、色谱峰比较尖锐。跟UPLC联用的MS仪器要具有更高的采集速度，能够为可靠的峰值积分提供足够的采样点[35, 44]。UPLC最合适的质量分析器是TOF，因为它快速采集的速度约为10～50 Hz。

IT与TOF串联可以让二级离子具有更好的选择性。QqQ质量分析器在定量分析中提供了更好的线性动态范围、更高的精度、更少的基质干扰和更好的稳定性[35]。QTOF串联在全扫描和MS/MS模式下均具有较高的质量精度（MA），非常适合于结构解析。在适合UPLC的扫描速度下，傅里叶变换（FT）串联质谱可获得全扫描的高分辨率（RP）质谱，并以高质量精度（$<5 \times 10^{-6}$）进行常规检测。QTOF质量分析器可以依赖于TOF全扫描、二级离子扫描、MS^{n}碎片离子扫描进行IDA模式检测，也可以进行依赖于相同能量碰撞母离子同时收集母离子和碎片离子的SWATH模式检测。

使用LC–TOF/MS和LC–IT/MS识别未知NPSs包括四步[45]：第一步，使用LC–TOF/MS对样品进行全扫描分析，使用CID碎片寻找较大的未知峰；第二步，生成的经验分子式和任何一个A^{+2}同位素，如Cl、Br或S（如果存在），在默克数据库或化学数据库中搜索；第三步，针对推出的结构，使用离子阱MS/MS进行MS^{2}或MS^{3}分析。化学结构绘制过程确定离子碎片及其精确质量。最后，综合LC–TOF/MS检测的碎片离子数据（碎片离子的经验分子式），进行再次确认。确认后，如有条件应使用标准品进行最终认定。

法医科学家通常使用TOF或QTOF质谱来获得更高的分辨率[12]。QTOF检测目标物的分离是根据离子在真空中移动一定距离的时间，相比通过m/z进行分离的传统方法，QTOF具有更高的分辨率。传统四极杆质谱的质量分辨率可以到个位或小数点后一位，而QTOF检测的精密度高达四位小数（例如238.0999）。LC-ESI-QTOF-MS具有很高的灵敏度和识别未知物的能力，因此在司法鉴定和临床分析中是一种非常好的选择[46]。QTOF-MS/MS一次分析结果就可获得分析物的精确质量、同位素模式和MS/MS 碎裂方式多种信息。在策划药分析中，通过精确质量评估未知物的经验分子式非常有用。仅靠MS谱图不足以识别未知物，因为不同的物质可能具有相同的分子式，但碎裂模式不同；因此，必须使用MS/MS模式。MS质量分辨率和鉴定能力的增强，使其通过与色谱分离技术（如UPLC或带整体柱的HPLC）的串联耦合实现快速分析。采用TOF-MS检测，可以获得精确的分子离子质量，还可以通过软件进行精确质量的MS-MS谱图匹配和结构解析。

5.2.4 检材的选择

尿液是NPSs检测最常见的检材，因为其检测窗口比血液和唾液更长。药物摄入后几天内代谢物浓度会达到峰值，并且可提取的样本量较大[47]。然而，有些情况下血液（血浆、血清）筛查是必需的，比如由于药物引起的尿潴留或急性肾功能衰竭等原因无法提供尿液检材[48]的情况。此外，在NPSs的定量中，利用肌酐的参考值可以防止掺假或故意稀释样品（通过饮用大量水或将水倒入尿液）。对于某些NPSs，例如某些合成大麻素，生物样品中无法检测到药物原体，因此，要了解药物的使用情况，检测代谢物是唯一的方法[47]。采用人肝微粒体（HLM）体外温孵法是最常见的体外代谢产物分析模型研究方法，因为其成本低、可用性好、使用简单。但是这种方法可能不会获得所有体内代谢物以及代谢物的相对丰度，如5F-AKB48和AM-2201。真实尿液中合成大麻素的代谢物可以通过对人类肝细胞的体外研究进行推测，因为它们是功能完整的细胞，包含全面的Ⅰ期和Ⅱ期代谢酶和辅助因子，即与药物结合的蛋白质以及吸收和排出的转运蛋白。

5.2.5 LC-MS/MS技术在药物代谢和异构体分析中的应用

LC-MS/MS也是新策划药代谢研究和代谢物检测的首选，其可用的信息也有限。埃尔索赫厄伊（ElSohly）等人[49]研究了JWH-018在人肝微粒体的代谢，并在使用者尿液样本中检测出了三种JWH-018的代谢产物，即6-OH-、N-烷基-OH（末端羟基）-和N-烷基末端羧基代谢物。2 mL尿液样品，使用1.1 M醋酸钠缓冲液和100 μLβ-葡萄糖醛酸酶在37℃烘箱中培养4 h进行水解，用1 mL 1.5 M碳酸盐缓冲液涡旋后碱化。然后用8 mL氯仿/异丙醇（9∶1）涡旋1 min进行提取。将有机相蒸发至1 mL后，加入内标（IS），涡旋混合，并将混合物转移至LC-MS进样小瓶中，在该小瓶中蒸发溶剂至干燥。残留物用150 μL甲醇重新复溶，并使用Synergi Hydro色谱柱（150 mm × 3.0 mm，4 μm；80A）和梯度洗脱程序进行分析，梯度洗脱的两相分别是含有0.02%甲酸的乙腈

/水（50∶50）溶液和含有0.05%甲酸的乙腈/水（80∶20）溶液。使用代谢物鉴定的软件进行数据处理。利用四极杆线性离子阱质谱仪（Qtrap）生成全扫描质谱。具有相同分子离子的每组代谢物均包含在总离子流图（TIC）中。

　　药物代谢研究重点在于药物的生物转化、体外或体内代谢模式及其特性[50]。最近开始使用电脑模拟方法对药物代谢进行快速和粗略的预测，以便快速检测一些潜在的危险来源。在体外分析中，监测生物转化、微粒体、肝细胞、组织等常常是新药研究的首选，以获得代谢物形成的相关信息。体内分析可以提供更全面和准确的信息，然而，体外分析可以更快地得到分析结果，且更容易操作。一旦产生代谢物，就需要对其进行鉴定和量化。可选择不同的LC-MS检测方法进行鉴定。全扫描质谱分析有助于预测分析物和可电离代谢物的生物转化，虽然不足以确定结构变化的准确位置。由于一个或几个原子的得失而引起有关的质量偏移，形成代谢物，可以使人们对已形成的代谢物有一定了解。表5.1给出了质量偏移，表5.2显示了通过中性损失和产物离子扫描模式在代谢物表征中使用的典型碎片。MS/MS质谱有助于预测代谢物的结构，至少可以排除某些不可能的结果。液相色谱–核磁共振波谱（LC–NMR）可作为代谢物表征的补充技术，也可使用代谢组学和化学计量学。

表5.1　一般的质量偏移，与相对于药物原体一个或几个原子的增加或减少有关

质量偏移	代谢反应	示例
第一阶段		
+15.9949	羟基化，环氧化，氧化成N-氧化物、S-氧化物和砜，醛氧化成羧酸	$R-CH_2 \rightarrow R-CHOH$
		$R-HC=CH-R \rightarrow R-CHOCH-R$
		$R-S-R \rightarrow R-SO-R$
+31.9898	添加两个氧	$R-S-R \rightarrow R-SO_2-R$
+13.9792	醇的氧化生成羧酸	$R-CH_2-OH \rightarrow R-COOH$
−14.0156	氧化脱甲基化（N-, O-, S-脱烷基化）	$R-O-CH_3 \rightarrow R-OH$
		$R-NH-CH_3 \rightarrow R-NH_2$
		$R-S-CH_3 \rightarrow R-SH$
−2.0156	不饱和键的形成	$R-CH_2-OH \rightarrow R-COH$
	醇氧化生成醛类化合物	
−29.9741	氮还原	$R-NO_2 \rightarrow R-NH_2$

质量偏移	代谢反应	示例
+18.0105	环氧氯丙烷	R–CH(O)CH–R → R–CH(OH)–CH(OH)–R
第二阶段		
+176.032	葡萄糖醛酸化	R–OH → R–O–Glu
		R–NH$_2$ → R–NH–GIu
+305.0681/307.0837	添加谷胱甘肽（GSH）–谷胱甘肽	R–CH=CH$_2$ → R–CH$_2$–CH$_2$–SG
+161.0147/163.0303	添加谷胱甘肽（GSH）–巯基尿酸	R–CH=CH$_2$ → R–CH$_2$–CH$_2$–S– 巯基尿酸
+79.9568	硫酸化	R–OH → R–OSO$_3$H
+14.0156	甲基化	R–OH → R–OCH$_3$
+42.0105	乙酰化	R–NH$_2$ → R–NH–CO–CH$_3$
+57.0214	氨基加成共轭–甘氨酸	R–COOH → R–CO–Gly
+71.0371	氨基加成共轭–丙氨酸	R–COOH → R–CO–AIa
+114.0793	氨基加成共轭–鸟氨酸	R–COOH → R–CO–Om

资料来源：转载自 Saurina J.和 Sentellas S.，2017 年，J. Chromogr B.1044–5：103–111。

表5.2　中性损失（LN）和产物离子（PI）扫描模式用于代谢物表征的典型碎片

代谢物	模式	扫描
葡萄糖醛酸	+/–	NL 176（–C$_6$H$_8$O$_6$）
酚硫酸盐	+	NL 80（–SO$_3$）
脂肪族硫酸盐	–	PI 97（HSO$_4$）
脂肪族谷胱甘肽加合物	+	NL 129（–C$_5$H$_7$NO$_3$）
芳基谷胱甘肽加合物	+	NL 275（–C$_{10}$H$_{17}$N$_3$O$_6$）
谷胱甘肽加合物	–	PI 272（C$_{10}$H$_{14}$N$_3$O$_6$）

来源：转载自 Saurina, J.和 Sentellas, S.，2017，J Chromogr B, 1044–5：103–111。

　　由于多种同量异位化合物之间前体离子和产物离子可能相同，因此色谱法可能是一种很好的解决方案，尤其是对于样品基质中的前体离子和产物离子。同量异位素化合物有时也会出现在代谢物分析中。使用可以检测精确质量的LC-TOF/MS技术可以代替GC–MS技术，其可以获得包括保留时间参数和/或更多MRM转换信息等用于准确鉴定，而不需要很长的色谱柱。然而，该方法可能无法用于某些异构体化合物的检测，除非采用某些特殊条件[27]。MS^{n}碎片或第二、第三产物离子有助于鉴定，但因为同位素的干扰，可能仍无法进行准确定量。监测多个离子对可以改善，但并不总是成功的。更复杂的比如具有高分辨率Q$_3$扫描和依靠数据的高分辨率前体离子扫描能力的混合仪器，可能会揭示高浓度干扰物的主要同位素峰。

　　采用检测代谢物的LC–MS/MS新方法，检出一种全新的合成大麻素（其中存在同量异位素化合物），该大麻素称为ADB–CHMINACA（MAB–CHMINACA），具有很强的药物作用效力，已经出现许多中毒事件和死亡案例报告[47]。对于ADB–CHMINACA及其类似物MDMB–CHMICA，在尿液样本中检测到一些代谢物，但未检测到母体化合物。人肝细胞在10 μmol/L ADB–CHMINACA中孵育3 h后，用LC–HRMS/MS（Orbitrap）进行检测，采用100 mm × 2.1 mm，3 μm biphenyl柱和代谢物分析软件。以0.5 mL/min的流速，在30℃下用0.1%甲酸水溶液（A）和0.1%甲酸乙腈溶液（B）进行梯度洗脱。MS参数为：喷雾电压4 kV；鞘流气流速40 a.u.；辅助气体流速5 a.u.；尾气吹扫流速2 a.u.；S–Iens射频电平50 a.u.；辅助气体加热器温度400℃；毛细管温度300℃。每个样品进样两次，第一次在全扫描MS、数据相关MS/MS模式下获得预期代谢物列表，第二次在全扫描MS、全离子裂解、数据相关MS/MS模式下获得基于ADB–CHMINACA裂解模式的中性损失列表。在Ⅱ相代谢中包括硫酸盐和葡萄糖醛酸损失。作者鉴定了主要代谢物，并推荐了两种ADB–CHMINACA羟基环己基甲基异构体和ADB–CHMINACA 4″–羟基环己基代谢物，用于推断ADB–CHMINACA的摄入量。采用MS/MS分析无法预测羟基化的精确位置，而且用于对比的标准物质也无法获取。这种情况下，建议使用NMR进行检测。作者在另一项研究中使用人类肝细胞确定了ADB–PINACA和5F–PINACA在人体中的代谢路径[51]。ADB–CHMINACA和MDMB–CHMICA、ADB–FUBINACA和PINACA类似物的分子结构如图5.11所示。含ADB–PINACA和5F–PINACA的人肝细胞在孵化后进行LC–HRMS分析，分别成功检出了19种ADB–PINACA和12种5F–ADB–PINACA的主要代谢物。对于ADB–PINACA，主要代谢反应包括戊基羟基化、羟基化后氧化（生成酮）和葡萄糖醛酸化。5F–ADB–PINACA的主要代谢反应为氧化脱氟后羧化。作者推荐ADB–PINACA酮戊基和羟基戊基以及ADB–PINACA 5-羟基戊基和戊酸分别作为ADB–PINACA和5F–ADB–PINACA摄入的生物标记物。由于两种化合物的初级代谢物为位置异构体，因此应找到独特的产物离子和优化的色谱条件，以明确区分ADB–PINACA和5F–ADB–PINACA的摄入量。这些代谢研究的结果也有助于指导分析标准物质的制造商更有效地为新策划药代谢的进一步研究提供合适的对照品。

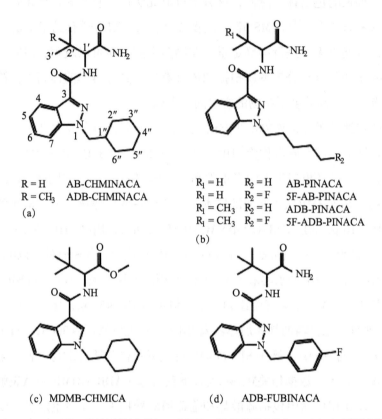

$R = H$ AB-CHMINACA
$R = CH_3$ ADB-CHMINACA
(a)

$R_1 = H$	$R_2 = H$
$R_1 = H$	$R_2 = F$
$R_1 = CH_3$	$R_2 = H$
$R_1 = CH_3$	$R_2 = F$

AB-PINACA
5F-AB-PINACA
ADB-PINACA
5F-ADB-PINACA
(b)

(c) MDMB-CHMICA   (d) ADB-FUBINACA

图5.11 （a）AB-CHMINACA，ADB-CHMINACA，（b）PINACA 类似物，（c）MDMB-CHMICA 和（d）ADB-FUBINACA 类似物的分子结构。（转载自Carlier，J.等人，2017，*AAPS J*，19：568–577。）

对14 种色胺类似物（包括结构异构体）进行区分，如5-MeO-DIPT和5-甲氧基-N,N-二丙基色胺（5-MeO-DPT）；N,N-二异丙基色胺（DIPT）和 N,N-二丙基色胺（DPT）；5-甲氧基-N,N-二乙基色胺（5-MeO-DET）和 5-甲氧基-N-甲基-N-异丙基色胺（5-MeO-MIPT），使用GC-MS和LC-MS/MS方法相互补充对其进行分析[52]。粉末样品（～1 mg）用1 mL蒸馏水溶解后，在碱性条件下使用1 mL乙酸乙酯液相提取3 min，三甲基硅烷基衍生化后，15 min内进行GC-MS分析（使用 DB-1ms 气相色谱柱）。LC分离使用C18液相色谱柱（150 mm×2.1 mm，3 μm）（40℃）。10 mM甲酸铵（pH 3.5，用甲酸调节）和乙腈（80：20）用作流动相（流速：0.2 mL/min）。在MS分析中，雾化气流速为1.5 L/min；接口电压为 4.5 kV；EIPT、DIPT、4-OH-DIPT 和 5-MeO-DIPT 的碰撞能量（串联质谱）为-20 eV，其他分析物为-15 eV。通过EI质谱对结构异构体进行鉴别。采用LC-MS/MS方法可以有效分离结构异构体（5-MeO-DET和5-MeO-MIPT除外）。在较高的碰撞能量下，每个结构异构体获得了不同的产物离子谱图。

　　除了结构类似物，还出现了一种新的趋势，即位置异构体开始出现在非法药物市场上，这带来了严重的问题，正如测定某些合成卡西酮苯环上邻位、间位或对位的取代基一样[46]。一些合成大麻素也是如此。例如，THJ-2201作为一种相对较新的合成大麻素类似物被列管以后，其位置异构体FUBIMINA（BIM-2201）很快被引入市场并流行起来[53]。FUBIMINA和THJ-2201的代谢模式是相同的，它们的主要代谢产物也是成对的异构体，这使得两种药物的区分变得复杂。这给新策划药的检测带来了新的挑战。迄今为止研究的合成大麻素都是以代谢物存在于尿液中的，在分析中确认它们是一个难题，因为代谢物最初是未知的。其药代动力学以及药理学、毒性和安全性数据均不清楚。许多NPSs包含一个立体生成中心[54]。由于非对映选择体合成更容易、更便宜，因此，新策划药物主要以外消旋混合物的形式被制造。

　　由于非法药物市场中位置异构体的上升趋势，在不久的将来，可能需要在LC-MS/MS中使用手性柱对手性物质进行分析。多糖酯和苯氨基甲酸酯手性固定相是对映体手性分析和制备分离最常用的色谱柱之一。手性分离有多种选择剂，如多糖、大环抗生素、环糊精、冠醚、蛋白质等。其中许多固定相是共价键合的，从而形成了广泛的色谱柱和洗脱液组合[55]。对映体分离是通过分析物与手性固定相之间的各种相互作用来实现的[54]。基本上，对映体通过它们与多糖的手性空腔相互作用而被分离。其他在对映体分离中起作用的是空间、偶极-偶极、π-π相互作用和氢键。基于多糖的固定相也可用于反相LC对碱性和酸性手性物质的分离。使用这类固定相，酸性流动相添加剂与碱性改性剂结合可以提高对映体选择性，尤其是碱性化合物。LC-MS/MS中常用的添加0.1%甲酸的流动相可能适用于手性分析。研究出可靠的手性分离方法是分析化学家面临的最大挑战之一[55]。虽然超临界和亚临界流体色谱（SFC）在过去的十年中得到了广泛的应用，但HPLC仍然是对映体分离中最常用的技术。固定化多糖CSPs作为一种强有力的技术最近被引入手性分析市场。在该技术中，溶剂选择的限制较少。特别是在制备色谱中，宽极性范围的分析物可以溶解在溶解性强的稀释剂中。此外，非对称合成样品通常无须制备，直接进样。固定化的色谱柱坚固耐用，其性能可以通过特定的修复步骤逆转，恢复原始状态。在药物筛查中，可添加中极性溶剂（例如，乙酸乙酯、甲基叔丁基醚、四氢呋喃、乙腈等）以获得最佳对映体分离效果。

　　2015年发表了一种使用LC-MS/MS结合手性固定相分析血浆和尿液中甲基苯丙胺、苯丙胺、卡西酮和甲卡西酮对映体的简单、快速的检验方法[56]。仅1 mL血浆和100 μL

尿液样本就足以进行快速液–液萃取，并获得>70%的回收率。将样品与1 mL水混合后进行提取。混合物用50 μL 1 M KOH碱化，用5 mL甲基叔丁基醚（MTBE）萃取，摇动10 min，然后用100 μL溶剂（水：甲醇为1∶1，v/v）反提。分析物在 25℃的手性V2柱（2.1 mm×150 mm，5 μm）上分离6 min。流动相为甲醇和50 mM甲酸铵/0.01%甲酸水溶液（95∶5，v/v）。等度洗脱流速为0.45 mL/min。对该方法进行验证，血浆和尿液中所有目标化合物的检测限均可低到pg/mL水平。对(S)–和(R)–对映体的分离已被常规应用。

一般来说，C18固定相广泛用于代谢研究[57]。还引入了其他固定相（例如，五氟苯基、hydro–RP 修饰），以建立与极性化合物更有效的相互作用，从而实现更好的分离。近年来，亲水相互作用色谱（HILIC）因其可以改善强极性化合物在反相色谱柱中难以保留的情况而广受欢迎。二维液相色谱（2D–LC）是一种更强大的技术，具有更强的分离能力。在2D–LC中，两个不同性质的分析柱（如反相和HILIC）相结合，用于分析高度复杂样本中具有各种理化特征的分析物。为获得更好的分离度，将从第一柱洗脱的分离度差的化合物注入第二柱。此外，在第一柱中共洗脱的光学异构体可以在手性柱上分离。液相色谱的新趋势是使用毛细管柱（<1 mm 内径）[35]，甚至在芯片上进行分离。毛细管柱和芯片的流速为nL/min，适用于纳米电喷雾电离。2D–LC–ESI–IMS–MS联用技术在生物标志物发现、复杂样品分析物检测和同量异位素化合物分离方面也具有巨大潜力。离子迁移谱（IMS）除了能够对分子进行色谱分离和对离子进行质谱分离，还能够通过大小、形状、电荷和质量对离子进行区分。原则上，大气压力下气相离子的分离是基于它们在低电场或高电场中的不同迁移率。在UHPLC中，分子在液相中分离后，使用超高RP MS根据精确的质荷比在气态下对质子化分子进行分离；而IMS是根据大小质荷比来分离。

根据研究的需要，不同的研究小组选择不同类型的色谱柱。Coreshell柱是一种相对较新的技术，在近十年才出现，并被发现适用于不同类别的分析物，而且逐渐用于代谢物分析[58, 59]。Coreshell色谱柱可以获得更尖锐、高效的色谱峰，而且如果色谱方法正确，也可用于对映体的分离。2017年发表的一项研究中建立了灵敏度和选择性较高的LC–MS/MS方法，采用Coreshell联苯分析柱对甲基甲卡西酮（MMC）和甲基乙卡西酮（MEC）的邻位、间位和对位异构体进行分离，并应用于实际样品[60]。在 50℃下使用联苯分析柱（100 mm×2.1 mm，2.7 μm）对目标物进行分离。0.1%甲酸的水/甲醇（95∶5，v/v）和 0.1%甲酸的甲醇作为流动相进行梯度洗脱。采用Q–trap质谱仪。MS参数如下：气帘气20 psi；离子源气体1，40 psi；离子源气体2，60 psi；离子喷射电压

5500 V，温度425℃。全血在1248 g下离心10 min，离心后立即将血清与红细胞分离。200 μL 血清样品用10 μL丁酮－d3（1 μg/mL）进行强化，使用200 μL甲醇进行蛋白质沉淀，涡旋和离心（1625 g，8 min）后，50 μL上清液用150 μL水稀释并进行分析。LLOQ为5 ng/mL，LOD为<2 ng/mL。回收率一般高于74%。图 5.12 给出了成功分离异构体的色谱图。

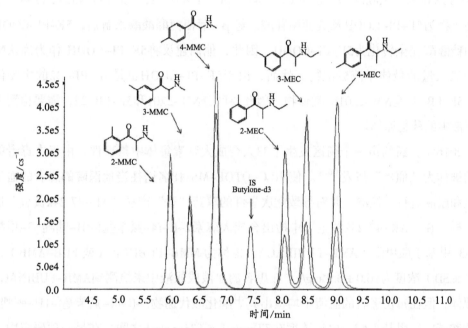

图5.12　在Coreshell联苯分析柱中成功分离MMC和MEC（血清中100 ng/mL）的邻、间、对位异构体的色谱图

（源自 Maas, A.等人，2017，J Chromatogr B，1051：118–125。）

迪奥（Diao）等人[53]采用LC–MS/MS对NM–2201的代谢产物进行了分析。他们研究了 NM–2201 的体外人体代谢（使用HLMs），以确认真实尿液样本中的标记代谢物。经蛋白沉淀、离心后对肝细胞的代谢物进行鉴定。使用SLE柱提取真实尿液样本，并用 3 mL乙酸乙酯洗脱两次。在LC–MS/MS分析之前对提取物进行富集。使用超联苯柱（100 mm × 2.1 mm内径，3 μm，温度：30℃）和梯度洗脱，0.1%甲酸水（A）和 0.1%甲酸乙腈（B）作为流动相，流动相流速为0.5 mL/min。采用三重四极TOF质谱仪在ESI（＋）模式下进行检测，采用IDA模式下结合多重MDFs和动态背景消减获得质谱数据。ESI源温度为650℃，离子喷雾电压为4000 V；气体1和气体2分别为60 psi和75 psi，气帘气为45 psi。碰撞能量范围为35 ± 15 eV。在9.60 min内洗脱NM-2201（质子化分子离子为*m/z* 376.1717），其产物离子为*m/z* 144.0446、171.0445、206.1343、232.1140 和 358.1611（检测NM-2201选择*m/z* 376.2>232.2和*m/z* 376.2>144.2 离子对）。在真实尿液样本中未检测到药物原体。主要代谢产物为5F-PI-COOH及其葡糖苷酸。5F-PI-COOH 的保留时间为6.06 min，质子化分子离子为*m/z* 250.1250。5F-PI-COOH的特征产物离子为*m/z* 118.0662，130.0659/132.0816，144.0450，174.0552，206.1344和232.1139。主要代谢产物为5F-PI-COOH及其葡糖苷酸。经β-葡萄糖醛酸酶水解后，5F-PI-COOH的葡萄糖醛酸完全转化为5F-PI-COOH。因此，他们建议将5F-PI-COOH 作为确认NM-2201摄入量的最佳尿液标记物。然而，由于5F-PI-COOH也是5F-PB-22的主要代谢物，5F-PB-22是NM-2201的类似物，因此要区分NM-2201和5F-PB-22，需要检测血液或唾液中的药物原体。

2016年，纽约市一个街区发生了33人合成大麻素集体中毒事件，由于中毒者的症状而被称为"僵尸"爆发[61]。使用LC-QTOF-MS对8名送往当地医院的患者的血清、全血和尿液进行了检测，并对导致此次事件的草药"香"产品"AK-47 24k黄金"进行了采样。在"AK-47 24k黄金"中检出合成大麻素2-(l-(4-氟苄基)-1H-吲唑-3-甲酰胺基)-3-甲基丁酸甲酯（AMB-FUBINACA，也称为 MMB-FUBINACA 或 FUB-AMB），平均（±SD）浓度为16.0±3.9 mg/g。在患者的血液或尿液中未检测到AMB-FUBINACA药物原体，但在每位患者的血清中均检出其去酯化酸代谢物2-(l-(4-氟苄基)-1H-吲唑-3-甲酰胺基)-3-甲基丁酸，血清浓度在77 ng/mL至636 ng/mL之间。在另一项研究中，从5956名美国运动员的部分尿液样本中发现了合成大麻素[62]。LC-MS/MS可用于检测JWH-018、JWH-073及其代谢物。在4.5%的样品中检测到两种化合物的代谢物，阳性样本中检测到JWH-018和JWH-073代谢物的占50%，检出JWH-018的占49%，JWH-073只有1%。

5.2.6 头发样本在分析急性和慢性策划药摄入中的应用

头发是最常用的分析检材之一，可用于追溯。如果头发足够长，该检材还可以通过片段分析显示药物使用的时间顺序。虽然毛发在检测一次性用药或长期用药中发挥重要作用，但关于毛发中某些新策划药浓度的数据很少。2017 年，有研究人员建立了LC-ESI(+)-MS/MS方法，用于检测头发中的合成卡西酮、4-甲基乙卡西酮（4-MEC）和3,4-亚甲基二氧基吡咯戊酮（MDPV）[63]。在用二氯甲烷（浸泡2 min）和温水（浸泡2 min）去污后，称取20 mg头发，研磨后，加入2 ng MDMA-d5并在pH值为5.0、温度为95℃的1 mL磷酸盐缓冲液中孵化10 min。加入2 mL碳酸盐缓冲液（pH 9.7）后用4 mL正己烷：乙酸乙酯（1：1，v/v）提取，有机相蒸发至干燥，80 μL流动相复溶。样品在1.9 μm Hypersil GOLD PFP柱（100 mm×2.1 mm，30℃）上分离，使用12 min的梯度洗脱程序。流动相为梯度的乙腈和甲酸盐缓冲液（含2 mM甲酸盐和0.1%甲酸）。化合物由LCQ TSQ Vantage XP三重四极杆质谱仪检测。在SRM模式下收集数据，每个分析物有两个*m/z*离子对。4-MEC、MDPV和IS的SRM离子对分别为*m/z* 192.1>146.1和174.2、*m/z* 276.1>175.0和205.1以及*m/z* 199.1>165.1。加热毛细管温度设置为350℃。氮气分别在50和20个压力下用作保护和辅助气体。经验证，该方法两种化合物的LOQ均为1.0 pg/mg，准确度在85%～115%范围内。该方法应用于一名30岁男子，他定期服用卡西酮6个月（有时静脉注射），后因服用10 g 4-MEC粉剂和5 g MDPV引发精神错乱和心动过速被送进普通医院。在该男子头发中检出高浓度的4-MEC（30 ng/mg）和MDPV（1 ng/mg），表明这些药物是频繁被服用。头发中还检出了许多其他化合物（甲氧麻黄酮、MDMA、MDA、可卡因和代谢物、曲马多、羟嗪、阿立哌唑、氟哌啶醇）。

赫特（Hutter）等人[64]研究建立了头发中22种合成大麻素的检测方法，包括JWH-007、JWH-015、JWH-018、JWH-019、JWH-020、JWH-073、JWH-081、JWH-122、JWH-200、JWH-203、JWH-210、JWH-250、JWH-251、JWH-398、AM-694、AM-2201、甲酰胺、RCS-4、RCS-4邻异构体、RCS-8、WIN 48098和WIN 55212-2。50 mg头发在乙醇中超声3 h进行提取。提取物在三重四极线性离子阱质谱仪上进行sMRM模式的分析。该方法简单、灵敏，定量限（LOQ）为0.5 pg/mg。将该方法用于长期药物滥用者真实头发样本的检测，结果显示在同一分段头发中存在2到6种合成大麻素。在第一段中，JWH-081的浓度高达78 pg/mg。在分段头发中，大多数物质的浓度从第一段（近端）到第三段逐渐升高。JWH-081的最高浓度约为1100 pg/mg。

5.2.7　唾液样本——易于收集、结果可靠的样本

唾液正成为NPSs分析的重要检材[65]。NPSs出现数量的不断增加对该检材的应用是一个挑战[66-68]。由于唾液的收集容易且无创，因此在药物筛查中越来越倾向于使用唾液检材[68]。此外，唾液可以在合法监督下取样，因此药物滥用者没有机会稀释、替代或掺假他们自己的样本。文献中报道了一种应用广泛的UHPLC（ESI+）-三重四极杆质谱检测方法，用于检测21种滥用药物，包括安非他明类、可卡因、大麻类、阿片类和苯二氮䓬类药物[69]。使用唾液采样包获得的200 μL唾液/缓冲液混合物，对该方法进行了充分验证。同时研发并验证了一种全自动SLE方法。1.5 h的提取时间可以处理96

个样本，而且UHPLC-MS/MS运行时间也相对较短，为7.1 min。MRM模式下采用两对离子对用于分析目标物和内标物（IS）。毛细管电压为1.0 kV，离子源温度为150℃。去溶剂气体温度为650℃，流速为1100 L/h。锥孔气体（N_2）流速为60 L/h。该方法适用于处理大批样本。该方法勉强可用于检测7-AN、7-AC、阿普唑仑、硝西泮、THC、N-去甲基地西泮和地西泮，其回收率远未达到分析可接受范围；对于其余分析物，该方法可用于定性和定量检测。在唾液研究中，还要考查唾液采样包采样后的存储条件及其中分析物的稳定性：最好在不同储存时间下分别考查20℃、4℃和-20℃时样本的稳定性。在以往的研究中，一些样品包中的某些化合物损失很大，因此唾液样品包的选择非常重要。

5.2.8 提取技术在不同基质中的应用

2015年，有研究人员研究建立了一种分析方法，用于血液样本中不同类别NPSs的筛查（总共78种分析物，包括卡西酮类、合成大麻素类、苯乙胺类、哌嗪类、氯胺酮及其类似物、苯并呋喃类和色胺类）[24]。采用分散液液微萃取（DLLME）法同时提取目标物，包括4-FA、4-MA、4-MEC、mephedrone、CB13、buphedrone、butylone/ethylone、MBDB、MBZP、MTA、MDAI、MDPV、mephedrone、methylone、AM2201、AM2233、AM 694 和 RCS4。DLLME 是一种使用微升量有机溶剂的非常快速、廉价和高效的技术。样品用500 μL甲醇沉淀蛋白，将上清液转移到含有1 mL水+0.2 g NaCl+100 μL 碳酸盐缓冲液（pH 9）的管中。为了获得混浊溶液，需快速注入350 μL氯仿/甲醇（1：2.5；萃取剂和分散剂）的混合物。将样品超声处理2 min，然后离心，沉淀在管底部（约50 ± 5 μL）的萃取剂相转移到小瓶中蒸干，20 μL甲醇复溶。在MRM模式下，使用超微孔Kinetex C色谱柱（2.6 μm，100mm × 2.1 mm）在40℃下进行分析。由于分析物类别的结构不同，研究建立了两种不同的色谱方法。采用梯度洗脱，流动相 A：5 mM甲酸铵（含 0.1%甲酸）和B：甲醇（含0.1%甲酸）。MS的毛细管电压设置为4000 V，离子源加热至350℃，氮气作为雾化和碰撞气体的流速分别为12 L/min和40 psi；EM电压设置为+1000 V，喷嘴电压设置为2000 V。LOD 值范围为0.2 ng/mL至2.0 ng/mL。将该方法应用于来自法医案件的60个真实样本，证明其适用于筛查大量NPSs。这是文献报道中非常重要的方法之一，具有广泛的筛查能力和足够的灵敏度。尽管大多数回收率低于分析可接受的范围，但LOD值足以用于检测，而且两次色谱运行更使得LC-MS/MS方法可以作为筛查方法。然而，由于使用萃取剂量小还是应该尽可能地仔细操作以获得良好的重复性。

　　一些废水中药物检测的新技术正在兴起，用以评估NPS滥用的程度。目前，对废水中生物标志物进行分析以评估非法药物消费量的研究，主要集中在最常见的非法药物上，如可卡因、大麻、安非他明、甲基苯丙胺和3,4-亚甲基二氧基甲基苯丙胺（摇头丸、MDMA），在其他非法药物和NPSs方面相关信息很少[70, 71]。LC–MS/MS是废水中非法药物定量测定的首选技术，因为涉及的药物浓度较低，而此仪器的灵敏度较高[71]。在最近的一项研究中，研究人员建立了一种灵敏的LC–MS/MS方法，用于定量检测废水中合成卡西酮和苯乙胺类NPSs，包括近期文献中提到的butylone、ethylone、methylone、naphyrone、methedrone、methyenedioxypy–rovalerone（MDPV）、mephedrone、25-I-NBOMe、25-CNBOMe和25-B-NBOMe。在本方法的研究和验证中，采集了来自苏黎世、哥本哈根和卡斯特罗的不同废水进水样品。24-h混合样品取自苏黎世、哥本哈根、奥斯陆、卡斯特罗、米兰、布鲁塞尔、乌得勒支和布里斯托尔。该方法所检测的NPSs是苯乙胺类策划药，已有资料证明其代谢相当缓慢，药物原体是主要生物标志物，因此作者将重点放在药物原体上。使用100 mL样本在pH=2下进行SPE，然后通过蒸发和复溶将洗脱液浓缩至1 mL。进行UHPLC–ESI(+)–MS/MS分析，采用1.7 μm，50 mm×2.1 mm（内径）的C18色谱柱和梯度洗脱程序。优化了MS/MS参数，毛细管电压为3.0 kV，源温度为150℃，去溶剂温度为650℃（母离子为：[M+H]⁺）。为了降低假阳性，尽可能避免非特异性的离子对，如失水（甲基酮、甲氧麻黄酮和N-乙基卡西酮除外，它们被用作确认离子对）。对于三种25-X-NBOMe化合物，可以看到相同的产物离子（m/z 121和91），对应裂解的甲氧苯甲酰基部分（m/z 121）和进一步损失甲氧基生成的环庚三烯正离子（m/z 91）。这些离子转变不是特定的，可能来自任何具有甲氧苯甲酰基部分的化合物；但是，这些化合物没有其他的特征离子。LOD值在50～200 ng/mL，LOQ值在1～5 μg/mL。目标药物的稳定性研究结果表明，在4℃冷藏或-20℃冷冻后的7天内，非酸化样本中未发生明显降解。当样品酸化至pH为2时，目标化合物更稳定，甚至可以在室温下保持长达7天。该方法只适用于三种类型药物的检测。当对来自欧洲各地的真实样本进行检测时，发现结果与欧洲毒品与毒瘾监控中心（EMCDDA）缴获数据具有相关性，例如，mephedrone（20%）、methylone（7%）和MDPV（9%）。巴德（Bade）等人[70]可以在欧洲八个城市的废水中检测到这三种策划药。据称，通过此类研究可实现对人群中NPSs消耗量的估算[71]。然而，此类研究需谨慎进行。采样区域、采样地点和采样周期都很重要，因为在某些药物使用率较高的城市或地区，可能会发现一些常用的策划药；然而，在药物使用率较低的地区，某些策划药可能仍然检测不到。当从理论上计算药物浓度时，要考虑到产生废水的日总流量、吸毒者的百分比以及废水中可能存在的固体成分，结果可能给出低于pg/mL级甚至更低的浓度，因此需要非常灵敏的技术和非常强的富集方法。药物的稳定性、某些药物与废水中其他化学成分的相互作用也是需要考虑的影响因素。

干血斑（DBS）分析为样本收集和检测提供了便利，可能对于在犯罪现场或交通管制中发现的血样也是非常适用的。2014年报道了一种经验证的QTRAP LC/MS-MS方法，该方法检测了含有64种NPSs的干血斑（DBS），包括一些苯丙胺衍生物、2C药物、氨基吲哚烷、色胺、去氧匹拉多、麻黄碱、伪麻黄碱、氯胺酮、去甲麻黄碱、去甲伪麻黄碱和五氯苯酚[72]。将10份静脉血样本点于血卡上，并在室温下干燥至少3 h，制成直径为1 cm的DBS，并将其放入Eppendorf管中。加入500 μL甲醇和10 μL内标物溶液（10 ng/mL）并涡旋15 min进行提取。将甲醇溶液酸化并干燥，用100 μL水/甲酸（99.9∶0.1；v/v）复溶后，进行分析。采用Synergi Polar RP色谱柱（100 mm×2.0 mm，2.5 μm），在50℃下进行梯度洗脱，流动相为均含有0.1%甲酸的水和乙腈。在5000 V的离子喷射电压下采用ESI(+)扫描模式，离子源温度为700℃。气帘气、碰撞气、气体1和气体2分别为30 psi、6 psi、40 psi和60 psi。对于具有同量异位素的母体和碎片的分析物，监测三个离子对。LODs和LLOQs分别在1～10 ng/mL和2.5～10 ng/mL的范围内。除4-氟甲卡西酮（flephedrone）和3-FMC、MDDMA和MDEA外，所有同量异位素化合物均可分离。2015年研究人员建立了另一种LC-MS/MS方法，用于临床和法医案件的药物中毒或药物驾驶中血液和尿液样本中56种NPSs的准确定性和定量[73]。经验证，该方法可用于血液和尿液中56种NPSs的定量，包括苯丙胺衍生物、2C化合物、氨基吲哚烷、卡西酮、哌嗪、色胺、游离物等。分析中使用Synergi Polar-RP色谱柱和QTrap质谱仪，运行时间为20 min。

沙伊德魏勒（Scheidweiler）等人研究建立了LC-QTOF同时检测尿液中47种常见合成大麻素代谢物（来自21种合成大麻素家族的化合物）的方法[5]。使用SWATH-MS，这是一种非目标数据采集方法，已被用于其他系统毒理学研究。在这项研究中，超高效超临界流体色谱（UHPSFC）展示了其在合成大麻素分离方面的优势，尤其是位置异构体和非对映体的分离。

为了更快获得可重复的分析结果，可以使用自动化样品制备系统，从而使分析过程更加容易，降低对分析技能的要求，并节省时间。全自动SPE、UHPLC联合TOF-MS用于血液中256种非法化合物的筛查，其中95种化合物得到验证[74]。LOD范围为0.001～0.1 mg/kg。该方法应用于1335例法医交通案件，其中74%为阳性。主要检出的药物有常见的毒品如安非他明、可卡因和常见的苯二氮䓬类药物。还检测到19种不太常见的药物，如丁丙诺啡、丁基酮（butylone）、去甲麻黄碱、芬太尼、麦角酸二乙胺、间氯苯基哌嗪、MDPV、甲氧麻黄酮（mephedrone）、4'-甲基安非他明、对-氟安非他明和对-甲氧基-N-甲基安非他明。

5.2.9 多重检测技术对生物样本中策划药的筛查、鉴定和确认

串联质谱是两个或多个质谱连接在一起，比如串联的四极杆装置（三重四极，QQQ）或四极杆与TOF串联（QTOF）[75]。在很多情况下，分析是有针对性的，旨在检测给定样本中的特定分析物。因此，需对分析方法的硬件和采集软件条件进行优化，以避免假阳性。带有触发式MRM（tMRM）采集软件的三重四极LC/MS系统适用于给定目标物的分析，因为该系统可以获得定量数据并且具有可检索的谱库，能有效避免假阳性。而在法医常规实验室中，目标可能是识别复杂混合物中的各种化合物，包括NPSs。因此，必须将适当的硬件与专业数据库相结合。可以选择LC-Q-TOF-MS进行准确的质量分析，同时无须重新进样就可以在数据库中检索以匹配检出化合物。制造商提供了数据库，但建议用户也利用本实验室的数据开发自己的数据库。LC-Q-TOF-MS是当今最常用的LC-MS/MS技术之一，近年来，为了捕集和识别未知的新策划药或NPSs的同质异构体/代谢物，还需要支持性识别技术。

合成大麻素类和卡西酮类给MS分析带来了挑战，因为许多异构体具有相同的质量，无法通过MS或MS/MS进行区分。举个例子，对flephedrone（4-氟甲卡西酮，4-FMC）和3-FMC进行分析，它们分别是卡西酮的对位和邻位取代的异构体，可能存在于浴盐型粉末中。在这种情况下，FTIR与GC联用，可以获得样品各成分的高分辨率固相透射谱。红外光谱可区分邻、间、对位取代异构体，即使是非对映体也可以通过红外光谱进行区分。

法医分析中的杂质分析可以为目标药物的合成路线及其来源推断提供支持。文献中有杂质分离的研究报道，如科（Ko）等人在2007年进行的研究[76]。他们建立的方法是根据GC-MS分析的杂质类型对缉获的甲基苯丙胺样品进行分类。2016年报道了一个非常好的方法，利用LC/MS-IT-TOF对杂质进行分析[77]。用该方法推断出目标物2C-E的杂质及其合成路线，确认了2C-E的断裂路径。用制备型高效液相色谱法分离、纯化了部分杂质，并用质谱和核磁共振进行了识别。第15章"苯乙胺类2C衍生物及其分析"给出了该研究的详细信息。

最近，各实验室越来越重视核磁共振（NMR）法，因为它在新化合物结构推断方面有独特优势，这些新的化合物在实验室数据库中并没有相关信息。例如，2014年建

立了UPLC-ESI-MS、GC-MS和NMR方法用于分析新的策划药[78]。在104种非法产品中检测到33种策划药，包括FUB-PB-22、5-fluoro-MN-18、THJ-2201、XLR-12、AB-CHMINACA、DL-4662、a-PHP、4-甲氧基-a-POP、4-甲氧基-a-PHPP、4-fluoro-a-PHPP 和乙酰芬太尼等，它们以60种不同的组合模式存在于非法样品中。分别用1 mL甲醇提取10 mg草药样品、2 mg粉末和2 μL液体样本。提取物离心，取上清液过膜后进行分析。以0.1%甲酸水溶液和0.1%甲酸乙腈溶液为流动相，采用三种不同的洗脱程序进行分析。通过LC-ESI-QTOF-MS检测出目标化合物的准确质量数。通过两个GC-MS程序分析获得的气质谱图与EI-MS数据库以及作者获得的策划药内部数据库进行比较。同时获得了LC-UV-PDA光谱。根据^{1}H NMR和^{13}C NMR谱、HMBC、HMQC、^{15}N HMBC和双量子滤波关联能谱（DQF-COSY）的相关信息进行结构解析。每种产品中检测到的化合物数量在1到7种之间。此外，一些产品含有三种不同类型的药物，如合成大麻素、卡西酮衍生物和苯乙胺衍生物。

2016 年发表了另一项关于使用核磁共振确认超出常规筛查范围的新策划药的研究[79]，除了EMCDDA的报告外，日本还发现了许多NPSs，对其风险进行评估，随后将其作为违禁物质进行列管。在2014年对东京都市区市售草药产品进行的调查中，作者使用HPLC-UV检测到一个小的未知峰，紧挨着FUB-144大峰。他们确认了这个小峰的化合物。为此他们使用硅胶柱分离未知化合物，然后使用LC-QTOF/MS和GC-MS推断出其分子质量为241 Da。精确质量测定结果表明$C_{16}H_{19}NO$是其中的基本成分。这些质量数据与NMR获得的数据综合分析，最终确认该化合物为1H-吲哚-3-基(2,2,3,3-四甲基-环丙基)甲酮（反戊基-UR-144；DP-UR-144），是FUB-144的类似物。此外，该化合物与大麻素受体CB1和CB2具有亲和力，EC50值分别为2.36×10^{-6} M和2.79×10^{-8} M。他们的研究结果表明，产品中若含有某些少量高药物活性物质成分，即可增强其药理作用。这一结果表明，即使少量的特征化和良好评估的成分也可以更容易地在样品中发现新上市的策划药物。

从市场上获得的草药样品在球磨机研磨下用乙腈提取3 min，然后过滤上清液。未知峰的PDA紫外光谱在215.8 nm、240.7 nm和296.4 nm处显示最大吸收，这与FUB-144的光谱相似。在正离子扫描模式下，未知峰的质谱显示其基峰为m/z 242.0[m+H]$^+$。在40℃下，使用UPLC HTTS T3柱（内径50 mm × 2.1 mm，粒径1.8 μm）。流动相组成、梯度洗脱和PDA条件与之前研究中应用的条件相同[80]。在ESI(+)-MS分析中，去溶剂气体和离子源的温度分别为400℃和150℃，锥孔电压为20 V。电子电离模式下GC-MS总离子色谱图显示了未知峰和FUB-144峰。在GC-MS分析中，使用HP-5MS（30 m × 0.25

mm内径，0.25 μm膜厚）GC色谱柱。MS扫描范围为m/z 20～600，分流比为1∶4。上述化合物的分子离子峰分别为m/z 241和349，未知峰的主要碎片离子为m/z 144。通过LC–QTOF–MS获得目标物的高分辨率质谱。在正扫描模式下精确质谱图在m/z 242.1547处有离子信号，表明目标化合物的质子化分子式为$C_{16}H_{20}NO$（理论值为242.1545）。此外，精确质谱图在m/z 144.0450 处的离子信号表明碎片离子的分子式为 C_9H_6NO（理论值为144.0449）。核磁共振谱由^1H和^{13}C核磁共振谱以及DEPT、HMBC、HMQC和COSY谱组成。最后，他们确认1H–吲哚–3–基(2,2,3,3–四甲基–环丙基)甲酮（命名为 DP–UR–144）为 UR–144 的新类似物，其中不存在正戊基链。

在2017年的一篇论文中，对警方提供的20个粉末样品（通过互联网购买）使用LC–QTOF–MS、GC–MS和NMR进行分析[81]。确认的化合物包括14种合成卡西酮和6种色胺，作者描述了4种合成卡西酮衍生物的化学性质，包括（1）iso–4–BMC 或 iso–brephedrone、（2）β–THnaphyrone、（3）mexedrone、（4）4–MDMC。

5.2.10　LC–MS/MS技术评价验证

与其他定量一样，NPSs的检验可以使用 FDA（食品和药物管理局）、ICH（国际人用药品注册技术协调会）、AOAC（官方分析化学家协会；现为AOAC国际）和欧洲分析化学组织（EURACHEM）发布的标准检验方法。然而，只采用一个标准的检测结果可能并不令人满意，因为不同的LOQ和LOD计算方式可能适合不同的方法。在LOQ计算中，最可靠和严格的技术是Eurachem方法。但是，分析工作者应该根据所使用的分析方法选择最适合的计算方法。线性范围应尽可能全面，在无须进一步操作（稀释）的情况下能够适用于不同分析物浓度范围的样品，并且该方法的精密度和准确度也应较高[31]。

无论使用内标还是外标方法，使用分析物在纯溶剂中的标准溶液构建校准图；然而，必须考虑的是，获得的信号强度是否能直接反映样本基质中目标物的真实情况（目标物和内标物与基质的相互作用），或者样本基质对质谱仪性能的影响[82]。将这些影响最小化的方法是采用与检测样本相同的基质来制备校准溶液（基质匹配校准），在基质匹配校准中，基质效应最小化。除了最小化基质效应外，基质匹配校准还存在一个限制，即基质的成分可能会发生很大变化，因此样本的基质效应可能与制备校准溶液使用的基质效应不同[83]。这也可能导致离子抑制或离子增强在不同基质中有不同的变化，需进行检测。基质效应可能会影响LC–MS/MS分析测量的准确度、精密度和稳定性。由于样本基质引起的离子抑制或增强以及代谢物的干扰，可能导致方法选择性比较差[83]。因此，应将基质效应作为验证参数之一进行研究。

在研究过程中，除了标准验证步骤，还应进行系统适用性测试。如果之前没有在研究条件下对相同基质中的相同分析物进行研究，还应在研究条件下研究稳定性，以确保目标物不会在所用基质中降解，若样品分析前在一定温度（冷藏或冷冻等）下储存过一段时间，稳定性研究就更加重要。

在多种目标物的检测中，回收率会在一定范围内变化，有些目标物的回收率可能与内标回收率相差甚远，此时使用目标物峰面积与内标峰面积比来计算回收率，可能会造成误差。在这种情况下，建议只使用目标物峰面积用于计算回收率，以避免该参数产生误导性结果，并将比率用于其余参数。

5.3　结论与展望

近年来，新策划药的分离和识别在世界范围内得到了极大的重视。现在，原来的传统药物筛查方法已无法检测到新的化合物。随着非法药物市场的不断变化和增新，分析测定方法，特别是采用不同的LC-MS/MS技术的分析方法，在文献报道中变得越来越普遍。然而，地下实验室对化学结构的不断修饰使NPSs制造商领先于法律程序，造成了"猫捉老鼠"的局面[84]。这些NPSs的检测是一个相当大的难题，由于药物的新颖性，现有用于分离和识别NPSs的分析方法要么不尽人意要么分析样品数量有限[54]。由于标准物质欠缺或者价格很高，NPSs定量分析通常很困难，甚至不可能。此外，对它们的药理学和毒理学数据以及它们造成的长期损害缺乏认知。自从NPSs被引入非法药物市场，研究建立用于分析它们的色谱方法就引起了司法鉴定和医学界的极大关注。

高分辨率和高精度的LC-HRMS技术，如TOF-MS，为未知化合物的精确分子式确认提供了帮助。TOF-MS还可以再次进行TOF数据库检索，以获取未知化合物的信息[85]。在选择性、灵敏度等方面的优势，是近年来高分辨率LC-MS/MS技术开始取代GC-MS的原因之一。

软件方面的研究进展使得组合化学可以与高样本量的自动化LC-MS分析系统联合使用[86]。有些系统使用自动SLE、SPE和SPME。特别是具有96个样品（或更大）容量的自动化系统，在其中的微孔板中进行反应可以为常规检测提供更快速的分析结果。将板放置在自动取样器上，明确方法，仪器对板上的每个样品进行分析，数据系统打印报告，显示检测到的化合物是否为预期的分子质量。LC分析的样品没有质量范围限制，但MS分析仪有质量范围限制。最后，LC可以使用无机缓冲液，MS首选挥发性缓冲液。APCI源的最新研究进展扩大了分子质量和样品极性，并打破了旧LC-MS技术的流量限制。在多数情况下，分析工作者可以使用HPLC方法而无须任何修改。LC-MS/MS优于GC-MS，因为它可以测定所有挥发性和非挥发性化合物，而GC-MS只能测定挥发性、半挥发性物质和可挥发的衍生化合物。LC-MS/MS中不使用衍生化。由于其具有较低的检测限和定量限，在大多数情况下，少量样品也足以使用该技术。LC-MS/MS涵盖了GC-MS的所有优点，同时又不存在检测灵敏度降低和色谱运行时间长的缺点[27]。但是，要适当注意LC-MS/MS中的样品净化，否则会影响方法的灵敏度，其特异性也是如此。

除了LC-MS/MS的所有优点，如果同时使用GC-MS和LC-MS/MS进行确认，新策划药的分析结果会更加可靠[87]。如果样品制备是自动化的，那么重复性和再现性将更高。例如，在检验头发时，最重要的因素是该技术的灵敏度和在一次检测中识别出的分子种类。因此，LC-MS/MS因其高灵敏度而成为最适合的技术。在未来，采用高分辨率的分析方法将成为捕获新策划药的惯例，特别是在分析缴获产品时。为了鉴定这些新药，还需要对化合物数据库进行研究。在这种情况下，高分辨率MS（或 TOF-MS）和NMR对于明确化合物的详细化学结构特别有用[7]。

如果需要用其他方法确认结果或进行结构解析，则需要好的背景知识和多学科方法，而不是仅就仪器的输出结果作出决定。例如，我们应该了解LC-MS/MS可能存在未确认的阳性；GC-MS可能存在假阴性，尤其是在分析新策划药时，分析物是否易挥发（其沸点是否低）、它在GC-MS检测温度下是否会分解、半衰期、pKa（如果已知）、在体内的排泄、在尸体中的稳定性以及其浓度是否接近方法的LOD或LOQ值等都是要考虑的硬性因素。基础知识、实验室技能、分析人员和专家的表达能力决定了报告应该写什么。

检测限应尽可能低，尤其是在尿液、血清、头发等基质中。尽管浓度受药物摄入后的采样时间和摄入量的影响，但这些基质中药物的浓度通常为ng/mL级，甚至可能低于1 ng/mL。对于此类检材，采用LC-MS/MS进行筛查是最佳选择。克奈泽尔（Kneisel）和奥韦特尔（Auwarter）[88]表述在血清中同时检测到30种合成大麻素，LOD和LOQ值分别在0.01~2.0 ng/mL和0.1~2.0 ng/mL范围内。在大多数LC-MS/MS方法中，都将C18色谱柱用作分析柱，并在梯度模式下进行分析。

尿液和血液是药物检测的首选检材[7]。然而，其中许多药物，特别是合成大麻素，会在短时间内从生物体液中清除。在这种情况下，头发分析可能会有所帮助。其他基质，如唾液、汗液、死后肝脏、玻璃体液等，也可以显示这些药物的使用情况，并且随着时间的推移，此类基质将受到越来越多的关注。一些新策划药在血液样本和最终提取物中的稳定性受pH的影响。还应研究添加NaF/草酸钾作为防腐剂后保存的生物基质中目标物浓度下降的现象。

α-PVP、251-NBOMe、呋喃基芬太尼、U-47700、4,4-DMAR和MDMAR是一些具有重大法医学意义的新化合物，可致死。例如，在瑞典，有20人因服用吗啡类物质乙酰芬太尼而死亡[89]。不管会不会造成死亡，药物使用者或其亲属可能都无法提供关于所用药物的准确信息。临床管理也可能因组合用药而变得复杂。鉴定NPS严重中毒的责任成分需要分析化学家、临床实验室、卫生专业人员、执法机构和合成有机化学家共同合作，以便及时获得有关致病物的信息[61]。如今，对NPS的分析需要的不仅仅是急诊科、法医实验室等使用标准靶向药物的专家组，还需要能够快速识别未知化合物的更复杂的分析平台。此外，需要通过医疗专业人员提供的临床病史和信息消除可卡因、海洛因和甲基苯丙胺等常规药物引发中毒的可能性，帮助化学家进行毒理学分析。预测和快速生产出新药及其代谢物的参照标准物质也很重要，有助于识别之前未知的NPS，因为在此之前，没有商业的标准物质可用。这种多学科配合分析对于及时解决未来NPS爆发具有重要意义。

在没有相关信息的情况下，即使使用LC-MS/MS技术也很难确定基质中的新未知药物。高分辨率MS或TOF-MS结合合成大麻素的相关信息可用于推断药物原体及其代谢物。可以使用GC-MS、LC-MS/MS和HRMS（或TOF-MS）对草药样品中未知药物进行结构解析。还可通过制备LC或制备TLC纯化目标化合物，以获得超过几毫克的纯化合物。核磁共振波谱有助于详细解析化学结构。核磁共振和LC-MS/MS在最近的研究中经常一起使用，有时还与其他技术一起使用。

单独使用NMR不能对所有未知分子进行表征[90]。常见的官能团如羧酸、苯酚和氨基，由于质子-氘交换，在许多溶剂中无法被核磁共振发现。硝基和硫酸盐复合物没有质子，不能在^{1}H NMR谱中直接检测到，但是它们可以采用质谱检测。分子质量、经验公式和碎片信息可以通过质谱获得，但通常这些不足以解析未知药物的结构。文献中报道，HPLC、NMR和MS检测器联用形成LC-NMR-MS，可用于天然产物、组合化学和药物代谢研究。最近在降低NMR检测限、使用CryoFlow探针以及在线固相萃取与NMR（LC-SPE-NMR）联用方面也有了一些改进。这些技术可以更快地识别未知的NPSs及其类似物和位置异构体，并防止新药的快速制造。在不久的将来，SPE-LC-NMR-MS可能成为法医化学家的选择，即使用一台仪器将样品制备、色谱分离和鉴定一步完成。

新策划药分析的未来发展可能是便携式现场检测系统/试剂盒的研制，用于检测缴获产品（特别是散装样品和掺假产品，如酒精饮料）和各种基质中的NPSs。此外，对于法医来说最常用的是生物样本，生物样本中常见NPSs及其类似物、异构体和主要代谢物的筛查和确认，可以通过研究建立快速、简单、选择性好、经验证回收率高的综合联用色谱法来解决。法医领域还需要在杂质分析和/或常见NPSs来源推断方面取得进展[91]。虽然文献报道中有检测范围比较广的综合分析方法，但是其中一些方法未经验证；一些仅提供LOD和/或LOQ值；还有一些可用于一些分析物的定量；一些被检测药物的回收率非常低，甚至低于30%。除了很多综合方法外，文献中还报道了半定量方法。此外，如果研发出更强大的分析方法，具有更好的样品制备技术和高回收率（不低于70%），那么分析物漏检的风险将会降低，结果的准确性也会更高。

LC–MS/MS是检测策划药最可靠的技术之一，然而，毒品法庭要注意，此类检测方法是新的，目前仍然有许多未解决的全球性问题，如临界值水平，尚未被定义或标准化的NPSs也还有很多[92]，因为缺乏标准化的方法、独立的质控产品或能力验证。尿液中的检测窗口因实验室而异，从质量保证的角度无法控制检验结果的可靠性。此外，在许多实验室的常规药物检验中，肌酐定量（用于证明是否有意稀释过尿液）尚未被应用。

为了打击策划药的使用，毒品法庭应与多个在该领域工作的实验室和/或大学研究部门合作，以采取最新、全面和可靠的检测方法[92]。鼓励毒品法庭仔细评估实验室服务。他们应该考虑哪些实验室可以提供更全面的检测，检测限较低。此外，法庭应确保实验室的检测限临界值的可靠性，临界值应该是根据药物排泄、代谢以及可能导致的疾病等所有相关信息综合计算的结果。对每个案例来说，最经典的方法不一定是最好的方法。最后，关键问题可能还是实验室研究人员的专业素养问题，因为研究建立这些方法、进行分析和阐述策划药检测结果的正是这些研究人员。

术语表

AOAC：官方分析化学家协会，现为AOAC International

APCI：大气压化学电离

CE：毛细管电泳

CEDIA：克隆酶供体免疫分析

CI：化学电离

CID：碰撞诱导电离

COSY：关联能谱法

CSP：手性固定相

DALT：N,N-二烯丙基取代的色胺

DART：实时直接分析

DBS：干血斑

DC：直流

DEPT：无畸变极化转移增强

2D-LC：二维 LC

DLLME：分散液液微萃取

DQF-COSY：双量子回波相关谱

EI：电子撞击

ELISA：酶联免疫吸附测定

EMCDDA：欧洲毒品与毒瘾监测中心

EMIT：酶倍增免疫分析

ESI：电喷雾电离

FAB：快速原子轰击

FDA：食品和药物管理局

FT：傅里叶变换

FTIR：傅里叶变换红外

GC-EI-IT-MS：气相色谱电子碰撞离子阱质谱

GC-MS：气相色谱-质谱法

GHB：γ-羟基丁酸

HILIC：亲水作用液相色谱法

HLM：人肝微粒体

HMBC：异核多键相干

HMQC：异核多量子相干

HRMS：高分辨质谱仪

ICH：国际人用药品注册技术协调会

ICR：离子回旋共振

IDA：信息依赖采集

IMS：离子迁移谱

IR：红外

IT：离子阱

LC–MS/MS：液相色谱–串联质谱

LC–NMR：液相色谱–核磁共振

LC–PDA：液相色谱–光电二极管阵列检测器

LC–QqQ–MS：液相色谱–三重四极杆质谱

LC–SPE–NMR：在线固相萃取核磁共振联用

LTQ Orbitrap XL：混合线性离子轨道阱质谱仪

LIT：线性离子阱

LOD：检测限

LQT：线性四极杆离子阱

MA：质量精度

MALDI HRMS：基质辅助激光解吸电离高分辨率质谱

MDF：质量缺陷过滤器

MRM：多反应监测

MS：质谱

MS^n：多级质谱

NMR：核磁共振波谱

NPS：新型精神活性物质

PCP：苯环利定

RF：射频

RP：分辨率

SFC：超临界和亚临界流体色谱

SIM：选择离子监测

SLE：固液萃取

SPME：固相液体微萃取

SRM：选择反应监测

sMRM：预定的多反应监测模式

SWATH：所有理论碎片离子的顺序窗口采集

TIC：总离子色谱图

tMRM：触发MRM

TOF–MS：飞行时间质谱仪

TSP：热喷雾

UHPLC：超高效液相色谱

UHPSFC：超高效超临界流体色谱

参考文献

1. Wohlfarth, A. and Weinmann, W. 2010. Bioanalysis of new designer drugs, *Bioanalysis*, 2:965–979.
2. Chavant, F., Boucher, A., Le Boisselier, R., Deheul, S., and Debruyne, D. 2015. New synthetic drugs in addictovigilance, *Thérapie*, 70:179–189.
3. Australian Drug Foundation. 2016. *New psychoactive substances (synthetics)—Alcohol and Drug Information Factsheet.*
4. Dunn, T. N. 2016. Prison Drugs Scandal: One in 10 prisoners are high on dangerous designer drugs as deadly new epidemic sweeps jail, https://www.thesun.co.uk/news/1828789/one-in-10-prisoners-are-high-on-dangerous-designer-drugs-as-deadly-new-epidemic-sweeps-jail/, accessed 20 April 2017, Copyright: City of Edinburgh Council.
5. Lin, D. 2016. Designer drugs—A brief overview, *Therapeutics and Toxins News. Newsletter for the TDM and Toxicology Division of AACC*, 2:1–10.
6. Hill, S. L. and Thomas, S. H. 2011. Clinical toxicology of newer recreational drugs, *Clin Toxicol*, 49:705–719.
7. Namera, A., Kawamura, M., Nakamoto, A., Saito, T., and Nagao, M. 2015. Comprehensive review of the detection methods for synthetic cannabinoids and cathinones, *Forensic Toxicol*, 33:175–194.
8. Krasowski, M. D. and Ekins, S. 2014. Using cheminformatics to predict cross reactivity of "designer drugs" to their currently available immunoassays, *J Cheminform*, 6:22.
9. Abbott, R., and Smith, D. E. 2015. The new designer drug wave: A clinical, toxicological, and legal analysis, *J Psychoact Drugs*, 47:5, 368–371.
10. Petrie, M., Lynch, K. L., Ekins, S., Chang, J. S., Goetz, R. J., Wu, A. H. B. and Krasowski, M. D. 2013. Cross-reactivity studies and predictive modeling of "bath salts" and other amphetamine-type stimulants with amphetamine screening immunoassays, *Clin Toxicol*, 51:83–91.
11. Musselman, M. E. and Hampton, J. P. 2014. "Not for human consumption": A review of emerging designer drugs, *Pharmacotherapy*, 34:745–757.
12. May, M. 2016. *Forensic Mass Spectrometry*, Labcompare, 24 May 2016. http://www.labcompare.com/10-Featured-Articles/186874-Forensic-Mass-Spectrometry/Forensic Mass Spectrometry, accessed 1 May 2017.

13. Harris, D. N., Hokanson, S., Miller, V. and Jackson, G. P. 2014. Fragmentation differences in the EI spectra of three synthetic cannabinoid positional isomers: JWH-250, JWH-302, and JWH-201, *Int J Mass Spectrom*, 368:23–29.

14. Kusano, M., Zaitsu, K., Nakayama, H., Nakajima, J., Hisatsune, K., Moriyasu, T., Matsuta, S., Katagi, M., Tsuchihashi, H., and Ishii, A. 2015. Positional isomer differentiation of synthetic cannabinoid JWH-081 by GC-MS/MS, *J Mass Spectrom*, 50:586–591.

15. György, V. and Vekey, K. 2004. Solid-phase microextraction: A powerful sample preparation tool prior to mass spectrometric analysis. *J Mass Spectrom*, 39:233–254.

16. Boatto, G., Nieddu, M., Pirisi, M. A. and Dessì, G. 2007. Simultaneous determination of new thioamphetamine designer drugs in plasma by capillary electrophoresis coupled with mass spectrometry, *Rapid Commun Mass Spectrom*, 21:3716–3720.

17. De Jong, G. 2016. *Capillary Electrophoresis–Mass Spectrometry (CE-MS): Principles and Applications*, John Wiley & Sons, Weinheim, p. 316.

18. Týčová, A., Ledvina, V., and Klepárník, K. 2016. Recent advances in CE-MS coupling: Instrumentation, methodology, and applications, *Electrophoresis*, 38:115–134.

19. Ostermann, K. M., Luf, A., Lutsch, N. M., Dieplinger, R., Mechtler, T. P., Metz, T. F., Schmid, R. and Kasper, D. C. 2014. MALDI Orbitrap mass spectrometry for fast and simplified analysis of novel street and designer drugs, *Clin Chim Acta*, 433:254–258.

20. Gwak, S. and Almirall, J. R. 2015. Rapid screening of 35 new psychoactive substances by ion mobility spectrometry (IMS) and direct analysis in real time (DART) coupled to quadrupole time-of-flight mass spectrometry (QTOF-MS), *Drug Test Anal*, 7:884–893.

21. Brandt, S. D., Kavanagh, P. V., Dowling, G., Talbot, B., Westphal, F., Meyer, M. R., Maurer, H. H. and Halberstadt, A. L. 2017. Analytical characterization of N,N diallyltryptamine (DALT) and 16 ring substituted derivatives, *Drug Test Anal*, 9:115–126.

22. Mayer, M. J. 2015. Designer Drugs: Monitoring Synthetic Cannabinoids, Thermo Fisher Scientific, https://www.thermofisher.com/blog/proteomics/designer-drugs-monitoring -synthetic-cannabinoids/, accessed 13 November 2017.

23. Roškar, R. and Lušin, T.T. 2012. Analytical Methods for Quantification of Drug Metabolites in Biological Samples, in *Chromatography—The Most Versatile Method of Chemical Analysis*, Ed. Calderon, L., InTech, available from https://www.intechopen.com/books /chromatography-the-most-versatile-method-of-chemical-analysis/analytical-methods-for -quantification-of-drug-metabolites-in-biological-samples (accessed 13 November 2017).

24. Odoardi, S., Fisichella, M., Romolo, F. S., and Strano-Rossi, S. 2015. High-throughput screening for new psychoactive substances (NPS) in whole blood by DLLME extraction and UHPLC–MS/MS analysis, *J Chromatogr B*, 1000:57–68.

25. Want, E. J., O'Maille, G., Smith, C. A., Brandon, T. R., Uritboonthai, W., Qin, C., Trauger, S. A., and Siuzdak, G. 2006. Solvent-dependent metabolite distribution, clustering, and protein extraction for serum profiling with mass spectrometry, *Anal Chem*, 78:743–752.

26. Mizuno, K. and Kataoka, H. 2015. Analysis of urinary 8-isoprostane as an oxidative stress biomarker by stable isotope dilution using automated online in-tube solid-phase microextraction coupled with liquid chromatography–tandem mass spectrometry, *J Pharm Biomed Anal*, 112:36–42.

27. Grebe, S. K. G. and Singh, R. J. 2011. LC-MS/MS in the clinical laboratory—Where to from here?, *Clin Biochem Rev*, 32:5–31.

28. Anilanmert, B., Çavuş, F., Narin, I., Cengiz, S., Sertler, Ş., Özdemir, A. A. and Acikkol, M. 2016. Simultaneous analysis method for GHB, ketamine, norketamine, phenobarbital, thiopental, zolpidem, zopiclone and phenytoin in urine, using C18 poroshell column, *J Chromatogr B*, 1022:230–241.

29. Liquid Chromatography–Mass Spectrometry. 2017. EAG Laboratories, CA. http://www.eag.com/liquid-chromatography-mass-spectometry-lc-ms/, accessed May 2017.

30. Leeds, S. M. 1999. *Chapter 3—Experimental in Characterisation of the Gas-Phase Environment in a Microwave Plasma Enhanced Diamond Chemical Vapour Deposition Reactor Using Molecular Beam Mass Spectrometry,* PhD thesis, Bristol.

31. Ardrey, R. E. 2003. *Liquid Chromatography–Mass Spectrometry: An Introduction*, John Wiley & Sons, Ltd., Chichester, pp. 2, 3, 46, 100, 101, 123, 185.

32. *Basics of LC-MS*. 2001. Agilent Technologies, http://ccc.chem.pitt.edu/wipf/Agilent%20LC-MS%20primer.pdf, accessed 13 November 2017.

33. Tiller, P. R. and Drexler, D. M. 1999. *Quadrupole MS Technology Evaluating the Differences between Source CID or Real MS/MS*, Thermo Finnigan LC/MS Technical Report, Thermo Finnigan. Printed in USA 4/99 A0895-776 #719 9M, http://www.thermo.com/eThermo/CMA/PDFs/Articles/articlesFile_11351.pdf, accessed May 2017.

34. Błażewicz, A., Bednarek, E., Sitkowski, J., Popławska, M., Stypułkowska, K., Bocian, W., and Kozerski, L. 2017. Identification and structural characterization of four novel synthetic cathinones: α-methylaminohexanophenone (hexedrone, HEX), 4-bromoethcathinone (4-BEC), 4-chloro-α-pyrrolidinopropiophenone (4-Cl-PPP), and 4-bromo-α-pyrrolidinopentiophenone (4-Br-PVP) after their seizures, *Forensic Toxicol*, 35:317–332.

35. Holcapek, M., Jirásko, R., and Lísa, M. 2012. Recent developments in liquid chromatography–mass spectrometry and related techniques, *J Chromatogr A*, 1259:3–15.

36. Hart-Smith, G. and Blanksby, S. J. 2012. Mass analysis. In Barner-Kowollik, C., Gruendling, T., Falkenhagen, J. and Weidner, S. Eds., *Mass Spectrometry in Polymer Chemistry*. Wiley-VCH Verlag & Co., Weinheim, pp. 5–32, 20–21, 86–87.

37. Hutter, M., Broecker, S., Kneisel, S., and Auwärter, V. 2012. Identification of the major urinary metabolites in man of seven synthetic cannabinoids of the aminoalkylindole type present as adulterants in 'herbal mixtures' using LC-MS/MS techniques, *J Mass Spectrom*, 47:54–65.

38. Baugh, P. J. 2004. Analytical Mass Spectrometry, Quay Pharma Training Programme, Day 4, 28 September 2004.

39. Crawford Scientific. 2017. *Mass Spectrometry, Fundamental LC-MS, Orbitrap Mass Analyzers*, Chromacademy, e-learning for the analytical chemistry committee, www.chromacademy.com (accessed 14 April 2017).

40. Perry, R. H., Cooks, R. G., and Noll, R. J. 2008. Orbitrap mass spectrometry: Instrumentation, ion motion and applications, *Mass Spectrom Rev*, 27:661–699.

41. Guilhaus, M. 1995. Special feature: Tutorial, principles and instrumentation in time-of-flight mass spectrometry, physical and instrumental concepts, *J Mass Spectrom*, 30:1519–1532.

42. Lewis, J. K., Wei, J., and Siuzdak, G. 2000. Matrix-assisted laser desorption/ionization mass spectrometry in peptide and protein analysis. In *Encyclopedia of Analytical Chemistry*, Meyers, R.A. Ed., John Wiley & Sons Ltd, Chichester, pp. 5880–5894.

43. Roemmelt, A. T., Steuer, A. E., Poetzsch, M., and Kraemer, T. 2014. Liquid chromatography, in combination with a quadrupole time-of-flight instrument (LC QTOF), with sequential window acquisition of all theoretical fragment-ion spectra (SWATH) acquisition: Systematic studies on its use for screenings in clinical and forensic toxicology and comparison with information-dependent acquisition (IDA), *Anal Chem*, 86:11742–11749.

44. Guillarme, D. and Veuthey, J. L. Eds. 2012. *UHPLC in Life Sciences*, The Royal Society of Chemistry, Cambridge.

45. Thurman, E. M., Ferrer, I., and Fernández-Alba, A. R. 2005. Matching unknown empirical formulas to chemical structure using LC/MS TOF accurate mass and database searching: Example of unknown pesticides on tomato skins, *J Chromatogr A*, 1067:127–134.

46. Błażewicz, A., Bednarek, E., Sitkowski, J., Popławska, M., Stypułkowska, K., Bocian, W., and Kozerski, L. 2017. Identification and structural characterization of four novel synthetic cathinones: a-methylaminohexanophenone (hexedrone, HEX), 4-bromoethcathinone (4-BEC), 4-chloro-apyrrolidinopropiophenone (4-Cl-PPP), and 4-bromo-apyrrolidinopentiophenone (4-Br-PVP) after their seizures, *Forensic Toxicol*. Published online, 6 March 2017.

47. Carlier, J., Diao, X., Sempio, C., and Huestis, M. A. 2017. Identification of new synthetic cannabinoid ADB-CHMINACA (MAB-CHMINACA) metabolites in human hepatocytes, *AAPS J*, 19:568–577.

48. Helfer, A. G., Michely, J. A., Weber, A. A., Meyer, M. R., and Maurer, H. H. 2017. Liquid chromatography–high resolution–tandem mass spectrometry using Orbitrap technology for comprehensive screening to detect drugs and their metabolites in blood plasma, *Anal Chim Acta*, 965:83–95.

49. ElSohly, M. A., Gul, W., ElSohly, K. M., Murphy, T. P., Madgula, V. L., and Khan, S. I. 2011. Liquid chromatography–tandem mass spectrometry analysis of urine specimens for K2 (JWH-018) metabolites, *J Anal Toxicol*, 35:487–495.

50. Saurina, J. and Sentellas, S. 2017. Strategies for metabolite profiling based on liquid chromatography, *J Chromatogr B*, 1044–1045:103–111.

51. Carlier, J., Diao, X., Scheidweiler, K. B., and Huestis, M. A. 2017. Distinguishing intake of new synthetic cannabinoids ADB-PINACA and 5F-ADB-PINACA with human hepatocyte metabolites and high-resolution mass spectrometry, *Clin Chem*, 63:1008–1021.

52. Nakazono, Y., Tsujikawa, K., Kuwayama, K., Kanamori, T., Iwata, Y. T., Miyamoto, K., Kasuya, F., and Inoue, H. 2014. Simultaneous determination of tryptamine analogues in designer drugs using gas chromatography–mass spectrometry and liquid chromatography–tandem mass spectrometry, *Forensic Toxicol*, 32:154–161.

53. Diao, X., Carlier, J., Zhu, M., Pang, S., Kronstrand, R., Scheidweiler, K. B., and Huestis, M. A. 2017. In vitro and in vivo human metabolism of a new synthetic cannabinoid NM-2201 (CBL-2201), *Forensic Toxicol*, 35:20–32.

54. Taschwer, M., Grascher, J., and Schmid, M. G. 2017. Development of an enantioseparation method for novel psychoactive drugs by HPLC using a Lux1 Cellulose-2 column in polar organic phase mode, *Forensic Sci Int*, 270:232–240.

55. Sharp, V. S., Gokey, M. A., Wolfe, C. N., Rener, G. A., and Cooper, M. R. 2015. High performance liquid chromatographic enantioseparation development and analytical method characterization of the carboxylate ester of evacetrapib using an immobilized chiral stationary phase with a non-conventional eluent system, *J Chromatogr A*, 1416:83–93.

56. Wang, C. C., Hartmann-Fischbach, P., Krueger, T. R., Lester, A., Simonson, A., Wells, T. L., Wolk, M. O. and Hidlay, N. J. 2015. Fast and sensitive chiral analysis of amphetamines and cathinones in equine urine and plasma using liquid chromatography tandem mass spectrometry, *Am J Anal Chem*, 6:995.

57. Saurina, J. and Sentellas, S. 2017. Strategies for metabolite profiling based on liquid chromatography, *J Chromatogr B*, 1044–1045: 103–111.

58. Kloos, D. P., Lingeman, H., Niessen, W. M., Deelder, A. M., Giera, M. and Mayboroda, O. A. 2013. Evaluation of different column chemistries for fast urinary metabolic profiling, *J Chromatogr B Anal Technol Biomed Life Sci*, 927:90–96.

59. Dubbelman, A. C., Cuyckens, F., Dillen, L., Gross, G., Hankemeier, T. and Vreeken, R. J. 2014. Systematic evaluation of commercially available ultra-high performance liquid chromatography columns for drug metabolite profiling: Optimization of chromatographic peak capacity, *J Chromatogr A*, 1374:122–133.

60. Maas, A., Sydow, K., Madea, B., and Hess, C. 2017. Separation of ortho, meta and para isomers of methylmethcathinone (MMC) and methylethcathinone (MEC) using LC-ESI-MS/MS: Application to forensic serum samples, *J Chromatogr B*, 1051:118–125.

61. Adams, A. J., Banister, S. D., Irizarry, L., Trecki, J., Schwartz, M., and Gerona, R. 2017. "Zombie" outbreak caused by the synthetic cannabinoid AMB-FUBINACA in New York, *N Engl J Med*, 376:235–242.

62. Heltsley, R., Shelby, M. K., Crouch, D. J., Black, D. L., Robert, T. A., Marshall, L., Bender, C. L., DePriest A. Z., and Colello, M. A. 2012. Prevalence of synthetic cannabinoids in US athletes: Initial findings, *J Anal Toxicol*, 36:588–593.

63. Alvarez, J. C., Etting, I., Abe, E., Villa, A., and Fabresse, N. 2017. Identification and quantification of 4-methylethcathinone (4-MEC) and 3,4-methylenedioxypyrovalerone (MDPV) in hair by LC–MS/MS after chronic administration, *Forensic Sci Int*, 270:39–45.

64. Hutter, M., Kneisel, S., Auwärter, V., and Neukamm, M. A. 2012. Determination of 22 synthetic cannabinoids in human hair by liquid chromatography–tandem mass spectrometry, *J Chromatogr B*, 903:95–101.

65. Øiestad, E. L., Øiestad, Å. M. L., Gjelstad, A. and Karinen, R. 2016. Oral fluid drug analysis in the age of new psychoactive substances, *Bioanalysis*, 8:691–710.

66. Strano-Rossi, S., Anzillotti, L., Castrignanò, E., Romolo, F. S., and Chiarotti, M. 2012. Ultra high performance liquid chromatography–electrospray ionization–tandem mass spectrometry screening method for direct analysis of designer drugs, spice and stimulants in oral fluid, *J Chromatogr A*, 1258:37–42.

67. Rodrigues, W. C., Catbagan, P., Rana, S., Wang, G., and Moore, C. 2013. Detection of synthetic cannabinoids in oral fluid using ELISA and LC–MS–MS, *J Anal Toxicol*, 37:526–533.

68. Øiestad, E. L., Johansen, U., Christophersen, A. S., and Karinen, R. 2013. Screening of synthetic cannabinoids in preserved oral fluid by UPLC–MS/MS, *Bioanalysis*, 5:2257–2268.

69. Valen, A., Leere Øiestad, Å. M., Strand, D. H., Skari, R., and Berg, T. 2016. Determination of 21 drugs in oral fluid using fully automated supported liquid extraction and UHPLC-MS/MS, *Drug Test Anal*, 9:808–823.

70. Bade, R., Bijlsma, L., Sancho, J. V., Baz Lomba, J. A., Castiglioni, S., Castrignano, E., Causanilles, A., Gracia-Lor, E., Kasprzyk-Hordern, B., Kinyua, J., McCall, A. K., van Nuijs, A. L. N., Ort, C., Plosz, B., Ramin, P., Rousis, N. I., Ryu, Y., Thomas, K. V., de Voogt, P., Zuccato, E., and Hernández, F. 2017. Liquid chromatography–tandem mass spectrometry determination of synthetic cathinones and phenethylamines in influent wastewater of eight European cities, *Chemosph*, 168:1032–104.

71. Thomas, K. V., Bijlsma, L., Castiglioni, S., Covaci, A., Emke, E., Grabic, R., Hernandez, F., Karolak, S., Kasprzyk-Hordern, B., Lindberg, R. H., Lopez de Alda, M., Meierjohann, A., Ort, C., Pico, Y., Quintana, J. B., Reid, M., Rieckermann, J., Terzic, S., van Nuijs, A. L. N., and de Voogt, P. 2012. Comparing illicit drug use in 19 European cities through sewage analysis, *Sci Total Environ*, 432:432–439.

72. Ambach, L., Redondo, A. H., König, S., and Weinmann, W. 2014. Rapid and simple LC-MS/MS screening of 64 novel psychoactive substances using dried blood spots, *Drug Test Anal*, 6:367–375.

73. Ambach, L., Redondo, A. H., König, S., Angerer, V., Schürch, S., and Weinmann, W. 2015. Detection and quantification of 56 new psychoactive substances in whole blood and urine by LC–MS/MS, *Bioanalysis*, 7:1119–1136.

74. Pedersen, A. J., Dalsgaard, P. W., Rode, A. J., Rasmussen, B. S., Muller, I. B., Johansen, S. S., and Linet, K. 2013. Screening for illicit and medicinal drugs in whole blood using fully automated SPE and ultra-high-performance liquid chromatography with TOF-MS with data-independent acquisition, *J Sep Sci*, 36, 2081–2089.

75. Brock, T.G. 2001. Analysis of synthetic cannabinoids and designer drugs, Cayman Chemical, Michigan. www.caymanchem.com/article/2199, accessed 4 December 2017.

76. Ko, B. J., Suh, S., Suh, Y. J., In, M. K., and Kim, S. H. 2007. The impurity characteristics of methamphetamine synthesized by Emde and Nagai method, *Forensic Sci Int*, 170:142–147.

77. Li, Y., Wang, M., Li, A., Zheng, H., and Wei, Y. 2016. Identification of the impurities in 2, 5-dimethoxy-4-ethylphenethylamine tablets by high performance liquid chromatography mass spectrometry-ion trap-time of flight, *Anal Methods*, 8:8179–8187.

78. Uchiyama, N., Shimokawa, Y., Kawamura, M., Kikura-Hanajiri, R., and Hakamatsuka, T. 2014. Chemical analysis of a benzofuran derivative, 2-(2-ethylaminopropyl)benzofuran (2-EAPB), eight synthetic cannabinoids, five cathinone derivatives, and five other designer drugs newly detected in illegal products, *Forensic Toxicol*, 32:266–281.

79. Ichikawa, Y., Nakajima, J. I., Takahashi, M., Uemura, N., Yoshida, M., Suzuki, A., Suzuki, J., Nakae, D., Moriyasu, T. and Hosaka, M. 2017. Identification of (1H-indol-3-yl)(2,2,3,3-tetramethylcyclopropyl) methanone (DP-UR-144) in a herbal drug product that was commercially available in the Tokyo metropolitan area, *Forensic Toxicol*, 35:146–152.

80. Nakajima, J., Takahashi, M., Seto, T., Yoshida, M., Kanai, C., Suzuki, J., and Hamano, T. 2012. Identification and quantitation of two new naphthoylindole drugs-of-abuse, (1-(5-hydroxypentyl)-1H-indol-3-yl)(naphthalen-1-yl)methanone (AM-2202) and (1-(4-pentenyl)-1H-indol-3-yl)(naphthalen-1-yl)methanone, with other synthetic cannabinoids in unregulated "herbal" products circulated in the Tokyo area, *Forensic Toxicol*, 30:33–44.

81. Qian, Z., Jia, W., Li, T., Liu, C., and Hua, Z. 2017. Identification and analytical characterization of four synthetic cathinone derivatives iso-4-BMC, β-TH-naphyrone, mexedrone, and 4-MDMC, *Drug Test Anal,* 9:274–281.

82. Chambers, E., Wagrowski-Diehl, D. M., Lu, Z., and Mazzeo, J. R. 2007. Systematic and comprehensive strategy for reducing matrix effects in LC/MS/MS analyses, *J Chromatogr B Analyt Technol Biomed Life Sci*, 852:22–34.

83. Matuszewski, B. K., Constanzer, M. L., and Chavez-Eng, C. M. 2003. Strategies for the assessment of matrix effect in quantitative bioanalytical methods based on HPLC–MS/MS, *Anal Chem*, 75:3019–3030.

84. Zawilska, J. B. and Andrzejczak, D. 2015. Next generation of novel psychoactive substances on the horizon—A complex problem to face, *Drug Alcohol Depend*, 157:1–17.

85. Lurie, I. S., Marginean, I., and Rowe, W. 2015–2016. *Analysis of Synthetic Cannabinoids in Seized Drugs by High-Resolution UHPLC/MS and GC/MS*, Application Note, 012433A_01, PerkinElmer, Inc., MA.

86. Agilent Technologies. 1998. *Basics of LC-MS*. www.agilent.com/cs/library/support/documents/a05296.pdf (accessed 11 April 2017).

87. Vass, L. 2016. Editorial Article: Webinar Highlights: The Future of Designer Drug Analysis, *Select Science, News and Advice*. http://www.selectscience.net/editorial-articles/webinar-highlights-the-future-of-designer-drug-analysis/?artID=42208, 12 December 2016 (accessed 4 December 2017).

88. Kneisel, S. and Auwärter, V. 2012. Analysis of 30 synthetic cannabinoids in serum by liquid chromatography-electrospray ionization tandem mass spectrometry after liquid–liquid extraction, *J Mass Spectrom*, 47:825–835.

89. Tuv, S. S., Krabseth, H. M., Strand, M. C., Karinen, R. A., Wiik, E., Vevelstad, M. S., Westin, A. A., Øiestad, E. L., and Vindenes, V. 2016. New designer drugs from the web, *Tidsskr Nor Legeforen*, 136:721–723.

90. Corcoran, O. and Spraul, M. 2003. LC–NMR–MS in drug discovery, *Drug Discov Today*, 8:624–631.

91. Smith, J. P., Sutcliffe, O. B., and Banks, C. E. 2015. An overview of recent developments in the analytical detection of new psychoactive substances (NPSs), *Analyst*, 140:4932–4948.

92. Cary, P. L. 2014. *Designer Drugs: What Drug Court Practitioners Need To Know, Drug Court Practitioner*, Fact Sheet, National Drug Court Institute (NADCP), The Professional Services Branch of NADCP, Alexandria, VA, 9: 1–13. www.ndcrc.org/sites/default/files/designer_drugs_2.pdf, accessed 4 December 2017.

6 原位电离质谱技术在法庭科学中的应用

普热梅斯瓦夫·梅尔茨扎雷克（Przemysław Mielczarek）、
马雷克·斯莫尔乌茨赫（Marek Smoluch）

6.1 引言

原位电离质谱技术是基于在流动气体中进行电离的一种技术。无需或只需很少量的样品前处理，在常压条件下对分析物进行快速直接电离分析。该技术与高准确性的质谱联用，使得原位电离质谱技术更适用于法庭分析，满足快速检测毒物的需求。

6.2 应用

最早的原位电离技术是DART（Direct Analysis in Real Time，实时直接分析技术）[1]。除了ASAP（Atmospheric Solids Analysis Probe，大气固体分析探针）[2]，DART是基于ADI（原位解析离子化）电离源开发的唯一商业应用的电离源。事实上，DART相比于其他ADI电离源应用范围更广，可用于分析大麻素、卡西酮、炸药、植物材料、伪造的药品和墨水等。已有很多文献报道了各种原位电离质谱技术，包括离子化介绍和机制[3]，因此本书不会赘述。这些方法的共同点就是没有或仅需简单的样品前处理，就能够快速对固态、液态或气态样品进行检测分析。

6.3 DART——实时直接分析

DART技术最广泛的应用是在毒品和药品领域，尽管在这一领域的常用分析方法是GC-MS，LC-MS，NMR及IR（见第5章缩略术语表）。在已经建立的方法中，DART的最大优点是样品前处理简单且能够快速获得实验结果，这种技术在快速筛查滥用药物的法庭科学检验中得到应用[4]。在该研究中，实验人员将DART的分析方法与已有的分析方法在LOD（最小检出限）、选择性等方面进行了对比，其中DART的LOD是0.05 mg/mL，这个结果与弗吉尼亚法庭科学部门在固体滥用药物的DART筛查分析方案中得到的结果完全吻合。

拉普安特（LaPointe）等人对尿液中的合成卡西酮类和它们的代谢物进行半定量分析时[5]，发现直接分析未经前处理的样品就能检测到三种不同的卡西酮和三种代谢产物，该技术满足亚临床水平的检测需求。作者还证实使用固相微萃取技术能够将对药物及其代谢物的检测能力提高至少一个数量级，这主要是由于去除了质谱中生物样本（如尿液）的复杂基质干扰。

另一项研究[6]报道了利用DART技术在未处理的尿液中检测到美沙酮的情况。这类研究传统上是利用酶免疫技术（EIA），并用其他技术（GC-MS，LC-MS/MS）进行结果确认，整个样品分析过程需要大量的时间和工作量。DART可作为一种替代方法，用来筛查和确认未经处理的尿液样本中是否存在美沙酮。在这个案例中，相比于利用酶免疫技术（EIA）和其他技术（GC-MS，LC-MS/MS）需要3～5天的时间，使用DART技术对每个样本中美沙酮的筛查和确认用时不超过5 min。同时，相对于EIA技术的允许分析浓度（300 ng/mL），DART技术的允许分析浓度可达到250 ng/mL，因此DART技术被证明是一种高特异性和选择性的分析方法。

DART技术经常被用来分析大麻素类。作为经常被滥用的策划药，混合物中的合成大麻素类化合物很难被分离检测。标准的分析方法是从植物里提取大麻素，净化后利用LC-MS检测。哈巴拉（Habala）等人[7]描述了从含有大麻素的真实植物样本中提取大麻素的制样技术。根据实验需求，DART技术可对植物组织和甲醇提取物进行检验。在进行定量分析或者半定量分析时，因需要确保内标在检验样本中的均匀分布，所以对提取溶液进行分析是更好的办法。DART也可以与NMR技术联用，作为传统的GC-MS或LC-MS方法的一种补充。DART技术克服了传统质谱分析方法所需要的样品提取、衍生化、色谱分离和其他准备步骤。

马里诺（Marino）等[8]在通过DART-MS直接检测到植物样本和粉末中的合成大麻素后，应用核磁共振谱（NMR）建立了快速筛查合成大麻素方案。采用简单的样品制备方案，应用NMR技术对50 mg植物样本进行快速检测，在15种植物样本中发现10种合成大麻素。

DART技术还可与薄层色谱法（TLC）进行联用，薄层色谱法经常被应用于法庭科学实验室[9]。通常，使用可视化试剂处理或在紫外光下对薄层色谱板进行检测。DART技术支持对薄层色谱板直接进行质谱检测，不需要费时费力地从薄层色谱板上刮下斑点，进行化合物提取、分离及后续的GC-MS或LC-MS分析。

DART技术已被证明是鉴定和对比印刷油墨证据的优秀工具。墨迹分析对于文件检验至关重要。特雷霍斯（Trejos）等人[10]设计并验证了一个可搜索的墨水数据库，用来收集墨水证据的化学信息。数据库包含超过300种的印刷油墨（墨粉、喷墨、胶印和凹版油墨）。数据库包括了DART，还有傅里叶变换红外（FTIR）、扫描电子显微镜-能谱仪（SEM-EDS）、激光剥蚀电感耦合等离子体质谱（LA-ICP-MS）和裂解气相色谱-质谱（Py-GC-MS）方法的数据。值得注意的是，油墨附着在纸上的时间长短对其谱图有很大的影响[11]。可以观察到在油墨打印后的最初几个月中，由于最易挥发化合物的蒸发，谱图也变化最大。随后，谱图逐渐稳定下来。

有研究表明DART技术可直接扫描头发样品的滥用药物[12]，对毛发片段的分析可用于对药物滥用的时间进行追溯。与传统分析相反，DART技术中对头发的分析只需要几分钟时间。DART技术对毛发样本中可卡因的扫描方法与经过认证的液相色谱-串联质谱（LC-MS/MS）法相比后得到确证。利用DART对毛发中可卡因的检测值低于毛发检测学会推荐的0.5 ng/mg的临界值，这说明该方法适用于法庭科学检测。DART技术还成功应用于头发中四氢大麻酚的直接检测[13]，在这篇报道中，DART 不仅能够扫描头发的表面，而且能够测定头发深处结合态的四氢大麻酚，用于测定的装置示意图如图6.1所示。

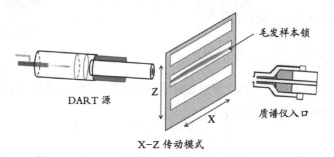

图6.1　用于毛发分析的X-Z传动模式的DART-orbitrap MS装置示意图（参考 Duvivier, W.F.等，2014. *Rapid Commun Mass Spectrom*.28：682-690.）

DART技术在性侵案件的检验中也很有价值。这类案例常规进行DNA分析，不用DART进行检验。然而，可以通过DART分析与DNA无关的微量证据（如杀精剂壬苯醇醚-9、在避孕套制造中使用的化合物，或潜在指纹中可供识别的脂肪酸）。这些证据对法庭审判也很重要[14]。

在鉴定阿普唑仑真假药的案例中，DART技术已经提供了非常大的帮助[15]。该技术无需样品前处理，可直接分析阿普唑仑片剂，而且这些检验程序也符合法医检验标准。

DART技术可用于自制硝酸酯炸药在合成过程中形成的潜在、部分硝化和二聚化副产物的痕量检测和分析[16]。研究成功对5种与硝化甘油和季戊四醇四硝酸酯（PETN）合成有关的化合物（在纳克至亚纳克水平上）进行了检测。这些应用也证明了DART在法庭研究领域的适用性。

6.4　其他原位等离子体电离技术

在法庭科学分析中，DART仍然是应用最多的原位等离子体电离技术，但是其他方法，如 FAPA-MS（Flowing Atmospheric Pressure Afterglow–Mass Spectrometry，流动大气压余辉–质谱技术）[17] 或DBDI-MS（Dielectric Barrier Discharge Ionization–Mass Spectrometry，介质阻挡放电电离化质谱技术）[18]，正在获得越来越多的关注。

有研究报道采用FAPA-MS联用仪分析策划药（JWH-122、4BMC、戊烯酮、3,4-DNNC和ETH-CAT）[19]。文章中，样品引入等离子流的两种方式如图6.2和图6.3所示。

图6.2　应用雾化器中的甲醇气雾剂与样品结合进行FAPA-MS分析（参考 Smoluch，M.等，2016. Talanta. 146：29-33.）

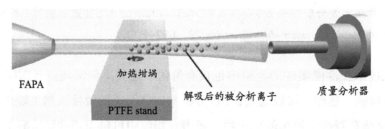

图6.3　样品从加热坩埚热解吸后进行FAPA-MS分析（参考 Smoluch，M.等，2016. *Talanta*. 146：29-33.）

在案例中，样本以甲醇气雾剂的形式或通过加热解吸后进行分析。这两种方法都适用于任何原位等离子体电离源。FAPA可以在没有任何预先分离处理的情况下提供快速可靠的样品鉴定。

FAPA也适用于合成甲卡西酮的分析[20]。该方法不需要任何样品前处理，能直接从粗反应混合物中鉴别甲卡西酮。该仪器对混合物快速分析的优势，使其可作为精神活性化合物鉴定的辅助工具。

对于毒理学研究，不仅要考虑精神活性化合物原型，还要考虑它们在人体中的代谢物。通常因药物发生疾病或昏迷的人被带入急救室后，精神物质的代谢产物检测对于他们的诊断和治疗至关重要。在所谓的"合法快感"在青少年中极为流行的时代，快速识别不同种类精神活性物质（未列入或列入法律管制名单的）是极其重要的。通过与FAPA在线联接的电化学技术已被证实可用于测定精神活性物质及其代谢产物[21]，在这篇文章中，研究人员利用电化学反应池生产潜在的药物代谢物，以研究模拟的代谢途径。产物经FAPA-MS鉴定。该联用原理图如图6.4所示。

类似的方法如用电化学-液相色谱-介质阻挡放电离子源质谱系统（EC-LC-DBDI-MS）来检测电化学产生的司来吉兰代谢物[22]。司来吉兰是一种用于治疗帕金森病的药物，在人体中代谢为安非他明和甲基苯丙胺等化合物（精神活性物质）。DBDI类似于DART，可用于大麻素的分析。作者采用了样品加热器来增强样品的解吸和离子化效果[23]，这种方法类似于图6.3所示的方法，但是FAPA源被DBDI替代，可直接识别8个

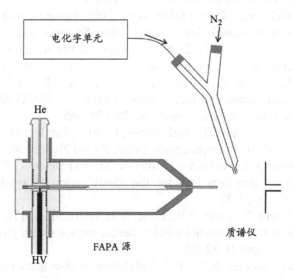

图6.4   EC-FAPA-MS联用原理图。（参考Smoluch，M.等，2014. *Analyst*. 139：4350-4355.）

从植物基质中提取的合成大麻素。总之，FAPA/DBDI技术与电化学产生潜在代谢物技术相结合，在即将到来的精神活性物质浪潮中发挥重大作用。在不久的将来，这也可能有助于应用预测毒理学方法来挽救那些中毒病人的生命。

6.5　结论

原位等离子体电离方法避免了费力的样品前处理，显著缩短了分析证据所需的时间。因此，这些方法可以减少案件的积压和加快刑事起诉。仪器小型化，可在常压条件下工作，使其在实验室之外环境下进行药物筛查具有很大优势，存在巨大应用潜能。然而，定量能力差是其最大的缺点之一。但随着原位电离领域研究的不断发展，此问题在不久的将来可能会得到改进。

参考文献

1. Cody, R.B., Laramee, J.A., and Durst, H.D. 2005. Versatile new ion source for the analysis of materials in open air under ambient conditions, *Anal Chem.* 77: 2297–2302.
2. McEwen, C.N., McKay, R.G., and Larsen, B.S. 2005. Analysis of solids, liquids, and biological tissues using solids probe introduction at atmospheric pressure on commercial LC/MS instruments, *Anal Chem.* 77: 7826–7831.
3. Smoluch, M., Mielczarek, P., and Silberring J. 2016. Plasma-based ambient ionization mass spectrometry in bioanalytical sciences, *Mass Spectrom Rev.* 35: 22–34.
4. Steiner, R.R. and Larson, R.L. 2009. Validation of the direct analysis in real time source for use in forensic drug screening, *J Forensic Sci.* 54: 617–622.
5. LaPointe, J., Musselman, B., O'Neill, T., and Shepard, J.R. 2015. Detection of "bath salt" synthetic cathinones and metabolites in urine via DART-MS and solid phase microextraction, *J Am Soc Mass Spectrom.* 26: 159–165.
6. Beck, R., Carter, P., Shonsey, E., and Graves, D. 2016. Tandem DART™ MS Methods for Methadone Analysis in Unprocessed Urine, *J Anal Toxicol.* 40: 140–147.
7. Habala, L., Valentová, J., Pechová, I., Fuknová, M., and Devínsky F. 2016. DART–LTQ ORBITRAP as an expedient tool for the identification of synthetic cannabinoids, *Leg Med (Tokyo).* 20: 27–31.
8. Marino, M.A., Voyer, B., Cody, R.B., Dane, A.J., Veltri, M., and Huang, L. 2016. Rapid identification of synthetic cannabinoids in herbal incenses with DART-MS and NMR, *J Forensic Sci.* 61(Suppl 1): 82–91.
9. Howlett, S.E. and Steiner, R.R. 2011. Validation of thin layer chromatography with AccuTOF-DART™ detection for forensic drug analysis, *J Forensic Sci.* 56: 1261–1267.

10. Trejos, T., Torrione, P., Corzo, R., Raeva, A., Subedi, K., Williamson, R., Yoo, J., and Almirall, J. 2016. A novel forensic tool for the characterization and comparison of printing ink evidence: Development and evaluation of a searchable database using data fusion of spectrochemical methods, *J Forensic Sci.* 61: 715–724.

11. Jones, R.W. and McClelland, J.F. 2013. Analysis of writing inks on paper using direct analysis in real time mass spectrometry, *Forensic Sci Int.* 231: 73–81.

12. Duvivier, W.F., van Putten, M.R., van Beek, T.A., and Nielen, M.W. 2016. (Un)targeted scanning of locks of hair for drugs of abuse by direct analysis in real-time, high-resolution mass spectrometry, *Anal Chem.* 88: 2489–2496.

13. Duvivier, W.F., van Beek, T.A., Pennings, E.J., and Nielen, M.W. 2014. Rapid analysis of Δ-9-tetrahydrocannabinol in hair using direct analysis in real time ambient ionization orbitrap mass spectrometry, *Rapid Commun Mass Spectrom.* 28: 682–690.

14. Musah, R.A., Cody, R.B., Dane, A.J., Vuong, A.L., and Shepard, J.R. 2012. Direct analysis in real time mass spectrometry for analysis of sexual assault evidence, *Rapid Commun Mass Spectrom.* 26: 1039–1046.

15. Samms, W.C., Jiang, Y.J., Dixon, M.D., Houck, S.S., and Mozayani, A.J. 2011. Analysis of alprazolam by DART–TOF mass spectrometry in counterfeit and routine drug identification cases, *Forensic Sci.* 56: 993–998.

16. Sisco, E. and Forbes, T.P. 2016. Direct analysis in real time mass spectrometry of potential by-products from homemade nitrate ester explosive synthesis, *Talanta.* 150: 177–183.

17. Andrade, F.J., Shelley, J.T., Wetzel, W.C., Webb, M.R., Gamez, G., Ray, S.J., and Hieftje, G.M. 2008. Atmospheric pressure chemical ionization source. 1. Ionization of compounds in the gas phase, *Anal Chem.* 80: 2646–2653.

18. Na, N., Zhao, M., Zhang, S., Yang, C., and Zhang, X. 2007. Development of a dielectric barrier discharge ion source for ambient mass spectrometry, *J Am Soc Mass Spectrom.* 18: 1859–1862.

19. Smoluch, M., Gierczyk, B., Reszke, E., Babij, M., Gotszalk, T., Schroeder, G., and Silberring, J. 2016. FAPA mass spectrometry of designer drugs, *Talanta.* 146: 29–33.

20. Smoluch, M., Reszke, E., Ramsza, A., Labuz, K., and Silberring, J. 2012. Direct analysis of methcathinone from crude reaction mixture by flowing atmospheric-pressure afterglow mass spectrometry, *Rapid Commun Mass Spectrom.* 26: 1577–1580.

21. Smoluch, M., Mielczarek, P., Reszke, E., Hieftje, G.M., and Silberring, J. 2014. Determination of psychostimulants and their metabolites by electrochemistry linked on-line to flowing atmospheric pressure afterglow mass spectrometry, *Analyst.* 139: 4350–4355.

22. Mielczarek, P., Smoluch, M., Kotlinska, J.H., Labuz, K., Gotszalk, T., Babij, M., Suder, P., and Silberring J. 2015. Electrochemical generation of selegiline metabolites coupled to mass spectrometry, *J Chromatogr A.* 1389: 96–103.

23. Smoluch, M., Babij, M., Zuba, D., Schroeder, G., Gotszalk, T., and Silberring, J. 2015. Heat assisted sample introduction and determination of cannabinoids by dielectric barrier discharge ionization mass spectrometry, *Int. J. Mass Spectrom.* 386: 32–36.

7 液相色谱-四极杆飞行时间质谱（LC-QTOFMS）在鉴定新精神活性物质结构中的应用

卡罗利娜·塞库尔（Karolina Sekuła）、达留什·祖巴（Dariusz Zuba）

7.1 四极杆飞行时间质谱的特点

四极杆飞行时间串联质谱仪（QTOFMS）是四极杆（Q）质量过滤器和飞行时间（TOF）分析仪的串联质谱。该设备最初旨在分析肽类和大分子生物聚合物，现在已应用于环境、食品、缴获样品和生物检材中的药品和精神活性物质的分析。

QTOF质谱的最大优势是具有良好的质量精确度和极高的质量分辨率。质量精确度（Δm）定义为测量（实验）质量（m_{exp}）与根据离子元素组成计算的理论质量（m_{theor}）之间的差异。它可以用原子质量单位（Da）表示，更常见的是用百万分之几（10^{-6}）表示。

$$\Delta m = m_{exp} - m_{theor} \text{（Da）} \tag{7.1}$$

$$\Delta m = \frac{m_{exp} - m_{theor}}{m_{theor}} \times 10^6 \tag{7.2}$$

表7.1列出了质量数和质量误差的相关性。

QTOF质谱的质量误差在$2 \sim 5 \times 10^{-6}$。可通过连续测量对照离子，将质量误差降至最低。根据测量的荷质比（m/z）值与参比离子的理论值之间的差异，校正并测定目标离子的精确质量。

质量分辨率与质量精确度密切相关，它定义了质谱分离相邻离子的能力。在质谱中，质量分辨率是可观测到的m/z值除以两种可分离离子的最小差异Δ（m/z），即（m/z）/Δ（m/z）。对于单电荷离子对应的单个峰，通常使用以下公式来确定分离度（R）：

$$R = \frac{m}{\Delta m} \tag{7.3}$$

Δm值可以用在指定峰高处测量的峰宽表示，通常为峰高的一半处的峰宽，称为半峰宽（FWHM）。对于独立的峰，分辨率决定被分析物的质量精度，即测量值和理论质量的对应关系。

在质谱学中，也有"分离能力"一词。质谱的分离能力是对质谱仪提供专业质量分辨率的能力。

QTOF质谱仪的质量分辨率通常高于10 000。与质量精度一样，质谱仪的分辨率随着被分析化合物质量的变化而变化。所检测的化合物的m/z值越高，就越容易获得高的分辨率。相关性见表7.2。

表7.1　化合物质量与质量误差的相关性

质量/Da	质量误差/Da	质量误差/ × 10⁻⁶
300	± 0.3000	1000
300	± 0.0300	100
300	± 0.0030	10
300	± 0.0003	1
100	± 0.0010	10
250	± 0.0010	4
500	± 0.0010	2
1000	± 0.0010	1

表7.2　被测化合物的质量与可能的质量分辨率间的相关性

质量（m）	半峰宽（Δm）	分辨率（R）
100	0.10	1000
500	0.10	5000
1000	0.10	10 000
2000	0.10	20 000
100	0.01	10 000
500	0.05	10 000
1500	0.15	10 000

注：半峰宽为最大峰宽度的一半。

QTOF质谱仪的系统构造很复杂，最重要的部件包括四极杆、飞行时间分析器和电离源（图7.1）。质量分析器代表质谱仪的心脏，即能够测量气相离子的质荷比（m/z）。为使离子通过分析器向检测器自由转移，分析器必须在高真空条件下工作。质量分析器中的压力越低（通常在10^{-4}至10^{-7}Torr范围内），气相离子的平均漂移时间越长，则仪器灵敏度和质量分辨率越高[1]。

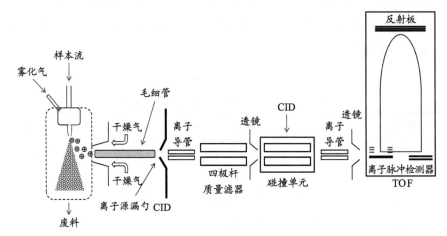

图7.1　ESI-QTOFMS系统示意图

分析测试样本时，需将样本在相应条件下离子化后，引入质谱仪。在液相色谱仪中分离的样本首先进入电离源，LC-MS接口有双重任务：消除LC洗脱液中的溶剂和从分析物中产生气相离子[1]。QTOF质谱仪常与连接的是大气压电离（即电喷雾和纳升电喷雾）。电喷雾（ESI）是在大气压力下，对通过微通量（$1\sim10\,\mu L/min$）毛细管的液体施加强电场，毛细管出口位于气流（通常为氮气）中。气流和电离室中的电位差（通常为$3\sim5$ kV），使液体在泰勒锥中的流量增加[2]。电场在毛细管末端的液体表面诱导电荷累积，然后形成高电荷液滴。当这些液滴中包含的溶剂蒸发时，它们会收缩到排斥力接近其内聚力的程度，从而导致液滴爆炸[3]。这一过程重复进行，直到微小液滴直接发射产生气相离子。

如果化合物可以在多个位点带电荷，那么该化合物在ESI条件下可带多个电荷，即可使用有限的质荷比（m/z）范围的质量分析器（例如四极杆）来鉴定高分子量化合物。在使用ESI-QTOF质谱仪分析肽类或其他大分子生物聚合物时，常见多电荷离子[1]。电喷雾也用于没有任何可电离位点的分子，通过形成钠、钾、铵或其他加合物来实现分析检出[3]。此外，在ESI条件下，化合物会形成与钠或钾离子（［2M+Na$^+$]

或［2M+K+］）结合的二聚体。

电喷雾属于软电离方式，即在电离过程中，分析物分子实际上没有离子碎裂（与电子碰撞电离相反）。ESI条件下产生的典型离子是质子化分子离子［M+H］+、钠或钾加合物或溶剂加合物（正离子模式下）和去质子化分子离子［M−H］−，或甲酸盐或乙酸盐加合物（负离子模式下）[1]。

在电喷雾电离中常用的液体是醇（例如：甲醇、乙醇）、腈（乙腈）和水（通常与甲醇混合）。根据相应的离子检测模式（正离子或负离子），通常向分析物溶液中加入少量特定的酸或碱（通常为0.01%～0.1% v/v）。分析带正电荷的离子时，酸（通常是甲酸）被用作质子供体。如果检测负离子，应加入少量碱（通常为氨）[2]。

综前所述，电喷雾电离产生的碎片非常少。然而，可通过向位于离子源和质量分析器之间的中间真空区域内的分析物离子添加动能来强制碎裂。通过在该区域的两端施加电位差（该参数称为碎裂电压），离子被加速并与其他分子（气体分子、残留溶剂、共流出物等）碰撞，这些碰撞所获得的能量通过碎裂而消失，该技术被称为源内裂解（或称源内碰撞诱导电离/源内CID）[1]。应用源内裂解来获得被测化合物主要碎片的全扫描质谱是物质鉴定过程中的一个重要步骤。因此，碎裂电压是QTOFMS分析中要优化的参数之一，以确定分子的源内裂解程度。

质谱仪的另一部分是锥状离子入口（锥孔）。作用是区分质谱仪中不同真空度区域，因为在设备的后续部件中，真空度越来越高。锥孔的另一任务是从载气、杂质和残留溶剂中分离出分析物离子。此外，离子通过透镜后面的四极杆或八极杆离子导管（取决于制造商）传输，并进入四极质量过滤器。这个附加的四极或八极离子导管用于进入仪器的离子碰撞后冷却和聚焦。

四极杆由围绕中心轴等距分布的四个平行棒或杆组成，向相邻的两个杆施加反向射频高压。通过应用两个静电场——一个为直流（DC），一个为变频（RF）的精确控制组合——可获得特定m/z比的谐振频率，使得该m/z比的离子能到达检测器，而较低和较高m/z比的离子被丢弃。

四极杆可以在两种不同的模式下工作。对于单MS（或TOFMS）测量，四极杆在总透射离子模式下工作，仅用作传输元件，而TOF分析器用于记录质谱。对于MS/MS（或QTOFMS）测量，四极杆在离子选择模式下工作，仅传输特定的母离子，通常根据需要传输的全同位素簇，选择1～3 m/z宽的质量窗口[4]。

离子的基本碎裂过程发生在碰撞单元中。这种现象是串联质谱的本质，在串联质谱中，在第一个分析器中被分离的母（前体）离子m_p^+随后进行碎裂，得到子（产物）

离子$m_d{}^+$和中性碎片m_n。

$$m_p{}^+ \rightarrow m_d{}^+ + m_n \quad\quad\quad (7.4)$$

碎裂过程涉及碰撞诱导解离（CID），也称为碰撞激活解离（CAD）。在该过程中，母离子被加速，并通过与惰性气体碰撞后碎裂为子离子。最常用的碰撞气体是氮气或氩气，碰撞后离子发生解离。根据碰撞能量的大小，离子的碎裂比率会发生变化。分子的质量越大，离子碎裂所需的能量就越大。然而，离子碎裂的程度也取决于分子中每个键的结合强度。因此，碰撞能量是在QTOFMS分析中需要优化的参数。

应注意，无论碰撞池中是否有碰撞气体，均可获得相应质谱。在有碰撞气体的情况下，四极杆部分的所有参数均设为MS/MS模式，但碰撞能量应保持接近0 eV，以避免化合物分子碎裂。

碎裂的离子进入飞行时间分析器。值得注意的是，在离子进入分析器之前，必须将离子束展平，以使进入分析器的离子穿过相同的路径长度。为此，通常使用四极杆离子导管和离子聚焦透镜。

TOF分析器的工作原理是基于测量离子通过规定距离（即在飞行导管中到达检测器的路径）的时间，它取决于m/z值。离子被电场脉冲加速，这种加速导致相同电荷的离子在进入场自由漂移区（也称为飞行导管）之前具有相等的动能。因此，离子的速度取决于质荷比（离子质量越低，速度越大，离子到达检测器的速度越快），典型的飞行时间为5～100 μs。为了获得飞行时间的精确测量，离子的开始时间（即离子进入飞行导管的时间）需要被精确地确定。因此，与LC的耦合需要快速电场切换（"门控"），以允许离子源中产生的离子在短且确定的时间内进入飞行管。TOF分析器可以以两种方式工作：线性模式（离子以直线移动）和反射模式（使用镜像弯曲离子束）。然而，反射型TOF因其高达20 000～30 000的质量分辨率，是目前分析毒理学应用中最常见的TOF分析器[1, 2]。

QTOF检测系统通常使用微通道板检测器。离子束撞击微通道板并产生电子流，电子流被转换成光子，光子撞击光电倍增管，产生与离子通量成比例放大的信号[5]。

7.2 新精神活性物质结构鉴定中的挑战

法庭科学实验室通常用气相色谱与电子碰撞电离质谱（GC-EI-MS）联用方法进行

药毒物鉴定。然而，当新精神活性物质开始在毒品市场上出现时，这种分析方法往往是不够的。原因如下，首先，数据库的使用受限，因为新物质的质谱图显然还没有添加到库中。其次是因为策划药的结构相似。已上市的许多位置异构体、同系物、类似物和其他类型的衍生物具有相对简单和相似的化学结构（图7.2）。

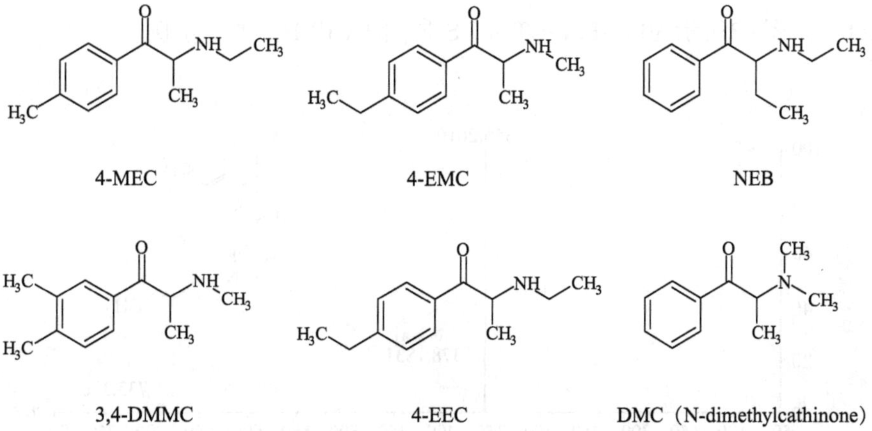

4-MEC   4-EMC   NEB

3,4-DMMC   4-EEC   DMC（N-dimethylcathinone）

图7.2　以卡西酮衍生物为例说明化合物结构的相似性

因此，仅基于EI–MS谱图进行识别，药物判定错误风险相对较高，亟需使用更先进的技术。串联质谱是一种非常有效的测定技术，其研究基础是分析物离子的可控解离碎片及碎片质量分析，获取被研究物质相关分子结构的详细信息。根据裂解过程，可以判断样品中存在哪些化学基团以及它们是如何结合的。

用于鉴定新精神活性物质结构的方法之一是液相色谱–四极杆飞行时间质谱（LC–QTOFMS）。该技术既可用于分析缴获物中的新化合物，也可用于生物检材中策划药的结构鉴定。

7.3　采用LC–QTOFMS鉴定新精神活性物质的程序

本章将介绍使用电喷雾电离（ESI）–四极杆飞行时间质谱（QTOFMS）鉴别新精神活性物质的具体过程。通过在各种条件下分析检测，我们可以获得关于所研究化合物的不同信息。

ESI-QTOFMS第一大优势是能够确定化合物的分子质量。由于电喷雾是一种软电离方法，因此在分析过程中会获得准分子离子，这些离子是通过添加或去除一个或多个质子形成的。因此，根据电离模式，正离子或负离子模式，对于单电荷分子，可以看到［M+H］⁺或［M-H］⁻离子。值得注意的是，大多数新型策划药通常是正离子化的。

为了获得相关分子质量的信息，应在MS模式下（碰撞池中没有离子的碰撞诱导解离）用低碎裂电压进行分析，以防止发生源内碎裂。目前已知的大多数精神活性物质的质量在150～450 Da范围内，因此，为避免准分子离子碎裂，碎裂电压最大为100～150 V。图7.3所示为LC-ESI-QTOFMS质谱图（JWH-122）示例。

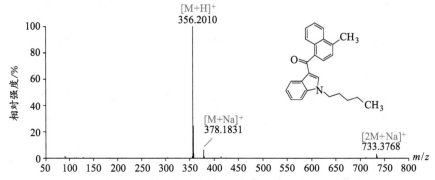

图7.3　在MS模式（碎裂电压100 V）下记录的JWH-122 LC-ESI-QTOFMS质谱图

使用添加剂，如在LC流动相中加入甲酸，可得到H⁺离子。因此，要根据准分子离子［M+H］⁺减去氢正离子的质量，计算被测化合物的分子质量。氢原子的质量为1.0078 Da，一个电子的质量约为0.0005 Da，因此H⁺离子的质量为1.0073 Da。从质谱中得到的准分子离子的m/z值中减去1.0073。例如，对于图7.3中得到的离子，我们得到化合物JWH-122的质量等于355.1937 Da，将JWH-122（m_{theor} = 355.1936 Da）的实验质量与理论质量进行比较，结果表明质量误差Δm为0.3×10^{-6}。

对于电喷雾离子源，除［M+H］⁺离子外，质谱中还经常看到钠或钾加合物。对于经验不足的实验人员来说，如果质谱中得到的m/z值来自准分子离子和一些碎片离子，或者可能来自准分子离子和一些加合物，则可能会令人困惑。如果我们看到这些离子之间的差异约为22 Da或38 Da，那么我们知道可能记录了［M+H］⁺和［M+Na］⁺或［M+H］⁺和［M+K］⁺离子。通过计算离子质量的精确差异并与Na⁺或K⁺正离子的质量进行比较，可以证实这一假设。此外，在电喷雾室中，被测化合物的离子有时会形成二聚体，它们也可能与钠或钾离子结合，从而在ESI-QTOFMS质谱中得到［2M+Na］⁺或［2M+K］⁺离子。JWH-122的［M+H］⁺、［M+Na］⁺、［2M+Na］⁺离子如图7.3所示。

　　此外，关于所研究的策划药分子是否含有卤素原子的信息可以从特征同位素分布中获得。众所周知，自然界中大多数元素是以同位素混合物的形式存在的。同位素是具有不同质量的同一化学元素的原子种类，它们有相同数量的质子和电子，但有不同数量的中子。例如，下列的主要元素及其天然同位素：

氢气：　^{1}H（质量1.0078 Da，丰度99.99%），
　　　　^{2}H（质量2.0141 Da，丰度0.01%）；

碳：　　^{12}C（质量12.0000 Da，丰度98.90%），
　　　　^{13}C（质量13.0034 Da，丰度1.10%）；

氧气：　^{16}O（质量15.9949 Da，丰度99.76%），
　　　　^{17}O（质量16.9991 Da，丰度0.04%），
　　　　^{18}O（质量17.9992 Da，丰度0.20%）。

　　可以注意到，最轻的同位素也是这些元素中含量最丰富的。在质谱分析中，使用单同位素质量。单同位素质量是使用每个原子的主同位素质量而不是同位素平均原子质量得到的分子中原子的质量总和（例如，4-甲基甲卡西酮的单同位素质量为177.1154 Da）。元素的平均原子质量定义为其所有天然存在的稳定同位素的质量的加权平均值（4-甲基甲卡西酮的平均质量为177.2429 Da）。另一方面，经常使用的是标称质量，即使用每种元素最丰富的同位素的整数质量（忽略质量亏损）计算离子或分子的标称质量（4-甲基甲卡西酮的标称质量为177 Da）。如果我们考虑策划药分子的元素组成，我们可以注意到两个卤素的特征同位素组成，即氯原子和溴原子：

氯：　　^{35}Cl（质量34.9689 Da，丰度75.78%），
　　　　^{37}Cl（质量36.9659 Da，丰度24.22%）；

溴：　　^{79}Br（质量78.9183 Da，丰度50.69%），
　　　　^{81}Br（质量80.9163 Da，丰度49.31%）；

氧气：　^{16}O（质量15.9949 Da，丰度99.76%），
　　　　^{17}O（质量16.9991 Da，丰度0.04%），
　　　　^{18}O（质量17.9992 Da，丰度0.20%）。

　　因此，结构中包含这些元素的化合物将具有特征性同位素模式。图7.4显示了分别含有氯原子和溴原子的苯乙胺衍生物25C–NBOMe（a）和2C–B（c）分子的同位素分布，并将其与25C–NBOMe（b）和2C–B（d）准分子离子的预测相对同位素丰度进行了比较。

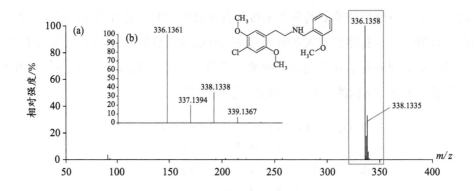

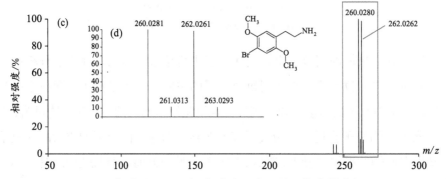

图7.4　25C-NBOMe（a）和2C-B（c）准分子离子的同位素模式与25C-NBOMe（b）和2C-B（d）预测的相对应的同位素丰度比较

　　化合物质量的确定对于鉴定新精神活性物质非常有用。对于GC-MS方法，我们必须经常处理在质谱中得到与小分子碎片离子一致的情况，这是因为电子碰撞技术是一种硬电离方法。这使得鉴定新物质变得困难，精确分子质量的确定减少了可能的候选分子式列表。例如，让我们考虑在m/z值等于276.1592 Da时得到的未知化合物的准分子离子[M+H]$^+$，如果我们想把分子式和分子质量匹配起来，即275.1519 Da（无电荷化学种），我们可以假定碳、氢、氧、氮、氯和溴原子的可用量如下：C：0～50个原子、H：0～50个原子、O：0～5个原子、N：0～5个原子、Cl：0～2个原子、Br：0～2个原子，使用分子式查找软件，我们可以匹配最大允差为$5×10^{-6}$的四种化合物，即：

1. $C_{16}H_{21}NO_3$　　　　　m_{theor} = 275.1521 Da　　Δm = $0.9×10^{-6}$
2. $C_{11}H_{22}ClN_5O$　　　　m_{theor} = 275.1513 Da　　Δm = $2.2×10^{-6}$
3. $C_{13}H_{24}ClN_2O_2$　　　m_{theor} = 275.1526 Da　　Δm = $2.6×10^{-6}$
4. $C_{14}H_{19}N_4O_2$　　　　m_{theor} = 275.1508 Da　　Δm = $4.0×10^{-6}$

　　如果没有高分辨质谱仪，可以匹配38种化合物，最大允差高达$100×10^{-6}$。这就是为什么提供高质量精度的质量分析器能够减少与质谱中得到的质量相匹配的可能分子式的数量。此外，如果在质谱中没有看到氯的同位素特征，我们可以去掉在其结构中含有氯原子的数量。因此，在这种情况下，化合物被鉴定为卡西酮的衍生物，即MDPV，化学式为$C_{16}H_{21}NO_3$。

因此，有时仅通过QTOFMS法测定分子质量就足以获得被测样本中存在的化合物的信息。考虑到这种情况，图7.5显示了缴获的植物样本中可能存在的物质的EI–GC–MS质谱图。

待测样本中发现化合物A–834,735或UR–144的N–庚基类似物，这两种物质属于同一类合成大麻素，它们具有相同的标称质量，即339 Da，但化学式不同（A–834,735为$C_{22}H_{29}NO_2$，UR–144的N–庚基衍生物为$C_{23}H_{33}NO$），它们的EI–GC–MS谱图非常相似。如果实验室没有这些物质的对照品，因此不知道它们的保留时间，就很难确定样本中存在的是哪种化合物。在这种情况下，QTOFMS方法非常有用，被测化合物的单同位素质量之差为107×10^{-6}（A–834,735的m_{theor} = 339.2198 Da，UR–144的N–庚基类似物的m_{theor} = 339.2562 Da）。由于QTOF质谱仪测得的质量精度为$2\sim5 \times 10^{-6}$，因此可轻松确定合成大麻素的质量，准确度为小数点后四位，从而可识别正确的化合物。

然而，为了确定被测化合物的结构，需要进行裂解。如前所述，碎片可能发生在源内或碰撞池中。源内碎裂需要使用较高的碎裂电压。对于目前已知的策划药分子，$200\sim300$ V范围内的碎裂电压可使离子解离，电压越高，碎片越显著。图7.6列举了在MS模式下使用200 V碎裂电压记录的4-甲基甲卡西酮和丙胺（简称：MABP）的QTOFMS质谱图，得到与m/z值相对应的推荐的离子结构。可以看出，卡西酮衍生物的碎裂是基于丢失水并进一步丢失与氮原子相邻的α-碳上连接的甲基或乙基。推断是因为4-甲基甲卡西酮的m/z 160.1120离子和MABP的m/z 160.1125离子对应化学式$C_{11}H_{14}N^+$，反过来，4-甲基甲卡西酮的m/z 145.0887离子和MABP的m/z 131.0745离子是分别通过m/z 15.0233和29.0380的碎片丢失形成的，这些丢失的碎片就是甲基和乙基。

然而，有时通过源内碎裂获得的碎片离子分析不足以区分两种化合物。图7.7显示了化合物JWH–007和JWH–019在MS模式下使用300 V碎裂电压得到的质谱图，它们具有相同的分子式和相同的单同位素质量，但它们的结构不同。因此，无法通过MS模式下、低碎裂电压分析来区分它们，因为会得到相同的准分子离子。如图7.7所示，在较高碎裂电压（300 V）下记录的质谱图也非常相似。m/z在$127.0540\sim127.0541$和$155.0490\sim155.0491$范围内的离子对应于萘基和萘酰基正离子，而m/z在$228.1378\sim228.1381$范围内的离子源于与羰基键合的取代吲哚环。因此，为了区分化合物，应在MS/MS模式下进行分析。MS/MS模式基于碰撞池中所选离子的碎裂，在这种

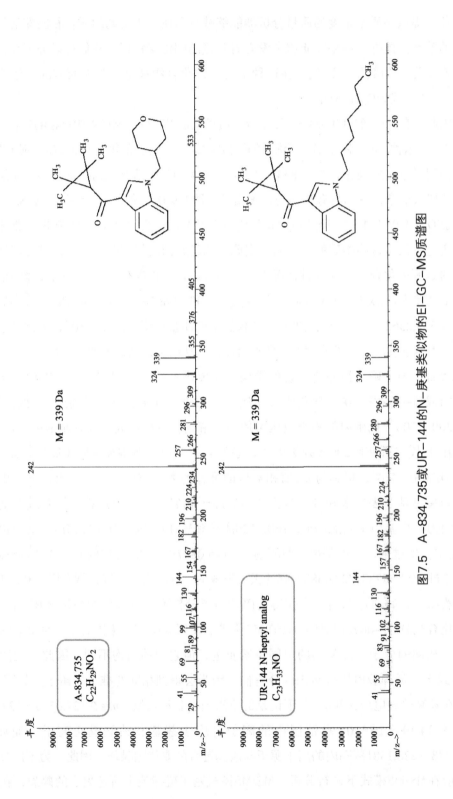

图7.5　A-834,735或UR-144的N-庚基类似物的EI-GC-MS质谱图

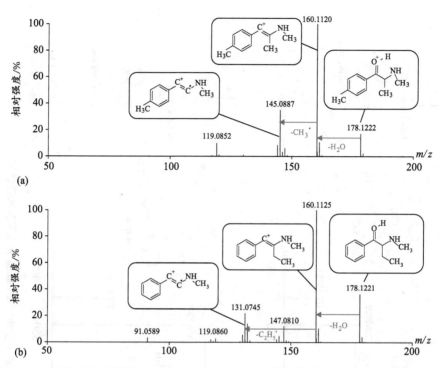

图7.6　在MS模式（碎裂电压200 V）下记录的4-甲基甲卡西酮（a）和MABP（b）的LC-ESI-QTOFMS质谱图

情况下，应该选择理论m/z值等于228.1383的离子，因为它对应的分子碎片在JWH-007和JWH-019是不同的，因此，需要源内碎裂来获得m/z为228.1383的碎片离子，然后在碰撞池中使用30 eV的碰撞能量解离该离子。可以看出，MS/MS谱图有助于区分这两种合成大麻素类物质，因为得到了JWH-007的m/z为158.0596的离子和JWH-019的m/z为144.0440的离子，图7.7b和d中表示并说明了所获得碎片的结构。

与源内CID类似，所用碰撞能量越高，母离子的碎裂程度越强。图7.8显示了合成大麻素NM-2201的这种相关性。质谱图为MS/MS模式下，碎片离子m/z 232.1127在碰撞池中使用10～50 eV范围内的碰撞能量解离，可以注意到，随着碰撞能量的增加，母离子m/z 232.1127的强度降低，而m/z值较低的离子强度较高。

需要强调的是，化合物结构的确定有时并不明显。例如，以缩写为2C-N的苯乙胺衍生物为例，图7.9（a）显示了MS/MS模式下记录的该化合物的质谱图，图7.9（b）显示了所得离子建议结构的说明。m/z为210.0760（1）的离子是丢失铵基部分而形成的，这是2C族化合物的特征，确定该碎片的化学式为$C_{10}H_{12}NO_4^+$（$\Delta m = -0.5 \times 10^{-6}$）；离子$m/z$ 195.0527（2）可能是通过丢失甲基形成的，因为该质量对应的化学式为$C_9H_9NO_4^+$

129

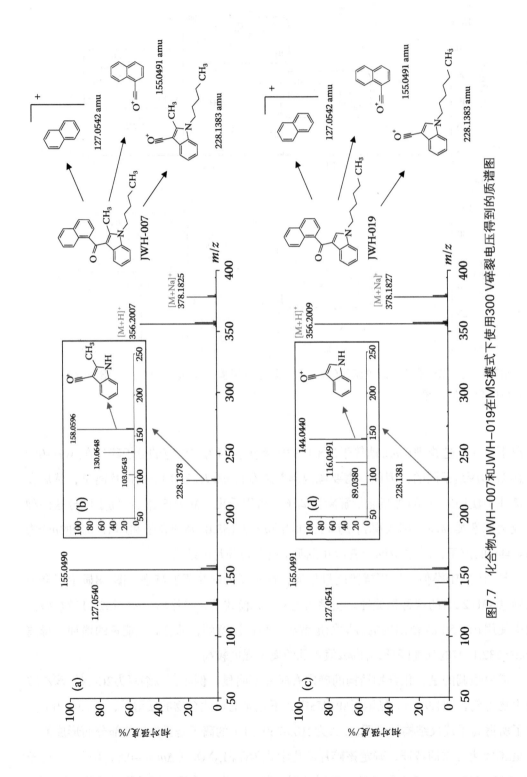

图7.7　化合物JWH-007和JWH-019在MS模式下使用300 V碎裂电压得到的质谱图

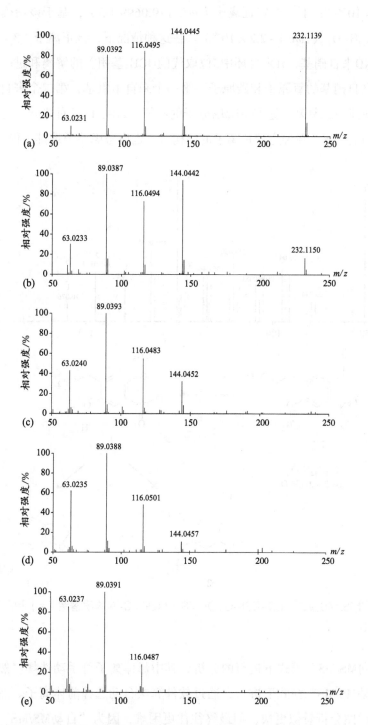

图7.8　在MS/MS模式下，使用碰撞能量10 eV（a）、20 eV（b）、30 eV（c）、40 eV（d）和50 eV（e）记录的NM–2201 LC–ESI–QTOFMS质谱图

（$\Delta m = 0.5 \times 10^{-6}$）；下一个特征离子为$m/z$ 179.0699（3），基于该精确质量，其化学式假定为$C_{10}H_{11}O_3^+$（$\Delta m = -2.2 \times 10^{-6}$）。在这种情况下，该正离子（3）似乎是通过HNO部分（NO来自硝基，H来自环中5位取代的OCH$_3$基团）的解离和进一步重排形成的，这导致来自硝基的氧原子和碳原子（第一个来自甲氧基，第二个来自苯环）之间的闭环，形成亚甲二氧基，这是MDMA分子的特征。2C-N以两种方式通过碎片2和3进一步裂解。如上所述，在确定碎片离子的结构时，也应考虑原子重排过程。

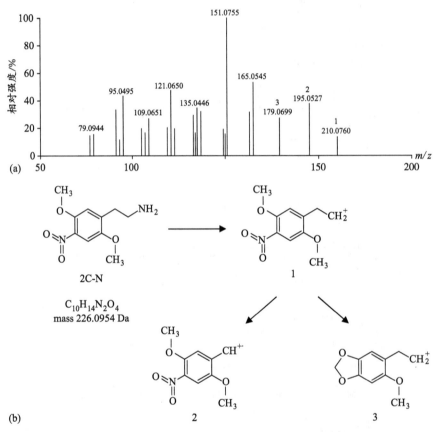

图7.9 在MS/MS模式下LC-ESI-QTOFMS 记录的2C-N的质谱图（a）和所获得的子离子的建议结构（b）

在"靶向MS/MS"模式下进行的分析，其中母体离子可手动选择。然而，实验也可以在"自动MS/MS"模式下进行，通过软件算法自动选择前体离子。然而，在后一种情况下，谱图分析看似更快，但最终往往更困难，因为"自动MS/MS"模式考虑了非分析物离子，会阻碍结构识别。

值得一提的是，对获得的QTOFMS质谱图的分析显然可以使用现有可用数据库进行。在MS模式下，搜索算法基于最小的质量误差找到化合物的质量。由于QTOF质谱仪的高质量精度，可能的候选化合物名单显著减少。对于MS/MS模式，可将被测化合物的质谱图与谱库中的MS/MS质谱图进行比较。显而易见，必须在与谱库中记录的质谱图相同或非常相似的条件（碎裂电压和碰撞能量）下分析样品，否则，可能会导致对被测化合物的错误识别。

7.4 LC–QTOFMS在分析含有新精神活性物质的缴获样本中的应用

使用数据库通过QTOF质谱仪分析精神活性物质似乎是鉴定这些化合物的一种简单而准确的方法。通过测定母体化合物及其碎片的精确质量，可以确认样品中是否存在该组分。然而，在毒品市场上新物质的数量出现动态增长的情况下，这种新的化合物通常尚未添加到质谱库中。因此，有必要了解特定的策划药物组的断裂方式，以预测新化合物的结构。近年来，法医毒理学领域越来越多的论文涉及通过液相色谱耦合四极杆飞行时间质谱测定新精神活性物质。

例如，研究人员通过建立1–戊基–3–(1–萘甲酰基)吲哚（naphthoylindoles）在电喷雾电离下的碎裂规则，开发了测定1–戊基–3–(1–萘甲酰基)吲哚核心结构的取代基并区分位置异构体的程序。研究成果被用于预测许多源于1–戊基–3–(1–萘甲酰基)吲哚家族对大麻素受体具有高亲和力的化合物的ESI–MS质谱图[6]。

关于合成大麻素的研究，伊贝泽（Ibáñez）等人使用UHPLC–QTOFMS分析了6份含有JWH–019、JWH–081、JWH–203和JWH–250的植物样本，基于谱图中得到的精确离子质量，提出了策划药的结构及其裂解产物[7]。

在另一项研究中，QTOF质谱图可用于确定当时新发现的大麻素化学式，即化合物A–834,735，其具有四甲基环丙基部分，而不是JWH家族中常见的芳香族取代基（苄基或萘基）[8]。

LC–QTOFMS还可用于苯乙胺新衍生物的鉴定。A. 舒利金（A.Shulgin）《我认识并喜爱的苯乙胺：一个化学爱情故事》一书出版后，2C家族的化合物变得非常流行。起初，具有烷硫基和卤素基团的衍生物（例如，2C–T–2、2C–T–7、2C–B、2C–I）被引入毒品市场。几年后，欧洲毒品与毒瘾监测中心（EMCDDA）报告了第一批在4位烷基取代的2C–系列成员：2004年确认了2C–D和2C–E，2005年确认了2C–P，2011年确认了2C-G和2C-N。研究人员对异构体2C-E和2C-G的碎裂方式进行了比较，并提出了QTOFMS测试中获得的子离子化学式。在MS和串联质谱（MS/MS）模式下使用上述方法记录了这些物质的一组相同离子。然而，基于所选离子强度的差异，可以区分异构体[9]。对化合物2C-N（含硝基）进行了类似研究，在淡黄色粉末中鉴定出该化合物[10]。研究证明苯乙胺的2C系列N-(2-甲氧基)苄基衍生物对血清素受体具有亲和力，这种新型致幻剂逐渐在毒品市场上流行，被命名为25-NBOMe（简称NBOMe）。2012年对25-NBOMe的三种新化合物，即25D-NBOMe、25E-NBOMe和25G-NBOMe进行分析，尤其是使用LC-QTOFMS方法进行研究，发现这些致幻剂与2C族化合物（分别为2C-D、2C-E和2C-G）的化学性质相似，因此具有相似的分子解离模式[11]。对吸墨纸上的活性物质进行鉴定，结果也证实了25C-NBOMe的存在。勃兰特（Brandt）等人观察了含一个氯原子分子的特征同位素分布，并与预测的准分子离子相对同位素丰度进行了比较[12]。勃兰特还研究了6种基于2,5-二甲氧基-4-碘苯乙胺结构的N-苄基苯乙胺（包括25I-NBOMe和25I-NBBr的位置异构体）。使用法医毒理学中常用的技术，尤其是EI-QTOFMS方法对这些物质进行分析研究，可见质谱技术的进步有助于异构体的区分[13]。

毒品市场上出现的另一组苯乙胺族的化合物名为25I-NBMD，是对结构-亲和力关系（SAR）研究结果的回应。该研究对QTOFMS实验中获得的碎片进行了分析，作者提出了22个碎片离子的化学式，并给出了它们的结构，还计算了谱图中观察到的m/z值的质量准确度。此外，基于两种致幻剂（25I-NBMD和来自2C系列成员的化合物2C-I）的前体离子质量数相同，作者利用MS/MS方式比较两种致幻剂的碎片离子，研究裂变机制。而且，还对25I-NBMD中N-(2，3-亚甲二氧基)苄基正离子与MDMA分子中N-(3,4-亚甲二氧基)苄基离子的裂解进行了比较和讨论[14]。

研究人员也通过LC-QTOFMS对卡西酮衍生物进行研究。分析得出含有该组化合物的样本会存在许多问题，因为这些策划药的结构非常相似，并且有许多异构体。祖巴使用质谱分析方法鉴定卡西酮族和其他"合法兴奋剂"的活性成分。研究发现，QTOFMS中卡西酮裂解是通过丢失水分子生成特征离子，形成仲胺。靶向MS/MS模式可识别多种未知物质的结构[15]。

福纳尔（Fornal）等人也对卡西酮衍生物进行分析[16-18]。6种3,4-亚甲二氧基衍生物（甲基酮、丁酮、戊酮、MDPBP、MDPV和BMDP）通过液相色谱与带有纳升电喷雾电离（nanoESI）的混合四极杆飞行时间质谱仪联用进行检测和确认。了解这些化合物在碰撞诱导解离（CID）过程中的碎裂模式有助于筛选和确认新的合成卡西酮类物质。对于3,4-亚甲二氧基衍生物的卡西酮类化合物，裂解可得到丢失中性基团CH_4O_2、H_2O、胺和亚胺的碎片离子[16]。另一篇论文研究中，作者使用LC-QTOFMS研究了38种质子化卡西酮衍生物（包括6个基团：苯基、4-甲基苯基、4-甲氧基苯基、4-乙基苯基、3,4-二甲基苯基和3,4-二甲氧基苯基衍生物）的电喷雾电离碰撞诱导的裂解模式。该方法揭示了奇电子子离子通常是由质子化芳香基α-伯氨基酮的碰撞诱导解离形成的，这与偶电子法则相矛盾。自由基正离子是CID-MS/MS离子谱图中最具特征性和最丰富的离子之一，通常由质谱图中的基峰表示[18]。

另一组为色胺类衍生物[13]。作者研究了12种N-苄基-5-甲氧基色胺类物质。由于存在新型化合物鉴别的相关问题，作者介绍了基于质谱技术的分析办法，以及QTOF-MS/MS分析过程中形成的关键离子的建议结构。

还有一些文章介绍了识别新精神活性物质的创新方法，其中一篇文章介绍并比较了通过实时质谱直接分析（DART-MS）和液相色谱四极杆飞行时间质谱快速筛选和测定11种新精神活性物质的方法，分析包括4种卡西酮类物质、1种苯乙胺类物质和6种合成大麻素类物质。DART是已商业化的常压质谱检测的代表性离子源，用于分析各种小分子物质，且无需样品前处理。被分析的样品可以是各种形态检测，包括气态、液态和固态。两种方法的前处理过程都很简单，只需要少量的溶剂。然而，与DART-MS相比，LC-QTOFMS的LOD、线性、回收率和重现性更好。DART-MS可以快速分析含有高浓度新物质的缴获样本[19]。

7.5 生物检材中新物质的LC-QTOFMS鉴定

四极杆飞行时间串联质谱越来越多地用于分析生物检材中的新型策划药。该方法用于常规分析的难度稍大，但由于其对化合物质量测定的精度高，非常适用于鉴定生物检材中的新物质及其代谢产物。

斯特拉诺-罗西（Strano-Rossi）等人对策划药亚甲二氧基焦戊酮（MDPV）的代谢产物进行了研究，在体外代谢中评估了MDPV的I相和II相代谢机制。随后对生成的代谢产物进行液液萃取，使用气相色谱-质谱联用（GC-MS）法分析其三甲基硅烷基（TMS）化衍生物，使用液相色谱-四极杆飞行时间（LC-QTOF）质谱仪进行精确质量测定，进一步确证了代谢产物的结构。研究表明，MDPV的代谢途径并不复杂，与策划药MDMA、MDA相似，代谢主要发生在亚甲二氧基官能团上[20]。

由阿达莫维茨（Adamowicz）等人在疑似大麻素类物质中毒的案件中，通过对缴获的痕量粉末进行GC-MS分析，检测到UR-144的合成大麻素及其热解产物，并使用液相色谱-三重四极杆串联质谱法（LC-QQQMS）测定了患者血液中UR-144的含量。此外，他们还通过液相色谱-四极杆飞行时间串联质谱（LC-QTOFMS）对中毒者的尿样进行了检验。在尿样中未检测到原体物质及其热解产物，但发现了UR-144的5种代谢产物，通过测定精确质量阐明了代谢机理[21]。

另一项研究的目的是对液相色谱四极杆飞行时间质谱新开发的确认方法和合成大麻素免疫测定筛选方法进行比较。筛选包括JWH-018、JWH-073和AM-2201的代谢产物，确认涉及AM-2201、JWH-018、JWH-019、JWH-073、JWH-081、JWH-122、JWH-210、JWH-250、JWH-398、MAM-2201、RCS-4和UR-144的代谢产物。作者认为一种大麻素向另一种大麻素的快速转换会对任何检测方法中化合物的确认造成影响，且免疫测定在筛选新出现的药物方面的作用越来越低。作者认为，使用常规定性方法并用灵敏度更高和选择性更强的方法（如四极杆飞行时间质谱）进行确认的策略是一种灵活的方法，可以根据毒品市场上的分析物进行调整[22]。

同样的，由于免疫测定-筛选技术的局限性，下文研究了色谱方法检测生物检材中的合成卡西酮类物质。使用固相萃取（SPE）和液相色谱四极杆飞行时间（LC-QTOF）质谱从尿液和血液中鉴定出22种合成卡西酮类化合物。传统的反相色谱法可在12 min内分离所有位置异构体（包括3-FMC和4-FMC）。该方法按照法医毒理学科学工作组（SWGTOX）方法验证标准实施规程进行了验证，并提供了必要的灵敏度和特异性数据，可用于真实案件的样本检测[23]。

在另一篇论文中，Paul等人开发了液相色谱高分辨质谱四极杆飞行时间（LC-HRMS-QTOF）法，用于分析尿液中新的兴奋剂型策划药（例如，苯乙胺、安非他明、卡西酮和哌嗪衍生物）和常见的滥用药物（例如，氯胺酮和利他林酸）。样本制备采用快速盐析辅助液-液萃取（SALLE）法，数据是通过优选目标列表与无目标数据（未列出的目标化合物或数据库存储的药物代谢产物）记录附加样本信息相结合的方式产生。通过全自动数据提取算法实现鉴别，考虑了精确的质谱图、碎片质量和保留时间[24]。

金尤奥（Kinyua）等人介绍了一种基于数据独立采集模式（全离子 MS/MS）的液相色谱-四极杆飞行时间质谱定性筛选工作流程，用于检测和识别生物基质中的新精神活性物质。由于新化合物在毒品市场上的可变性，开发分析新化合物的靶向方法可能既困难又昂贵。作者将该工作流程应用于两起涉及药物中毒的案例研究。该方法能够确认母体化合物氯胺酮、25B-NBOMe、25C-NBOMe以及之前未在尿液和血清样本中报告的几种预测的Ⅰ相和Ⅱ相代谢产物的存在[25]。

7.6 综述

四极杆飞行时间串联质谱（QTOFMS）最初是用于分析高分子质量化合物，但近年来也逐渐应用于环境和食品样本、药品和法医毒物检验分析。由于毒品市场上新精神活性物质数量迅速增长，这种方法越来越多地被用于识别策划药。该设备的主要优势来自四极杆和飞行时间质量分析器的混合组合。QTOF质谱仪可提供超过10 000的高分辨率和$2\sim5\times10^{-6}$的质量精度。使用电喷雾电离可以获得质子化［M+H］⁺或去质子化［M-H］⁻分子，确定待测化合物的质量。此外，特征同位素模式可能为我们提供分子中是否含有氯或溴原子的信息，从而根据碎片确定被测化合物的结构。分子的碎裂可能发生在离子源和质量分析器之间的中间真空区域内（源内碰撞诱导解离）和/或碰撞池中（碰撞诱导解离）。通过优化碎裂电压和碰撞能量，可控制分子的碎裂程度。根据子离子的精确质量，可以推断所研究化合物的结构式。高质量精度可减少分析物的潜在候选物数量，并识别化合物。

对新精神活性物质的分析，谱图数据库的使用往往受到限制，因为新化合物的质谱图尚未添加到库中。因此，策划药QTOF质谱图的识别通常不是自动进行的，需要我们了解特定类别的新精神活性物质的碎裂模式，以预测新化合物的质谱图。

LC–ESI–QTOFMS可以作为GC–EI–MS（法医实验室常规使用）的补充方法。不同电离技术下的裂解机制产生不同的质谱图，策划药可以依据独立的分析数据进行鉴定。

化合物简称

25B–NBOMe：2-(4-溴-2,5-二甲氧基苯基)-N-(2-甲氧基苄基)乙胺

25C–NBOMe：2-(4-氯-2,5-二甲氧基苯基)-N-(2-甲氧基苄基)乙胺

25D–NBOMe：2-(2,5-二甲氧基-4-甲基苯基)-N-(2-甲氧基苄基)乙胺

25E–NBOMe：2-(4-乙基-2,5-二甲氧基苯基)-N-(2-甲氧基苄基)乙胺

25G–NBOMe：2-(2,5-二甲氧基-3,4-二甲基苯基)-N-(2-甲氧基苄基)乙胺

25I–NBBr：N-[(2-溴苯基)甲基]-2-(4-碘-2,5-二甲氧基苯基)乙胺

25I-NBMD：N-(1,3-二氧苯并杂环-4-亚甲基)-2-(4-碘-2,5-二甲氧基苯基)乙胺

25I-NBOMe：2-(4-碘-2,5-二甲氧基苯基)-N-(2-甲氧基苄基)乙胺

2C-B：2-(4-溴-2,5-二甲氧基苯基)乙胺

2C-D：2-(2,5-二甲氧基-4-甲基苯基)乙胺

2C-E：2-(4-乙基-2,5-二甲氧基苯基)乙胺

2C-G：2-(2,5-二甲氧基-3,4-二甲基苯基)乙胺

2C-I：2-(4-碘-2,5-二甲氧基苯基)乙胺

2C-N：2-(2,5-二甲氧基-4-硝基苯基)乙胺

2C-P：2-(2,5-二甲氧基-4-丙基苯基)乙胺

2C-T-2：2-[4-(乙基磺酰基)-2,5-二甲氧基苯基]乙胺

2C-T-7：2-[2,5-二甲氧基-4-(丙基磺酰基)苯基]乙胺

3-FMC：1-(3-氟苯基)-2-(甲氨基)-1-丙酮

4-FMC：1-(4-氟苯基)-2-(甲氨基)-1-丙酮

A-834，735：[1-(四氢-2H-吡喃-4-亚甲基)-1H-吲哚-3-基](2,2,3,3-四甲基环丙基)甲酮

AM-2201：[1-(5-氟戊基)-1H-吲哚-3-基](1-萘基)甲酮

BMDP：1-(1,3-苯并二氧基-5-基)-2-［(苯基甲基)氨基］-1-丙酮

JWH-007：(2-甲基-1-戊基-1H-吲哚-3-基)(1-萘基)甲酮

JWH-018：1-萘基(1-戊基-1H-吲哚-3-基)甲酮

JWH-019：(1-己基-1H-吲哚-3-基)(1-萘基)甲酮

JWH-073：(1-丁基-1H-吲哚-3-基)(1-萘基)甲酮

JWH-081：(4-甲氧基-1-萘基)(1-戊基-1H-吲哚-3-基)甲酮

JWH-122：(4-甲基-1-萘基)(1-戊基-1H-吲哚-3-基)甲酮

JWH-201：2-(4-甲氧基苯基)-1-(1-戊基-1H-吲哚-3-基)乙酮

JWH-203：2-(2-氯苯基)-1-(1-戊基-1H-吲哚-3-基)乙酮

JWH-250：2-(2-甲氧基苯基)-1-(1-戊基-1H-吲哚-3-基)乙酮

JWH-398：(4-氯-1-萘基)(1-戊基-1H-吲哚-3-基)甲酮

MAM-2201：[1-(5-氟戊基)-1H-吲哚-3-基](4-甲基-1-萘基)甲酮

MDA：1-(1,3-苯并二氧基-5-基)-2-丙胺

MDMA：1-(1,3-苯并二氧基-5-基)-N-甲基-2-丙胺

MDPBP：1-(1,3-苯并二氧基-5-基)-2-(吡咯烷-1-基)丁-1-酮

MDPV：1-(1,3-苯并二氧基-5-基)-2-(1-吡咯烷基)-1-戊酮

NM-2201：1-萘基1-(5-氟戊基)-1H-吲哚-3-羧酸酯

RCS-4：(4-甲氧基苯基)(1-戊基-1H-吲哚-3-基)甲酮

UR-144：(1-戊基-1H-吲哚-3-基)(2,2,3,3-四甲基环丙基)甲酮

参考文献

1. Politi, L., Groppi, A., and Polettini, A. 2006. Ionisation, ion separation and ion detection in LC-MS. In *Application of LC-MS in Toxicology*, ed. A. Polettini, 1–22. London: Pharmaceutical Press.
2. Suder, P. 2006. Jonizacja pod ciśnieniem atmosferycznym (API). In *Spektrometria mas*, eds. P. Suder and J. Silberring, 51–65. Krakow: Wydawnictwo Uniwersytetu Jagiellonskiego.
3. Barker, J. 1999. *Mass Spectrometry*. Chichester: John Willey & Sons.
4. Chernushevich, I. V., Loboda, A. V., and Thomson, B. A. 2001. An introduction to quadrupole-time-of-flight mass spectrometry, *J Mass Spectrom*, 36: 849–865.
5. Agilent Technologies. 2015. Technical Overview. Ion optics innovations for increased sensitivity in hybrid MS systems. https://www.agilent.com/cs/library/technicaloverviews /Public/5989-7408EN_HI.pdf (accessed 16 February 2017).
6. Sekuła, K., Zuba, D., and Stanaszek, R. 2012. Identification of naphthoylindoles acting on cannabinoid receptors based on their fragmentation patterns under ESI-QTOFMS, *J Mass Spectrom*, 47: 632–643.
7. Ibáñez, M., Bijlsma, L., van Nuijs, A. L., Sancho, J. V., Haro, G., Covaci, A., and Hernández, F. 2013. Quadrupole-time-of-flight mass spectrometry screening for synthetic cannabinoids in herbal blends, *J Mass Spectrom*, 48: 685–694.
8. Zuba, D., Geppert, B., Sekuła, K., and Żaba, C. 2013. 1[-(2,2,3,3tetramethylcyclopropyl)-methanone: A new synthetic cannabinoid identified on the drug market, *Forensic Toxicol*, 31: 281–291.
9. Zuba, D. and Sekuła, K. 2013. Identification and characterization of 2,5-dimethoxy-3,4-dimethyl-β-phenethylamine (2C-G)—A new designer drug, *Drug Test Anal*, 5: 549–559.
10. Zuba, D., Sekuła, K., and Buczek, A. 2012. Identification and characterization of 2,5-dimethoxy-4-nitro-β-phenethylamine (2C-N)—A new member of 2C-series of designer drug, *Forensic Sci Int*, 222: 298–305.
11. Zuba, D. and Sekuła, K. 2013. Analytical characterisation of three hallucinogenic N-(2-methoxy)benzyl derivatives of the 2C-series of phenethylamine drugs, *Drug Test Anal*, 5: 634–645.
12. Zuba, D., Sekuła, K., and Buczek, A. 2013. 25C-NBOMe—New potent hallucinogenic substance identified on the drug market, *Forensic Sci Int*, 227: 7–14.
13. Brandt, S. D., Elliott, S. P., Kavanagh, P. V., Dempster, N. M., Meyer, M. R., Maurer, H. H., and Nichols, D. E. 2015. Analytical characterization of bioactive N-benzyl-substituted phenethylamines and 5-methoxytryptamines, *Rapid Commun Mass Spectrom*, 29: 573–584.

14. Sekuła, K. and Zuba, D. 2013. Structural elucidation and identification of a new derivative of phenethylamine using quadrupole time-of-flight mass spectrometry, *Rapid Commun Mass Spectrom*, 27: 2081–2090.

15. Zuba, D. 2012. Identification of cathinones and other active components of 'legal highs' by mass spectrometric methods, *Trends Analyt Chem*, 32: 15–30.

16. Fornal, E. 2013. Identification of substituted cathinones: 3,4-Methylenedioxy derivatives by high performance liquid chromatography-quadrupole time of flight mass spectrometry, *J Pharm Biomed Anal*, 81–82: 13–19.

17. Fornal, E., Stachniuk, A., and Wojtyla, A. 2013. LC-Q/TOF mass spectrometry data driven identification and spectroscopic characterisation of a new 3,4-methylenedioxy-*N*-benzyl cathinone (BMDP), *J Pharm Biomed Anal*, 72: 139–144.

18. Fornal, E. 2013. Formation of odd-electron product ions in collision-induced fragmentation of electrospray-generated protonated cathinone derivatives: Aryl α-primary amino ketones, *Rapid Commun Mass Spectrom*, 27: 1858–1866.

19. Nie, H., Li, X., Hua, Z., Pan, W., Bai, Y., and Fu, X. 2016. Rapid screening and determination of 11 new psychoactive substances by direct analysis in real time mass spectrometry and liquid chromatography/quadrupole time-of-flight mass spectrometry, *Rapid Commun Mass Spectrom*, 30 (Suppl 1): 141–146.

20. Strano-Rossi, S., Cadwallader, A. B., de la Torre, X., and Botre, F. 2010. Toxicological determination and in vitro metabolism of the designer drug methylenedioxypyrovalerone (MPDV) by gas chromatography/mass spectrometry and liquid chromatography/quadrupole time-of-flight mass spectrometry, *Rapid Commun Mass Spectrom*, 24: 2706–2714.

21. Adamowicz P., Zuba, D., and Sekuła, K. 2013. Analysis of UR-144 and its pyrolysis product in blood and their metabolites in urine, *Forensic Sci Int*, 233: 320–327.

22. Kronstrand, R., Brinkhagen, L., Birath-Karlsson, C., Roman, M., and Josefsson, M. 2014. LC-QTOF-MS as a superior strategy to immunoassay for the comprehensive analysis of synthetic cannabinoids in urine, *Anal Bioanal Chem*, 406: 3599–3609.

23. Glicksberg, L., Bryand, K., and Kerrigan, S. 2016. Identification and quantification of synthetic cathinones in blood and urine using liquid chromatography–quadrupole/time of flight (LC-Q/TOF) mass spectrometry, *J Chromatogr B*, 1035: 91–103.

24. Paul, M., Ippisch, J., Herrmann, C., Guber, S., and Schultis, W. 2014. Analysis of new designer drugs and common drugs of abuse in urine by a combined targeted and untargeted LC-HR-QTOFMS approach, *Anal Bioanal Chem*, 406: 4425–4441.

25. Kinyua, J., Negreira, N., Ibáñez, M., Bijlsma, L., Hernández, F., Covaci, A., and van Nuijs, A.L. 2015. A data-independent acquisition workflow for qualitative screening of new psychoactive substances in biological samples, *Anal Bioanal Chem*, 407: 8773–8785.

8 代谢物的快速电化学研究方法

普热梅斯瓦夫·梅尔茨扎雷克（Przemysław Mielczarek）、马雷克·斯莫尔乌茨赫（Marek Smoluch）

8.1 引言

　　毒品和精神活性化合物的滥用不仅会引发使用者的健康问题，也会产生严重的社会和经济问题。吸毒成瘾会对吸毒人员的家庭产生很大的影响。同样，也会对社会产生巨大影响。社会要承担因药物滥用产生的治疗费、引发的传染病、抢劫等犯罪行为所增加的费用。有关毒品等药物滥用成瘾的知识正在不断增加，但为了全面了解药物滥用后身体的变化，相关的研究，特别是对于合法兴奋剂和策划药等新精神活性化合物的研究是必不可少的。仅在2014年，就有超过100种新精神活性化合物被引入市场。开展对每种药物代谢途径和作用机制的研究，有助于开发新的疗法帮助成瘾者。

　　目前，对药物等化合物的代谢研究主要是通过使用实验动物进行体内代谢，或者通过肝微粒体进行体外孵化来开展。这两种方法都需要使用先进的分离技术从动物组织的复杂生物基质中分离代谢物。此外，使用实验动物，涉及伦理问题且耗费时间。

　　细胞色素P450（也称为CYPs）是存在于肝微粒体中，负责代谢过程的主要酶。肝脏细胞中的代谢过程包括两相反应过程（分别是Ⅰ相和Ⅱ相代谢）。Ⅰ相代谢主要由细胞色素P450对外源化合物进行氧化和水解。化合物经过Ⅰ相后可进行Ⅱ相代谢反应。Ⅱ相代谢是通过与其他分子（如谷胱甘肽或葡萄糖醛酸）的结合发生反应[1]。Ⅱ相代谢的产物增加了分子质量，并包含了极性基团，降低活性，并很容易从生物体内清除。

　　研究表明，对乙酰氨基酚（扑热息痛）、阿莫地喹、可卡因、司来吉兰和其他药物可通过电化学氧化反应模拟代谢过程[2, 3]。此外，基于与谷胱甘肽结合的Ⅱ相代谢也可以通过电化学氧化来模拟，这已在药物乙酰氨基酚和阿莫地喹的研究中得到证实[4]。

细胞色素P450的主要功能是对化合物进行氧化，这有助于将化合物从机体中排出。CYPs还负责分子的代谢，比如麻醉剂、可卡因、可待因、苯丙胺、甲基苯丙胺、MDMA（摇头丸）和其他物质[5]。即使知道了一种精神活性化合物的分子结构，也很难预测其特性，如它的毒性和对人体的影响。确定化合物涉及哪种代谢途径也很重要。分析代谢的最佳选择是收集成瘾者的血液或尿液进行体内代谢测试；然而，由于众所周知的原因，这种方案很难实现。因此，体外代谢检测是研究新陈代谢的最重要、最快速和非侵入的方法。电化学氧化是一种很好的筛选方法，可以确定新型化合物的代谢物，如合成大麻、合法兴奋剂和策划药。我们将在接下来的章节中介绍一个实际的例子。

8.2　材料和方法

8.2.1　化学物品

XLR-11{(1-[5′-氟戊基]吲哚-3-基)-(2,2,3,3-四甲基环丙基)甲酮}由达留什·祖巴（Dariusz Zuba）教授（波兰克拉科夫法医研究所）购买，许可号为FAKR-I.857.3.31.2014。

碳酸氢铵和甲酸铵购自Fluka。氢氧化铵、乙二胺四乙酸（EDTA）、甲酸、甘油、烟酰胺腺嘌呤二核苷酸（NADPH）、氯化钾、焦磷酸和三羟甲基氨基甲烷（TRIS）均购于Sigma-Aldrich。乙腈（色谱级）和甲醇（色谱级）购于J. T. Baker。水由Millipore公司提供的Simplicity UV水净化系统（电导率18.2 MΩ/cm）净化。

XLR-11（甲醇储备液）浓度为10 mM。在每次实验前，用该储备液（-20℃储存）来制备标准样品。

8.2.2　XLR-11的肝微粒体孵化

微粒体的制备如前所述[5]。XLR-11与大鼠肝微粒体的孵育是按以下方法进行的。孵育过程是在100 mM磷酸盐缓冲液（pH=7.4）条件下进行，实验加入新鲜制备的NADPH溶液（NADPH的最终浓度达到1 mM），XLR-11储备溶液（最终浓度等于10 μM），并将混合物在37℃下预孵化。加入微粒体以启动反应（最终蛋白浓度为0.5 μg/mL），并在37℃下进一步孵育1 h。溶液的总体积为500 μL。迅速加入冰甲醇（33%，v/v）来终止反应。在4℃条件下以10 000g离心10 min，将上清液储存在-20℃

下，待进一步处理。对于阴性对照，实验按上述方法进行，加入磷酸盐缓冲液替代NADPH溶液。

为了纯化代谢产物，根据制造商的推荐方法，采用UltraMicro旋转柱，利用C18柱（The Nest Group公司，马萨诸塞州南镇，美国）进行固相萃取（SPE）。净化后，吹干样品，用流动相A复溶后进行色谱分析。

为确定XLR-11的代谢物，实验进行了LC-MS分析。采用Nexera超高效液相色谱系统（Shimadzu，东京，日本）进行。通过Kinetex 2.6 μm，C18，100 A色谱柱（Phenomenex，托伦斯，加利福尼亚，美国）进行分离。流速为400 μL/min。在梯度条件下进行分离。流动相A由0.1%甲酸水溶液组成，流动相B的成分是0.1%甲酸乙腈。梯度为2%～80%流动相B，在室温度下运行20 min。使用单四极杆质谱仪LC-MS-2020（Shimadzu，东京，日本）在正离子模式下进行检测。

表8.1质谱仪的参数设置。

表8.1 液相色谱过程中质谱仪的检测参数

参数	值
DL温度	300℃
DL电压	默认值
加热模块	400℃
检测器电压	1.7 kV
接口电压	4.5 kV
Qarray直流电压	默认值
干燥气体	15 L/min
雾化气体	1.5 L/min

8.2.3　XLR-11的电化学氧化

XLR-11的电化学氧化是模拟Ⅰ相代谢过程，使用带有双活塞注射泵（Antec，祖特沃德，荷兰）的恒电位仪ROXY™和一个电化学反应池ReactorCell™进行（图8.1），由Dialog软件（Antec，祖特沃德，荷兰）控制。

XLR-11原液在不同的pH下用三种电解质进行稀释，见表8.2。所有的溶液都以10 μL/min的流速引入电化学池（电化学池的有效容积等于0.75 μL）。电化学氧化是使用掺硼金刚石工作电极（BDD）进行的，它是一个沉积在硅基底上的超薄结晶金刚石层[6]。工作电极的实验电位从0 V线性上升到3 V，相对于Pd/H$_2$参考电极测量，速率为10 mV/s。在每次实验之前，工作电极的表面被电化学激活，如参考文献［7］所述。

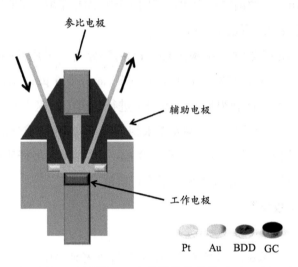

图8.1　电化学池的构造

表8.2　XLR-11电化学氧化过程中使用的电解质的组成

编号	电解质	有机改性剂	pH
1	0.1%（v/v）甲酸	50%（v/v）乙腈	2.0
2	20 mM 甲酸铵	50%（v/v）乙腈	7.4
3	50 mM 碳酸氢铵	50%（v/v）乙腈	9.0

三个电化学氧化循环中收集到的XLR-11的电化学产物在液相色谱质谱系统（使用扫描模式）进行了进一步分析。在实验中，自制的毛细管柱直径为10 cm×75 μm，填充ReproSil-Pur C-18-AQ，3 μm固定相（Dr. Maisch GmbH公司，德国），系统配置了一个2 cm×100 μm，填充有5 μm磁珠的预柱。实验使用Proxeon EASY-nLC II（Bruker Daltonics，德国）软件进行分析，总流速保持在300 nL/min。流动相A为0.1%甲酸/水溶液，流动相B为0.1%甲酸/乙腈溶液。梯度曲线为2%~80%（B相），运行50 min，梯度洗脱。

电化学氧化产物由amaZon ETD质谱仪（Bruker Daltonics，德国）进行直接在线分析，该质谱仪带有离子阱分析器和电喷雾（ESI）离子源，以正离子模式运行。通过化合物碎片的质谱确定分子结构。

8.3 结果

8.3.1 XLR-11的天然代谢物

经过大鼠肝微粒体的孵化后，确定了XLR-11的天然代谢物（第1号峰）。合成大麻素两种主要的氧化途径如图8.2所示。图8.2第一种代谢途径是羟基化反应。这一过程的三种主要代谢物（同分异构体）见表8.3（第2—4号峰），它们的分子质量相同，都是345.2 Da。第二条代谢途径是N-脱烷基化，这种代谢物的结构见表8.3（第5号峰）。产生分子的分子质量等于241.3 Da。最终，羟基化和N-脱烷基化这两种代谢组合形成多种代谢途径[8]。

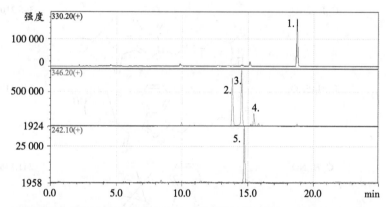

图8.2 大鼠肝微粒体孵化后获得的XLR-11代谢物的色谱图（峰号对应于表8.3中的结构）

8.3.2 XLR-11的电化学氧化产物

XLR-11的电化学氧化产物在图8.3和图8.4中。

第一个代谢物（第6号峰）是芳香环上的羟基化结合N-去烷基化形成的产物。其单同位素分子质量为257.1 Da。同样在大鼠肝微粒体孵化XLR-11的实验中检测到该代谢产物。

表8.3　XLR-11代谢物和电化学氧化产物概述

峰号	化学式	结构	单同位素质量（Da）
1.	$C_{21}H_{28}FNO$	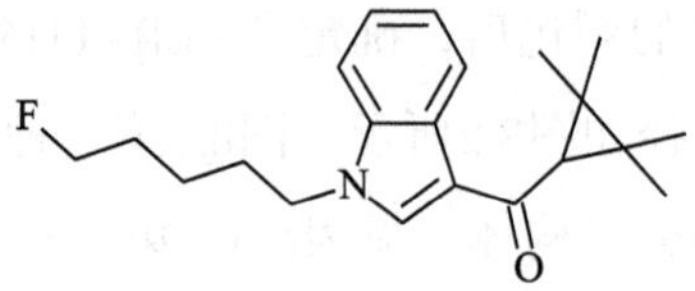	329.2155
2.	$C_{21}H_{28}FNO_2$	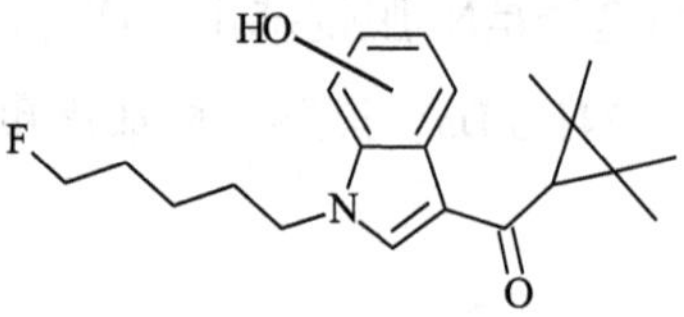	345.2104
3.	$C_{21}H_{28}FNO_2$	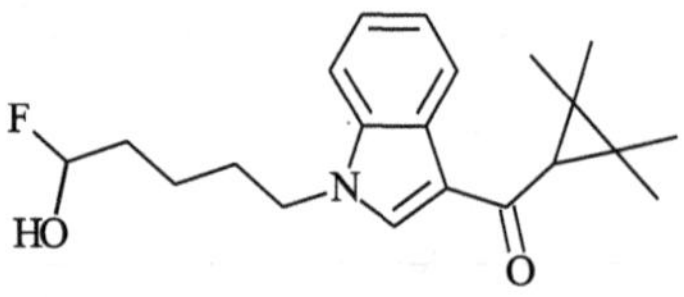	345.2104
4.	$C_{21}H_{28}FNO_2$	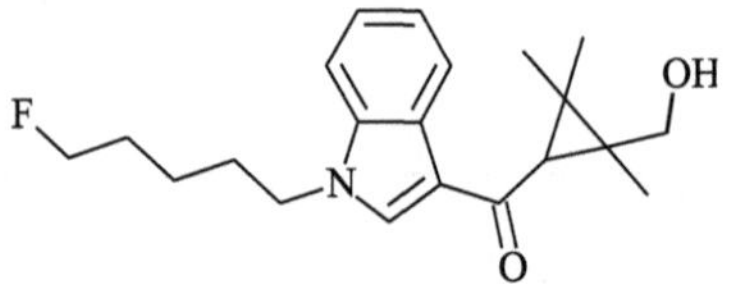	345.2104
5.	$C_{16}H_{19}NO$	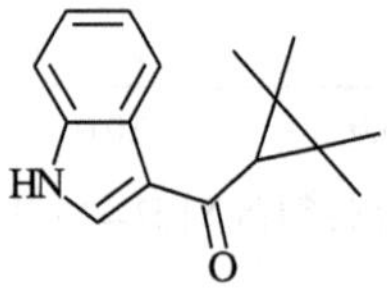	241.1467
6.	$C_{16}H_{19}NO_2$	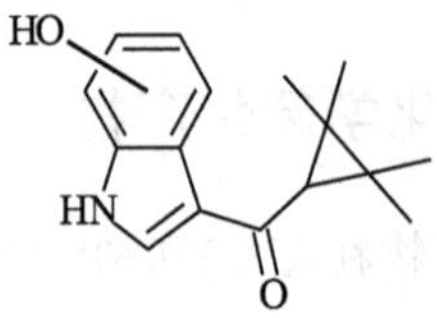	257.1416
7–8.	$C_{21}H_{28}FNO_3$	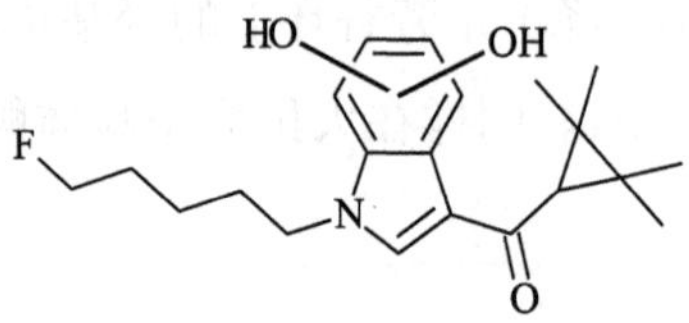	361.2053
9.	$C_{21}H_{28}FNO_3$	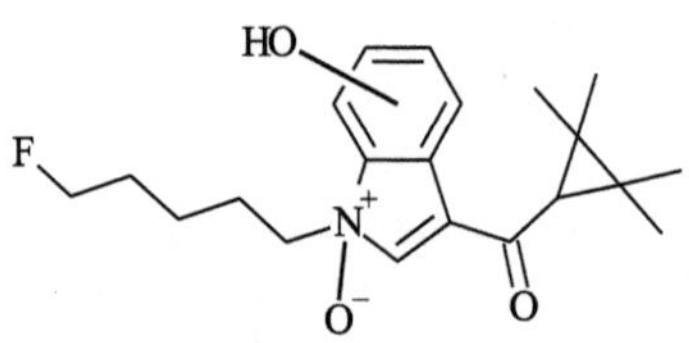	361.2053

（待续）

续表

峰号	化学式	结构	单同位素质量（Da）
10.	$C_{21}H_{28}FNO_3$		361.2053
11.	$C_{21}H_{28}FNO_3$		361.2053

第二组代谢产物为XLR-11的双羟基化代谢物。该代谢产物主要是电化学反应在酸性和碱性条件下的主要代谢产物，含有在分子的芳香环上被取代的两个羟基（第7号和第8号峰），都是XLR-11的天然代谢物。第二氧化产物（第9号峰）发生了N-氧化，主要是在中性条件下，未在肝微粒体孵化的天然代谢产物中发现。其他代谢产物（第10号和第11号峰）是XLR-11的脂肪链羟基化形成。无法在上述实验条件下产生。

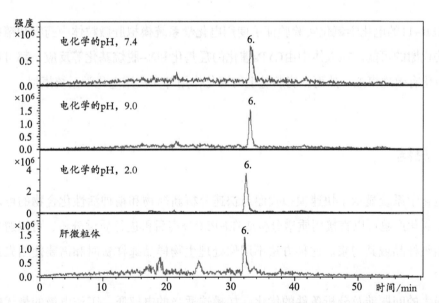

图8.3　XLR-11电化学氧化产物及肝微粒体天然代谢物提取离子流图（质荷比258.1）

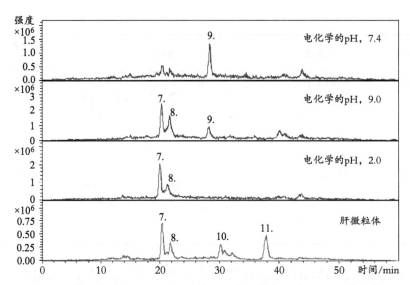

图8.4　XLR-11电化学氧化产物及肝微粒体天然代谢物提取离子流图（质荷比362.2）

8.4　结论

XLR-11的电化学氧化实验验证了使用电化学系统模拟肝微粒体中药物和精神活性化合物代谢的可能。在人体中由CYPs催化的羟基化和N-脱烷基化等反应，都可以由电化学氧化有效地模拟。然而，脂肪链上的羟化作用却无法用电化学系统模拟。

8.5　总结

电化学系统显示了快速模拟代谢与快速分析新药物和精神活性化合物的可能性。电化学氧化产物可以直接用质谱分析或在HPLC分离后再进行质谱分析，可以避免使用动物组织样品或其匀浆。这种方法不用像处理生物样品那样费时和需要使用先进的分离技术。

最大的问题涉及分析条件的优化，如挑选适当的电解质、工作电极的最优电压和电极的材料。然而，即使是最佳的优化，也不一定能产生所有的天然代谢物。

电化学氧化法是对其他常规使用的研究代谢的技术的补充，特别是在筛查新的、未知的具有精神活性的合法兴奋剂和策划药方面。这些物质在非法市场上大受欢迎，对不了解其使用风险的青少年来说有潜在的危险。最后，这项技术可以创建新的临床测试，这可能会帮助拯救滥用者的生命。

8.6 鸣谢

作者感谢SHIM-POL A. M. Borzymowski公司允许用单四极杆质谱仪LCMS-2020（Shimadzu，日本东京）在Nexera超高效液相色谱系统上进行实验。

参考文献

1. Meunier, B., de Visser, S.P., and Shaik, S. 2004. Mechanism of oxidation reactions catalyzed by cytochrome p450 enzymes, *Chem. Rev.*, 104: 3947.
2. Lohmann, W., Karst, U., and Baumann, A. 2010. Electrochemistry and LC–MS for metabolite generation and identification: Tools, technologies and trends, *LCGC Europe*, 23: 8.
3. Jahn, S. and Karst, U. 2012. Electrochemistry coupled to (liquid chromatography/) mass spectrometry—Current state and future perspectives, *J. Chromatogr. A*, 1259: 16.
4. Lohmann, W. and Karst, U. 2006. Simulation of the detoxification of paracetamol using on-line electrochemistry/liquid chromatography/mass spectrometry, *Anal. Bioanal. Chem.*, 386: 1701.
5. Mielczarek, P., Raoof, H., Kotlinska, J.H., Stefanowicz, P., Szewczuk, Z., Suder, P., and Silberring, J. 2014. Electrochemical simulation of cocaine metabolism—A step toward predictive toxicology for drugs of abuse, *Eur. J. Mass Spectrom. (Chichester)*, 20(4): 279–85.
6. Kraft, A., Stadelmann, M., and Blaschke, M. 2003. Anodic oxidation with doped diamond electrodes: A new advanced oxidation process, *J. Hazard. Mater.*, 103: 247–61.
7. Mielczarek, P., Smoluch, M., Kotlinska, J.H., Labuz, K., Gotszalk, T., Babij, M., Suder, P., and Silberring J. 2015. Electrochemical generation of selegiline metabolites coupled to mass spectrometry, *J. Chromatogr. A*, 1389: 96–103.
8. Jang, M., Kim, I.S., Park, Y.N., Kim, J., Han, I., Baeck, S., Yang, W., and Yoo, H.H. 2016. Determination of urinary metabolites of XLR-11 by liquid chromatography-quadrupole time-of-flight mass spectrometry, *Anal. Bioanal. Chem.*, 408(2): 503–16.

9 气相色谱-质谱法在策划药物分析中的应用

博古米拉·布乌尔斯卡（Bogumiła Byrska）、罗曼·斯塔斯泽克
（Roman Stanaszek）

9.1 引言

近年来，检验鉴定滥用毒品的分析方法快速发展变化，并面临毒品市场中新型精神活性物质的快速增长及其化学结构的相似性带来的巨大挑战。这也是法庭实验室常用的气相色谱火焰离子化检测（GC-FID）或高效液相色谱二极管阵列检测（HPLC-DAD）等曾经流行的分析技术逐渐退出检测舞台的原因。即使是气相色谱-质谱联用（GC-MS）在分析新精神活性物质时也受到限制，而它仍是法庭毒品分析的基础工具。许多新精神活性物质表现出相似甚至相同的结构、化学、色谱和质谱特性，因此检测和鉴定变得更加复杂，很难通过常规分析手段来实现。本章介绍GC-MS在策划药鉴别中的应用以及使用时可能出现的问题。

9.2 法庭毒品分析中的气相色谱-质谱（GC-MS）

气相色谱（GC）是一种完美的分离技术，但无法提供化合物的分子识别信息。相反，质谱（MS）本身可以提供分子识别信息，但没有分离能力，因此不能一次分析含有多种化学物质的混合物。EI质谱的主要缺点是分子或准分子离子缺失或非常少。许多策划药物显示出非常相似的碎片峰形。在这种情况下，一个独特的分子峰对于区分位置异构体之外的结构相似的化合物非常有用。气相色谱和质谱的联用具有非常优秀的分析能力。气相色谱-质谱联用（GC-MS）是法庭实验室的主要分析工具之一，能够快速常规分离和鉴定复杂基质中的多种成分。GC-MS已成为各种法庭科学应用中成熟的分析技术，也是许多法庭实验室首选的分析程序。

　　GC-MS因能够提供可重现质谱，并建立质谱谱库而流行。鉴别未知化合物的一种常规、用户友好、快速和简单的方法是通过GC-MS在70 eV下获得该化合物的电子轰击（EI）质谱，并使用市售质谱库进行检索。为了保证杰出的再现性，这些数据库在很大程度上局限于通过GC-MS获得的70 eV EI质谱，所分析化合物的质谱也可用于在自建库中搜索。虽然匹配度（PBM）系统非常强大，但最好的方式是将分析物的谱图与在实验室设备相同条件下分析的标准品进行比较。像NIST（美国国家标准与技术研究所）质谱库这样的商业谱库是EI-MS的世界标准数据库，涵盖了220 000多种有机化合物及其衍生物的质谱谱图。此外还有专业谱库，例如涵盖了8 000种毒品、毒物及其代谢产物的Maurer/Pfleger/Weber 质谱谱库。遗憾的是，"合法的兴奋药物"的大部分有效成分并未被包括在NIST或Maurer/Pfleger/Weber谱库中，这限制了这些谱库的应用。市场上也能得到勒斯纳（Rosner）等人[1]基于策划药创建的商业谱库，但对于完全新型的化合物，此类数据库也无能为力。

　　此外，由于新化合物与管制化合物的化学结构非常相似，缺乏经验的实验人员在缴获样本和生物样本的检测中很有可能出现错误。因此，由有检验新精神活性物质经验的专家们创建的非商业谱库发挥了宝贵的作用，这些科学团体包括欧洲法庭科学研究所网络毒品工作组（ENFSI DWG）、欧洲毒品与毒瘾监测中心（EMCDDA）和美国缴获毒品分析科学工作组（SWGDRUG）。这些谱库定期更新，在成员间互相分享或者公开发表。"合法的兴奋药物"的案例清楚地表明，在鉴定新合成并引入毒品市场的未知药物方面，努力进行国际合作非常有价值。在检验新精神活性物质的专家和机构中，最近也有一种趋势和想法，即建立一个开放、公开、易于使用的全球新精神活性物质分析数据库。这些趋势已经为旨在创建数据库的科学项目所关注，例如欧盟（EU）共同创建的RESPONSE（收集、分析、组织、评估、共享——响应法庭毒品分析挑战）项目，该项目拥有现有化合物的详细质谱谱库，欧盟委员会联合研究中心（JRC）的电子云存储库，它支持数据共享，或者德国联邦警察局—美国NIST核磁共振（NMR）NPS数据中枢和其他分析数据，该数据中枢采用类似维基百科的方式供公众访问。

　　另一个问题是需要快速更新参考标准的可用性。新标准认证的成本是法庭实验室必须处理的另一个问题。将新型策划药持续引入毒品市场需要再投资新参考标准，需要经费和时间。商业采购在其他国家已经管控的新化合物可能需要几个月的时间，对于实验室来说时间过长。

　　使用GC-MS检验时，由于药物分子、结构、保留时间和质谱谱图的相似性，选择离子监测（SIM）采集方法受到很大限制。与全扫描质谱采集不同，SIM通常无法检测到筛选范围之外的可能具有法庭重要意义的其他意外药物的存在。在满足条件时，它可用于生物样本中药物的靶向分析。

串联质谱（MS/MS）可为化合物纯品提供额外的结构信息，可作为检测复杂混合物中痕量组分的工具，常用于液相色谱–串联质谱（LC–MS/MS），其他章节将对此进行详细描述。

尽管化学电离质谱（CI–MS）可实现更温和、能量更低的碎裂，并提高获得分子离子、假分子离子的可能性，但此类质量的准确度小，无法区分可能具有相似分子质量的化合物。在许多情况下，策划药是具有相同分子质量的同分异构体，不能被化学电离的GC–MS区分。因此，CI–MS在毒物分析的应用很有限。在这种情况下，高分辨率质谱系统（例如，飞行时间质量检测器——TOF–MS）可能会有很大的应用前景。

如果某一化合物没有标准品参考鉴定，则亟需使用更先进的技术，如液相色谱耦合混合四极杆–飞行时间质谱（LC–QTOF–MS）、NMR，甚至傅里叶变换红外光谱（FT–IR），提供明确的鉴别信息。这些技术提供了化合物更深层次的结构信息，如精确的分子质量、碎裂模式或特征键。有时有必要合成标准物质来扩展其分析范围，但很少有法庭科学实验室具备有机合成的设备条件。

9.3 GC–MS在策划药分析中的应用

9.3.1 合成卡西酮的分析

正如其他合法的兴奋药物，合成卡西酮进入毒品市场的速度明显超过了管制速度。此类新精神活性物质的分析和鉴定有助于禁止其生产和被滥用。当收集到足够的药物信息以将其临时或永久管控时，替代化合物已经生成并准备进入市场。快速高效的分析方法必将实现对这些化合物的快速分析，并提高实验室工作效率。全面的分析方法可能会缩短新毒品在市场上的流通时间。基于卡西酮分子结构，设计人员可以在分子的三个不同位置进行修饰：芳香环、烷基侧链和氨基。根据目前市场上毒品发展趋势，非法研究人员正在探索在卡西酮上述三个位点进行化合物修饰，生成新精神化合物。

因为在化学结构上相似，合成卡西酮在电子轰击（EI）条件下会碎裂成相似的*m/z*碎片，这就是仅使用GC–MS分析药物变得困难的原因，特别是在化合物具有相同的基峰和相似的裂解模式的情况下。通常，质谱显示分子离子（M+）在低质量和小强度或无强度下的基峰。祖巴介绍了利用质谱对卡西酮进行系统鉴定的方法。首先，应检查是否观察到分子离子峰。然后在EI质谱中检查亚胺离子（$m/z = 16 + 14n$，$n = 1$，2，3，…）。如果在质谱中发现该离子，则该物质可能是一种直链卡西酮。如果没有，则检查是否观察到吡咯烷环的离子（$m/z = 70 + 14n$，$n = 1$，2，3，…）。如果在质谱中找到该离子，则该物质可能是分子中带有吡咯烷环的卡西酮[2]。卡西酮衍生物的质谱裂解模式在电子轰击条件下在m/z 44，58，72，86和100处形成不同的亚胺离子。对于侧链带有吡咯烷环的卡西酮，裂解会导致m/z 70，55，42和41处形成特征离子，这是吡咯烷环降解的结果[3—5]。对于芳族酮而言，典型的选择性裂解反应会导致形成脱羧基产物，即苯基阳离子（m/z 77）[2]。氟甲卡西酮的所有异构体在m/z 95和m/z 123处显示出明显的碎片；它们分别对应于氟乙烯基阳离子和氟苯甲酰氧基阳离子[6]。

另一项研究工作是对3,4–亚甲二氧基吡咯戊酮（MDPV）的一系列同系物和位置异构体进行分析。氨基酮在质谱中显示的主要片段，与位置异构体和同源亚胺阳离子相对应，主要来自于亚甲二氧基苯甲酰基的损失。研究中的10种化合物均显示出3,4–亚甲二氧基苯甲酰基（m/z 149）和亚甲二氧基苯基（m/z 121）的质谱片段。羰基氧电离后α–裂解产生m/z 149，中性丢失CO产生m/z 121碎片。氨基酮位置异构体产生等效质谱，包括质量等效的位置异构体亚胺阳离子。比较各位置异构体的出峰时间可知，环的大小对出峰顺序有显著影响，因此五元吡咯环（在哌啶六元环和七元氮杂环之前洗脱）的出峰时间最长[7]。

从样品中有效提取活性化合物至关重要，特别是因为掺杂物、稀释剂或其他添加材料而使产物不能溶解。莱弗勒（Leffler）等人测试了多种溶剂，如甲醇、乙腈、甲苯、己烷、丙酮、乙酸乙酯、二硫化碳、二氯甲烷和蒸馏水。通过内标和外标法对化合物的定量表明，甲醇在第一次萃取中去除样品中大部分活性物质，被发现是最佳提取溶剂[8]。

祖巴等人描述了法医研究所（IFR）详细阐述的前两例病例，其中在生物检材和缴获样品中检测并定量了buphedrone[9]。使用GC-MS对粉末进行定性分析，使用HPLC-DAD对活性成分进行定量分析。采用液相色谱–串联质谱法（LC-MS/MS）对血液进行分析。GC-MS法中的目标化合物是通过将其保留时间和质谱与参考库（包括ENFSI药物工作组质谱库和作者自建谱库）进行匹配来识别的[10]。GC-MS法已成功应用于市场上查获的产品中的buphedrone和其他常见"合法的兴奋药物"成分的分析。

达埃伊德（Daeid）等人提出了对缉获样品进行筛选的GC-MS方法，能够分离和鉴定16种卡西酮衍生物。将样本溶解于甲醇后，不用衍生化直接进行检测，与三种常见掺杂物（苯佐卡因、利多卡因和普鲁卡因）一起进行分析。所有卡西酮衍生物均相互分离，并能与三种掺杂物分离。作者还提供了每种化合物的质谱数据。甲醇对样品的快速提取无需衍生化，使得该方法非常适用于策划药的筛选分析[11]。

9.3.2 合成大麻素的分析

某些合成大麻素在现有文献中从未被描述过，因此很难对其进行鉴别。此外，一些物质在几个月后就从市场上消失，这带来的风险是，当参考标准可用时，该产品已不再在市场上出现，人们已经转向其他产品。生产商的"创造力"给分析实验室提出了现实性的问题，要不断将新物质加入筛选方法中。就在上一种药物受到监管后，新的类似物会迅速出现在药物市场[12]。

当侧链或取代结构与列表药物的结构略有不同时，在具有非一般性立法法律制度的国家中，该类似物被视为超出了监管范围。它们的化学结构与所控制的药物非常相似，也会表现出精神活性作用。

甲醇和乙醇通常用于从草药产品中提取合成大麻素。例如，内山（Uchiyama）及其同事使用甲醇[13, 14]，莫斯曼（Moosmann）等人[15]推荐使用乙醇，因为合成大麻素在这些溶剂中的溶解度较高。但醇溶液（甲醇和乙醇）有时会导致合成大麻素的显著降解，并产生不同的降解产物[16]。通过GC-MS全扫描数据采集观察到的分子（M+）和/或碎片离子反映了合成大麻素的结构。为了通过GC-MS法鉴定合成大麻素类化合物，实验人员对萘甲酰基吲哚的裂解途径进行了深入研究[17]。在萘甲酰基吲哚（如JWH-018）中，通常观察到由吲哚和萘甲酰基的烷基氨基α裂解引起的羰基碎片离子和［M-17］$^+$。尽管［M-17］$^+$不存在于质谱中，但对于苯甲酰基吲哚（如RCS-4），观察到了由吲哚和羰基的烷基氨基的α裂解引起的碎片离子。在含有甲基哌啶部分的萘甲酰基吲哚（如AM-1220）中，该基团离子作为基峰被观察到。对于苯基乙酰基（如JWH-250）、环丙基或金刚烷基（如APICA）吲哚，在全扫描质谱中仅观察到由N-烷基吲哚3-羰基部分引起的碎片离子的基峰[18, 19]。在类似物中，当吲哚骨架变为吲唑时，通常在质谱中观察到分子离子和N-脱烷基化离子（例如，THJ-018，THJ-2201）[20]。在与N-烷基吲哚或N-烷基吲唑 3-羰基部分键合的酰胺型或酯型类似物［如APICA、NNEI、ADBICA、QUPIC（PB-22）、ADB-PINACA、AB-CHMINACA］中，分子离子的丰度较低，由吲哚基（或吲唑基）部分引起的碎片离子被观察为基峰。虽然末端$CO-NH_2$消除引起的碎片离子低于ADBICA等吲哚类似物中酰胺部分的裂解[14]，但由末端$CO-NH_2$消除引起的碎片离子与ADB-PINACA和AB-CHMINACA等吲唑类似物中酰胺部分的裂解一样[21]。

9.4　策划药的衍生化

进行气相色谱分析的化合物应在气化时稳定，在接近300℃的高温下具有最小约1 Torr的蒸汽压。许多不具有足够挥发性的化合物可被衍生化，衍生化即通过将极性取代基转化为挥发性更强、热稳定性更好、极性较小的基团来改变其结构。在GC-MS分析中衍生化有多种重要功能。它可以极大地影响化合物的挥发性，改善其色谱行为，并增强化合物质谱的特异性。分子量大的衍生试剂产生较高质量的分子离子和碎片离子，因此它们可能对分子量较小的分子（安非他明、卡西酮）更有用，而分子量小的衍生试剂也可能用于分子量大的化合物（大麻、阿片类）。常见的衍生方法有硅烷化〔使用双-(三甲基硅烷基)-三氟乙酰胺BSTFA〕和三氟乙酰化（使用三氟乙酸酐TFAA脱水）。它们可应用于多种分析，这也是它们在实验室广受欢迎的原因。但是，必须注意大多数质谱仪的质量范围上限约为650 amu*，衍生物的分子质量不应超过该范围。在过去的几年里，多篇综述对衍生化程序和技术进行了介绍[22]。

祖巴和塞库拉（Sekuła）描述了三氟乙酰化在2C系列苯乙胺药物的3种致幻N-(2-甲氧基)-苄基衍生物分析中的应用[23]。这种类型的衍生化可以测定GC-MS分析中未知化合物的分子质量。在$m/z = 411$处记录了25D-NBOMe〔2-(2,5-二甲氧基-4-甲基苯基)-N-(2-甲氧基苄基)乙胺〕质谱中的离子，在25E-NBOMe〔2-(4-乙基- 2,5-二甲氧基苯基)-N-(2-甲氧基苄基)乙烷-1-胺〕和25G-NBOMe（2,5-二甲氧基-N-[(2-甲氧基苯基)甲基]-3,4-二甲基苯乙胺）质谱中，$m/z = 425$处观察到信号，这些质量对应于单取代的分子离子，即一个氢原子被TFAA基团取代。25D-NBOMe质谱中观察到主离子$m/z = 178$，而在其他两种分子中观察到$m/z = 192$。这在初步鉴定过程中很有用，但还不足以判断化合物，因为后两种化合物具有相同的质谱以及分子离子和碎片离子。

在鉴别吸墨纸中25C-NBOMe〔2-(4-氯-2,5-二甲氧基苯基)-N-(2-甲氧基苄基)乙胺〕的研究中，成功地进行了TFA衍生化应用[24]。衍生和未衍生的25C-NBOMe的EI-MS谱图如图9.1所示。在未衍生的质谱中观察到氯同位素特征分布，但看不到分子离子质量。通过TFAA基团对氢的单取代，可以检测$m/z = 431$离子，该离子对应于该衍生物的分子质量，这和母体化合物不同。C-N键断裂产生$m/z = 198$，代表$NCOCF_3C_9H_{11}O$部分缺失后的剩余部分。

---

* amu, atomic mass unit, 原子质量单位。——编者注

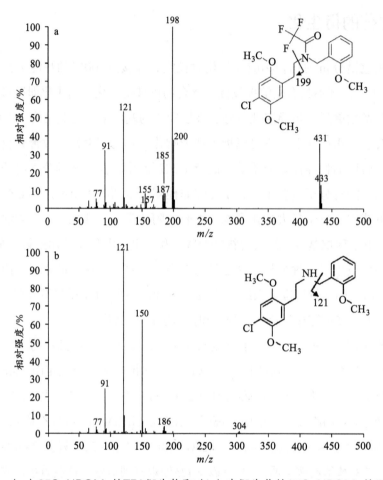

图9.1 （a）25C-NBOMe的TFA衍生物和（b）未衍生化的25C-NBOMe的EI-MS谱图

三氟乙酸酐也可作为衍生化试剂用于苯乙胺的鉴别研究，如2C-G[25]和2C-N[26]。

衍生化也可以防止酯交换现象，对未衍生化药物进行检测，当甲醇作为溶剂时或储存在甲醇溶液中时可以观察到酯交换现象。

9.5 作为异构体鉴别分析工具的保留时间锁定（RTL）

GC-MS鉴定策划药是基于所分析化合物的质谱和保留时间。在分析中结果重现性很重要。药物市场上存在的位置取代和环取代策划药类似物的质谱非常相似，因此通过气相色谱-质谱（GC-MS）鉴别异构体是一项挑战。仅依赖异构体的质谱可能会导致错误识别，因此通过比较未知峰的保留时间与参考标准品的保留时间，来补充MS获得的信息。在随后以质谱仪的标准操作参数（70 eV）进行的分析中，可重现质谱。同时，GC参数的微小变化可能会影响保留时间。保留时间直接取决于载气的线速度及其流速。通过适当调节载气的入口压力和柱温来控制这些参数。现代气相色谱仪配有电子压力控制（EPC）和烘箱温控系统，允许在整个温度程序中保持恒定的载气线速度或流速，并达到优于0.005 min的保留时间精度[27]。此外，色谱柱类型也影响保留时间的精度。毛细管柱的使用可增加分析化合物保留时间的可重复性。尽管如此，由于固定相从色谱柱中洗脱等原因，保留时间在后续分析结果之间频繁变化。色谱柱修剪等日常维护程序也会改变保留时间。

在有多台仪器的实验室中，使用相同方法、相同系统配置并在标准条件下运行的色谱图之间的保留时间比较可能存在问题。相似配置的GC系统之间的差异可能由以下几个原因引起：

1. 相同零件号的色谱柱在长度、直径和膜厚方面可能略有不同。
2. 在给定的设定值下，气相色谱气动装置施加的实际入口压力可能会有小幅变化。
3. GC烘箱的实际温度暂时偏离指示值[28]。

为了比较分析结果之间或仪器之间的保留时间，实验人员引入了保留时间锁定（RTL）方法。文献[29]对RTL方法的背景理论进行了详细的描述。RTL的基本原则是，给定GC装置上的保留时间可以通过对入口压力进行所需的调整来配置。

使用标准品（目标分析物）实现RTL效应，该标准品应具有如下特征，即其在分析条件下化学性质稳定，具有良好的色谱特征，且其峰应对称。其保留时间置于温度程序的最关键位置（整个分析范围的1/3至2/3之间）。此外，这种方法须容易获得。这个标准品被加入到每个样本中。为了在仪器上锁定给定的方法，或者在另一个系统上重复该方法，有必要设置方法条件，然后在选择合适的标准品和选择要监测的目标离子后，进行分析。下一个阶段是校准标准溶液的保留时间与进样口压力。为此，实验人员使用不同压力（标准方法压力以及±10%和±20%）分析目标化合物五次。测定每次标准化合物的保留时间。然后，利用软件的自动数据分析程序计算保留时间。该数值可以被更改——如果希望在不同仪器上获得相同的保留时间，应输入所需值并保存方法。将五组保留时间和流动强度输入系统，并将这些测量的结果显示为校准曲线，并显示适当的方程。这里应该注意两个值：标准溶液的测量时间和延迟时间。如果一种方法在一台仪器上已经被延迟，并且希望在另一台仪器上获得可重复的结果，则应输入另一个值，而不是延迟时间；在这种情况下，仪器将重新计算新的压力，当在新方法中使用时，将达到标准化合物预期的保留时间。

在我们的常规工作中，我们应用了RTL方法来区分JWH–122及其6种位置异构体。图9.2列出了叠加的色谱图以及JWH–122及其位置异构体的结构。由此可见，JWH–122及其5–甲基萘异构体的保留时间非常相似。这些化合物的质谱没有显示出差异。重现性实验证实，这些异构体的保留时间的可重复性足够，保留时间的差异具有统计学意义（Student的t–分布，t–测试值= 31.3，$p < 0.0001$）。JWH–122及其在5位的异构体的保留时间见表9.1。

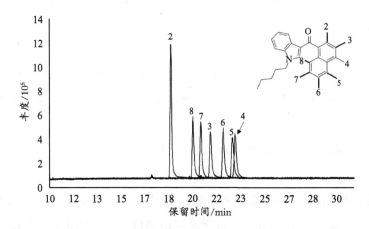

图9.2 JWH–122（位置4）及其位置异构体（位置2、3、5、6、7和8）的叠加色谱图

表9.1 JWH–122及其5–甲基萘异构体保留时间

分析次数	保留时间/min	
	JWH 122 5–甲基萘异构体	JWH–122 4–甲基萘基异构体
1	21.334	21.534
2	21.323	21.523
3	21.331	21.522
4	21.341	21.513
5	21.314	21.512
平均值 ± 标准差	21.329 ± 0.010	21.521 ± 0.009

为了检查RTL法是否稳定，实验人员使用三种不同的GC–MS仪器，每天5次（连续4天）分析了34份NSP。实验结果证实，即使在不同仪器之间，保留时间精密度也非常好（RSD < 0.5%）。

应用RTL使实验室工作更有效率。一旦锁定的方法解锁后可以再次锁定，例如，在缩短或更换色谱柱后，在更改另一个检测器的方法后，可以再次获得分析物质的相同保留时间。由Agilent开发的软件还可用于创建RTL数据库，从而实现分析物质的自动识别。数据库可以自动创建，也可以通过手动添加新物质来创建。在这种情况下，定义每种化合物的保留时间及其偏差、主离子和限定离子以及可变性范围至关重要。该软件也可用于进行定量分析。使用相同的库和方法后，可在使用相同或不同配置的不同仪器上比较结果。此外，还可以比较各个实验室的分析结果。该方法使物质的鉴别更加容易和可靠。

9.6 气相色谱–质谱联用中的常见问题——策划药的热降解

GC–MS进样口的高温会导致一些热敏化合物发生热降解。影响该过程的一些因素有：进样口温度、进样方式（分流、不分流）、基质和进样衬管的表面活性。塞拉赫·克里根（Serah Kerrigan）等人鉴定了18种合成卡西酮的热降解产物[30]。在他们的研究中，氧化降解导致两个氢原子丢失，产生特征性的2 Da质量位移。降解产物的显著特征是亚胺基峰，其质荷比母体药物低2 Da，对于含吡咯烷的卡西酮，主要的分子离子是降解产生的2,3-烯胺。此外，还怀疑α-PVP对热不稳定，其他一些作者描述了该化合物在GC–MS进样口的热降解。α-PVP同样会分解，形成带有位于烷基侧链上的双键烯胺[31]。图9.3提供了GC–MS总离子色谱图、EI–MS质谱，并推测了4–CMC及其热分解产物碎片（如图显示为烯胺）。通过降低进样口温度、消除色谱分析过程中的活性部位和缩短进样口的驻留时间等实现了更少的降解。虽然衍生化也可以提高热稳定性，但并不是所有的合成卡西酮（如α-PVP）都容易衍生化。

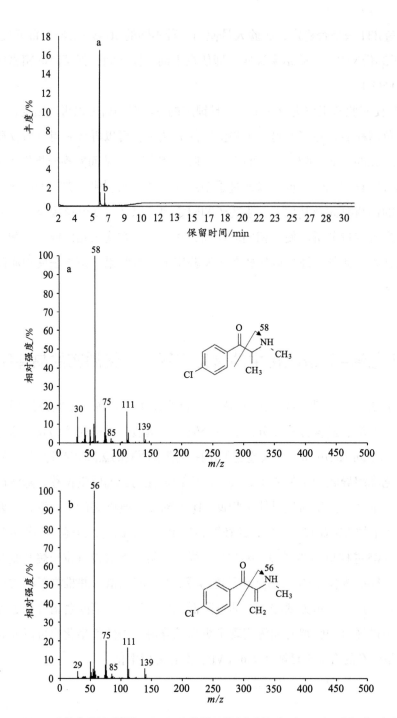

图9.3　GC-MS总离子色谱图，EI-MS质谱及推测碎片（a）4-CMC和（b）其热分解碎片（显示为烯胺）

热降解的另一个有趣的例子是在GC-MS分析中QUPIC［喹啉-8-基 1-戊基-(1H-吲哚)-3-羧酸酯］的分解。当样品溶于醇类溶液（甲醇和乙醇）时，QUPIC分解生成1-戊基-(1H-吲哚)-3-羧酸甲酯、1-戊基-(1H-吲哚)-3-羧酸乙酯和吲哚-3-羧酸甲酯。丙酮、氯仿和乙酸乙酯等非醇类溶剂的QUPIC峰未发生变化，降解产物2(1H)-喹啉（在醇类溶液中也可观察到）的峰较小[32]。作为甲醇存在下水解降解的一个实例，作者介绍了5F-NPB-22的酯交换反应，图9.4所示是与母体药物相应的质谱，其酯交换和热降解产物即5F-PB-22吲唑甲酯类似物和2(1H)-喹啉分别示于图9.5。此外，其他具有酯键的合成大麻素化合物（如PB-22，5F-SDB-005，FDU-PB-22）也易受这一过程的影响。为避免在存在甲醇的情况下发生热水解降解，可将含有此类合成大麻素的样本溶解在乙腈或氯仿等非醇类溶剂中。

新型精神活性物质的出现向法医科学家提出了挑战。药物市场上新引入的一些尚未受到管制或禁止的化合物可能会分解或转化为已经受到法律管制的物质。AM-2201（[1-(5-氟戊基)-1H-吲哚-3-基]-1-萘基-甲酮）就是这种情况。在对含有AM-2201的植物样本进行GC-MS分析时，除母体药物外，我们还检测到了JWH-022［(4-甲基-1-萘基)(1-戊基-1H-吲哚-3-基)-甲酮］。采用超高压液相色谱光电二极管阵列检测（UPLC-PDA）发现样本中仅存在AM-2201。

根据多诺霍（Donohue）和斯泰纳（Steiner）的说法，JWH-022可能是由植物材料中存在的AM-2201燃烧产生的[33]。作者认为，GC-MS进样口也可能发生类似的过程。图9.6显示了AM-2201及其降解产物JWH-022的GC-MS总离子色谱图和EI-MS质谱，该物质是在交付给Kraków法庭研究所进行GC-MS分析的高浓度草药样本中获得的。液相色谱分析可在低温下进行，因此不会发生热降解过程。这种现象可能会导致判断错误并产生相应法律后果。

带有四甲基环丙基的合成大麻素（如UR-144，XLR-11）暴露于高温下可能会发生环丙基环的开环转化，并形成几种热脱产物，如UR-144中的3,3,4-三甲基-1-(1-戊基-1H-吲哚-3-基)戊基-4-烯-1-酮，可能是吸食合成大麻素产生的热量和进样口温度会导致环丙基环打开。

热降解的另一个有趣的例子是4-乙酰二甲-4-羟色胺（4-AcO-DMT）分解为二甲-4-羟色胺（HO-DMT），如图9.7所示，后者被列入禁用物质清单；尽管在一些国家，盖菇素的酯类也可被视为受管制药物。

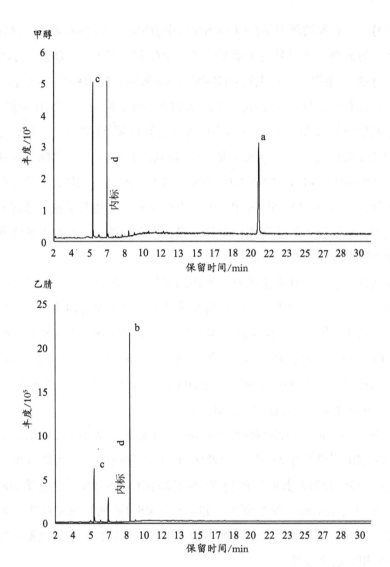

图9.4　5F-NPB-22在甲醇和乙腈中的GC-MS总离子色谱图；峰：（a）5F-NPB-22，（b）5F-PB-22吲唑甲酯类似物，（c）2(1H)-喹啉

　　在鉴别过程中，应考虑合成卡西酮、大麻素和其他的热不稳定药物。实验人员也可能慢慢接触到来自热分解和高温分解的新型策划药结构，这些结构可能具有不同于原始化学实体的药理学特性。

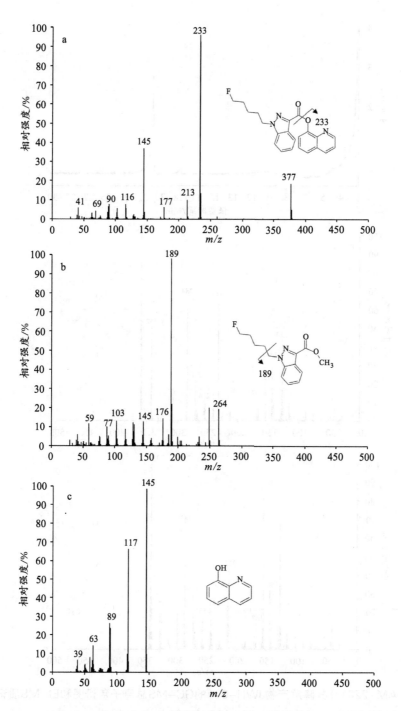

图9.5　5F–NPB–22及其酯交换和热降解产物的EI–MS质谱；（a）5F–NPB–22，（b）5F–PB–22吲唑甲酯类似物，（c）2(1H)–喹啉

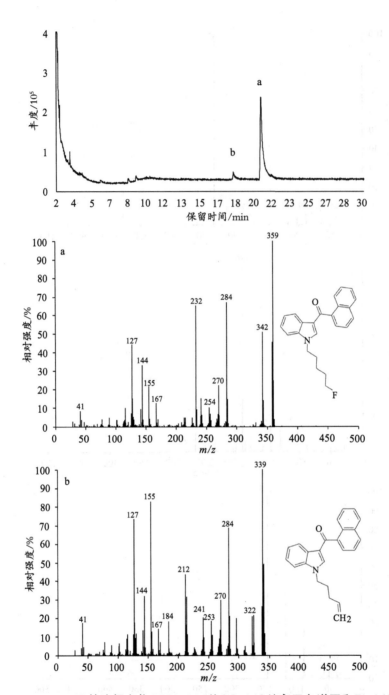

图9.6　AM-2201及其降解产物JWH-022的GC-MS总离子色谱图和EI-MS质谱；（a）AM-2201（MW=359），（b）JWH-022（MW=339）

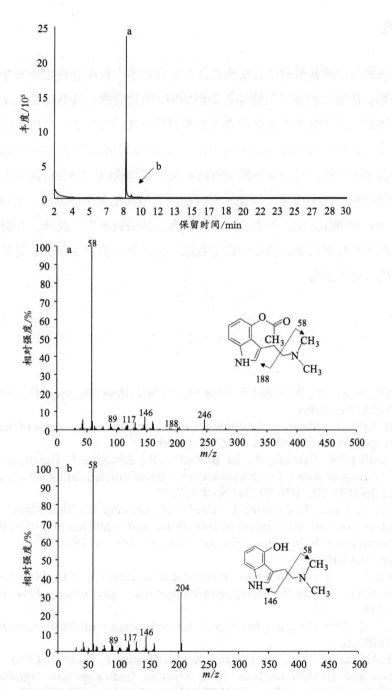

图9.7　4-乙酰二甲-4-羟色胺和其降解产物二甲-4-羟色胺的GC-MS总离子色谱图和EI-MS质谱；（a）4-乙酰二甲-4-羟色胺，（b）二甲-4-羟色胺

9.7　小结

　　识别缴获样品中的新精神活性物质以及在生物样本中检测这些化合物并非易事。为了依法办案，法庭实验室必须能够正确识别NPS的化合物。检测和鉴定此类新物质的过程相当困难，因为其中许多物质表现出相似甚至相同的化学、色谱和质谱特性。应注意，并非策划药鉴别中的所有分析问题都可以或应该通过气相色谱–质谱联用等稳定且通用的技术来解决。经验丰富的分析员必须仔细解读GC-MS分析的结果，现代分析技术单独使用时可能不可靠。因此，有时必须采用其他复杂的方法，如LC–QTOF–MS、NMR、FT–IR和GC–IR，以支持对未知化合物的明确鉴别。此外，在缺乏可能以合理价格获得质量好的标准品和参考质谱数据的情况下，鉴别变得更加复杂，几乎不可能通过常规分析来实现。

参考文献

1. Rosner, P., Junge, Th., Westphal, F., Fritschi, G. 2007. *Mass Spectra of Designer Drugs*, Wiley VCH, Weinheim.
2. Zuba, D. 2012. Identification of cathinones and other active components of 'legal highs' by mass spectrometric methods. *TrAC*. 32:15–30.
3. Paillet-Loilier, M., Cesbron, A., Le Boisselier, R., Bourgine J., Debruyne, D. 2014. Emerging drugs of abuse: Current perspectives on substituted cathinones. *Subst Abuse Rehabil*. 26(5):37–52. DOI: 10.2147/SAR.S37257.
4. Westphal, F., Junge, T., Girreser, U., Greibl, W., Doering, C. 2012. Mass, NMR and IR spectroscopic characterization of pentedrone and pentylone and identification of their isocathinone by-products. *Forensic Sci Int*. 217(1–3):157–167. DOI: 10.1016/j.forsciint.2011.10.045.
5. Westphal, F., Junge, T. 2012. Ring positional differentiation of isomeric N-alkylated fluorocathinones by gas chromatography/tandem mass spectrometry. *Forensic Sci Int*. 223:97–105.
6. Archer, R. P. 2009. Fluoromethcathinone, a new substance of abuse. *Forensic Sci Int*. 185(1–3):10–20.
7. Hamad Abiedalla, Y. F., Abdel-Hay, K., De Ruiter, J., Randall Clark, C. 2012. Synthesis and GC-MS analysis of a series of homologs and regioisomers of 3,4-methylenedioxypyrovalerone (MDPV). *Forensic Sci Int*. 223:189–197.
8. Leffler, A. M., Smith, P. B., De Armas, A., Dorman, F. L. 2014. The analytical investigation of synthetic street drugs containing cathinone analogs. *Forensic Sci Int*. 234:50–56. DOI: http://dx.doi.org/10.1016/j.forsciint.2013.08.021.
9. Zuba, D., Adamowicz, P., Byrska, B. 2012. Detection of buphedrone in biological and non-biological material—Two case reports. *Forensic Sci Int*. 227(1–3):15–20. DOI: 10.1016/j.forsciint.2012.08.034.

10. Zuba, D., Byrska, B., Pytka, P., Sekuła, K., Stanaszek, R. 2011. *Widma masowe składników aktywnych preparatów typu dopalacze*, Institute of Forensic Research Press, Kraków.

11. Daeid, N. N., Savag, K. A., Ramsay, D., Holland, C., Sutcliffe, O. B. 2014. Development of gas chromatography–mass spectrometry (GC-MS) and other rapid screening methods for the analysis of 16 'legal high' cathinone derivatives. *Sci Just.* 54(1):22–31.

12. Zuba, D., Byrska, B. 2013. Analysis of the prevalence and coexistence of synthetic cannabinoids in 'herbal high' products in Poland. *Forensic Toxicol.* 31(1):21–30.

13. Kikura-Hanajiri, R., Uchiyama, N., Kawamura, M., Goda, Y. 2013. Changes in the prevalence of synthetic cannabinoids and cathinone derivatives in Japan until early 2012. *Forensic Toxicol.* 31:44–53.

14. Uchiyama, N., Matsuda, S., Kawamura, M., Kikura-Hanajiri, R., Goda, Y. 2013. Two new-type cannabimimetic quinolinyl carboxylates, QUPIC and QUCHIC, two new cannabimimetic carboxamide derivatives, ADB-FUBINACA and ADBICA, and five synthetic cannabinoids detected with a thiophene derivative a-PVT and an opioid receptor agonist AH-7921 identified in illegal products. *Forensic Toxicol.* 31:223–240.

15. Moosmann, B., Kneisel, S., Wohlfarth, A., Brecht, V., Auwärter, V. 2013. A fast and inexpensive procedure for the isolation of synthetic cannabinoids from 'Spice' products using a flash chromatography system. *Anal Bioanal Chem.* 405:3929–3935.

16. Tsujikawa, K., Yamamuro, T., Kuwayama, K., Kanamori, T., Iwata, Y. T., Inoue, H. 2014. Thermal degradation of a new synthetic cannabinoid QUPIC during analysis by gas chromatography–mass spectrometry. *Forensic Toxicol.* 32:201–207. DOI: 10.1007/s11419-013-0221-6.

17. Hudson, S., Ramsey, J. 2011. The emergence and analysis of synthetic cannabinoids. *Drug Test Anal.* 3:466–478.

18. Namera, A., Kawamura, M., Nakamoto, A., Saito, T., Nagao, M. 2015. Comprehensive review of the detection methods for synthetic cannabinoids and cathinones. *Forensic Toxicol.* 33:175–194. DOI: 10.1007/s11419-015-0270-0.

19. Akutsu, M., Sugie, K., Saito, K. 2017. Analysis of 62 synthetic cannabinoids by gas chromatography–mass spectrometry with photoionization. *Forensic Toxicol.* 35:94–103. DOI:10.1007/s11419-016-0342-9.

20. Uchiyama, N., Shimokawa, Y., Kawamura, M., Kikura-Hanajiri, R., Hakamatsuka, T. 2014. Chemical analysis of a benzofuran derivative, 2-(2-ethylaminopropyl)benzofuran (2-EAPB), eight synthetic cannabinoids, five cathinone derivatives, and five other designer drugs newly detected in illegal products. *Forensic Toxicol.* 32:266–281.

21. Uchiyama, N., Shimokawa, Y., Matsuda, S., Kawamura, M., Kikura-Hanajiri, R., Goda, Y. 2014. Two new synthetic cannabinoids, AM-2201 benzimidazole analog (FUBIMINA) and (4-methylpiperazin-1-yl)(1-pentyl-1H-indol-3-yl)methanone (MEPIRAPIM), and three phenethylamine derivatives, 25H-NBOMe 3,4,5-trimethoxybenzyl analog, 25B-NBOMe, and 2CN-NBOMe, identified in illegal products. *Forensic Toxicol.* 32:105–115.

22. Blau, K. and Halket, J., Eds. 1993. *Handbook of Derivatives for Chromatography*, John Wiley & Sons, Chichester.

23. Zuba, D., Sekuła, K. 2012. Analytical characterisation of three hallucinogenic N-(2-methoxy)-benzyl derivatives of the 2C-series of phenethylamine drugs. *Drug Test Anal.* 5(8):634–645. DOI: http://dx.doi.org/10.1002/dta.1397.

24. Zuba, D., Sekuła, K., Buczek, A. 2012. 25C-NBOMe—New potent hallucinogenic substance identified on the drug market. *Forensic Sci Int.* 227(1–3): 7–17. DOI: http://dx.doi.org/10.1016/j.forsciint. 2012.08.027.

25. Zuba, D., Sekuła, K. 2013. Identification and characterization of 2,5-dimethoxy-3, 4-dimethyl-β-phenethylamine (2C-G)—A new designer drug. *Drug Test Anal.* 5(7):549–559. DOI: http://dx.doi.org/10.1002/dta.1396.

26. Zuba, D., Sekuła, K., Buczek, A. 2012, Identification and characterization of 2,5-dimethoxy-4-nitro-β-phenethylamine (2C-N)—A new member of 2C-series of designer drug. *Forensic Sci Inter.* 222:298–305.

27. Etxebarria, N., Zuloaga, O., Olivares, M., Bartolomé, L. J., Navarro, P. 2009. Retention-time locked methods in gas chromatography. *J Chromatogr A.* 1216(10):1624–1629. DOI: 10.1016/j.chroma.2008.12.038.

28. Giarocco, V., Quimby, B., Klee, M. 1997. *Retention Time Locking: Concepts and Applications.* Agilent Technologies, Application Note 228-392, Publication (23) 5966-2469E.

29. Blumberg, L. M., Klee, M. S. 1998. Method translation and retention time locking in partition GC. *Anal. Chem.* 70(18):3828–3839. DOI: 10.1021/ac971141v.

30. Kerrigan, S., Savage M., Cavazos, C., Bella, P. 2016. Thermal, degradation of synthetic cathinones: Implications for forensic toxicology. *J Anal Toxicol.* 40(1):1–11. DOI: 10.1093/jat/bkv099.

31. Tsujikawa, K., Kuwayama, K., Kanamori, T., Iwata, Y. T., Inoue, H. 2013. Thermal degradation of α-pyrrolidinopentiophenone during injection in gas chromatography/mass spectrometry. *Forensic Sci Int.* 231(1–3): 296–299. DOI: 10.1016/j.forsciint.2013.06.006.

32. Tsujikawa, K., Yamamuro, T., Kuwayama, K., Kanamori, T., Iwata, Y. T., Inoue, H. 2014. Thermal degradation of a new synthetic cannabinoid QUPIC during analysis by gas chromatography–mass spectrometry. *Forensic Toxicol.* 32:201–207. DOI:10.1007/s11419-013-0221-6.

33. Donohue, K. M., Steiner, R. R. 2012. JWH-018 and JWH-022 as combustion products of AM2201. *Microgr J.* 9(2):52–65.

34. Kavanagh, P., Grigoryev, A., Savchuk, S., Mikhura, I., Formanowsky, A. 2013. UR-144 in products sold via Internet: Identification of related compounds and characterization of pyrolysis products. *Drug Test Anal.* 5:683–692.

10 核磁共振在违禁药物分析中的应用

弗拉特卡·韦斯（Vlatka Vajs）、伊丽丝·乔尔杰维奇（Iris Djordjević）、柳博德拉格·武伊西奇（Ljubodrag Vujisić）和斯洛博丹·M. 米洛萨夫列维奇（Slobodan M. Milosavljević）

10.1 引言

对于从事法医分析的化学家来说，检测各种样本中的非法药物一直是最吸引人的目标之一。几个世纪以来（直到19世纪末），药物几乎完全是天然来源的，大部分是植物，在某些情况下进行了轻微的化学修饰（例如：吗啡通过乙酰化生成海洛因）。随着合成有机化学的发展（始于20世纪初），已经设计出相当多的合成药物，用于模拟天然来源药物的药理作用（例如：大麻素类吲唑衍生物或安非他明等）。由于市场上不断出现大量新物质，检测此类被称为"策划药"的合成药物至关重要。该分析的有效性已成为法医学分析领域的一个巨大挑战。现代波谱技术（即核磁共振（NMR）和现代质谱（MS）以及分离技术［例如：气相（GC）和液相色谱法（LC）］的出现极大地促进了快速鉴定和结构表征的发展。如今，已有对非法药物进行化学特征描述的快速方法。

10.2 联用技术

光谱仪与色谱仪的联用产生了非常强大的所谓联用（耦合）技术，能够在线直接分析复杂基质中含有的非法药物。20世纪50年代发展起来的GC-MS（气相色谱-质谱联用）是由詹姆斯（James）和马丁（Martin）于1952年首创的[1]，实际上也是半个世纪以来唯一一种大量使用的联用方法，但其应用仅限于热稳定的非极性挥发物。在20世纪下叶，与LC兼容的MS离子源的开发，如埃尼翁（Henion）[2,3]的APCI（大气压化学电离）和芬恩（Fenn）[4]的ESI（电喷雾电离），使得LC与MS相结合成为适用于各种极性非挥发性物质的串联LC-MS技术。如今，涉及LC和MS的各种联用方法正在成为常规方法。如液相色谱紫外光电二极管阵列检测质谱（LC-UV-MS）、液相串联质谱（LC-MS-MS）和液相多级质谱（LC-MS^n）。尽管GC-MS（以及如今的LC-MS）筛选与质谱库搜索相结合是一种非常有效的技术，在全球大多数法医实验室中享有"黄金标准"地位（参见第4章和第8章），但化学结构相似化合物通常会导致相似的色谱和光谱特性，使新化合物的鉴定变得复杂，这不仅是因为普通分析库中缺乏参考质谱且经认证的参考材料的可用性有限，还因为需要一种能够区分（立体）异构体的分析方法。在这种情况下，核磁共振（NMR）波谱（这是最有效的结构阐明技术之一）可能是确定所讨论化合物结构和立体化学的首选方法。在许多情况下，直接采用核磁共振（NMR）波谱（无需色谱分离）可用于鉴别不同基质中的药物，也可用于对其进行定量，正如最近一份关于草药熏制混合物中合成大麻素的定量报告所证明的那样[5]。

LC-NMR技术被视为直接LC-NMR技术，而液相色谱固相萃取核磁共振（LC-SPE-NMR）和微流核磁共振被视为间接LC-NMR技术。LC-SPE-NMR是用于天然产物的化学组成和代谢组学研究的最常用的NMR联用技术，但由于法医学方面缺乏相关的文献，意味着LC-NMR仍未得到常规使用。其主要原因是复杂的自动化、难以解释的结果和耗时的分析。然而，这种技术对于1D或2D核磁共振定量分析非常有用，在这种情况下，这可能是一种节省时间的分析[6—8]。

10.3 1D和2D核磁共振波谱

自1945年第一次实验以来，核磁共振已经成为分子鉴定、评估详细分子结构、了解构象和探索分子动力学的最重要方法之一。核磁共振（NMR）波谱也可用于定量分析。使用核磁共振（有时与其他类型的波谱结合使用，但通常单独使用），化学家通常可以在很短的时间内确定完整的分子结构。

核磁共振波谱是光谱学的一个特殊分支，它利用了原子核的磁性。该方法基于这样一个事实，即一些原子核具有磁性，即核自旋。在磁场中拥有自旋（例如，质子）的原子核表现得像条形磁铁，对外部磁场的影响作出反应，倾向于像地球磁场中的指南针一样排列自己。由于这种现象的量子性质，质子相对于外部磁场只能采用两种取向，即与磁场对齐（低能态）或与磁场相反（高能态）。如果质子处于与磁场对齐方向，它可以吸收能量，并进入与磁场相反的方向。

当正确频率的射频（Rf）能量束照射进动核时，低能量核会吸收该能量并移动到高能量状态。如果进动频率与射频束的进动频率相同，则进动核只会吸收来自射频源的能量。当这种情况发生时，原子核和射频被称为处于共振状态，因此出现了术语核磁共振。许多优秀的教科书描述了核磁共振光谱的理论背景[9—10]。

最简单的核磁共振实验是将分子中的质子暴露在强大的外部磁场中。如果质子有不同的化学环境，并不是所有的质子都会以相同的频率旋动。当这些质子受到适当能量的照射时，会促使质子从低能态（对齐排列）向高能态（相反排列）转变。NMR分析员以NMR波谱的形式记录这种能量吸收。在核磁共振波谱的前30年，所有测量都依赖于一维观察模式，这导致光谱只有一个频率轴，第二个轴用于显示信号强度。二维实验的发展开启了核磁共振波谱的新纪元。通过这些方法记录的光谱有两个频率轴，强度以第三维度显示。

由耶埃内尔（Jeener）在1971年提出的二维（2D）核磁共振的想法[11]，以及随后由恩斯特（Ernst）和他的同事们进行的开发，引发了核磁共振加速发展，促使许多实验室涌现出大量新的想法，进一步开拓了核磁共振新的应用开发可能性。1976年，恩斯特（Ernst）利用了耶埃内尔的想法来开发光谱，并发表了关于2D NMR[12]应用的论文。制造商也发挥了重要作用，提供脉冲程序员和探头硬件，可以让每个人都参与其中。20世纪80年代，常规2D核磁共振测量的引入为有机分子的核磁共振数据提供了更有效、更可靠的解释。该方法的应用为许多化合物提供了完整的结构归属。随后在20世纪80年代，开发了3D和4D NMR技术［维特里克赫（Wütrich）］[13]，使得仅使用NMR数据就能够对溶液中的小蛋白质进行3D结构测定。1991年，恩斯特因其对傅里叶变换核磁共振的贡献获得了诺贝尔化学奖。维特里克赫还因其发展了核磁共振光谱来测定溶液中生物大分子的三维结构而获得了2002年诺贝尔化学奖，这也促进了3D和4D核磁共振技术的发展。

10.4 2D核磁共振波谱分析的常规方法

表10.1列出了目前常用的2D核磁共振（NMR）光谱方法。自从60多年前，就发现即使是"简单的"一维核磁共振波谱也包含大量的分子信息，并且因为核磁共振参数的提取并不简单明了，所以人们多次尝试开发分析波谱的方法。为了理解测量波谱的复杂性，计算机程序发展到了对核磁共振光谱进行量子力学计算的程度。作为分析核

磁共振波谱的辅助，有相当多的网络资源可用于结构解析；最近在《化学教育杂志》（*Journal of Chemical Education*）[14]和《化学中的磁共振》（*Magnetic Resonance in Chemistry*）[15]上发表的文章对其中的一些方法进行了综述。现在，可视化、处理和分析核磁共振数据甚至可以在智能手机和平板电脑上完成。

表10.1　目前常用的2D核磁共振方法

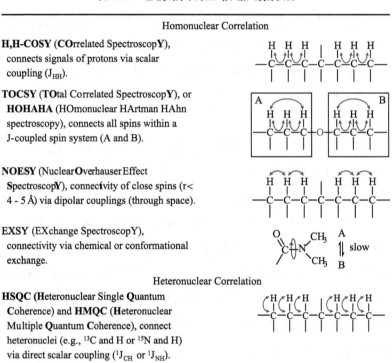

Homonuclear Correlation

H,H-COSY (COrrelated Spectroscop**Y**), connects signals of protons via scalar coupling (J_{HH}).

TOCSY (TOtal Correlated Spectroscop**Y**), or **HOHAHA (HO**monuclear **HA**rtman **HA**hn spectroscopy), connects all spins within a J-coupled spin system (A and B).

NOESY (Nuclear **O**verhauser **E**ffect Spectroscop**Y**), connectivity of close spins (r< 4 - 5 Å) via dipolar couplings (through space).

EXSY (EXchange Spectroscop**Y**), connectivity via chemical or conformational exchange.

Heteronuclear Correlation

HSQC (Heteronuclear **S**ingle **Q**uantum **C**oherence) and **HMQC (H**eteronuclear **M**ultiple **Q**uantum **C**oherence), connect heteronuclei (e.g., ^{13}C and H or ^{15}N and H) via direct scalar coupling ($^1J_{CH}$ or $^1J_{NH}$).

HMBC (Heteronuclear **M**ultiple **B**ond **C**orrelation), connects heteronuclei (e.g., ^{13}C and H) via long-range ($^2J_{CH}$, $^3J_{CH}$); used to establish connectivity between two separate spin systems (A and B).

10.5　违禁药物核磁共振分析精选示例

自1966年成立以来，贝尔格莱德大学化学系仪器分析实验室和化学中心（ICTM）一直致力于仪器有机分析的不同领域[17—19]。研究重点是天然产物的分离和结构测定，在这方面，核磁共振分析是最有价值的信息来源[20—22]。

此外，该实验室（根据ISO 17025的认证）致力于解决不同的实际问题，如化学工业中原材料和最终产品的质量控制、化学武器分析、涉及识别非法化合物的法医分析（见下文）等。

通过选择第10.5.1—10.5.6节中给出的6个实例，展示了核磁共振（NMR）光谱在本实验室开展的非法药物检测中的应用。

10.5.1 醋酸酐（AA）作为非法麻醉药品和精神药物的前体

2003年，应卫生部的要求，对霍尔果斯（塞尔维亚和匈牙利之间）过境点的一辆油罐车中的不明液体进行了分析。油罐车的内容物申报为"无水乙酸"。而从油罐车中提取的可疑样本的NMR和IR光谱明确显示为醋酸酐，并非所申报的无水乙酸。显然，这是一个用于非法进口醋酸酐的企图。醋酸酐是一种化学品，其贩运受到严格控制，因为它被列入用于生产海洛因（通过吗啡的乙酰化）以及用于合成苄基甲基酮（合成苯丙胺的基本前体）的前体清单（图10.1）。

10.5.2 非法生产苯丙胺

苯丙胺（AM）类及相关芳香环取代物质通常是合成化合物，属于近年来滥用最严重的药物种类之一。这类中的一些化合物也来源于植物。苯丙胺、其N-甲基衍生物（甲基）及其类似物属于刺激中枢神经系统的许多非法精神药物。它们可诱发许多不良作用，如高血压和长期成瘾，导致暴力破坏性行为和类似偏执型精神分裂症的急性精神病。国际社会越来越关注日益严重的苯丙胺类兴奋剂问题。特别是在过去10到15年里，涉及苯丙胺（苯丙胺和甲基苯丙胺）和迷魂药类物质（MDMA、MDA、MDEA等）的苯丙胺类兴奋剂滥用已经成为一个全球性的问题。尽管存在区域差异，但今天没有一个国家能幸免于苯丙胺类兴奋剂制造、贩运或滥用的诸多方面问题之一。这就是为什么维也纳的联合国毒品和犯罪问题办公室出版了一本非常全面的"供国家药物检测实验室使用的手册"[23]，在本手册中，作者介绍了以下用于分析苯丙胺类兴奋剂的仪器分析技术：预实验（颜色测试、阴离子测试、微晶测试）、薄层色谱（TLC）、气相色谱-火焰离子化检测器（GC-FID）、气相色谱-质谱（GC-MS）、高效液相色谱（HPLC）、傅里叶变换红外（FTIR）光谱、¹H核磁共振（NMR）技术、毛细管电泳（CE）、固相微萃取-气相色谱（SPME-GC）和气相色谱-傅里叶变换红外光谱（GC-FTIR）。

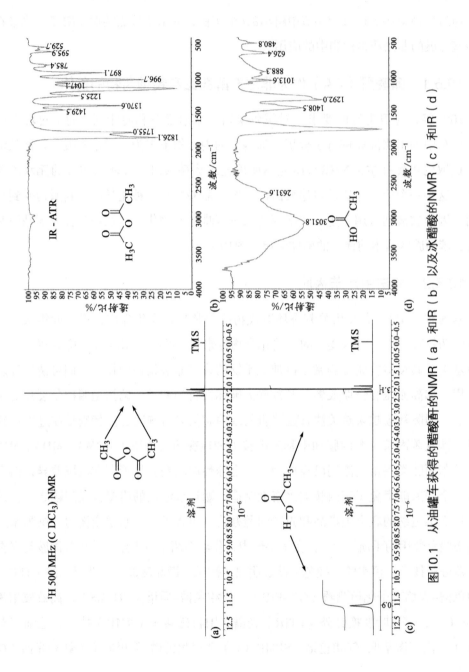

图10.1 从油罐车获得的醋酸酐的NMR（a）和IR（b）以及冰醋酸的NMR（c）和IR（d）

2003年，我们实验室接受了来自塞尔维亚药品局的大约100份样本，这些样本是警方对"Lenal Pharm"制药厂采取行动期间采集的，该制药厂涉嫌非法生产非法化学物质（图10.2）。

图10.2 贝尔格莱德附近"Lenal Pharm"制药厂的一部分，在该厂采集了分析样本

使用FT红外（IR）光谱和核磁共振（NMR）对样本进行分析；图10.3—10.5。^{1}H核磁共振（^{1}H NMR）光谱是通过在D_2O溶解结晶样本直接测量的。值得注意的是，随后在上述UN[23]手册中推荐了类似程序："将约20 mg药物样本溶于1 mL D_2O水中，将上清液转移至NMR管中，如果存在不溶性物质，离心后将上清液转移至NMR管中。记录含有ATS盐形式的溶液的波谱。

质子信号的分配基于简单的一级分析，使用化学位移和耦合模式，证明了盐形式的安非他明的基本结构，如硫酸盐和酒石酸盐。结果就是公司所有者和其余参与非法生产的人被判处长期监禁。

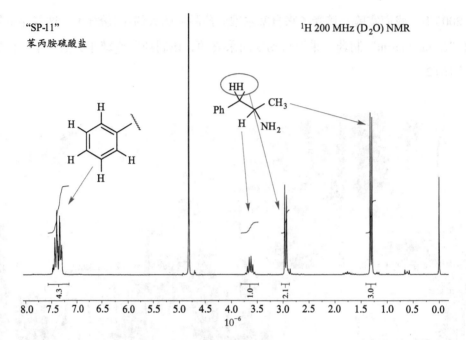

图10.3　在"Lenal Pharm"制药厂采集的样本"SP-11"的¹H NMR波谱

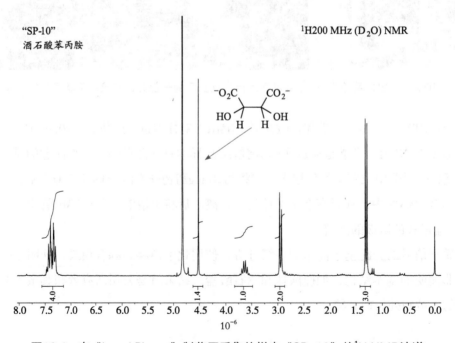

图10.4　在"Lenal Pharm"制药厂采集的样本"SP-10"的¹H NMR波谱

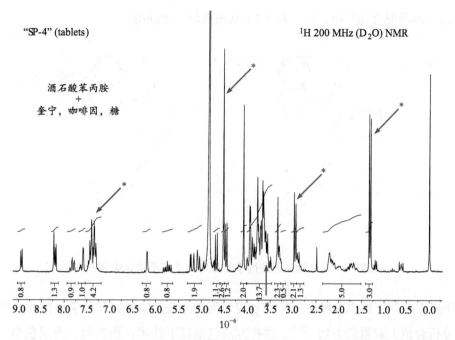

图10.5　在"Lenal Pharm"制药厂采集的样本"SP-4"（片剂）的¹H NMR波谱

10.5.3　合成大麻素

2008年，德国首次报告在娱乐性药物市场中发现合成大麻素[24]，此后，合成大麻素蔓延成为一种全球现象。市场上不断出现的新滥用物质（SOA）的识别已成为法医领域的一大挑战。2015年，欧洲毒品与毒瘾监测中心（EMCDDA）收到了约100种SOA的报告，比2014年增加了25%[25]。对新出现的SOA进行快速识别和结构表征显得至关重要。

通过互联网可获得的各种产品都含有合成大麻素作为精神活性掺杂物。与原始非法药物相比，新SOA的化学结构略有改变，其鉴定通常意味着化合物的分离和完整的结构阐明。自从首次发现"草药混合物"中的合成大麻素以来，市场一直在增长。由于法律限制，最初添加的物质在此期间几乎从市场上消失了。随着"草药热"市场的持续繁荣，添加的合成大麻素会替换成新的合成大麻素，试图至少比法律限制领先一步。

大多数添加的物质属于氨基烷基吲哚的化学基团（参见2012年分离的化合物1和2的方案10.1），其中许多物质的合成步骤已在文献中被描述。在定期的市场监测中，莫斯曼（Moosmann）和他的同事发现了两种新的合成大麻素[26]，一种在标记为XoXo

（1）的"草药混合物"中，另一种（2）从缴获物品中获得。

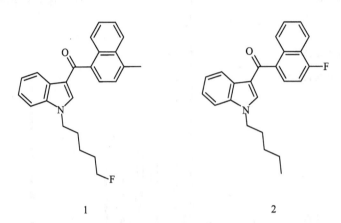

方案10.1　由莫斯曼和同事鉴定的氨基烷基吲哚类化合物

手册中介绍了维也纳联合国毒品和犯罪问题办公室实验室和科学科推荐的用于鉴定和分析合成大麻素的方法[27]。这些方法包括以下技术：预实验、薄层色谱、GC-FID、GC-MS、超高效液相色谱（UHPLC）、液相色谱-串联质谱（LC-MS/MS）、ATR-IR和FTIR、气相色谱-红外检测（GC-IRD）、原位电离质谱、高分辨率质谱（HRMS）、基质辅助激光解吸电离飞行时间质谱（MALDI-TOF-MS）和核磁共振波谱（NMR）。

2014年8月，我们的实验室成为佩特尼察科学中心（瓦列沃，塞尔维亚）色谱暑期班的练习准备实验室。我们的实验室测试了"空气清新剂"的成分，样本由附近的一家商店提供，名称为"BAD MAD棉花糖叶香草"，是玛雅世界贸易公司（EU）的一种产品。使用GC-MS以及1D和2D NMR技术，直接分析了通过Agilent[28]所述酸/碱联合提取程序获得的上述样本的提取物（图10.6—10.10）。

从图10.6中可以看出，样本中含有一种分子离子为m/z 324的单一化合物（t_R = 17.8 min）。然而，NIST 11谱库获得的最佳匹配是相当低的，约为58%。因此很明显，库中没有未知化合物的质谱。这促使我们测量了未知物质的^1H和^{13}C NMR光谱（图10.7和图10.8）。使用2D NMR技术COSY和HSQC（分别为图10.9和图10.10）获得的NMR波谱，以及与已公布数据[29]的比较，揭示了命名为AB-FUBINACA的吲唑衍生物结构。因此，分析样本中显然含有一种非法的合成大麻素。

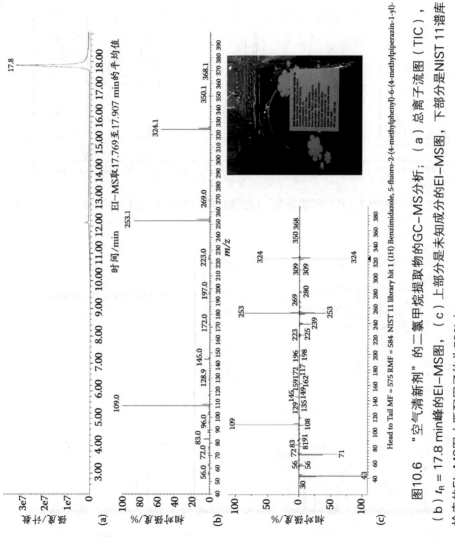

图10.6 "空气清新剂"的二氯甲烷提取物的GC-MS分析；(a) 总离子流图 (TIC)，(b) t_R = 17.8 min峰的EI-MS图，(c) 上部分是未知成分的EI-MS图，下部分是NIST 11谱库检索的EI-MS图 (匹配因子约为58%)

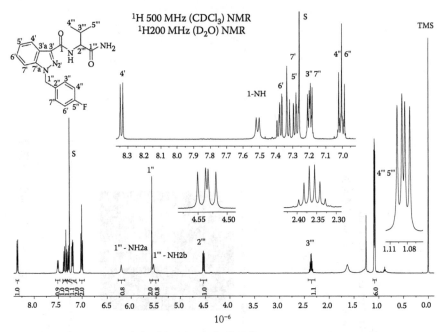

图10.7 "空气清新剂"粗提物的¹H（500 MHz）NMR谱

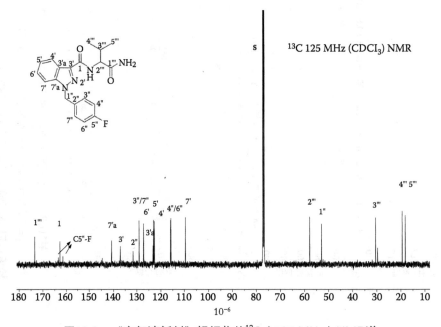

图10.8 "空气清新剂"粗提物的¹³C（125 MHz）NMR谱

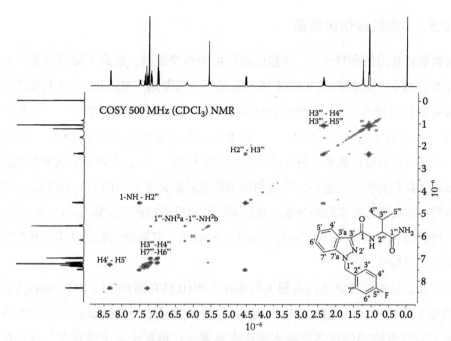

图10.9 "空气清新剂"粗提物的H, H COSY NMR谱

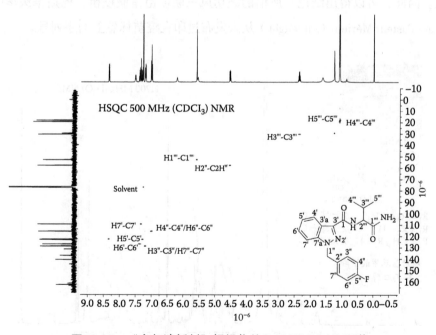

图10.10 "空气清新剂"粗提物的C, H HSQC NMR谱

10.5.4　假抗破伤风疫苗

正如最近指出的那样[30]，伪造的药物由于不受控制，因此不知道这些产品到底含有什么。这些产品的质量和功效都不能保证。马蒂诺（Martino）等人综述了用于识别假药的分析技术[31]。讨论的技术有比色法、薄层色谱法（TLC）、气相色谱法（GC）、高效液相色谱法（HPLC）、质谱法（MS）和不同的振动光谱法。此外，^{1}H核磁共振已被证明对检测和定量非法化合物非常有用[32]。以下涉及假抗破伤风疫苗分析的示例在我们的实验室进行，主要使用^{1}H核磁共振光谱（图10.11—10.13）。我们实验室收到贝尔格莱德警察局的请求，要求对据称由巴斯德研究所Mérieux Connaught生产的进口抗破伤风疫苗Tetaglobuline进行分析（经确认，巴斯德研究所从未发放过疫苗标签上印制的序列号）。

乍一看，这两个波谱之间有很大的差异（图10.11和图10.13）。Tetagam P的波谱（宽信号）是蛋白分子的典型特征，该蛋白分子应是适当的抗破伤风疫苗的活性成分，而可疑样本的NMR波谱明确表明庆大霉素（广谱抗生素）的存在，这比抗破伤风疫苗大约便宜十倍。后者通过上述NMR波谱证明了与庆大霉素样品（未显示）的相同性。因此，可以得出结论，所谓的破伤风三联疫苗是假疫苗，巴斯德医学研究所（Institute Pasteur Mérieux Connaught）从未发布过印在疫苗标签上的序列号。

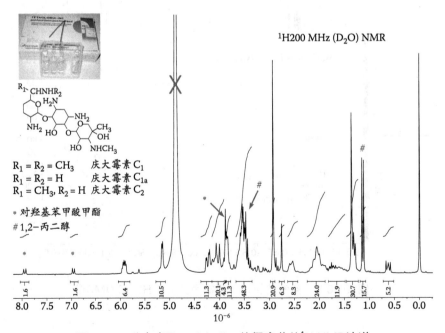

图10.11　分布在Tetaglobuline的假疫苗的^{1}H NMR波谱

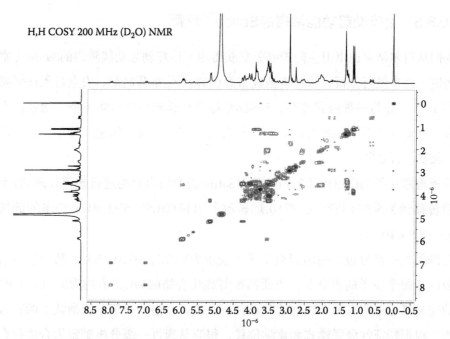

图10.12 分发的商品名为Tetaglobuline的假疫苗的H, H COSY谱

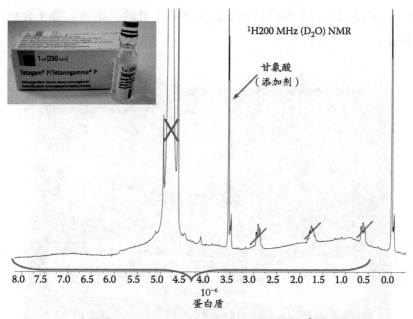

图10.13 在药房以Tetagam P名义购买的正确疫苗的¹H核磁共振波谱

10.5.5　治疗勃起功能障碍的Satibo™胶囊

我们从贝尔格莱德市卫生防护办公室获得用于治疗勃起功能障碍的Satibo（富士，中国制造）样本进行分析，该样本被宣布为100%天然草药制剂、安全且无任何副作用（图10.14）。作为一种保健食品，Satibo号称是从具有调节身体免疫、增强体力、提高免疫力功能的中草药中提炼而成，中草药主要有"山药、枸杞、甘草、薏苡仁（薏米）、芡实、百合"。

分析程序：使用CD_3OD（0.5 mL）对Satibo胶囊的内容物进行超声处理约1小时，过滤后转移到标准NMR管中。图10.15显示了^{1}H和TOCSY 500 MHz NMR的低场部分（$\delta 6.5 \sim 8.5 \times 10^{-6}$）。

光谱的这一部分包含两组芳族质子（表示为V和C，图10.15），基于这些信号的相对强度（每个质子的积分），表明两种芳族化合物的V/C比值约为6：1。TOCSY中出现的交叉峰也证明有两个独立的芳香自旋系统。光谱的一级分析确认了两种芳香族化合物，根据特征性偶联模式和化学位移，很容易通过一级分析确定为合成化合物伟哥（主要成分V）和他达拉非（C）（方案10.2）。较高场（未示出）的剩余共振也符合这一结论。上述掺杂物的存在也得到LC-ESI MS TOF分析的支持，该分析显示m/z 475.21168（$C_{22}H_{30}N_6O_4S$）和390.14350（$C_{22}H_{19}N_3O_4$）处的［M+H］$^+$离子分别对应于伟哥和他达拉非。

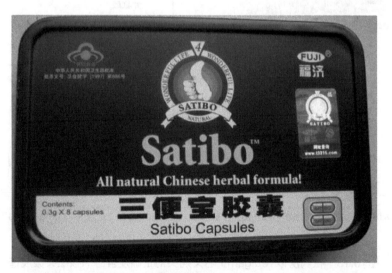

图10.14　治疗勃起功能障碍的Satibo（福济，中国制造）胶囊

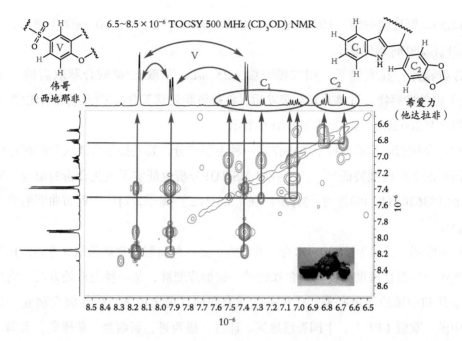

图10.15 Satibo胶囊的粗CD$_3$OD提取物的^{1}H和TOCSY 500MHz NMR波谱的芳香烃部分（δ6.5~8.5×10^{-6}）

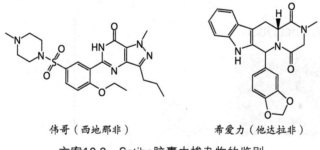

伟哥（西地那非）　　　　希爱力（他达拉非）

方案10.2　Satibo胶囊中掺杂物的鉴别

10.5.6　减肥绿色咖啡

大约7年前，我们的实验室对这种出售的名称为"绿色减肥咖啡"进行了分析。这种膳食补充剂相当受欢迎，是塞尔维亚的一家名为大象公司的产品。分析样本由附近的药房提供。该包装包含14个铝袋（两周剂量），每个铝袋均宣称仅包含天然成分，如5.87 g咖啡、2.92 g奶粉、17.5 mg未成熟橙子干、12.5 mg月季花香精、300 mg荷叶香精、12.5 mg野玫瑰香精、10.75 mg杜松香精、600 mg几丁质、20 mg维生素B₃、5 mg维生素B₆和250 mg维生素C。

　　分析程序：在室温下，用二氯甲烷（25 mL）萃取酸/碱联合萃取后的一个袋（10g）中的内容物。过滤并真空蒸发后，将提取物转移至含CDCl₃的标准NMR管中。提取物的¹H 200 MHz NMR光谱如图10.16所示。

　　NMR光谱明确显示该提取物中存在一种主要成分，其共振是合成厌食药西布曲明（或还原剂）的典型特征[33]。LC–ESI MS TOF分析也证实了该化合物的结构，显示 *m/z* 280.1836和282.1809处的［M+H］⁺和［M+H+2］⁺离子，对应于西布曲明的分子式 $C_{17}H_{26}NCl$。

　　西布曲明（通常为盐酸盐–水合物的形式）是一种口服厌食症药物。直到2010年，它一直作为外源性辅助药物与饮食和运动一起治疗肥胖，是一种上市处方药。它与心血管事件和中风的增加有关，已在一些国家和地区退出市场，包括澳大利亚、加拿大、中国、欧盟（EU）、中国香港地区、印度、墨西哥、新西兰、菲律宾、泰国、英国和美国。不幸的是，在西布曲明退出合法市场的同时，西布曲明和其他一些厌食症药物又出现在非法掺假的产品中，通常声称这些产品只含有草药或提取物；然而，它们的功效实际上是基于存在显著量的合成化合物。

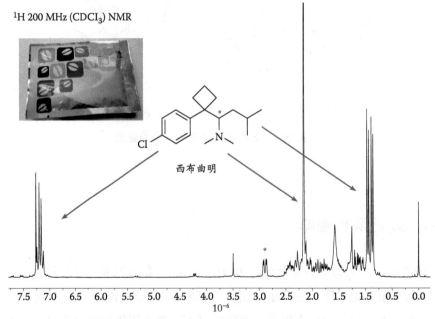

图10.16 "减肥绿色咖啡"的二氯甲烷提取物的¹H NMR谱（200 MHz）

10.6 结论

核磁共振（NMR）波谱为法医分析员提供了检测和定量药物的极其强大的工具。一系列一维（1D）和二维（2D）核磁共振技术可用于执行所需的分析。这些核磁共振方法可用于常规分析，如确认药物结构或非法物质的定量。

在许多情况下，直接核磁共振（NMR）波谱（无须色谱分离）可用于鉴别和定量不同基质中的药物。尽管核磁共振（NMR）是阐明未知化合物结构的重要波谱技术之一，但在法医实验室的日常使用中，它仍远不如质谱普遍。NMR的基本弱点是其灵敏度相对较低以及分析所需仪器和氘代溶剂的价格高。但是，有两种方法可以降低这些费用：使用直径较小的探针（如果感兴趣的物质可溶于少量溶剂），或者在标准样本管中使用非氘代的溶剂，标准样本管带有可重复使用的内部毛细管，毛细管内填充抑制溶剂的氘代溶剂。

对于需要色谱分离的更复杂样本，现在提供了联用技术LC-NMR。在已出版的书籍中[6—8]，NMR被认为是一种潜在的液相色谱通用检测器，并对这种联用技术进行了详细讨论。

致谢

这项工作得到了塞尔维亚技术发展部的支持（赠款号：172053）以及塞尔维亚科学和艺术学院的支持（SASA赠款F-188）。

参考文献

1. James, A.T. and Martin, A.J.P. 1952. Gas-liquid partition chromatography: The separation and micro-estimation of volatile fatty acids from formic acid to dodecanoic acid, *Biochem. J.*, 50: 679–680.
2. Henion, J.D., Thomson, B.A., and Dawson, P.H. 1982. Determination of sulfa drugs in biological fluids by liquid chromatography/mass spectrometry/mass spectrometry, *Anal. Chem.*, 54: 451–456.
3. Covey, T.R., Lee, E.D., and Henion, J.D. 1986. High-speed liquid chromatography/tandem mass spectrometry for the determination of drugs in biological samples, *Anal. Chem.*, 58: 2453–2460.

4. Fenn, J.B., Mann, M., Meng, C.K., Wong, S.F., and Whitehouse, C.M. 1989. Electrospray ionization for mass spectrometry of large biomolecules, *Science*, 246(4926): 64–71.

5. Dunne, S.J. and Rosengren-Holmberg, J.P. 2017. Quantification of synthetic cannabinoids in herbal smoking blends using NMR, *Drug Test. Anal.*, 9: 734–743.

6. Elipe, M.V.S. 2011. *LC-NMR and Other Hyphenated NMR Techniques: Overview and Applications*, John Wiley & Sons, Inc., Hoboken, NJ.

7. Gonnella, N. 2013. *LC-NMR Expanding the Limits of Structure Elucidation*, CRC Press Taylor & Francis Group, Boca Raton, FL.

8. Bohni, N., Queiroz, F.E., and Wolfender, J.L. 2014. On-line and at-line LC-NMR and related micro-NMR methods, Chapter 14, in *Encyclopedia of Analytical Chemistry*, Online ©2006–2014. John Wiley & Sons, Ltd., Chichester, UK.

9. Williams, D.H. and Fleming, I. 2007. *Spectroscopic Methods in Organic Chemistry*, sixth edition, Amazon Co., UK.

10. Friebolin, H. 1998. *Basic One- and Two-Dimensional NMR Spectroscopy*, third revised edition, Wiley-VCH, Verlag GmbH, Weinheim, Germany.

11. Jeener, J. 1971. *Lecture at Ampere Summer School*, Baško Polje, Yugoslavia.

12. Aue, W.P., Bartholdi, E., and Ernst, R.R. 1976. Two-dimensional spectroscopy. Application to nuclear magnetic resonance, *J. Chem. Phys.*, 64: 2229–2246.

13. Braun, W., Wider, G., Lee, K.H., and Wüthrich, K. 1983. Conformation of glucagon in a lipid-water interphase by ^{1}H nuclear magnetic resonance, *J. Mol. Biol.*, 169: 921–948.

14. Graham, K.J., McIntee, E.J., and Schaller, C.P. 2016. Web-based 2D NMR spectroscopy practice problems, *J. Chem. Educ.*, 93: 1483–1485.

15. Jeannerat, D. 2017. Human- and computer-accessible 2D correlation data for a more reliable structure determination of organic compounds. Future roles of researchers, software developers, spectrometer managers, journal editors, reviewers, publisher and database managers toward artificial-intelligence analysis of NMR spectra, *Magn. Reson. Chem.*, 55: 7–14.

16. Cobas, C., Iglesias, I., and Seoane, F. 2015. NMR data visualization, processing, and analysis on mobile devices, *Magn. Reson. Chem.*, 53: 558–564.

17. Vajs, V., Jokić, A., and Milosavljević, S. 2017. Artemisinin story from the Balkans, *Nat. Prod. Commun.*, 12: 1157–1160.

18. Makarov, S., Vujisić, Lj., Ćurčić, B., Ilić, B., Tešević, V., Vajs, V., Vučković, I., Mitić, B., Lučić, L., and Djordjević, I. 2012. Chemical defense in the cave-dwelling millipede *Brachydesmus troglobius* Daday, 1889 (Diplopoda, Polydesmidae), *Int. J. Speleol.*, 41: 95–100.

19. Andjelković, B., Vujisić, Lj., Vučković, I., Tešević, V., Vajs, V., and Godjevac, D. 2017. Metabolomics study of Populus type propolis, *J. Pharm. Biomed. Anal.*, 135: 217–226.

20. Djordjević, I., Vajs, V., Bulatović, V., Menković, N., Tešević, V., Macura, S., Janaćković, P. and Milosavljević, S. 2004. Guaianolides from two subspecies of *Amphoricarpos neumayeri* from Montenegro, *Phytochemistry*, 65: 2337–2345.

21. Vujisić, Lj., Vučković, I., Makarov, S., Ilić, B., Antić, D., Jadranin, M., Todorović, N., Mrkić, I., Vajs, V., Lučić, L., Ćurčić, B. and Mitić, B. 2013. Chemistry of the sternal gland secretion of the Mediterranean centipede *Himantarium gabrielis* (Linnaeus, 1767) (Chilopoda: Geophilomorpha: Himantariidae), *Sci. Nat. (Naturwissenschaften)*, 100: 861–870.

22. Aljančić, I., Vučković, I., Jadranin, M., Pešić, M., Djordjević, I., Podolski-Renić, A., Stojković, S., Menković, N., Vajs, V., and Milosavljević, S. 2014. Two structurally distinct chalcone dimers from *Helichrysum zivojinii* and their activities in cancer cell lines, *Phytochemistry*, 98: 190–196.

23. Laboratory and Scientific Section United Nations Office on Drugs and Crime Vienna, *Recommended Methods for the Identification and Analysis of Amphetamine, Methamphetamine and Their Ring-Substituted Analogues in Seized Materials*, New York 2006, available on https://www.unodc.org/pdf/scientific/stnar34.pdf.

24. Lindigkeit, R., Boehme, A., Eiserloh, I., Lubbecke M., Wiggerman, M., Ernst L., and Beuerle, T. 2009. Spice: A never ending story?, *Forensic Sci. Int.*, 191: 58–63.

25. EMCDDA, European Drug Report—Trends and Development, available on http://www.emcdda.europa.eu/edr2015.

26. Moosmann, B., Kneisel, S., Girreser, U., Brecht, V., Westphal, F., and Auwarter, V. 2012. Separation and structural characterization of the synthetic cannabinoids JWH-412 and 1-[(5-fluoropentyl)-1H-indol-3yl]-(4-methylnaphthalen-1-yl)methanone using GC-MS, NMR analysis and a flash chromatography system, *Forensic Sci. Int.*, 220: e17–e22.

27. Laboratory and Scientific Section United Nations Office on Drugs and Crime Vienna, *Recommended Methods for the Identification and Analysis of Synthetic Cannabinoid Receptor Agonists in Seized Materials 2013*, available at https://www.unodc.org/documents/scientific/STNAR48_Synthetic_Cannabinoids_ENG.pdf.

28. Identification of Synthetic Cannabinoids in Herbal Incense Blends by GC/MS Application Compendium, Agilent, USA, 2016.

29. Uchiyma, N., Matsuda, S., Wakana, D., Kikura-Hanjairi, R., and Goda, Y. 2013. New cannabimmimetic indayole derivatives, N-(1-amino-3-methyl-1-oxobutan-2-yl)-1-pentyl-1H-indazole-3-carboxamide (AB-PINACA) and N-(1-amino-3-methyl-1-oxobutan-2-yl)-1-(4-fluorobenzyl)-1H-indazole-3-carboxamide (AB-FUBINACA) identified as designer drugs in illegal products, *Forensic Toxicol.*, 3: 93–100.

30. Johansson, M., Fransson, D., Rundlöf, T., Huynh, N.H., and Arvidsson, T. 2014. A general analytical platform and strategy in search for illegal drugs, *J. Pharm. Biomed.*, 100: 215–229.

31. Martino, R., Malet-Martino, M., Gilard, V., and Balayssac, S. 2010. Counterfeit drugs: Analytical techniques for their identification, *Anal. Bioanal. Chem.*, 398: 77–92.

32. Holzgrabe, U. and Malet-Martino, M. 2011 Analytical challenges in drug counterfeiting and falsification—The NMR approach, *J. Pharm. Biomed. Anal.*, 55: 679–687.

33. Csupor, D., Boros, K., Dankó, B., Veres, K., Szendrei, K., and Hohmann, J. 2013. Rapid identification of sibutramine in dietary supplements using a stepwise approach, *Pharmazie*, 68: 15–18.

34. Gama, L.A., Merlo, B.B., Lacerda, V. Jr, Romao, W., and Neto, A.C. 2015. No-deuterium proton NMR (No-D NMR): A simple, fast and powerful method for analyses of illegal drugs, *Microchem. J.*, 118: 12–18.

11 毒物分析中生物检材的制备

米莱娜·迈赫扎克（Milena Majchrzak）、拉法尔·采林斯基（Rafał Celiński）

11.1 引言

生物检材的毒物分析包括定性和定量测定生物体内的外源性物质。从法庭毒物分析的角度来看，最重要的任务是建立物质毒性和其生物反应之间的因果关系。为了实现这一目标，法庭毒物学家必须选择合适的检材进行研究，并确定恰当的分析技术和方法。从司法角度看，生物检材的毒物分析侧重于定性和定量检测影响中枢神经系统的物质，如精神药物和安眠药、乙醇，以及通常被称为"策划药"的新精神活性物质。根据精神活性物质的分析结果，出具涉及交通事故肇事者或性侵犯受害者的司法意见。对于死亡案件，精神活性物质的鉴定辅助死亡原因的判定，而死亡原因与药物摄入史及其方式有关。

在毒物分析检测影响中枢神经系统的药物时，最常用的活体生物检材是体液（即血液和尿液）和毛发样品。对于尸体检验，检材不仅包括血液和尿液，还包括眼球内液体和内脏组织（主要是肝脏、肾脏、大脑和胃组织及其内容物），而肺、肌肉和肠作为检材的情况相对较少。从仪器分析的角度来看，恰当的样品制备很可能是整体评估结果的关键，甚至是决定性步骤。由于血液、尿液或组织样品中存在大量代谢产物和内源性基质，可能掩盖最终结果，因此难以对这些生物检材进行化学分析。适当去除生物基质能够确保对毒性药物进行正确评估，避免对高灵敏度的分析仪器造成污染。本章介绍生物检材中新精神活性物质（即策划药）的提取技术。

11.2 应用

11.2.1 生物检材的筛选分析

对于生物检材中精神药物和麻醉剂以及新精神活性物质（NPSs）的毒物分析，通常先进行初步筛选。为此，可以使用特异性和非特异性两种分析技术。特异性技术，如通过优化多种目标化合物建立的多反应监测（MRM）模式下的液相色谱与质谱联用技术；非特异性技术，如免疫酶ELISA（酶联免疫吸附试验）检测技术。在毒物分析中，ELISA是最流行、最常用的筛选方法，该方法是通过酶偶联的单克隆抗体或多克隆抗体对检材中的特定蛋白质进行检测[1]。该方法利用了标准抗原和酶标记抗原（药物-酶缀合物）的混合物与样品中的抗原，两者竞争性结合在固相载体（微孔板）表面的特异性单克隆抗体上。因此，抗原和抗体形成免疫复合物，并牢固地附着在该固相载体表面，洗去未连接的抗原。标准抗原缀合的酶与介质中的底物反应生成有色产物，并可用分光光度法定量，这主要是因为吸光度值与样品中分析物的浓度成反比。市售的ELISA检测试剂盒，包括带孔板（孔里涂有抗体）、标准抗原和酶标记抗原溶液、阴性质控和阈值质控、冲洗缓冲液、用于样品制备的缓冲液、进行反应的底物试剂和用于终止反应的试剂。用该技术分析的生物检材（血液和尿液）制备非常简单，包括以适当的体积比向分析样品中加入专用缓冲溶液。将制备好的样品直接加到涂有抗体的孔中，并按照制造商的说明进行操作分析[1, 2]。除了市场上可买到的用于检测精神药物和昏迷剂（如苯丙胺衍生物、Δ9-四氢大麻酚、苯并二氮䓬和甲基苯丙胺衍生物、可卡因和阿片类药物）、基于抗体技术的ELISA测试盒，许多检测试剂盒也可提供针对策划药的抗体检测（例如卡西酮衍生物和合成大麻素）。ELISA检测的优势是生物样品制备简单和快速，而其主要缺点是可能发生交叉反应[2]。

需要记住的是，免疫酶筛选分析只是旨在评估生物样品中是否存在精神活性物质的初步步骤。它们的优势在于，能够推动下一步的分析程序（指出最适合的提取方法）朝着预定的、更窄的化合物组进行。然而，由于筛选试验缺乏特异性，定性分析需要确定性的方法。

11.2.2 血液和尿液的液-液萃取

液-液萃取（LLE）是从体液（如血液、尿液和玻璃体液）中分离精神活性物质最常用的技术。根据所分析组织的类型以及需要定性和定量的化合物性质（首先依据其酸碱性）选择具体的步骤。

血液或尿液中碱性NPSs（如卡西酮衍生物）液–液萃取的方法有很多种。索伦森（Sorensen）[3]在一篇论文中介绍了一种有效的方法。在2 mL试管中，加入300 μL血液或尿液，再加入100 μL内标甲醇溶液（500 μg/L氘代甲卡西酮或甲氧麻黄酮类似物），混匀后向试管中加入600 μL甲醇，涡旋数秒。放置约10 min后，离心，将300 μL的上清液转移至配有过滤器的试管中（本研究使用了Millipore Amicon Ultra装置，该装置配有0.5 mL储液器和30 kDa再生纤维素膜）。然后加入10 μL甲酸（以除去可溶性高分子物质，得到稳定提取物），涡旋10 min。取100 μL滤液并加入100 μL水以降低样品洗脱强度，将混合溶液移入自动进样小瓶中。提取物使用液相色谱与电喷雾电离型质谱联用（LC-ESI-MS）检测。作者指出，所得提取物的酸化程度对定量化合物的稳定性有显著影响。例如，将卡西酮衍生物的未酸化样品（例如，flephedrone，4-氟麻黄素）10℃放置24 h，其浓度会大大降低，而甲酸酸化处理的样品则不会出现这种情况。

从体液中分离碱性精神活性物质的另一种方法——LLE法是在碱性环境中进行的。戈拉西克（Golasik）等人[4]介绍了尿液样品的制备过程：500 μL尿液中加入200 μL 0.5 M NaOH和1.2 mL乙酸乙酯，振摇3 min。离心后，收集有机层，并加入50 μL 0.02 M HCl。然后在40℃氮气流中将溶剂蒸发至干，残留物用300 μL混合溶剂溶解，混合溶剂的组成为500 mL去离子水中加入100 μL浓磷酸–乙腈（1∶1，v/v）。使用高效液相色谱法（HPLC）分析所得提取物。法庭毒理学实验室最常使用的分离碱性NPSs的LLE方法常常在pH高于8的条件下进行[4, 5]。

克奈泽尔（Kneisel）和奥沃特（Auwärter）研究了多种分离方法用于合成大麻素类NPSs鉴定[6]。在研究中，他们重点分离了833份血清样本中包含的30多种不同的NPS化合物。因此，推荐的最有效提取混合物的溶剂组成是，990 mL正己烷和10 mL乙酸乙酯（99∶1，v/v）。每份生物检材中加入10 μL氘代内标物和0.5 mL碳酸盐缓冲液后，加入1.5 mL混合提取溶剂，离心。最后，将1 mL有机上清液在40℃的氮气流中蒸发至干。残留物用100 μL流动相A+B（50∶50，v/v）溶解，其中A：2 mmol/L甲酸铵（含0.2%甲酸），B：纯甲醇。提取物用液相色谱与电喷雾电离型质谱联用进行分析。由于提出的分离合成大麻素的方法高效，所以经常应用在毒物分析实验室中[6]。

一种从生物检材（基本上是血液和尿液）中分离合成大麻素的更受欢迎的方法是具有快速性和高效性优势的冷冻乙腈沉淀法[7, 8]。在Eppendorf管（艾本德离心管）中加入200 μL样品、20 μL内标（浓度为10 ng/mL），然后加入600 μL冰冻的乙腈，不停摇晃试管。沉淀后，离心，上清液转移至2 mL玻璃瓶中，蒸发至干（以除去乙腈）。残渣用100 μL 0.1%甲酸水溶液溶解，转移至自动进样小瓶中，用液相色谱–三重四极杆质谱联用、正离子多反应监测（MRM）模式进行分析[7, 8]。此方法非常适合于从内脏样品中提取待检物质，只要将内脏器官加入水进行机械匀浆。

在有关于阿片类衍生物的NPSs（如乙酰芬太尼、丁酰芬太尼或甲基芬太尼）的文献中，介绍的方法步骤非常耗时，且使用了多种提取剂。奥扬佩雷（Ojanperä）等人[9]在尸检提取的1 mL尿液中，加入β-葡糖苷酸酶，46℃水浴中水解16 h。然后加入内标（即，向1 mL水解体液中加入1 μg/L的氘代芬太尼20 μL）和400 μL Na_2HPO_4缓冲液（pH=9）。最后，加入600 μL乙酸丁酯振摇提取2 min。离心，分出有机相，40℃空气吹至干，残留物加入150 μL乙酸铵缓冲液（10 mmol/L，含0.1%甲酸，pH为3.2），超声，离心，提取物进行LC–MS/MS分析。

文献作者认为[9]，提议的适用于分析阿片类药物组的NPSs的LLE方法——虽然高效但过于耗时，因此基本上适用于科学研究。在刑事和法庭实验室以及治疗重度中毒的医院进行毒物分析时，作者建议使用本节前几部分中介绍的提取程序，这种方法快速且效果不错。

必须补充的是，在许多尸检案例中，未在死者膀胱中发现尿液。这类案件的典型案例是交通事故受害者（有大量身体损伤）和自杀受害者（高坠或上吊）。当无法采集尿液时，可采集的另一种检材是眼球和玻璃体液，使用前面描述的从血液和尿液中的提取方法进行提取。

11.2.3 血液和尿液的固相萃取

就使用频率而言，固相萃取（SPE）在法庭毒物分析实验室中排名第二，仅次于液–液萃取，用于制备检测精神药物和麻醉药物以及NPSs的生物检材。

迪克森（Dickson）等人[10]的一篇论文中介绍了将SPE程序应用于尸检提取的血液和尿液中检验碱性化合物。采用过程如下：取1 mL或2 mL体液，加入3 mL 0.1 M磷酸盐缓冲液（pH=6）和内标物（如，0.5 mg/L甲哌卡因或乙基吗啡），然后将所得混合物超声15 min，离心。然后将样品转移至基于混合模式硅胶基质的SPE提取柱中，先用3 mL甲醇、3 mL去离子水和2 mL磷酸盐缓冲液进行活化。样品过柱后，用2 mL去离子水、2 mL 20%乙腈水溶液和2 mL 0.1 M乙酸冲洗柱子，然后真空干燥3 min。再用2 mL正己烷和3 mL甲醇冲洗，再真空干燥10 min。最后，用3 mL二氯甲烷/异丙醇/氨（78：20：2，v/v/v）洗脱吸附在固相上的分析物，洗脱液使用氮气流吹扫，残留物加入50 μL乙腈复溶后使用气相色谱–质谱联用（GC–MS）检测。获得的色谱、质谱图谱可确定生物检材中碱性NPS化合物的提取效率（例如，卡西酮衍生物）。

固相微萃取（SPME）是对固相萃取的一种有效改进，尽管在毒物分析实验室应用较少。萨伊托（Saito）等人[11]介绍了这种特殊技术在NPSs提取中的应用，更具体地说，是在α-PVP（一种卡西酮衍生物）提取中的应用。在第一次使用之前以及在连续运行分析的每一天之前，都要先活化GC注射器端口中的SPME纤维头（类型包括100 μm聚二甲基硅氧烷（PDMS）、75 μm羧甲基（CAR）/ PDMS、65 μmPDMS/二乙烯基苯（DVB）和50/30 μmDVB/CAR/PDMS纤维），以避免任何污染。然后将0.05 mL空白血样放入用硅胶垫密封的4 mL小瓶中，并加入下列溶液：5 μL标准溶液（1 μg/mL）、10 μL内标溶液（α-PVP-d_8，1 μg/mL）和0 μL至300 μL 1N NaOH溶液。将每种纤维头插入小瓶中，并加热至60℃、70℃或80℃。提取时间5～50 min，将纤维头抽回针中，并在250℃的GC进样端口放置2 min。通过对能够显著影响萃取过程的参数（如温度、碱化程度和获得热力学平衡所需时间）进行仔细分析，推断萃取效率主要受时间和温度以及所用纤维类型的影响。类似于焦戊酮结构的化合物［如，亚甲基二氧吡咯戊酮（MDPV）和α-吡咯烷酮（α-PVP）］的提取效率很低，但在80℃下使用65 μm长度的PDMS/DVB纤维头萃取30 min，并加入200 μL的1N NaOH溶液，可获得最佳结果。

11.2.4 内脏器官的提取

法医尸检中采集的内脏器官是毒物分析经常用到的调查检材。最常采集的样品是肝、肾和胃（包括胃内容物，企图自杀的人会使用大量精神活性物质）、脑（致死案例是由于大量摄入与脑受体具有高度亲和力的化合物所致；例如，苯乙胺的NBOMe衍生物）和来自高度腐败尸体器官的腐败液体。使用频率较低的是肠、心肌、肺、脾和胰腺，以及脂肪组织（对于高亲脂性化合物）。

固体生物基质对研究结果的影响可能非常大，因此正确制备样品至关重要。固体生物基质腐败的情况经常发生，也进一步增大了精神活性物质的提取难度。事实上，每种情况都需要单独的方法，并且需要对相关内脏器官进行初步肉眼观察，尽管毒物分析中制备固体组织的有效方法可以成功消除基质的影响。

内脏样品可以使用其中所含的体液（如血液、尿液或眼内液），但在此过程之前必须对样品进行粉碎和匀浆，然后过滤。哈塞加瓦（Hasegawa）等人[12, 13]报道了一个从固体组织中分离精神活性物质的案例。作者介绍了使用改良的QuEChERS法，从尸检得到的九种不同类型的组织（即脑、肺、脾、心肌、肝、肾、胰腺、骨骼肌和脂肪组织）中分离一类由卡西酮衍生的NPSs的程序。取剪碎的每种组织各100 mg，放于

5 mL离心管中，离心管中含有4.9 mL乙腈和溶解于10 μL乙腈中的100 ng内标化合物。然后向每个试管中加入5个不锈钢珠（以粉碎被测试的组织），塞住试管口并机械摇晃5 min。振摇之前，含有脂肪组织的试管需要在80℃下额外加热10 min，其余8个样品不必进行此操作。匀浆完成后取出不锈钢珠，将各自的悬浮液转移至较大的试管中，然后加入5 mL乙腈，并充分混匀。从获得的每种混合物（其总体积等于10 mL）中，分别取6份各1 mL于6个试管中，并加入（或不加入）10 μL标准溶液，以制备校准曲线。试管剧烈涡旋30 s，然后离心2 min。将所得上清液倒入含有25 mg伯胺（PSA）、25 mg封端十八烷基硅烷和150 mg硫酸镁的QuEChERS分散–SPE离心管中，再次涡旋试管30 s并离心2 min。上层乙腈液过Captiva ND脂类滤柱。最终，取3.5 μL洗脱液用于LC–MS/MS分析。

向每份分析提取物中添加标准品的方法被假定能够规避基质效应和回收率水平差异。此外，不再需要使用符合伦理建议的参照检材（如空白血液），即不再采集无关人员的组织[12-15]。

11.2.5 毒物分析中毛发的制备

从医学和司法角度来看，头发被认为是一种有价值的生物检材。大多数外源性物质（包括精神药物和麻醉剂）能够在毛发结构中积聚，对吸毒者毛发的分段分析能够对精神活性物质的摄入进行回溯性评估。尽管有部分文献认为人体在仅摄入1次某一给定药物的情况下，人体毛发中即可能检出精神活性化合物，但是大多数专家还是一致认为，在中毒致死、长期暴露于特定物质或在相对短的时间间隔内至少几次摄入该物质的情况下，毛发的毒物分析才是有意义的，因为无论在毛发还是人体组织中，给定的外源性物质只能在较高和/或稳定浓度水平情况下积聚[16]。

假设头发以每月1 cm的平均速度生长，最适合分析的毛发样品是贴近枕骨头皮部分的毛发，该部位的毛发生长速度最稳定。毒物分析所需的最小毛发样品仅相当于铅笔的粗度[17]。必须补充的是，染发或使用过氧化氢漂白等美发操作可能会对积聚在毛发中的化合物的稳定性（以及毒物分析的结果）产生负面影响。

采集头发样本后的第一步是清洗和去除油脂，目的是去除可能的头发化妆品、皮脂和汗液以及环境污染物。最常用的清洗液为一氯甲烷、甲醇、丙酮和正己烷[18]。头发样品清洗并干燥后，使用手术剪刀或专用粉碎机使其微粉化。头发微粉化后，就可以在最佳工作条件下进行提取。

纳梅拉（Namera）等人[19]介绍了一种从一组卡西酮衍生物中分离一些NPSs的技术，称为MonoSpin提取。MonoSpin® C18硅胶柱是专门为制备分析生物检材而开发的，论文中[19]使用了MonoSpin® C18十八烷基硅烷化硅胶整体柱。毛发样品用0.1%十二烷基硫酸钠水溶液洗涤3次，蒸馏水洗涤3次，乙醇洗涤1次，然后在室温下干燥。然后将头发剪成1 cm长的片段，每一段称重后置于试管中，加入0.1 mL 1 M NaOH溶液，然后用Teflon垫密封。试管在70℃加热20 min，以溶解毛发组织，然后加入0.8 mL缓冲液（pH = 13）和3 μL内标溶液（1 μg/mL的α-PVP-d_8）。MonoSpin® C18硅胶柱用甲醇和缓冲液活化后，将试管中的溶液转移至提取柱中，离心，并用0.4 mL缓冲液洗涤。用0.1 mL50%甲醇水溶液洗脱吸附在提取柱上的分析物，离心后进行LC-MS分析。

在阿尔瓦雷斯（Alvarez）等人[20]最近发表的关于毛发毒物分析的论文中，介绍了从毛发基质中分离卡西酮衍生物的快速且高效的液–液萃取方法。首先，生物样品在二氯甲烷中浸泡2 min去除污染，然后在温水中浸泡。将洗净的样品在球磨机中粉碎和均质化，取20 mg样品，加入MDMA-d_5（作为内标物）和1 mL磷酸盐缓冲液（pH=5），在95℃下温浴10 min。最后，使用碳酸盐缓冲液调节pH至9.7，再用4 mL正己烷–乙酸乙酯（1∶1，v/v）溶剂进行液液萃取。涡旋15 min，离心2 min，收集有机相并蒸发至干，残留物用80 μL流动相（乙腈和2 mmol/L甲酸铵内含1%甲酸水溶液组成的混合物）复溶后进行LC-MS/MS分析。

从头发中分离NPSs是一个耗时的过程，因此不能用于筛选分析。另一方面，其他生物检材（如血液或尿液）的筛选也需要使用参考方法进行最终确认。需要强调的是，头发作为生物检材的一种，在用于提供医学和司法意见时是非常有价值的，原因在本节开头的段落中已有解释。

11.2.6　QuEChERS在毒物分析生物检材制备中的应用

在从尸检样品中鉴定新的卡西酮衍生物（形成一组公认的NPSs）的最新报告中，QuEChERS方法（快速、简便、廉价、有效、稳健和安全）的应用越来越频繁，这是毒物分析中的一种新方法。新颖性表现在QuEChERS技术已被开发且最初仅用于食品样品中的农药分析。虽然液–液萃取和液–固萃取方法简单、使用方便，但始终存在样品净化不足、仪器设备污染和最终结果不精确的风险。

2012年，臼井（Usui）等人[21]开发了一种使用改进的QuEChERS技术从人体血液中提取精神药物的快速方法，这种方法与SPE一样具有选择性，与LLE方法一样简单，但与SPE、LLE两种方法相比，速度更快、成本更低且设备更安全。该方法设计了两步程序，第一步（提取/分配），液体样品（例如，血液或尿液）用蒸馏水稀释3倍，然后将它们置于含有0.5 g市售制剂（即硫酸镁、乙酸钠、不锈钢球和1 mL内标物）的塑料试管中。试管剧烈涡旋后离心，上清液中的酸性化合物可以通过LC–MS/MS检验。为了提取碱性化合物，必须进行第二步（被称为分散/固相萃取步骤，dSPE）。为此，将600 μL上清液与市售伯胺、封端十八烷基硅烷和硫酸镁的混合物一起转移到试管中，以对其进行净化。试管剧烈涡旋后离心，上层液提取后可用于下一步分析。

该方法的优势在于其速度快、污染设备风险小以及成本效益好。这使得QuEChERS技术（直接应用或经过某些修改）在生物检材的NPSs分析中的应用越来越多[21, 22]。

参考文献

1. Ellefsen, K.N., Anizan, S., Castaneto, M.S., Desrosiers, N.A., Martin, T.M., Klette, K.L., and M.A. Huestis. 2014. Validation of the only commercially available immunoassay for synthetic cathinones in urine: Randox Drugs of Abuse V Biochip Array Technology. *Drug. Test. Anal.* 6: 728–738.
2. Swortwood, M.J., Hearn, W.L., and A.P. DeCaprio. 2014. Cross-reactivity of designer drugs, including cathinone derivatives, in commercial enzyme-linked immunosorbent assays. *Drug. Test. Anal.* 6: 716–727.
3. Sørensen, L.K. 2011. Determination of cathinones and related ephedrines in forensic whole-blood samples by liquid-chromatography-electrospray tandem mass spectrometry. *J. Chromatogr. B Analyt. Technol. Biomed. Life Sci.* 879: 727–736.
4. Golasik, M., Wodowski, G., Gomółka, E., Herman, M., and W. Piekoszewski. 2014. Urine as a material for evaluation of exposure to manganese in methcathinone users. *J. Tr. Elem. Med. Biol.* 28: 338–343.
5. Grapp, M., Kaufmann, C., and M. Ebbecke. 2017. Toxicological investigation of forensic cases related to the designer drug 3,4-methylenedioxypyrovalerone (MDPV): Detection, quantification and studies on human metabolism by GC-MS. *Forensic Sci. Int.* 273: 1–9.
6. Kneisel, S. and V. Auwärter. 2012. Analysis of 30 synthetic cannabinoids in serum by liquid chromatography-electrospray ionization tandem mass spectrometry after liquid-liquid extraction. *J. Mass. Spectrom.* 47: 825–835.
7. Adamowicz, P. 2016. Fatal intoxication with synthetic cannabinoid MDMB-CHMICA. *Forensic Sci. Int.* 261: e5–e10.
8. Adamowicz, P. and J. Gieroń. 2016. Acute intoxication of four individuals following use of the synthetic cannabinoid MAB-CHMINACA. *Clin. Toxicol. (Phila).* 54: 650–654.
9. Ojanperä, I., Gergov, M., Liiv, M., Riikoja, A., and E. Vuori. 2008. An epidemic of fatal 3-methylfentanyl poisoning in Estonia. *Int. J. Legal Med.* 122: 395–400.
10. Dickson, A.J., Vorce, S.P., Levine, B., and M.R. Past. 2010. Multiple-drug toxicity caused by the coadministration of 4-methylmethcathinone (mephedrone) and heroin. *J. Anal. Toxicol.* 34: 162–168.
11. Saito, T., Namera, A., Osawa, M., Aoki, H., and S. Inokuchi. 2013. SPME–GC–MS analysis of α-pyrrolidinovalerophenone in blood in a fatal poisoning case. *Forensic Toxicol.* 31: 328–332.

12. Hasegawa, K., Suzuki, O., Wurita, A., Minakata, K., Yamagishi, I., Nozawa, H., Gonmori, K., and K. Watanabe. 2014. Postmortem distribution of α-pyrrolidinovalerophenone and its metabolite in body fluids and solid tissues in a fatal poisoning case measured by LC-MS/MS with the standard addition method. *Forensic Toxicol.* 32: 225–234.

13. Hasegawa, K., Wurita, A., Minakata, K., Gonmori, K., Nozawa, H., Yamagishi, I., Watanabe, K., and O. Suzuki. 2015. Postmortem distribution of PV9, a new cathinone derivative, in human solid tissue in a fatal poisoning case. *Forensic Toxicol.* 33: 141–147.

14. Wurita, A., Suzuki, O., Hasegawa, K., Gonmori, K., Minakata, K., Yamagishi, I., Nozawa, H., and K. Watanabe. 2013. Sensitive determination of ethylene glycol, propylene glycol and diethylene glycol in human whole blood by isotope dilution gas chromatography-mass spectrometry, and the presence of appreciable amounts of the glycols in blood of healthy subjects. *Forensic Toxicol.* 31: 272–280.

15. Wurita, A., Hasegawa, K., Minakata, K., Gonmori, K., Nozawa, H., Yamagishi, I., Suzuki, O., and K. Watanabe. 2014. Postmortem distribution of α-pyrrolidinobutiophenone in body fluids and solid tissues of a human cadaver. *Leg. Med.* 16: 241–246.

16. Montesano, C., Johansen, S.S., and M.K.K. Nielsen. 2014. Validation of a method for the targeted analysis of 96 drugs in hair by UPLC-MS/MS. *J. Pharm. Biomed. Anal.* 88: 295–306.

17. Cooper, G.A.A., Kronstrand, R., and P. Kintz. 2012. Society of Hair Testing guidelines for drug testing in hair. *Forensic Sci. Int.* 218: 20–24.

18. Znaleziona, J., Ginterová, P., Petr, J., Ondra, P., Válka, I., Ševčík, J., Chrastina, J., and V. Maier. 2015. Determination and identification of synthetic cannabinoids and their metabolites in different matrices by modern analytical techniques—A review. *Anal. Chim. Acta.* 874: 11–25.

19. Namera, A., Konuma, K., Saito, T., Ota, S., Oikawa, H., Miyazaki, S., Urabe, S., Shiraishi, H., and M. Nagao. 2013. Simple segmental hair analysis for α-pyrrolidinophenone-type designer drugs by MonoSpin extraction for evaluation of abuse history. *J. Chromatogr. B Anal. Technol. Biomed. Life Sci.* 942–943: 15–20.

20. Alvarez, J.C., Etting, I., Abe, E., Villa, A., and N. Fabresse. 2017. Identification and quantification of 4-methylethcathinone (4-MEC) and 3,4-methylenedioxypyrovalerone (MDPV) in hair by LC-MS/MS after chronic administration. *Forensic Sci. Int.* 270: 39–45.

21. Usui, K., Hayashizaki, Y., Hashiyada, M., and M. Funayama. 2012. Rapid drug extraction from human whole blood using a modified QuEChERS extraction method. *Leg. Med. (Tokyo).* 14: 286–296.

22. Kudo, K., Usumoto, Y., Usui, K., Hayashida, M., Kurisaki, E., Saka, K., Tsuji, A., and N. Ikeda. 2014. Rapid and simultaneous extraction of acidic and basic drugs from human whole blood for reliable semi-quantitative NAGINATA drug screening by GC–MS. *Forensic Toxicol.* 32: 97–104.

12 色谱和光谱法鉴别策划药异构体

彼得·阿达莫维茨（**Piotr Adamowicz**）、达留什·祖巴
（**Dariusz Zuba**）

12.1 同分异构体和同分异构现象

同分异构现象是两种或两种以上化合物具有相同分子式（元素组成和分子量相同）但结构不同的现象。这类化合物互称为同分异构体。异构体主要有两种类型：构造异构（结构异构）和立体异构。

构造异构具有相同的分子式，但原子的连接顺序不同。它们总是具有不同的性质，特别是当分子中存在不同的官能团时。构造异构体的例子有正丙醇、异丙醇和甲氧基乙烷（它们都有相同的化学式，C_3H_8O）。构造异构主要有三类：骨架异构、位置异构（区域异构）和官能团异构。骨架异构是指在烃链中具有不同的支链（例如，正丁烷和异丁烷）。位置异构是指在相同的碳骨架上官能团位置不同（例如，上述的正丙醇和异丙醇）。官能团异构是指官能团不同的异构现象（例如，乙酸乙酯和丁酸）。

立体异构体具有相同的分子式，相同的原子连接次序，但原子在空间的排列不同。这类异构体包括非对映异构体和对映异构体。非对映异构体不是彼此的镜像，通常含有手性中心，但有些非对映异构体既不是手性的，也不含有手性中心。非对映异构体的物理性质不同，如熔点、沸点或溶解度。它们的光学性质（旋光性）可能相似，也可能差异很大。非对映异构体的例子是几何异构体，如，顺式-反式非对映异构体。对映异构体（光学异构体）是彼此不能重叠的镜像，并且总是包含手性中心。化合物是否具有对映异构体取决于称为手性的几何异构特征。两种对映异构体的所有物理性质和绝大多数化学性质几乎相同。两种对映异构体的混合物称为外消旋混合物。

立体化学中的构型有几种定义，旋光异构体的识别和命名也有多种方法。绝对构型根据Cahn-Ingold-Prelog优先级规则确定。根据取代基的优先顺序，每个手性中心可以标记为R（右）或S（左）。在生物化学中，对映异构体通常以它们使偏振光平面旋

转的方向命名。如果能使光顺时针旋转，则该对映异构体标记为（＋），如果逆时针旋转，则标记为（－），（＋）和（－）异构体也被分别称为d-（右旋）和l-（左旋）。但是，不建议使用d-和l-标记对映异构体，因为它很容易与D-和L-命名混淆。D/L系统（以dexter和laevus命名；右和左）是通过分析甘油醛分子之间的关系来分类旋光异构体的方法。该系统与d/l系统无关，如，D-构型的不同化合物既可以是d(+)也可以是l(−)。例如，L-麻黄碱和D-麻黄碱是对映异构体，L-伪麻黄碱和D-伪麻黄碱也是对映异构体，但伪麻黄碱和麻黄碱是非对映异构体。

12.2 药物同分异构体的意义

构造异构体和立体异构体可能具有不同的性质和生物活性。由于异构体在药代动力学和药效学性质上的不同，因此异构现象在药理学和药物治疗学中显得尤为重要。

结构异构体可能具有相似的（例如，异氟醚和安氟醚）或不同的（例如，丙嗪和异丙嗪）作用[1]。结构异构体的药理性质通常不同。例如，普鲁卡因型氨基苯甲酸酯的对氨基异构体表现出较弱的局部麻醉活性，而邻氨基异构体则表现出较强的活性。乙酰胆碱的衍生物乙酰甲胆碱对毒蕈碱受体的亲和力与乙酰胆碱大致相同，但其烟碱效应比乙酰胆碱低200倍[2]。结构相似的化合物也可能在毒性上表现出巨大的差异。例如，二氯苯（DCB）有三种异构体，其中1,2-DCB和1,3-DCB都可以生成毒性最强的4,5-环氧化物，但是因为1,4-DCB的一个氯在4位上，所以它不能形成该代谢产物。在这种情况下，毒性差异可能是不同异构体的代谢产物不同导致的[3]。

旋光异构体在自然界中广泛存在，且在生物化学中起着重要的作用。此外，生物体通常只耐受每种物质的一种旋光异构体。蛋白质的不对称表面能辨别手性化合物的对映异构体。例如，在人体内，只有L-氨基酸具有活性；D-葡萄糖可被身体完全利用，而L-葡萄糖则完全不被吸收（尽管它的味道很甜）。因此，有些分子在自然界中只以一种形式存在，例如，所有的氨基酸都是L-构型，糖都是D-构型。此外，只有一种肾上腺素异构体具有强烈的刺激作用。

这同样适用于许多药物和其他外源性物质。大多数旋光性药物都是手性的，这类药物的例子很多。根据所考虑的对映异构体，它们表现出完全不同的生物活性。同一物质的一种旋光异构体对人体可能是中性的，不会参与生物化学过程，而另一种异构体可能是活性的，甚至是有害的，将其引入人体的后果可能是灾难性的。例如，沙利度胺——在20世纪50年代用作镇静剂或催眠药，以及抗恶心和减轻孕妇晨吐。在药物注册前，仅检测到R-型沙利度胺（显示为安全），但实际销售的是两种对映异构体的外消旋混合物。事实证明，该化合物的S-对映异构体不仅没有预期的愈合特性，而且是一种强效诱变剂，尤其作用于胎儿的DNA（导致身体严重畸形）。立体异构体不同作用的典型例子是奎宁（L-异构体）和异奎宁（D-异构体）。奎宁被用作抗疟疾药物，异奎宁被用作抗心律失常药物。同样，R-萘普生用于治疗关节痛，而S-萘普生具有致畸性。左美沙芬是一种强效阿片类镇痛药，而右美沙芬是一种镇咳药。L-甲氨蝶呤比D-甲氨蝶呤吸收更好，艾司奥美拉唑比外消旋奥美拉唑更具生物利用度，左西替利嗪的分布体积比其右旋异构体更小，d-普奈洛尔比l-普奈洛尔更广泛地与蛋白质结合，S-华法林比R-华法林更有效和更广泛地与白蛋白结合，并且它们在代谢方式和半衰期方面也不同。许多其他化合物也显示了立体选择性药物的代谢和消除。已报道的氯胺酮就是这种情况，其R(−)-氯胺酮比S(+)-氯胺酮抑制清除得更快。此外，与R(−)-氯胺酮相比，S(+)-氯胺酮导致更少的精神病发作反应、更少的焦虑不安行为以及更好的短暂失忆和镇痛。R(−)-和S(+)-美沙酮的代谢不同，也取决于其浓度。S(+)-美沙酮拮抗R(−)-美沙酮的呼吸抑制作用。尽管单一对映异构体具有更强的选择性和更少的不良反应，但许多药物都以外消旋混合物的形式出售。例如，外消旋布洛芬，S-布洛芬是有活性的而R-布洛芬是非活性的[4, 5]。

非法药物的活性和毒性也可能取决于同分异构体的形式，体内生物转化反应显示了同分异构体的偏好。据估计，半数以上的非法化合物至少有一个手性中心[6]。例如，D-可卡因比L-可卡因活性更高、起效更快且持续时间更短。苯丙胺异构体具有不同的生理作用；作为多巴胺（DA）的释放剂，d-异构体对中枢神经系统的作用更强，其效力大约是l-异构体的四倍。

12.3 策划药的异构体

几十年来，人们一直在关注滥用药物的演变，但近年来这一现象有所加剧。自2008年以来，滥用药物市场开始发生重大变化，欧洲毒品与毒瘾监测中心（EMCDDA）监测的药物总数超过560种，其中大多数是在近几年报道的[7]。策划药是与受控物质的结构或功能类似的物质，它们模拟了经典药物的作用，同时避免了在标准药物测试中被归类为非法药物并被检测到。许多新精神活性物质的化学结构基于苯乙胺、卡西酮、色胺或哌嗪的骨架。此外，出现了一些新的精神活性物质家族，其特点是与受控物质类似，例如合成大麻素。

很明显，策划药在药理学和毒理学方面存在相当大的差异。这里在比较合成卡西酮类结构异构体的基础上进行讨论。西姆勒（Simmler）等人介绍了乙卡西酮（N-乙基卡西酮）、1-苯基-2-甲氨基-1-丁酮（buphedrone）和二甲基卡西酮的单胺转运体和受体相互作用概况[8]。在血清素（5-羟色胺，5-HT）摄取转运体（SERT）和多巴胺转运体（DAT）/SERT抑制比率>10时，1-苯基-2-甲氨基-1-丁酮和二甲基卡西酮表现出非常低的效力。在SERT与DAT的竞争中，乙卡西酮的效力要低10倍。药物对转运媒介单胺释放的影响也不同。二甲基卡西酮不会引起去甲肾上腺素（NE）和DA的释放，因此是一种纯摄取抑制剂。相比之下，乙卡西酮释放NE和5-HT，但对DA释放没有影响，而1-苯基-2-甲氨基-1-丁酮释放NE，但不释放DA和5-HT。在结合亲和力方面也观察到了差异，表现为药物（Ki）抑制放射性配体与NET、DAT和SERT以及不同单胺受体结合的能力。发现亚微摩尔亲和力（<1 μM）DAT与乙卡西酮相互作用，而该药物显示出与$5-HT_{1A}$相关的结合（<10 μM）。二甲基卡西酮对$5-HT_{2A}$和$5-HT_{2C}$受体的亲和力（<10 μm）与之相似。

其他作者的研究也证实了卡西酮类在效果和作用上的差异[9]。他们研究了药物对大鼠基础和电诱发DA释放的影响。在没有电刺激的情况下，甲氧麻黄酮（4-甲基甲卡西酮，4-MMC）增加了DA的基础水平，而乙卡西酮没有显著影响。与乙卡西酮相比，4-MMC对电诱发DA流出的影响有质的不同。后一种化合物显著增加了电刺激后DA流出的峰值，并表现出DA再吸收。

因为多种因素存在，结构异构体的分离和鉴定是一个很重要的问题。尽管它们具有相似的结构，但在药理学和毒理学方面存在差异。因此，明确识别这些化合物非常重要。另一个问题是每种异构体的法律地位。如果药物受通用法律的控制，所有新出现的异构体都自动受到控制，则事情就简单了。在以管制药物独立清单为依据实施禁毒法的国家，情况要困难得多。在这种情况下，每种新物质都必须添加到列表中。因此，在法医化学（分析从药物市场缴获的样品）和法医毒理学（分析生物检材）中，对物质的明确识别都非常重要。

对映体分析也很重要。许多策划药（大多数苯乙胺类和卡西酮类）都是手性的，而且这些兴奋剂对映异构体的药理作用可能各不相同。苯丙胺和卡西酮类似物的立体特异性效应是众所周知的。在引起DA释放方面，S-卡西酮的效力是R-卡西酮的三倍多。R-和S-甲卡西酮对DA神经元产生神经毒性，但只有S-异构体产生5-HT神经毒性。在大鼠体内，S-甲卡西酮作为替代可卡因的刺激物，其效力是R-甲卡西酮的三倍多。甲氧麻黄酮的两种对映体在作用上有所不同。S-甲氧麻黄酮具有更强的5-羟色胺能特征，表现出轻微的运动激活以及无奖励特性。R-甲氧麻黄酮具有更多的多巴胺能兴奋剂特征，同时具有运动激活和奖赏。R-异构体和S-异构体对DA释放的影响相似，但R-异构体释放5-HT的能力要弱得多[10]。

由于非手性选择性合成更容易且更便宜，策划药主要以外消旋混合物形式出售。甚至二乙胺苯丙酮（安非拉酮——一种用于抑制食欲的药物）的制剂也是外消旋物。然而，非法制造合成卡西酮类（包括，甲氧麻黄酮）往往涉及合成过程，导致一种对映异构体合成的数量多于另一种（例如，合成的甲卡西酮主要是S-甲卡西酮的形式）[10]。含有4-氟哌甲酯的不同批次的"研究化学"产品包含不同数量的异构体。一批产品由(±)-反式-4-氟哌甲酯组成，而第二批产品是(±)-反式和(±)-赤式-4-氟哌甲酯的混合物[11]。手性分析可以提供一些关于合成路线的信息，反过来又可以帮助确定药物的来源。

合成大麻素类也有类似情况。HU-211（地塞米松）及其对映异构体HU-210就是一个例子。HU-210是一种强效大麻素激动剂，而HU-211不是大麻素受体激动剂，相反的，它具有NMDA拮抗作用[12]，不会产生类似大麻的作用，但具有抗惊厥和神经保护功能。HU-211似乎具有巨大的医疗应用潜力。因此，大麻素类立体异构体的手性分离对于药物开发和杂质鉴定非常重要。

12.4　鉴别策划药异构体的各种技术

异构体之间的区分通常是一个复杂的分析问题。许多分析技术可用于此目的，包括气相色谱-质谱联用（GC-MS）、高压液相色谱二极管阵列检测器（HPLC-DAD）、液相色谱-质谱联用（LC-MS）以及毛细管电泳（CE）。

策划药（尤其是非法产品）的筛选分析主要通过GC-MS、HPLC-DAD和LC-MS进行。LC-MS可提供分子质量信息，而LC-MS和GC-MS中获得的MS谱图可提供分子结构信息。通过这些技术分离结构异构体通常不是大问题；然而，它需要开发专用方法。分析技术人员的经验也是必要的，因为大量的异构体可能会产生错误的识别。其原因是异构体的质谱通常非常相似，普通的商业数据库中仅包含有限数量的策划药物。对于新开发和上市的策划药物，它是药物市场上已有物质的异构体，极有可能其谱图不包括在数据库中，搜索最佳匹配谱图将显示其母体物质。

对映异构体可以通过几种色谱技术进行分离。非挥发性分析物使用HPLC，挥发性化合物分析首选GC。有时也使用毛细管电泳（CE），但最重要的是使用手性柱。在手性色谱中，使用键合有手性分子的硅胶组成的手性固定相。其中一种对映异构体与固定相的相互作用会比另一种对映异构体更强。葡萄糖的环状低聚物环糊精，常用于手性色谱。大多数色谱柱制造商（包括LC和GC）都在其报价中提供了用于分离对映异构体的色谱柱。也可以使用手性流动相。另一种常用方法是通过化学反应将对映异构体转化为非对映异构体。非对映异构体具有不同的化学性质，因此更容易将其分离。非对映异构体可通过用特定试剂衍生化获得。在这种情况下，可以使用标准固定相。

12.4.1　GC-MS鉴别异构体

法庭科学实验室进行药物分析最常用的技术是GC-MS。该技术可有效用于结构异构体的分析，尤其是在使用串联质谱仪（GC-MS/MS）时。

GC-MS区分异构体的能力可以通过苯乙胺衍生的三种异构策划药物的实例进行详细讨论，即2C-G（2,5-二甲氧基-3,4-二甲基苯乙胺）、2C-E（4-乙基2,5-二甲氧基苯乙胺）和DOM［二甲氧基甲基苯丙胺，1-(2,5-二甲氧基-4-甲基苯基)-2-氨基丙烷］。它们的化学结构如图12.1所示，质谱图如图12.2所示。

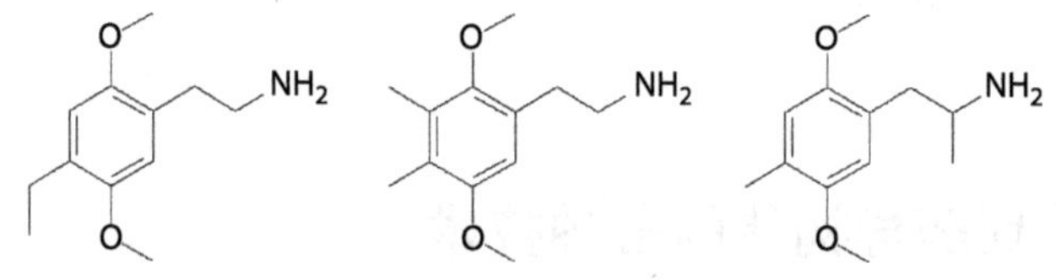

图12.1　苯乙胺的三种致幻衍生物的化学结构，它们互为结构异构体（a：2C-E，b：2C-G，c：DOM）

DOM在苯环的4位含有一个甲基，另一个甲基与侧链的β-碳原子相连。主链中甲基的存在会显著影响化合物的色谱和质谱特征，从而使DOM与2C-G和/或2C-E很容易区分开。主要离子m/z 44是由侧链中C_α和C_β原子之间的键断裂形成的，形成的亚胺离子是苯乙胺的特征。在2C-G和2C-E谱图中观察到的m/z 30就是亚胺离子。这些物质谱图之间的微小差异意味着它们可能被错误识别。主要差异是2C-G出现的强离子m/z 178以及m/z 165和m/z 180的相对丰度。前者在2C-G谱图中是基峰，而后者在2C-E谱图中是基峰。2C-E的分子离子峰也更强一些。m/z 165离子进一步裂解可能导致CH_2基团的丢失（可观察到m/z 151离子）。它在2C-E中比较明显，而在2C-G中相对较小。这些离子的来源已讨论过[13]。

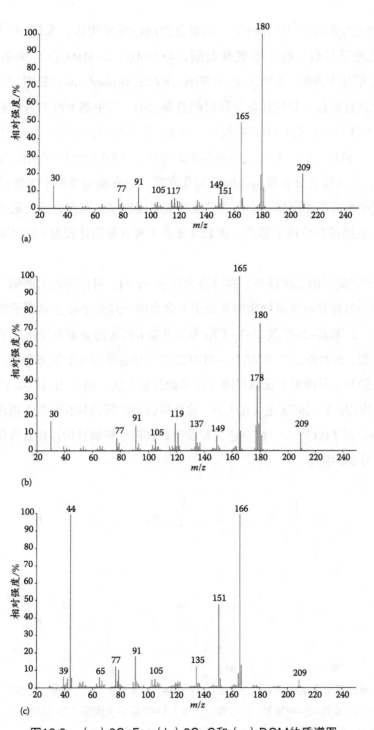

图12.2 （a）2C-E，（b）2C-G和（c）DOM的质谱图

祖巴和阿达莫维茨[14]分析了一组更复杂的位置异构体，采用GC-MS区分了甲卡西酮的六种甲基衍生物（甲氧麻黄酮，4-MMC；3-MMC；2-甲基甲卡西酮，2-MMC；二甲基卡西酮，DMC；乙卡西酮，ETC；buphedrone；见图12.3）。首先，对色谱特征进行比较。异构体的保留时间差异很小，二甲基卡西酮首先被洗脱出来，保留时间为5.713 min；而4-MMC是最后一个被洗脱出来的，出峰时间6.104 min（差值=0.391 min）。最接近的一对是乙卡西酮和2-MMC，两者的保留时间仅相差0.006 min（不到1秒）。尽管所分析异构体的峰宽非常窄，但在所用条件下无法区分上述一对异构体。理论上可以使用另一个色谱柱或改变温度程序，但在分析其质谱时可以明显区分，这些数据可有效用于鉴别。图12.4显示了所有异构体提取 m/z 58和 m/z 72离子的色谱图。

基于 m/z 72离子的二次碎裂，即碎裂为离子 m/z 44，可以将乙卡西酮与其他异构体区分开。这一过程只有在该物质的氮原子上含有两个或两个以上碳原子的烷基链时才能有效进行。1-苯基-2-甲氨基-1-丁酮和二甲基卡西酮的显著差异是离子 m/z 57和 m/z 42。另一方面，2-MMC、3-MMC和4-MMC的EI-MS谱图实际上是完全相同的，因此基于甲基位置的测定只能根据保留时间（或其他分析方法，例如 HPLC-DAD）。关键的解决方案是应用保留时间锁定（RTL），这使得保留时间值具有高度可再现性（相对标准偏差RSDs，低于0.13%）。结合色谱和质谱数据对于辨别异构体非常有用，可以明确区分所有被分析的物质。

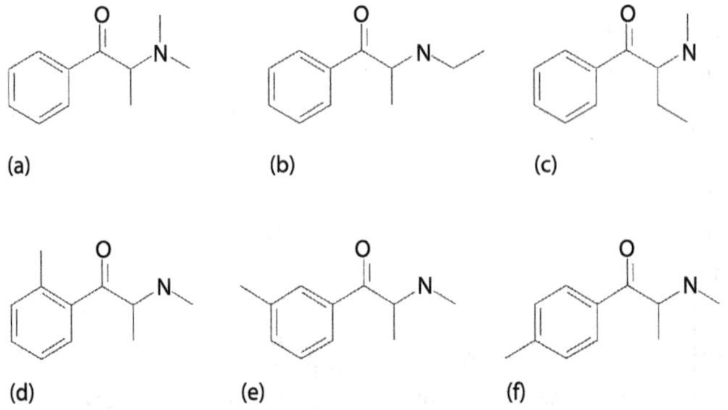

图12.3　6种甲卡西酮的甲基衍生物的化学结构：（a）N, N-二甲基卡西酮，（b）N-乙基卡西酮，（c）1-苯基-2-甲氨基-1-丁酮，（d）2-甲基甲卡西酮（2-MMC），（e）3-甲基甲卡西酮（3-MMC）和（f）4-甲基甲卡西酮（4-MMC）

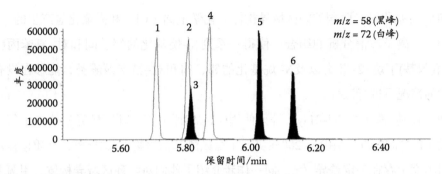

图12.4　甲卡西酮的甲基衍生物提取离子模式（*m/z* 58和72）下的色谱图。（1）N, N–二甲基卡西酮，（2）N–乙基卡西酮，（3）2–MMC，（4）1–苯基–2–甲氨基–1–丁酮，（5）3–MMC，（6）4–MMC

其他作者[15]报道了使用GC–MS/MS技术区分分子质量为191 Da的卡西酮区域异构体的尝试，包括乙基甲卡西酮异构体（2–、3–、4–）、二甲基甲卡西酮异构体（2,3–、2,4–和3,4–）、4–methylbuphedrone异构体、4–甲基乙卡西酮和1–苯基–2–甲氨基–1–戊酮的异构体。从亚胺离子获得的碎片离子使具有相同氨基烷基的卡西酮类区分开，酰基离子的碎片离子质谱能使由芳环上的不同取代模式产生的区域异构体区分开。

另一篇论文[16]报道了6–APB［6–(2–氨基丙基)苯并呋喃］和5–APB［5–(2–氨基丙基)苯并呋喃］结构中氧原子和双键位置的分配情况。结果表明，特征离子m/z 131和132的比值存在显著差异，因此可以区分这些异构体。

相对离子丰度也用于区分2,5–二甲氧基–N–(2–甲氧基苄基)苯乙胺（NBOMe）系列策划药及其3–甲氧基异构体和4–甲氧基异构体[17]。分析了25H–NBOMe、25B–NBOMe、25C–NBOMe、25D–NBOMe、25E–NBOMe、25I–NBOMe、25N–NBOMe、25P–NBOMe、25T2–NBOMe、25T4–NBOMe和25T7–NBOMe。NBOMe的甲氧基苄基位置异构体的基峰离子是*m/z* 121，另一个离子是*m/z* 150。然而，所有2–甲氧基苄基取代的化合物产生的卓鎓离子*m/z* 91的相对丰度明显高于其相应的3–和4–甲氧基苄基取代的类似物。

GC–MS还用于三甲氧基苯丙胺（TMA）的6种芳香环位置异构体的鉴别和确认[18]。开发的方法在质谱和色谱上均能区分开。分析物在三氟乙酰衍生化（TFA）前和后均进行分析。然而，除2,4,6–三甲氧基苯丙胺（TMA–6）外，未衍生化物质的质谱显示的差异不足以进行明确区分。6种异构体的TFA衍生物的质谱显示的碎片强度具有显著差异，从而可以明确识别。

韦斯特法尔（Westphal）等人[19, 20]报道了GC–MS/MS能有效区分环取代的氟苯乙胺类和N-烷基化氟卡西酮类的区域异构体。化学电离（CI）和去氟化氢产生的［M+H-HF］（+）离子质谱分析的结合，使得一系列N-烷基化的邻、间和对-氟苯丙胺类和1-(4-氟苯基)丁烷-2-胺类以及N-烷基化的邻、间和对-氟卡西酮类，能够在没有预先衍生化的情况下进行区分。

阿卜杜勒-海（Abdel-Hay）等人使用GC-MS评估了六环区域异构体二甲氧基苯基哌嗪类（DOMePPs）。用Rtx-200柱实现了全氟酰基衍生物的GC分离，其质谱显示在离子相对丰度上存在一定差异[21]。同一作者介绍了他们对六环区域异构体二甲氧基苯甲酰哌嗪类（DMBzPs）的研究结果[22]。获得的这些异构体的质谱图（未衍生化和衍生化的）几乎完全相同，仅使用GC-MS方法无法确认任何一种异构体的身份。在下一项研究中，阿卜杜勒-海等人[23]使用GC-MS提供了与策划药4-溴-2,5-二甲氧基苄基哌嗪（2C-B-BZP）相关的区域异构体溴二甲氧基哌嗪类的分析概况。采用仲胺氮全氟酰基化反应，衍生物在100%三氟丙基甲基聚硅氧烷组成的固定相毛细管柱上成功分离。然而，7种区域异构体溴二甲氧基苄基哌嗪的质谱图几乎相同，只有2,3-二甲氧基异构体在m/z 214和216处显示出独特的离子特征。因此，仅凭质谱无法鉴定这些化合物。

许多合成大麻素类也是同分异构体。德鲁伊特（DeRuiter）等人已经表明，1-烷基-3-酰基吲哚类的电子碰撞（EI）质谱可根据基峰将反向区域异构体1-酰基-3-烷基吲哚类区分开[24]。另一篇论文介绍了1-n-戊基-3-(甲氧基苯甲酰基)吲哚类和1-n-戊基-3-(甲基苯甲基)吲哚类的区域异构体鉴别方法[25]。间位和对位异构体碎片离子的质量相等，但离子的相对丰度有所不同。甲氧基苯甲酰和甲基苯甲酰的邻位异构体都显示出独特的碎片离子。此外，这两组区域异构体通过毛细管GC得到了很好的分离，洗脱顺序如下：邻位、间位和对位异构体。还分析了在吲哚环的每个可能的环取代基位置上具有苯甲酰基的1-n-戊基苯甲酰基吲哚类的6个区域异构体[26]。作者在研究中使用了涂有100%三氟丙基甲基聚硅氧烷Rtx-200色谱柱。该固定相对所有化合物均具有良好的分离度。洗脱顺序似乎与两个吲哚取代基之间的相对距离有关。最后洗脱出来的是1,3-和1,5-异构体。EI质谱图显示，6种区域异构体主要碎片相同，但其离子的相对丰度有区别。另一项关于1-戊基-3-二甲氧基苯甲酰基吲哚类的6种区域异构体的研究也得出了类似的结论[27]，是用Rtx-1色谱柱进行的分离。

阿萨达（Asada）等人[28]还报道了通过GC-EI-MS鉴别合成大麻素类位置异构体的情况。对N-金刚烷基甲酰胺类的1-金刚烷基和2-金刚烷基异构体进行了同分异构体鉴别，这些化合物包括：APINACA，APINACA 2-金刚烷基异构体，APICA，APICA 2-金刚烷基异构体，5F-APINACA，5F-APINACA 2-金刚烷基异构体，5F-APICA，

5F-APICA 2-金刚烷基异构体，5Cl-APINACA，5Cl-APINACA 2-金刚烷基异构体，金刚烷基-THPINACA，2-金刚烷基-THPINACA。异构体的保留时间相似，但基于其在质谱中的不同裂解模式，1-金刚烷基甲酰胺类与其2-金刚烷基异构体能明显鉴别。与金刚烷基吲哚甲酰胺类相比，金刚烷基吲唑甲酰胺类的EI-MS谱图有显著差异。

在异构体FUBIMINA（BIM-2201）和 THJ-2201中观察到了相同的碎片离子，但这些化合物的 m/z 177.0467和 m/z 155.0499的相对离子丰度不同。此外，在THJ-2201中未观察到FUBIMINA中的主要碎片 m/z 273.1041[29]。

库萨诺（Kusano）等人[30]用GC-MS/MS分析了JWH-081的位置异构体。作者首先在EI全扫描模式下研究了异构体。EI全扫描能够区分7种异构体中的3种：2-甲氧基、7-甲氧基和8-甲氧基。其余异构体的质谱图几乎相同，并采用串联质谱进行了鉴别。选择前体离子 m/z 185和157及获得的子离子能够区分3-甲氧基和5-甲氧基异构体。6-甲氧基异构体的质谱图与JWH-081相似，但相对离子强度不同，这使得它们能够彼此区分。因此，EI全扫描和MS/MS相结合可以对所分析化合物进行区域异构体鉴别。

用EI质谱研究了3种合成大麻素JWH-250、JWH-302和JWH-201[31]位置异构体的碎片差异。这些化合物的不同之处仅在于其中一个芳环上甲氧基的位置不同（邻位、间位或对位）（见图12.5）。因此，它们的质谱图几乎相同，在HP-5MS毛细管柱上的保留时间相似：JWH-250、JWH-301和JWH-201的保留时间依次为3.156 min、3.241 min和3.393 min。然而，准确分析特征离子的相对丰度则可有效区分这些异构体。研究发现，在每种异构体的质谱图中， m/z 121与 m/z 91的丰度比不同，JWH-250的平均离子丰度比是0.4，JWH-302是1.3，JWH-201是7.2。

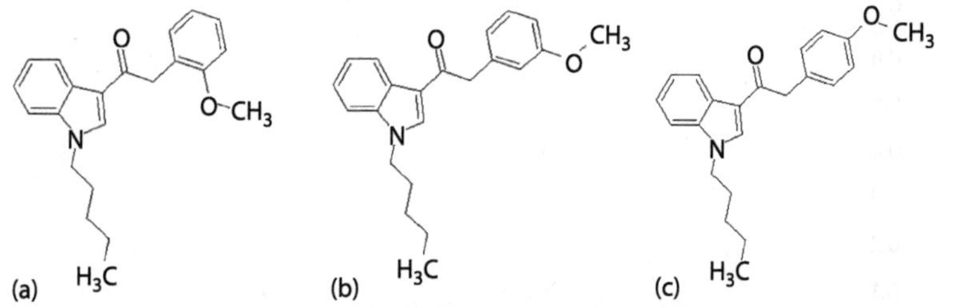

图12.5 （a）JWH-250、（b）JWH-302和（c）JWH-201的化学结构

采用电子轰击源-三重四极杆质谱对合成大麻素AB-FUBINACA（对位-）及其在苯环上的氟位（邻位和间位）异构体进行了鉴别[32]。发现三种异构体在离子 m/z 109和 m/z 253处的离子相对丰度不同。

使用GC-MS技术也分离了策划药的立体异构体。以三氟乙酰-l-丙酰氯为手性衍生试剂，通过GC-MS成功分离了18种卡西酮类衍生物[33]。在另一项研究中，使用相同的手性衍生化试剂，24种化合物中有13种成功拆分为对映体[34]。

12.4.2 HPLC-DAD鉴别法

液相色谱分析条件的稳定性远低于气相色谱。因此，色谱数据（例如，保留时间）的重现性不如GC。使用内标物和计算相对保留时间改善了这种情况；然而，基于该参数的识别必须谨慎。

LC技术的最新发展增加了该技术在异构体鉴别中的应用范围，尽管需要使用其他检测器而不是质谱检测器。这些发展包括使用带有专用整体色谱柱的超高压液相色谱（UHPLC）。祖巴和阿达莫维茨[14]评估了UHPLC-DAD在区分6种甲基甲卡西酮异构体方面的有效性。分离柱为Kinetex C18（50 mm × 2.10 mm；1.7 μm），柱温30℃。流动相用0.1%磷酸水溶液和乙腈梯度洗脱。甲基甲卡西酮类在不到2 min的时间内均被洗脱（总分析时间大约7 min）。由于保留时间的稳定性较差（RSD为0.8%～1.5%），因此无法根据此参数区分异构体，使用IS并未改善这种情况，但事实证明，紫外/可见光谱分析（UV/VIS）能够解决GC-MS分析中出现的问题，即区分环状异构体。图12.6所示为2-MMC、3-MMC和4-MMC的UV/VIS光谱图。

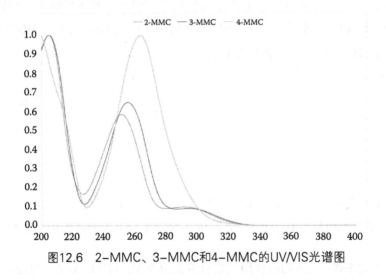

图12.6 2-MMC、3-MMC和4-MMC的UV/VIS光谱图

4-MMC在波长263 nm有一条强吸收峰，在波长225 nm以下有特征形状，而2-和3-异构体均有两个吸收峰：206 nm和250 nm或256 nm（分别为2-MMC和3-MMC）。这一

特性在区分常见策划药的环类位置异构体方面非常有效，例如卡西酮类和苯乙胺类的衍生物，包括苯丙胺类。对于其他物质，取代基位于4-、3-和2-位的异构体之间也被证实存在差异。应该注意的是，新化合物制造商为了规避法律制裁而常用的方法是将取代基定位在苯环的不同位置，但是取代基（包括甲基）在环中的位置会影响化合物的三维结构，从而影响异构体分子对UV/VIS光的吸收。

小桧山（Kohyama）等人[15]还对卡西酮类不同区域异构体衍生物进行了研究。进行的实验能够根据观察到的下列化合物芳香环对应的λ_{max}区分异构体：2-乙基甲卡西酮（251 nm）、3-乙基甲卡西酮（255 nm）、4-乙基甲卡西酮（264 nm）、2,3-二甲基甲卡西酮（254 nm）、2,4-二甲基甲卡西酮（263 nm）和3,4-二甲基甲卡西酮（267 nm）。

HPLC-DAD还用于分离氯苯哌嗪的位置异构体（m-CPP、o-CPP和p-CPP）[35]，分析柱为Chiracel OJ-RH（150 mm×4.6 mm×5 μm）。分离效果最好的流动相为pH=9的三乙胺缓冲液和甲醇（70∶30，v/v）。

利（Li）和吕里（Lurie）报道了使用UHPLC-DAD分离区域异构体时可在流动相中加入手性添加剂[36]。他们分析了24种卡西酮类和苯乙胺类策划药，并在8 min内分离了18种区域异构体。使用了不同的色谱柱进行分离（BEH C18：2.1 mm×100 mm×1.7 μm；HSS T3：2.1 mm×100 mm×1.8 μm；BEH Phenyl：2.1 mm×100 mm×1.7 μm；CSH Fluoro-Phenyl：2.1 mm×100 mm×1.7 μm）。流动相为pH=1.8的80 mM磷酸盐缓冲液和乙腈或甲醇。在这些条件下化合物得到了区分，向流动相中加入HP-β-环糊精可改善分离效果。

默尔（Mohr）等人[37]建立了HPLC-UV分析24种卡西酮类衍生物的手性分离方法。使用CHIRALPAK AS-H色谱柱，该柱在5 μm硅胶上涂有直链淀粉三［(S)-α-甲基苄基氨基甲酸酯］，检测波长为254 nm。该方法适用于分离19种被测试化合物。分析在等度条件下进行，流动相为己烷∶异丙醇∶三乙胺（97∶3∶0.1）。另一项研究[38]对25种卡西酮类及6种苯丙胺类衍生物进行了手性分离，采用手性流动相（甲醇∶水2.5∶97.5＋2%硫酸化β-环糊精），LiChrospher 100 RP-18e（250 mm×4 mm，5 μm）反相柱作为固定相。使用此条件，23 min内，17种卡西酮类药物得到了完全或部分手性分离（25种卡西酮类药物中只有3种是基线分离）。

沃尔拉博（Wolrab）等人[39]提出使用手性强阳离子交换型固定相拆分卡西酮类对映体的方法。作者合成了不同的手性固定相，区分14种分析物，它们在中心芳香环和脂肪侧链上的取代物不同，检测波长为280 nm或254 nm。

12.4.3　LC-MS分析

LC-MS是一种强大的分析工具，在法医毒理学和药物分析中有着广泛的应用。其优势包括高灵敏度（可有效分析生物体液中的策划药）和高特异性，尤其是在应用串联质谱或高分辨率质谱时其优势更突出。

祖巴和阿达莫维茨[14]采用液相色谱-串联质谱法（LC-MS/MS）区分了甲卡西酮的6种甲基衍生物。分离色谱柱为Kinetex C18（100 mm×4.6 mm，2.6 μm100 Å）。采用正离子多反应监测（MRM）模式检测。开发和优化的LC-MS/MS方法可明确识别所有被分析的异构体。实验表明，为了分离3-MMC和4-MMC，必须采用等度流动相，6 min内完成6种化合物的分析。使用氘化内标改进了基于保留时间的鉴别。异构体的LC-MS/MS色谱图见图12.7。

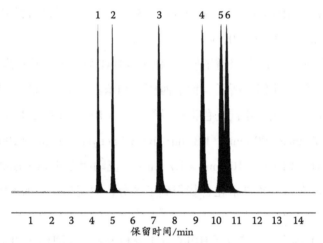

图12.7　甲基甲卡西酮异构体的LC-MS/MS色谱图。（1）N, N-二甲基卡西酮，（2）N-乙基卡西酮，（3）1-苯基-2-甲氨基-1-丁酮，（4）2-MMC，（5）4-MMC，（6）3-MMC

看起来，相同的分子质量和非常相似的化学结构，暗示特定的MRM转换将是相同的，但并不是所有的化合物都是如此。本研究[14]共监测了10次MRM转换。对于所有这些离子，前体离子均为m/z 178.1。根据碎片离子的强度分布，可以鉴别出各种异构体。二甲基卡西酮的离子强度特征与其他不同。乙卡西酮和1-苯基-2-甲氨基-1-丁酮的强度特征相似；然而，对于这两种化合物，显著的差异是以下的转换：（m/z）178.1→91.1、178.1→105.1、178.1→117.1、178.1→133.1和178.1→144.1。2-MMC、3-MMC和4-MMC的情况基本相同，但通过对相对保留时间的详细分析，可以明确识别异构体。

拉茨（Rácz）等人依据甲基在萘基上的位置，开发了一种用于分析JWH-122及其可能异构体的液相色谱方法。研究中采用了紫外检测器和质谱检测器，使用多孔石墨碳柱和非水流动相进行分离[40]。LC-MS还用于合成大麻素——（C8）-CP-47497（大麻环己醇）及其反式结构，以及（C7）-CP-47497（CP47497）的手性分离[41]。

液相色谱结合高分辨质谱可以有效区分异构体策划药。飞行时间（TOF）分析器是非常有效的检测器，尤其是与四极杆联用时效果更好。

LC-QTOF法区分异构体的能力可在三种合成大麻素的实例中得到展示，即JWH-201、JWH-250和JWH-302的分离（见图12.5）。

LC-QTOFMS仪器的检测可在MS或MS/MS模式下进行。碎裂程度取决于分析条件，尤其是毛细管电压和碰撞能量，通过优化找到最佳条件。当分子碎裂度较高时，使用碎裂电压300 V和碰撞能量50 eV可以很好地区分上述提到的三种异构体[42]。所有大麻素都有相对丰度最高的不同离子；JWH-201主要特征离子为m/z 121；JWH-250为m/z 91；JWH-302为m/z 144。对每种物质至少重复三次实验，观察的结果是可重复的。第7章介绍了LC-QTOFMS实验的细节。

12.4.4 其他方法

傅里叶变换红外（FTIR）光谱通常被用作鉴定有机化合物的确认方法，这使得区分位置异构体成为可能。FTIR光谱在该领域的应用可以通过鉴别2C-G和2C-E的实例来讨论。其结构见图12.1，光谱图如12.8所示。

2C-E和2C-G光谱之间的差异清晰可见，根据不同的区域鉴定异构体之间的区别。差异最显著的区域是950～1250 cm^{-1}和1440～1630 cm^{-1}。在第一个区域，2C-G光谱图中可观察到特征性双峰（993～1014 cm^{-1}和1099～1124 cm^{-1}）。在2C-系列的其余成员中没有检测到这种双峰，2C-系列只有一条约1043 cm^{-1}的条带。另一个差异涉及主带的位置，与其他烷基取代的2C-系列的主带（1209～1213 cm^{-1}）相比，2C-G的主带移到了1232 cm^{-1}。该波段对应于醚类中的C-O伸缩振动频率[13]。

本文还介绍了FTIR光谱分析从药物市场缴获的策划药异构体合成卡西酮类样品。FTIR光谱描述了甲基甲卡西酮（2-、3-、4-）和氟甲卡西酮（2-、3-、4-）异构体的特征[43]。

卡萨莱（Casale）和海斯（Hays）[17]用FTIR光谱仪测定了NBOMe甲氧基苄基位置异构体的区别（2-OMe、3-OMe、4-OMe）。每种化合物在2500 cm^{-1}和3000 cm^{-1}之间

表现出特有的仲胺盐酸离子对吸光度。光谱图相似，而其差异使每种化合物易于区分。

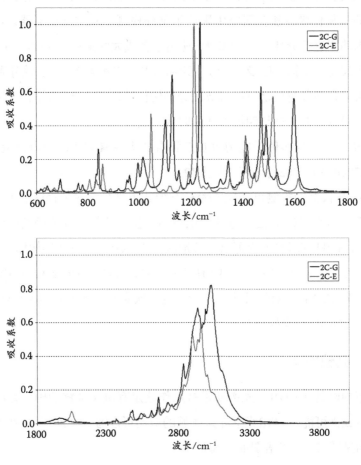

图12.8　2C-G和2C-E的FTIR光谱图

FTIR光谱仪也可用作气相色谱检测器，尽管这种结合存在一些技术限制。例如，使用GC-IRD法区分六环区域异构体二甲氧基苯甲酰哌嗪以及取代的甲氧基甲卡西酮[22, 44]。

麦克德莫特（McDermott）等人[45]比较了GC-MS和FTIR鉴别2-MMC、3-MMC和4-MMC以及异-甲氧麻黄酮和异-乙卡西酮（它们是4-MMC和乙卡西酮的苯丙酮异构体）的能力。还比较了GC-MS和FTIR分析6种区域异构体苯甲酰基取代-1-n-戊基吲哚的特征[26]。红外光谱数据显示了每种苯甲酰基吲哚的羰基吸收带，并提供了每种区域异构体（2-、3-、4-、5-、6-、和7-苯甲酰基-1-n-戊基吲哚）的鉴别和特征信息。FTIR光谱也提供了有用的数据来区分1-n-戊基-3-(二甲氧基苯甲酰)吲哚的其他六种区域异构体、二甲氧基苯基哌嗪的六环区域异构体和溴二甲氧基苄基哌嗪的7种区域异构体[21, 23, 27]。

克里斯蒂（Christie）等人[46]报道用拉曼光谱鉴别卡西酮位置异构体的方法。作者还分析了4-甲基甲卡西酮、4-氟甲卡西酮、3,4-亚甲二氧基甲卡西酮、2-甲氨基-1-[3,4-(亚甲二氧基)苯基]-1-丁酮、naphyrone（萘基吡咯戊酮）和MDPV异构体。利用远红外激发（785 nm）获得了所有异构体的拉曼光谱。该方法优势在于最简洁的样品制备过程。

采用动态涂膜毛细管电泳-PDA检测（CE-PDA）法分离卡西酮类和苯乙胺类的24种区域异构体[36]。在缓冲液中加入80 mM(2-羟丙基)-β-环糊精（HP-β-CD）后，所有区域异构体得以分离。所建立的手性毛细管电泳法能够区分大部分对映体。

采用环糊精辅助毛细管电泳（CE）结合紫外（UV）和飞行时间质谱（TOF-MS）检测技术，实现了12种卡西酮类衍生物的手性分离[47]。使用的缓冲系统包括，100 mM磷酸盐缓冲液［含10 mM β-环糊精（β-CD）］用于CE-UV分析，50 mM磷酸盐缓冲液［含0.6%（v/v）高硫酸化-γ-环糊精（HS-γ-CD）］用于CE-MS分析。所有分析物均在18 min内通过CE-UV系统得到分离，并通过TOF-MS对物质进行鉴定。

开发的毛细管电泳-紫外检测方法（CE-UV）在236 nm区分了哌嗪的氯苯基异构体，即1-(2-氯苯基)哌嗪（o-CPP）、1-(3-氯苯基)哌嗪（m-CPP）和1-(4-氯苯基)哌嗪（p-CPP）。优化后的背景电解质含有20 mmol/L的磷酸（用三乙胺调节pH=2.5）和10 mmol/L的α-环糊精[48]。

布拉伊（Burrai）等人用毛细管电泳方法分离了用苯乙胺基合成的策划药对映体。硫酸化β-环糊精作为最佳手性选择剂。在20℃下，使用+25 kV的外加电压，在熔融硅胶毛细管中实现了分析物的分离[49]。

默尔等人[50]建立了手性毛细管区带电泳（CZE）法分离多种卡西酮类衍生物对映体。最佳分析条件是：50 mM pH=4.5的醋酸铵缓冲液中含20 mg/mL硫酸化-β-环糊精和10% v/v ACN，温度40℃，外加电压20 kV。采用毛细管电色谱（CEC）对同一组策划药进行了分析[51]。分析10种卡西酮类衍生物对映体的柱子为涂有直链淀粉三（5-氯-2-甲基苯基氨基甲酸酯）硅胶的毛细管柱，电压10 kV，温度20℃，在不到10 min的时间内实现了对映异构体的分离。

用于区分同分异构体策划药的最后一种（但并非最不重要的）分析技术是核磁共振（NMR）光谱法。该方法已成功用于鉴别甲基甲卡西酮类的位置异构体。4-MMC是芳香族分子的1,4-对位取代，芳香环上质子分布对称，因此芳香质子的¹H NMR信号呈现出特征性的分裂模式。2-MMC（1,2-邻位）和3-MMC（1,3-间位）缺乏芳香质子的对称分布，会产生更复杂的分裂模式。因此，4-MMC很容易与其位置异构体区分开；然而，2-MMC和3-MMC很难区分[43]。

12.5　结论

识别所分析物的异构体类型不仅对缴获的检材很重要，因为处罚可能取决于异构体的法律地位（是否受控），而且对生物检材也很重要，因为毒性、作用等在具有相同分子式的物质之间可能存在显著差异。

对区分构造异构体和立体异构体而言，所讨论的每一种技术都有其优点和缺点。最通用的技术似乎是GC-MS。然而，位置异构体的质谱通常相似，有导致错误识别的风险。此外，由于策划药在生物检材中的浓度较低，特别是生物体液的合成大麻素类，因此用GC-MS分析生物检材存在问题，而用选择离子监测（SIM）分析模式可以消除这一问题，但如果异构体的保留时间相似，则不可能明确识别异构体。HPLC-DAD和LC-MS是更适合分析生物检材的方法。

用单一方法，特别是GC-MS或HPLC-DAD分析异构体可能是不够的。应使用更全面的方法，如GC-MS/MS或LC-MS/MS。串联质谱的应用显著提高了鉴别能力。但是最好的解决方案是应用基于不同原理的多种方法。使用多种分析程序鉴别策划药至关重要，能确保准确鉴别构造异构体和立体异构体。

对映体的分离可以通过不同的色谱方法实现，可以使用手性固定相或非手性柱结合手性流动相或用手性试剂柱前衍生来生成非对映异构体。必须注意的是，有时手性分离方法也可能有助于分离位置异构体。

其他方法也可用于异构体的鉴别，其中最常用的是核磁共振（NMR）和FTIR光谱。相应地，含有手性添加剂的毛细管电泳（CE）通常适用于手性分离。

参考文献

1. Steven, M.Y., Nicholas, P.H., James, K.I. 2013. *Anaesthesia and Intensive Care A–Z: An Encyclopaedia of Principles and Practice.* Edinburgh; New York: Churchill Livingston/Elsevier.
2. Mutschler, E., Derendorf, H. 1995. *Drug Actions: Basic Principles and Therapeutic Aspects.* Stuttgart: CRC Press.

3. Sullivan, J.B., Krieger, G.R. 2001. *Clinical Environmental Health and Toxic Exposures.* Philadelphia: Lippincott Williams & Wilkins.

4. Smith, S.W. 2009. Chiral toxicology: It's the same thing... only different. *Toxicol Sci* 110(1):4–30.

5. Chhabra, N., Aseri, M.L., Padmanabhan, D. 2013. A review of drug isomerism and its significance. *Int J Appl Basic Med Res* 3(1):16–8.

6. Mile, B. 2005. Chemistry in court. *Chromatographia* 62:3–9.

7. European Monitoring Centre for Drugs and Drug Addiction. https://emcdda.europa.eu.

8. Simmler, L.D., Rickli, A., Hoener, M.C., Liechti, M.E. 2014. Monoamine transporter and receptor interaction profiles of a new series of designer cathinones. *Neuropharmacology* 79:152–60.

9. Opacka-Juffry, J., Pinnell, T., Patel, N., Bezan, M., Mentel, M., Davidson, C. 2014. Stimulant mechanisms of cathinones—Effects of mephedrone and other cathinones on basal and electrically evoked dopamine efflux in rat accumbens brain slices. *Prog Neuropsychopharmacol Biol Psychiatr* 54:122–130.

10. Gregg, R.A., Baumann, M.H., Partilla, J.S. et al. 2015. Stereochemistry of mephedrone neuropharmacology: Enantiomer-specific behavioural and neurochemical effects in rats. *Br J Pharmacol* 172(3):883–94.

11. McLaughlin, G., Morris, N., Kavanagh, P.V. et al. 2017. Analytical characterization and pharmacological evaluation of the new psychoactive substance 4-fluoromethylphenidate (4 F-MPH) and differentiation between the (±)-threo- and (±)-erythro-diastereomers. *Drug Test Anal* 9(3):347–357.

12. Feigenbaum, J.J., Bergmann, F., Richmond, S.A. et al. 1989. Nonpsychotropic cannabinoid acts as a functional N-methyl-D-aspartate receptor blocker. *Proc Natl Acad Sci U S A* 86(23):9584–7.

13. Zuba, D., Sekuła, K. 2013. Identification and characterization of 2,5-dimethoxy-3,4-dimethyl-β-phenethylamine (2C-G)—A new designer drug. *Drug Test Anal* 5(7):549–59.

14. Zuba, D., Adamowicz, P. 2017. Distinction of constitutional isomers of mephedrone by chromatographic and spectrometric methods. *Aust J Forensic Sci* 49(6):637–649.

15. Kohyama, E., Chikumoto, T., Tada, H., Kitaichi, K., Horiuchi, T., Ito, T. 2016. Differentiation of the isomers of N-alkylated cathinones by GC-EI-MS-MS and LC-PDA. *Anal Sci* 32(8):831–7.

16. Adamowicz, P., Zuba, D., Byrska, B. 2014. Fatal intoxication with 3-methyl-N-methylcathinone (3-MMC) and 5-(2-aminopropyl)benzofuran (5-APB). *Forensic Sci Int* 245:126–32.

17. Casale, J.F., Hays, P.A. 2012. Characterization of eleven 2,5-dimethoxy-N-(2-methoxybenzyl)phenethylamine (NBOMe) derivatives and differentiation from their 3- and 4-methoxybenzyl analogues—Part I. *Microgr J* 9(2):84–109.

18. Zaitsu, K., Katagi, M., Kamata, H. et al. 2008. Discrimination and identification of the six aromatic positional isomers of trimethoxyamphetamine (TMA) by gas chromatography-mass spectrometry (GC-MS). *J Mass Spectrom* 43(4):528–34.

19. Westphal, F., Rösner, P., Junge, T. 2010. Differentiation of regioisomeric ring-substituted fluorophenethylamines with product ion spectrometry. *Forensic Sci Int* 194(1-3):53–9.

20. Westphal, F., Junge, T. 2012. Ring positional differentiation of isomeric N-alkylated fluorocathinones by gas chromatography/tandem mass spectrometry. *Forensic Sci Int* 223(1–3):97–105.

21. Abdel-Hay, K.M., DeRuiter, J., Clark, C.R. 2015. GC-MS and IR studies on the six ring regioisomeric dimethoxyphenylpiperazines (DOMePPs). *J Forensic Sci* 60(2):285–94.

22. Abdel-Hay, K.M., DeRuiter, J., Clark, R.C. 2013. GC-MS and GC-IRD studies on the six ring regioisomeric dimethoxybenzoylpiperazines (DMBzPs). *Forensic Sci Int* 231(1–3):54–60.

23. Abdel-Hay, K.M., DeRuiter, J., Clark, C.R. 2014. Regioisomeric bromodimethoxy benzyl piperazines related to the designer substance 4-bromo-2,5-dimethoxybenzylpiperazine: GC-MS and FTIR analysis. *Forensic Sci Int* 240:126–36.

24. DeRuiter, J., Smith, F.T., Abdel-Hay, K., Clark, C.R. 2014. Analytical differentiation of 1-alkyl-3-acylindoles and 1-acyl-3-alkylindoles: Isomeric synthetic cannabinoids. *Anal Chem* 86(8):3801–8.

25. Abdel-Hay, K.M., DeRuiter, J., Smith, F., Belal, T.S., Clark, C.R. 2015. GC-MS analysis of the regioisomeric methoxy- and methyl-benzoyl-1-pentylindoles: Isomeric synthetic cannabinoids. *Sci Justice* 55(5):291–8.

26. Smith, F.T., DeRuiter, J., Abdel-Hay, K., Clark, C.R. 2014. GC-MS and FTIR evaluation of the six benzoyl-substituted-1-pentylindoles: Isomeric synthetic cannabinoids. *Talanta* 29:171–82.

27. Abdel-Hay, K.M., De Ruiter, J., Smith, F., Alsegiani, A.S., Thaxton-Weissenfluh, A., Clark, C.R. 2016. GC-MS differentiation of the six regioisomeric dimethoxybenzoyl-1-pentylindoles: Isomeric cannabinoid substances. *J Pharm Biomed Anal* 125:360–8.

28. Asada, A., Doi, T., Tagami, T., Takeda, A., Sawabe, Y. 2017. Isomeric discrimination of synthetic cannabinoids by GC-EI-MS: 1-adamantyl and 2-adamantyl isomers of N-adamantyl carboxamides. *Drug Test Anal* 9(3):378–388.

29. Diao, X., Scheidweiler, K.B., Wohlfarth, A., Zhu, M., Pang, S., Huestis, M.A. 2016. Strategies to distinguish new synthetic cannabinoid FUBIMINA (BIM-2201) intake from its isomer THJ-2201: Metabolism of FUBIMINA in human hepatocytes. *Forensic Toxicol* 34:256–267.

30. Kusano, M., Zaitsu, K., Nakayama, H. et al. 2015. Positional isomer differentiation of synthetic cannabinoid JWH-081 by GC-MS/MS. *J Mass Spectrom* 50(3):586–91.

31. Harris, D.N., Hokanson, S., Miller, V., Jackson, G.P. 2014. Fragmentation differences in the EI spectra of three synthetic cannabinoid positional isomers: JWH-250, JWH-302, and JWH-201. *Int J Mass Spectrom* 368:23–29.

32. Murakami, T., Iwamuro, Y., Ishimaru, R., Chinaka, S., Sugimura, N., Takayama, N. 2016. Differentiation of AB-FUBINACA positional isomers by the abundance of product ions using electron ionization-triple quadrupole mass spectrometry. *J Mass Spectrom* 51(11):1016–22.

33. Mohr, S., Weiß, J.A., Spreitz, J., Schmid, M.G. 2012. Chiral separation of new cathinone- and amphetamine-related designer drugs by gas chromatography-mass spectrometry using trifluoroacetyl-l-prolyl chloride as chiral derivatization reagent. *J Chromatogr A* 1269:352–9.

34. Weiß, J.A., Mohr, S., Schmid, M.G. 2015. Indirect chiral separation of new recreational drugs by gas chromatography–mass spectrometry using trifluoroacetyl-L-prolyl chloride as chiral derivatization reagent. *Chirality* 27(3):211–5.

35. Schürenkamp, J., Beike, J., Pfeiffer, H., Köhler, H. 2011. Separation of positional CPP isomers by chiral HPLC-DAD of seized tablets. *Int J Legal Med* 125(1):95–9.
36. Li, L., Lurie, I.S. 2015. Regioisomeric and enantiomeric analyses of 24 designer cathinones and phenethylamines using ultra high performance liquid chromatography and capillary electrophoresis with added cyclodextrins. *Forensic Sci Int* 254:148–57.
37. Mohr, S., Taschwer, M., Schmid, M.G. 2012. Chiral separation of cathinone derivatives used as recreational drugs by HPLC-UV using a CHIRALPAK AS-H column as stationary phase. *Chirality* 24(6):486–92.
38. Taschwer, M., Seidl, Y., Mohr, S., Schmid, M.G. 2014. Chiral separation of cathinone and amphetamine derivatives by HPLC/UV using sulfated ß-cyclodextrin as chiral mobile phase additive. *Chirality* 26(8):411–8.
39. Wolrab, D., Frühauf, P., Moulisová, A. et al. 2016. Chiral separation of new designer drugs (cathinones) on chiral ion-exchange type stationary phases. *J Pharm Biomed Anal* 120:306–15.
40. Rácz, N., Veress, T., Nagy, J., Bobály, B., Fekete, J. 2016. Separation of isomers of JWH-122 on porous graphitic carbon stationary phase with non-aqueous mobile phase using intelligent software. *J Chromatogr Sci* 54(10):1735–1742.
41. Uchiyama, N., Kikura-Hanajiri, R., Shoda, T., Fukuhara, K., Goda, Y. 2011. Isomeric analysis of synthetic cannabinoids detected as designer drugs. *Yakugaku Zasshi* 131(7):1141–7.
42. Kenner, B. 2015. Differentiation of isomers of synthetic cannabinoids by U(H)PLC-DAD, GC-MS and LC-QTOFMS methods. Bachelor thesis, Hochschule Fresenius, University of Applied Sciences, Idstein.
43. United Nations Office on Drugs and Crime (UNODC). 2015. Recommended Methods for the Identification and Analysis of Synthetic Cathinones in Seized Materials. New York. https://www.unodc.org/documents/scientific/STNAR49_Synthetic_Cathinones_E.pdf.
44. Belal, T., Awad, T., DeRuiter, J., Clark, C.R. 2009. GC-IRD methods for the identification of isomeric ethoxyphenethylamines and methoxymethcathinones. *Forensic Sci Int* 184(1–3):54–63.
45. McDermott, S.D., Power, J.D., Kavanagh, P., O'Brien, J. 2011. The analysis of substituted cathinones. Part 2: An investigation into the phenylacetone based isomers of 4-methylmethcathinone and N-ethylcathinone. *Forensic Sci Int* 212:13–21.
46. Christie, R., Horan, E., Fox, J. et al. 2014. Discrimination of cathinone regioisomers, sold as 'legal highs', by Raman spectroscopy. *Drug Test Anal* 6(7–8):651–7.
47. Merola, G., Fu, H., Tagliaro, F., Macchia, T., McCord, B.R. 2014. Chiral separation of 12 cathinone analogs by cyclodextrin-assisted capillary electrophoresis with UV and mass spectrometry detection. *Electrophoresis* 35(21–22):3231–41.
48. Siroká, J., Polesel, D.N., Costa, J.L., Lanaro, R., Tavares, M.F., Polášek, M. 2013. Separation and determination of chlorophenylpiperazine isomers in confiscated pills by capillary electrophoresis. *J Pharm Biomed Anal* 84:140–7.
49. Burrai, L., Nieddu, M., Pirisi, M.A., Carta, A., Briguglio, I., Boatto, G. 2013. Enantiomeric separation of 13 new amphetamine-like designer drugs by capillary electrophoresis, using modified-B-cyclodextrins. *Chirality* 25(10):617–21.
50. Mohr, S., Pilaj, S., Schmid, M.G. 2012. Chiral separation of cathinone derivatives used as recreational drugs by cyclodextrin-modified capillary electrophoresis. *Electrophoresis* 33(11):1624–30.

51. Aturki, Z., Schmid, M.G., Chankvetadze, B., Fanali, S. 2014. Enantiomeric separation of new cathinone derivatives designer drugs by capillary electrochromatography using a chiral stationary phase, based on amylose tris(5-chloro-2-methylphenylcarbamate). *Electrophoresis* 35(21–22):3242–9.

第二部分

13 合成大麻素的质谱分析

滑良一晃（Akira Namera）、斋藤武司（Takeshi Saito）、藤田熊耳（Yuji Fujita）

13.1 引言

如今，各种药物的滥用已成为一个严重的世界性问题。海洛因、可卡因和甲基苯丙胺等非法兴奋和麻醉物质早期仅在特定人群内使用，但2008年以来，黑市上开始出现混有含大麻素受体活性的新型策划药，它的滥用没有年龄或性别的区分[1]。这些药物对大麻素受体（CB1和CB2）具有选择性和高亲和力，并且比真正的大麻素（如 Δ9-四氢大麻酚）具有更高的活性，被称为大麻素或合成大麻素（SCs），通常在市场上以"香料"或"K2"的形式出售。多份报告总结了各国SCs的流行情况[2-6]。有报道显示摄入SCs的最常见临床症状有心动过速、意识水平降低、激动、呕吐、头晕、意识模糊、瞳孔散大和产生幻觉，其他症状还包括癫痫发作和急性精神病[7-8]。

虽然市场上被销售的SCs有各种结构，但最常被滥用的SCs的核心结构主要有以下两种类型，N-烷基吲哚-3-羰基和N-烷基吲唑-3-羰基衍生物，它们分别被称为JWH和AM系列（图 13.1）。虽然这些药物在大多数国家受到管制，但几乎所有法规都受每种药物结构的限制。当侧链或取代基结构稍有变化时（图13.1），药物便不再受该法规限制。在法规发布后不久，新的类似物就出现在市场上，如此循环使其无法得到有效管控。SCs与管控药物结构相似，同样表现出精神活性，并且比传统的大麻素具有更强的活性。然而，每种SC的详细药理活性尚不清楚。此外，SCs中的其他添加成分也是未知的。滥用此类药物严重危害人体健康，目前已经报道了一些中毒死亡案例[9-10]。

许多研究人员专注于开发检测SCs的方法，并且多种检测方法已经公开。总结药物的这些定性和定量分析技术，有助于完成生物样品中SCs的定量和定性分析[11-14]。对于许多SCs检测，法医和临床分析的黄金标准是气相色谱–质谱（GC–MS）和液相色谱–质谱（LC–MS）技术。在本章中，我们总结了使用GC–MS和LC–MS来检测缴获物以及生物样品中SCs的方法。

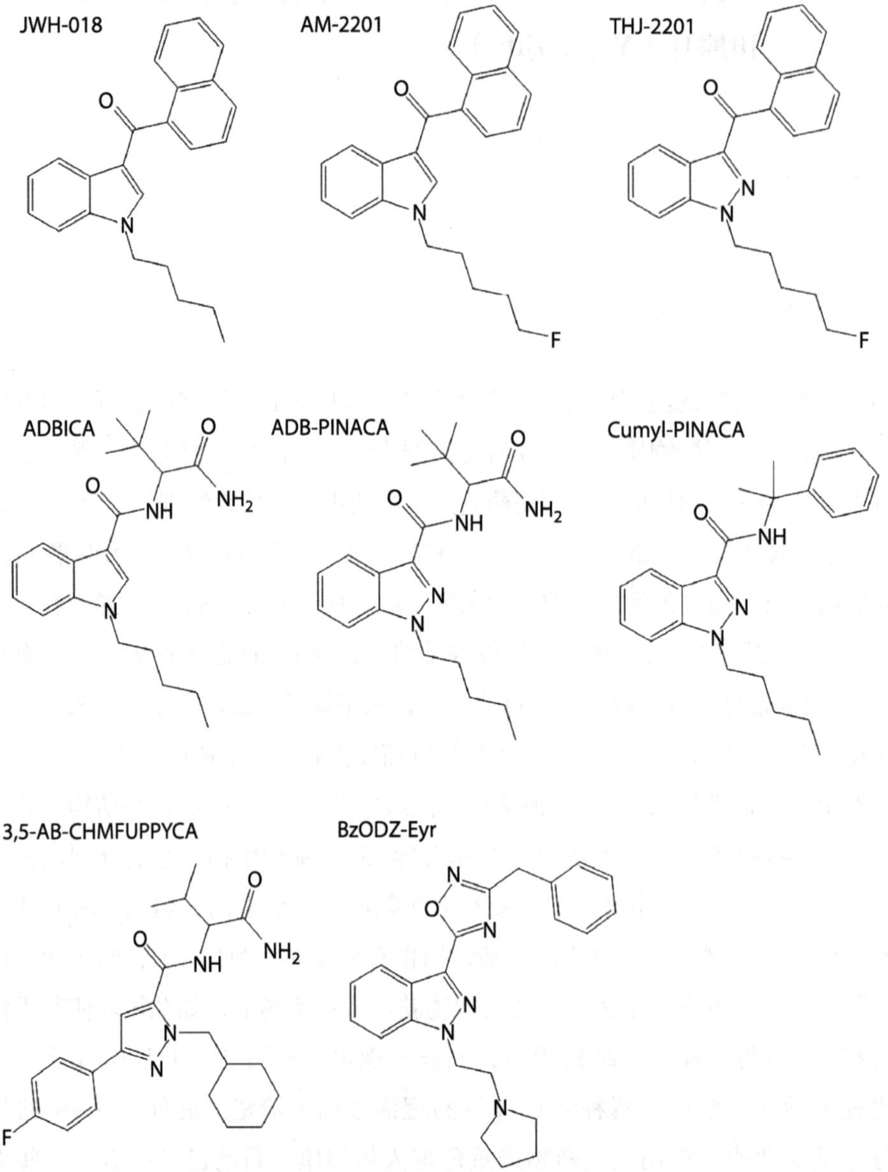

图13.1　合成大麻素的典型结构

13.2 气相色谱–质谱（GC–MS）

13.2.1 合成大麻素的鉴定

　　GC-电子轰击(EI)-MS可用于药物鉴定，主要是由于其固定的碎片模式能够与药物谱库进行比对。对于萘甲酰吲哚，通常观察到由吲哚的氮烷基侧链的α-裂解形成的羰基碎片离子。此外，[M-17]⁺离子也很常见，如图13.2所示。例如，JWH-018在m/z 284和214处观察到的碎片离子分别对应于通过吲哚的N-戊基和萘酰基的α-裂解所获得的包含吲哚的部分。JWH-018在m/z 127和155处观察到的碎片离子对应于通过羰基的α-裂解获得的包含萘的部分。此外，在m/z 324处观察到[M-17]⁺离子，与萘基吲哚类似，在苯甲酰吲哚中观察到了吲哚N-烷基侧链和羰基α-裂解后得到的碎片离子，但没有观察到[M-17]⁺离子。例如，对于RCS-4，在m/z 264和214处观察到碎片离子，分别由吲哚的N-戊基和4-甲氧基苯甲酰基的α-裂解产生。m/z 127和155处的离子，对应于萘甲酰吲哚的萘基和萘甲酰基部分，以及m/z 135处的离子，对应于4-甲氧基苯甲酰基部分，这些药物的特征前体离子可通过GC-MS/MS鉴定。另一方面，当甲基哌啶和吗啉基团与吲哚的氮连接时，可以在m/z 98和100处观察到特征峰。与萘甲酰基吲哚和苯甲酰基吲哚不同，苯乙酰基、环丙基和金刚烷基吲哚的N-烷基吲哚-3-羰基部分对应的基峰仅在全扫描光谱中观察到。市场上已经出现了吲哚骨架变为吲唑的类似物，如THJ-018。对于这些类似物，通常在光谱中观察到其分子离子和 N-脱烷基离子。含有N-烷基吲哚-3-羰基基团或N-烷基吲唑-3-羰基基团的药物也已出现在市场上。在这些类似物中，分子离子的强度很低，与吲哚（或吲唑）部分相对应的碎片离子作为基峰可以被观察到。尽管通过消除末端CO-NH₂基团获得的碎片离子强度不如通过断裂吲哚类似物（如ADBICA）中的酰胺部分获得的碎片离子强度，但这些碎片离子在吲唑类似物如ADB-PINACA和AB-CHMINACA中具有相似的强度。

　　通常，含有SCs的烟草样品可以使用乙醇或甲醇提取，并进行GC-EI-MS分析。所获得的EI谱图可根据SWGDRUG质谱库和Cayman谱库进行比对。然而，由于市场上的SCs更新很快，如果新的SCs尚未在这些库中注册，则需要进行结构解析。尽管某些结构解析离不开核磁共振（NMR）光谱或高分辨率串联质谱（HR-MS/MS）等昂贵仪器，但部分研究仅需使用GC-MS就可以完成。安格雷尔（Angerer）等人使用GC-MS、GC-sIR和NMR对ME-CHMIMO和5F-ADB进行了鉴定[15]。舍夫厄林（Shevyrin）等人尝试单独使用GC-MS进行化合物鉴定但没有成功，因为在市售EI-MS库中找不到相应

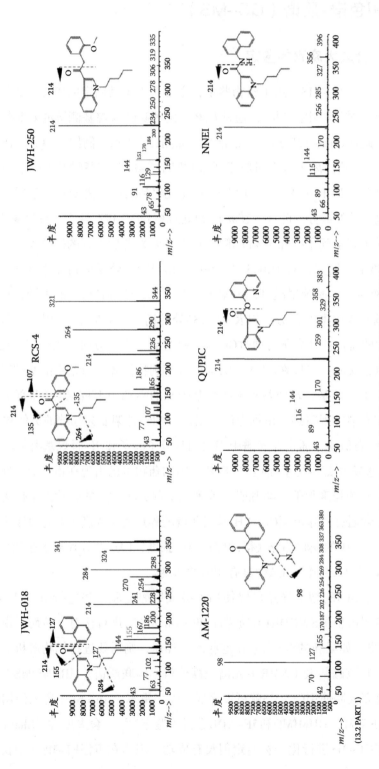

图13.2　GC—MS分析合成大麻素的典型质谱

(13.2 PART 1)

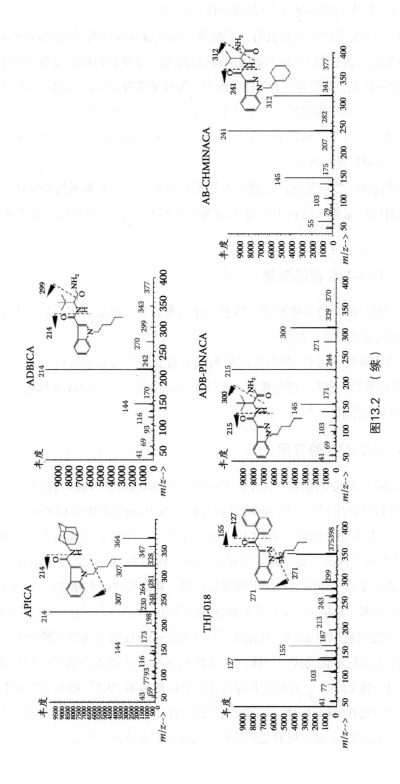

图13.2（续）

的谱图，且低分辨率光谱不足以进行全面可靠的分析[16]。

EI电离的一个常见的缺点是具有萘甲酰基、苯甲酰基或环丙基的SCs分子离子强度通常较小。而且，传统的EI电离不能为SCs的酰胺或酯型类似物提供足够的分子离子强度。要克服这一缺点，需要使用GC-CI-MS[17]等技术来补充GC-EI-MS。GC-CI-MS广泛适用于SCs的鉴定和结构解析。在正CI和负CI模式下，许多化合物会产生[M+H]⁺ 和/或 [M−H]⁻ 碎片离子，可用于估算分子量。此外，可以使用正CI估测未知化合物的末端结构，从而进行有效的结构解析。

尿液中超过90%的羟基化代谢物以共轭形式存在[18]，需要通过酶或酸分解。衍生化后检测到的代谢物在结构上可分为四类：单羟基化、二羟基化、羧化和N-脱烷基化。

13.2.2　GC-MS 样品制备

对于GC-MS分析，使用甲醇或乙醇提取草药混合物。涡旋、离心后，上清液氮吹至干，然后用乙酸乙酯或甲醇复溶。

尿液中的代谢物使用β-葡萄糖醛酸酶酶解或使用浓盐酸水解后，采用液液萃取（LLE）或固相萃取（SPE）进行提取，提取的样品通过三甲基甲硅烷基化、乙酰化或三氟乙酰化进行衍生化。

13.2.3　GC-MS 的应用

乔伊（Choi）等人使用GC-MS分析了60份含有SCs的缴获样品，包括40份干叶、6份散装粉末和14份药片[19]。干燥的叶子含有6.8～46.9 mg/g的JWH-018和0.4～41.8 mg/g的JWH-073。散装粉末经确认为JWH-019、JWH-073和JWH-250粉末。对售卖的含有SCs的草药混合物像泡茶那样用甲醇浸泡提取，检测到两种SCs（JWH-018和JWH-073）[20]。取少量袋子中的粉末用甲醇溶解稀释，并直接注射上样进行GC-MS分析。

索博列夫斯基（Sobolevsky）等人通过LC-和GC-MS/MS方式在β-葡萄糖醛酸酶酶解后的尿液中检测到JWH-018的代谢物[18]。在MS/MS数据中观察到的碎片离子表明代谢物具有不同的羟基化模式。同样，埃默森（Emerson）等人合成了一种5-羟基戊基JWH-018代谢产物（M1），并证实其存在于某份疑似滥用"K2"的人员尿样中[21]。

对JWH-018及其5种异构体，1-萘酰基取代的1-n-戊基吲哚，使用含有三氟丙基甲基聚硅氧烷（Rtx-200）固定相的毛细管柱可以进行完全分离[22]。

13.2.4 隐患

虽然可以通过质量碎片推断未知化合物，但还必须与标准物质进行比较。如果无法获得可靠的对照物质，则需要合成该推断化合物或通过NMR确认结构。

一些SCs在进样口（例如PB-22）或GC色谱柱（例如UR-144、QUPIC）中发生热降解[23, 24]。因此，UR或XLR系列物质进样前需要进行适当的衍生化。

13.3 液相色谱–质谱（LC–MS）

13.3.1 串联质谱法鉴定合成大麻素

用LC–MS鉴定分析物，通常要将保留时间和质谱图与标准物质的保留时间和质谱图进行比较。尽管每个SC准确识别都需要相应标准纯品，但串联MS最近已用于推断生物样品中的SC原型及其代谢物。使用串联MS识别SC时有以下两个步骤。首先，使用多反应监测（MRM）或选择反应监测（SRM）模式积累数据以提高选择性。MRM模式的灵敏度取决于采集的驻留时间（循环时间）。因此，可以采用预设定MRM（sMRM）或动态MRM（dMRM）模式在目标的预保留时间段内采集数据。在MRM模式下，通常考虑两种离子对（定量离子对和定性离子对）。其次，使用子离子扫描模式获取MRM检测到的分析物的碎片。观察到的碎片反映了目标的结构，这些数据对于目标识别很重要。一些研究人员使用LC–MS研究了SCs的碎片离子[25, 26]。由于LC–MS只能观察到质子化的分子离子，因此该方法提供的信息比GC–MS少得多，必须使用LC–MS/MS来获取更多的数据以进行化学结构测定。当质子化的分子离子作为前体离子时，通过产物离子扫描可以观察到碎片离子。例如，对于N-烷基吲哚-3-羧基衍生物，在m/z 144处观察到碎片离子，对应于吲哚-3-羰基部分。此外，对于萘甲酰吲哚，m/z 127和155处的碎片离子分别对应于萘基和萘甲酰基部分。可以通过观察这些碎片信息来推断SCs的结构。然而，由于市场上存在可以产生相同LC–MS/MS碎片的类似药物，因此还需要与标准品的保留时间来进行比较。

目前报道了一种使用前体离子扫描（PIS）鉴定SCs的独特方法。这种方法是检测结构经过修饰SCs的强大工具。PIS方法用于搜索具有相似核心结构的化合物，并用于复杂生物样品中药物代谢物的研究。在PIS模式下，Q1设置为从低质量到高质量的扫描，而Q3设置为仅传输选定的子离子。因此，只有产生共同子离子的母离子才会记录在总离子色谱图中。马扎里诺（Mazzarino）等人通过设置m/z 127、144和155的前体离子，可以检测到血清中浓度为5 ng/mL的15种SCs[27]。结果证实了样品的真实性，因为使用PIS模式可以清楚地检测到15种SCs（7使用m/z 127和155的离子，特指萘基和萘酰基部分，9使用m/z 144的离子，特指吲哚-3-羰基部分）。再例如，9种SCs混标（AM-2201、JWH-016、JWH-081、JWH-201、JWH-210、JWH-251、JWH-370、JWH-398和RSC-4），利用PIC法得到的提取离子色谱图和质谱如图13.3所示。通过设置m/z 144的母离子得到7个峰（AM-2201、JWH-081、JWH-201、JWH-210、JWH-251、JWH-398和RCS-4），3个峰（AM-2201、JWH-016和JWH-370）是通过设置m/z 127和155的母离子获得的。由于每个峰提取的质谱意味着质子化的分子离子，所有的SCs都可以通过分子质量信息来进行推测。除了在生物样本中寻找SCs，该技术还可以用来筛查尿液中SCs的相关代谢物，因为SCs在人体中代谢，通过尿液排出[28]。该方法已应用于液相色谱-质谱联用（LC-MS/MS）检测尿液中的代谢物。

使用MRM方法检测需要更新目标物的信息。然而，由于结构修饰的SCs在市场上层出不穷，缺乏最新的信息导致目标物容易被遗漏。在没有任何相关信息的情况下，用传统的液相色谱-质谱方法对未知药物进行鉴别是非常困难的。

13.3.2 高分辨率MS鉴定合成大麻素

飞行时间质谱可以测量精确的质量数并根据获得的数据计算出分子式，是鉴定目标分析物的强大工具。然而，TOF/MS价格昂贵，不适用于所有临床和毒理学实验室的常规生物分析。最近，已经报道了使用四极杆线性离子阱或高分辨率四极杆/TOF（QTOF）/MS的非目标筛选方法。这些方法能够在MS/MS模式下对子离子的精确质量进行全扫描记录，是验证分析最有价值的工具之一。此外，由于这些方法本质上是非靶向的，因此检测新一代SCs不需要更新信息[29, 30]。虽然这些方法对SCs的药物原型及其代谢的初步鉴定是一个有用的工具，但它们依赖于使用的数据库。

质量误差技术是高分辨率质谱鉴别药物代谢物的有趣技术[31]。质量误差是化合物的精确质量与其最接近的整数值之间的差值，例如，碳的理论质量误差（标称质量：12 Da；精确质量：12.0107 Da）为0.0107 Da，母离子和代谢物离子之间的质量误差偏移为0.0107 Da或10.7 mDa。通常，由于生物转化引起的质量误差变化小于50 mDa，最大值为89 mDa[31]。由于氧化、还原和去甲基化等微小转化，这种方法已用于监测分子质量与药物相似的代谢物。格拉贝诺（Grabenauer）等人应用此技术检测与JWH-018相关的类似物[28]。

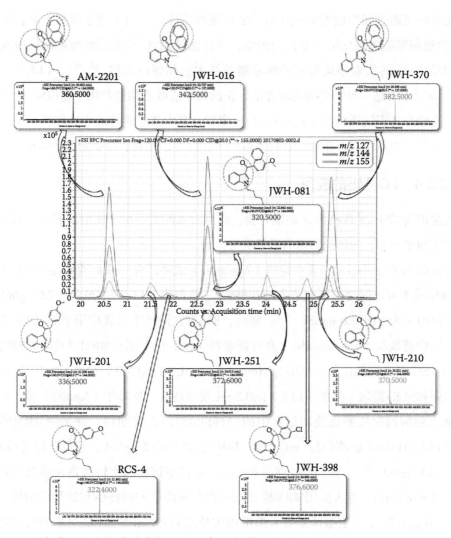

图13.3　9种合成大麻素标准混合物提取的离子色谱和光谱（AM-2201，JWH-016，JWH-081，JWH-201，JWH-210，JWH-251，JWH-370，JWH-398和RCS-4）。扫描碎片离子为*m/z* 127、144和155

　　MRM技术和质量误差技术依赖于所获得的信息。最近，SWATH（所有理论碎片离子的顺序窗口采集）已应用于非靶向鉴定和同步鉴定21种SCs最新的47个代谢物[32]。

13.3.3　LC-MS的样品制备

　　样品制备是获得准确分析结果的重要过程之一。由于SCs的高疏水性，对于收缴的样品，在样品中加入甲醇或乙腈，然后超声几分钟就可达到提取的效果。萃取后，萃取剂直接LC分析。然而，SCs在人体中代谢通常通过氧化去氟、羟基化和羧化。此外，这些化合物可通过葡萄糖醛酸化代谢并随尿液排出体外。由于缺乏纯标准品，直接分析SCs的葡萄糖醛酸酯化结合物比较困难，因此需要用β-葡萄糖醛酸酯酶进行水解。生物样品中SCs的提取净化有多种样品制备技术，如蛋白沉淀[33, 34]、LLE[35, 38]、SPE[39]等。LLE是一种常用的提取方法。正己烷和乙酸乙酯通常用于提取SCs的原型，而乙酸乙酯和氯丁烷通常用于提取SCs的代谢物，其中氯丁烷的疏水性较正己烷低。由于萃取回收率各不相同，在将所选技术应用于实际样品之前，应确定其回收率。

13.3.4 LC-MS的应用

通常市售的SCs是多种SCs的混合物，而且卖家和买家都不知道其成分。因此，可以同时鉴别多种SCs的筛选方法有助于成分分析。

克奈泽尔（Kneisel）和奥韦特尔（Auwärter）证明，对1 mL血清样品进行LLE后，在MRM模式下可以同时检测血清中的30种SCs，检测限（LOD）为0.01～2.0 ng/mL，定量限（LOQ）为0.1～2.0 ng/mL[35]。随后，833份血清样本常规应用于SCs的定性定量分析。沙伊德魏勒（Scheidweiler）和许斯蒂斯（Huestis）通过MRM模式同时检测尿液中的20种SCs和21种代谢物，LOD为0.05～1.0 ng/mL，LOQ为0.1～1.0 ng/mL[36]。样品由酶水解和SLE+提取（类似于LLE）的0.2 mL尿液制备。尼特尔（Knittel）等人在样本经过酶水解后同时检测血液和尿液中的15种SCs和17种代谢物，并采用MRM模式检测经过LLE的1.0 mL血液和2.0 mL尿液，LOD为0.01～0.5 ng/mL，定量下限（LLOQ）0.025～0.1 ng/mL[37]。在1.0 mL血液和0.1 mL尿液中进行酶水解和蛋白质沉淀后，沃尔法特（Wohlfarth）等人采用MRM模式同时检测尿液中的9种SCs和20种代谢物，LOD为0.5～10 ng/mL[33]。克奈泽尔等人采用MRM模式对0.3 mL经过LLE处理的口服液样品中30种SCs进行同时检测，LOD为0.015～0.9 ng/mL，LOQ为0.15～3.0 ng/mL[40, 41]。赫特（Hutter）等人成功地采用MRM模式在50 mg头发的乙醇提取物中检测到22种SCs，LLOQ为0.5 pg/mg[42]。

与传统大麻一样，最常见的SC滥用方式是像烟一样吸食。吸入、舌下含服和直肠给药以及肌肉和静脉注射也有报道。血液中SCs的检测非常困难，因为血液中原体SCs的浓度在给药后几分钟达到最大值，然后急剧下降[43]。尽管浓度受药物摄入后采样时间和摄入量的影响，但已发现中毒病例血清中药物的浓度为0.1～190 ng/mL[44]。

在致命病例中，JWH-018的血液中药物浓度为0.1～199 ng/mL，JWH-073为0.1～68.3 ng/mL[45]，AM-2201为12 ng/mL[46]，5F-PB-22[47]为1.1～1.5 ng/mL，MAM-2201[48]为12.4 ng/mL，NNEI[49]为0.64～0.99 ng/mL，MDMB-CHMICA[50]为5.6 ng/

mL，ADBFUBINACA为7.3 ng/mL[51]。

13.3.5 隐患

SCs原型在血液中仅保留很短时间，很快代谢为羟基、羧基和其他代谢物。因此，即使SCs原型依然存在于血液中，它的浓度也非常低。SCs的代谢物通常通过尿液排出体外[13]。尿液具有较长的检测窗口且易于收集，成为SCs检测的常用检材。

β-葡萄糖醛酸酶的水解活性因所用酶的来源和水解条件不同而不同。最近，人肝微粒体（HLM）作为新方法已被用于尿液中药物代谢物的确认。由于一些固有的局限性，HLM模型并不总是能很好地外推到真实的人类尿液样本。例如，HLM富含细胞色素 P-450（CYP-450）酶和含黄素的单加氧酶。然而，却缺乏位于细胞溶胶中的non-CYP-450酶。因此，当non-CYP-450代谢途径占主导地位时，如AM-2210和5F-AKB48的氧化脱氟过程，HLM孵育期间的代谢途径可能会产生误导[52]。

13.4 未来前景

多种SCs已扩散到世界各地，滥用SCs的人数显著增加。利用法律管制的局限性，巧妙地改变SCs的化学结构，可以避开GC-MS和LC-MS筛查检测。因此需要简单的筛选方法来检测缴获物和生物检材中的此类药物。然而，目前还没有用于这些药物常规筛选的商业试剂盒或设备。许多研究人员已经开发了比色法、免疫化学法和色谱法，但每个实验室必须选择合适的方法。在可供检测的多种生物样本中，尿液和血液通常是首选。然而，许多SCs，尤其是其原型，在尿液和血液中仅存在很短的时间。因此，其他可以证明这些药物被滥用的检材，如头发和唾液，未来很可能会受到更多关注。

化合物简称

3,5-AB-CHMFUPPYCA：N-(1-amino-3-methyl-1-oxobutan-2-yl)-1-
(cyclohexylmethyl)- 3-(4-fluorophenyl)-1H-pyrazole-5-
carboxamide

AB–CHMINACA：N–[(1S)–1–(aminocarbonyl)–2–methylpropyl]–1–(cyclohexylmethyl)–
1H–indazole–3–carboxamide

ADB–FUBINACA：N–(1–amino–3,3–dimethyl–1–oxobutan–2–yl)–1–(4–fluorobenzyl)–
1H–indazole–3–carboxamide

ADBICA：N–(1–amino–3,3–dimethyl–1–oxobutan–2–yl)–1–pentyl–1H–indole–3–
carboxamine

ADB–PINACA：N–(1–amino–3,3–dimethyl–1–oxobutan–2–yl)–1–pentyl–1H–
indazole–3– carboxamide

AM–2201：[1–(5–fluoropentyl)–1H–indol–3–yl]–1–naphthalenylmethanone

APICA：N–(1–adamantyl)–1–pentyl–1H–indole–3–carboxamide

BzODZ–Eyr：3–benzyl–5–[1–(2–pyrrolidin–1–ylethyl)–1H–indol–3–yl]–1,2,4–
oxadiazole

Cumyl–PINACA：N–(1–methyl–1–phenylethyl)–1–pentyl–1H–indazole–3–carboxamide

5F–PB–22：1–(5–fluoropentyl)–8–quinolinyl ester–1H–indole–3–carboxylic acid

JWH–016：1–naphthalenyl(1–butyl–2–methyl–1H–indol–3–yl)methanone

JWH–018：1–naphthalenyl(1–pentyl–1H–indol–3–yl)methanone

JWH–019：1–naphthalenyl(1–hexyl–1H–indol–3–yl)methanone

JWH–073：1–naphthalenyl(1–butyl–1H–indol–3–yl)methanone

JWH–081：4–methoxy–1–naphthalenyl(1–pentyl–1H–indol–3–yl)methanone

JWH–201：2–(4–methoxyphenyl)–1–(1–pentyl–1H–indol–3–yl)ethanone

JWH–210：4–ethyl–1–naphthalenyl(1–pentyl–1H–indol–3–yl)methanone

JWH–250：2–(2–methoxyphenyl)–1–(1–pentyl–1H–indol–3–yl)ethanone

JWH–251：2–(2–methylphenyl)–1–(1–pentyl–1H–indol–3–yl)ethanone

JWH–370：1–naphthalenyl [5–(2–methylphenyl)–1–pentyl–1H–pyrrol–3–yl] methanone

JWH–398：4–chloronaphthalen–1–yl(1–pentylindolin–3–yl)–methanone

MAM–2201：[1–(5–fluoropentyl)–1H–indol–3–yl] (4–methyl–1–naphthalenyl)methanone

MDMB–CHMICA：methyl 2–(1–(cyclohexylmethyl)–1H–indole–3–carboxamido)–3,3–
dimethylbutanoate

NNEI：N–1–naphthalenyl–1–pentyl–1H–indole–3–carboxamide

PB–22：1–pentyl–8–quinolinyl ester–1H–indole–3–carboxylic acid

QUPIC：quinolin–8–yl 1–pentyl–1H–indole–3–carboxylate

RCS-4：(4-methoxyphenyl)(1-pentyl-1H-indol-3-yl)methanone

THJ-018：1-naphthalenyl(1-pentyl-1H-indazol-3-yl)methanone

THJ-2201：[1-(5-fluoropentyl)-1H-indazol-3-yl](naphthalen-1-yl)methanone

UR-144：(1-pentyl-1H-indol-3-yl)(2,2,3,3-tetramethylcyclopropyl)methanone

参考文献

1. Auwärter, V., Dresen, S., Weinmann, W., Müller, M., Pütz, M., and Ferreirós, N. 2009. 'Spice' and other herbal blends: Harmless incense or cannabinoid designer drugs? *J. Mass Spectrom.*, 44: 832–837.
2. Barratt, M.J., Cakic, V., and Lenton, S. 2013. Patterns of synthetic cannabinoid use in Australia, *Drug Alcohol Rev.*, 32: 141–146.
3. Caudevilla-Gálligo, F., Ventura, M., Ruiz, B.I.I., and Fornís, I. 2013. Presence and composition of cathinone derivatives in drug samples taken from a Drug Test Service in Spain (2010–2012), *Hum. Psychopharmacol.*, 28: 341–344.
4. Kikura-Hanajiri, R., Uchiyama, N., Kawamura, M., and Goda, Y. 2013. Changes in the prevalence of synthetic cannabinoids and cathinone derivatives in Japan until early 2012, *Forensic Toxicol.*, 31: 44–53.
5. Seely, K.A., Patton, A.L., Moran, C.L., Womack, M.L., Prather, P.L., Fantegrossi, W.E., Radominska-Pandya, A., Endres, G.W., Channell, K.B., Smith, N.H., McCain, K.R., James, L.P., and Moran, J.H. 2013. Forensic investigation of K2, Spice, and "bath salt" commercial preparations: A three-year study of new designer drug products containing synthetic cannabinoid, stimulant, and hallucinogenic compounds, *Forensic Sci. Int.*, 233: 416–422.
6. Maxwell, J.C. 2014. Psychoactive substances—Some new, some old: A scan of the situation in the U.S., *Drug Alcohol Depend.*, 134: 71–77.
7. Wells, D.L., and Ott, C.A. 2011. The "new" marijuana, *Ann. Pharmacother.*, 45: 414–417.
8. Waugh, J., Najafi, J., Hawkins, L., Hill, S.L., Eddleston, M., Vale, J.A., Thompson, J.P., and Thomas, S.H. 2016. Epidemiology and clinical features of toxicity following recreational use of synthetic cannabinoid receptor agonists: A report from the United Kingdom National Poisons Information Service, *Clin. Toxicol.*, 54: 512–518.
9. Adamowicz, P. and Wrzesień, W. 2016. Simple approach for evaluation of matrix effect in the mass spectrometry of synthetic cannabinoids, *J. Anal. Chem.*, 71: 794–802.
10. Barceló, B., Pichini, S., López-Corominas, V., Gomila, I., Yates, C., Busardò, F.P., and Pellegrini, M. 2017. Acute intoxication caused by synthetic cannabinoids 5F-ADB and MMB-2201: A case series, *Forensic Sci. Int.*, 273: e10–e14.

11. Favretto, D., Pascali, J.P., and Tagliaro, F. 2013. New challenges and innovation in forensic toxicology: Focus on the "New Psychoactive Substances," *J. Chromatogr. A*, 1287: 84–95.

12. Presley, B.C., Jansen-Varnum, S.A., and Logan, B.K. 2013. Analysis of synthetic cannabinoids in botanical materials: A review of analytical methods and findings, *Forensic Sci. Rev.*, 25: 27–46.

13. Elsohly, M.A., Gul, W., Wanas, A.S., and Radwan, M.M. 2014. Synthetic cannabinoids: Analysis and metabolites, *Life Sci.*, 97: 78–90.

14. Namera, A., Kawamura, M., Nakamoto, A., Saito, T., and Nagao, M. 2015. Comprehensive review of the detection methods for synthetic cannabinoids and cathinones, *Forensic Toxicol.*, 33: 175–194.

15. Angerer, V., Bisel, P., Moosmann, B., Westphal, F., and Auwärter, V. 2016. Separation and structural characterization of the new synthetic cannabinoid JWH-018 cyclohexyl methyl derivative "NE-CHMIMO" using flash chromatography, GC-MS, IR and NMR spectroscopy, *Forensic Sci. Int.*, 266: e93–e98.

16. Shevyrin, V., Melkozerov, V., Nevero, A., Eltsov, O., Morzherin, Y., and Shafran, Y. 2014. 3-Naphthoylindazoles and 2-naphthoylbenzoimidazoles as novel chemical groups of synthetic cannabinoids: Chemical structure elucidation, analytical characteristics and identification of the first representatives in smoke mixtures, *Forensic Sci. Int.*, 242: 72–80.

17. Umebachi, R., Saito, T., Aoki, H., Namera, A., Nakamoto, A., Kawamura, and M., Inokuchi, S. 2017. Detection of synthetic cannabinoids using GC-EI-MS, positive GC-CI-MS, and negative GC-CI-MS, *Int. J. Leg. Med.*, 131: 143–152.

18. Sobolevsky, T., Prasolov, I., and Rodchenkov, G. 2010. Detection of JWH-018 metabolites in smoking mixture post-administration urine, *Forensic Sci. Int.*, 200: 141–147.

19. Choi, H., Heo, S., Choe, S., Yang, W., Park, Y., Kim, E., Chung, H., and Lee, J. 2013. Simultaneous analysis of synthetic cannabinoids in the materials seized during drug trafficking using GC-MS, *Anal. Bioanal. Chem.*, 405: 3937–3944.

20. Penn, H.J., Langman, L.J., Unold, D., Shields, J., and Nichols, J.H. 2011. Detection of synthetic cannabinoids in herbal incense products, *Clin. Biochem.*, 44: 1163–1165.

21. Emerson, B., Durham, B., Gidden, J., and Lay, J.O., Jr. 2010. Gas chromatography–mass spectrometry of JWH-018 metabolites in urine samples with direct comparison to analytical standards, *Forensic Sci. Int.*, 229: 1–6.

22. Thaxton, A., Belal, T.S., Smith, F., DeRuiter, J., Abdel-Hay, K.M., and Clark, C.R. 2015. GC-MS studies on the six naphthoyl-substituted 1-n-pentyl-indoles: JWH-018 and five regioisomeric equivalents, *Forensic Sci. Int.*, 252: 107–113.

23. Grigoryev, A., Kavanagh, P., Melnik, A., Savchuk, S., and Simonov, A. 2013. Gas and liquid chromatography-mass spectrometry detection of the urinary metabolites of UR-144 and its major pyrolysis product, *J. Anal. Toxicol.*, 37: 265–276.

24. Tsujikawa, K., Yamamuro, T., Kuwayama, K., Kanamori, T., Iwata, Y.T., and Inoue, H. 2014. Thermal degradation of a new synthetic cannabinoid QUPIC during analysis by gas chromatography–mass spectrometry, *Forensic Toxicol.*, 32: 201–207.

25. Hudson, S. and Ramsey, J. 2011. The emergence and analysis of synthetic cannabinoids, *Drug Test. Anal.*, 3: 466–478.

26. Sekuła, K., Zuba, D., and Stanaszek, R. 2012. Identification of naphthoylindoles acting

on cannabinoid receptors based on their fragmentation patterns under ESI-QTOFMS, *J. Mass Spectrom.*, 47: 632–643.

27. Mazzarino, M., de la Torre, X., and Botrè, F. 2014. A liquid chromatography-mass spectrometry method based on class characteristic fragmentation pathways to detect the class of indole-derivative synthetic cannabinoids in biological samples, *Anal. Chim. Acta*, 837: 70–82.

28. Grabenauer, M., Krol, W.L., Wiley, J.L., and Thomas, B.F. 2012. Analysis of synthetic cannabinoids using high-resolution mass spectrometry and mass defect filtering: Implications for nontargeted screening of designer drugs, *Anal. Chem.*, 84: 5574–5581.

29. Sundström, M., Pelander, A., Angerer, V., Hutter, M., Kneisel, S., and Ojanperä, I. 2013. A high-sensitivity ultra-high performance liquid chromatography/high-resolution time-of-flight mass spectrometry (UHPLC-HR-TOFMS) method for screening synthetic cannabinoids and other drugs of abuse in urine, *Anal. Bioanal. Chem.*, 405: 8463–8474.

30. Ibáñez, M., Sancho, J.V., Bijlsma, L., van Nuijs, A.L.N., Covaci, A., and Hernández, F. 2014. Comprehensive analytical strategies based on high-resolution time-of-flight mass spectrometry to identify new psychoactive substances, *Trends Anal. Chem.*, 57: 107–117.

31. Zhang, H., Zhang, D., Ray, K., and Zhu, M. 2009. Mass defect filter technique and its applications to drug metabolite identification by high-resolution mass spectrometry, *J. Mass Spectrom.*, 44: 999–1016.

32. Scheidweiler, K.B., Jarvis, M.J., and Huestis, M.A. 2015. Nontargeted SWATH acquisition for identifying 47 synthetic cannabinoid metabolites in human urine by liquid chromatography-high-resolution tandem mass spectrometry, *Anal. Bioanal. Chem.*, 407: 883–897.

33. Wohlfarth, A., Scheidweiler, K.B., Chen, X., Liu, H., and Huestis, M.A. 2014. Qualitative confirmation of 9 synthetic cannabinoids and 20 metabolites in human urine using LC–MS/MS and library search, *Anal. Chem.*, 85: 3730–3738.

34. Adamowicz, P. and Tokarczyk, B. 2016. Simple and rapid screening procedure for 143 new psychoactive substances by liquid chromatography-tandem mass spectrometry, *Drug Test. Anal.*, 8: 652–667.

35. Kneisel, S. and Auwärter, V. 2012. Analysis of 30 synthetic cannabinoids in serum by liquid chromatography–electrospray ionization tandem mass spectrometry after liquid–liquid extraction, *J. Mass Spectrom.*, 47: 825–835.

36. Scheidweiler, K.B. and Huestis, M.A. 2014. Simultaneous quantification of 20 synthetic cannabinoids and 21 metabolites, and semi-quantification of 12 alkyl hydroxy metabolites in human urine by liquid chromatography-tandem mass spectrometry, *J. Chromatogr. A*, 1327: 105–117.

37. Knittel, J.L., Holler, J.M., Chmiel, J.D., Vorce, S.P., Magluilo, J., Jr, Levine, B., Ramos, G., and Bosy, T.Z. 2016. Analysis of parent synthetic cannabinoids in blood and urinary metabolites by liquid chromatography tandem mass spectrometry, *J. Anal. Toxicol.*, 40: 173–186.

38. Borg, D., Tverdovsky, A., and Stripp, R. 2017. A fast and comprehensive analysis of 32 synthetic cannabinoids using agilent triple quadrupole LC-MS-MS, *J. Anal. Toxicol.*, 41: 6–16.

39. Simões, S.S., Silva, I., Ajenjo, A.C., and Dias, M.J. 2014. Validation and application of an UPLC-MS/MS method for the quantification of synthetic cannabinoids in urine

samples and analysis of seized materials from the Portuguese market, *Forensic Sci. Int.*, 243: 117–125.

40. Kneisel, S., Auwärter, V., and Kempf, J. 2013. Analysis of 30 synthetic cannabinoids in oral fluid using liquid chromatography–electrospray ionization tandem mass spectrometry, *Drug Test. Anal.*, 5: 657–669.

41. Kneisel, S., Speck, M., Moosmann, B., Corneillie, T.M., Butlin, N.G., and Auwärter, V. 2013. LC/ESI-MS/MS method for quantification of 28 synthetic cannabinoids in neat oral fluid and its application to preliminary studies on their detection windows, *Anal. Bioanal. Chem.*, 405: 4691–4706.

42. Hutter, M., Kneisel, S., Auwärter, V., and Neukamm, M.A. 2012. Determination of 22 synthetic cannabinoids in human hair by liquid chromatography–tandem mass spectrometry, *J. Chromatogr. B*, 903: 95–101.

43. Teske, J., Weller, J.P., Fieguth, A., Rothämel, T., Schulz, Y., and Tröger, H.D. 2010. Sensitive and rapid quantification of the cannabinoid receptor agonist naphthalen-1-yl-(1-pentylindol-3-yl)methanone (JWH-018) in human serum by liquid chromatography–tandem mass spectrometry, *J. Chromatogr. B*, 878: 2659–2663.

44. Hermanns-Clausen, M., Kneisel, S., Szabo, B., and Auwärter, V. 2013. Acute toxicity due to the confirmed consumption of synthetic cannabinoids: Clinical and laboratory findings, *Addiction*, 108: 534–544.

45. Shanks, K.G., Dahn, T., and Terrell, A.R. 2012. Detection of JWH-018 and JWH-073 by UPLC-MS-MS in postmortem whole blood casework, *J. Anal. Toxicol.*, 36: 145–152.

46. Patton, A.L., Chimalakonda, K.C., Moran, C.L., McCain, K.R., Radominska-Pandya, A., James, L.P., Kokes, C., and Moran, J.H. 2013. K2 toxicity: Fatal case of psychiatric complications following AM2201 exposure, *J. Forensic Sci.*, 58: 1676–1680.

47. Behonick, G., Shanks, K.G., Firchau, D.J., Mathur, G., Lynch, C.F., Nashelsky, M., Jaskierny, D.J., and Meroueh, C. 2014. Four postmortem case reports with quantitative detection of the synthetic cannabinoid, 5F-PB-22, *J. Anal. Toxicol.*, 38: 559–562.

48. Saito, T., Namera, A., Miura, N., Ohta, S., Miyazaki, S., Osawa, M., and Inokuchi, S. 2013. A fatal case of MAM-2201 poisoning, *Forensic Toxicol.*, 31: 333–337.

49. Sasaki, C., Saito, T., Shinozuka, T., Irie, W., Murakami, C., Maeda, K., Nakamaru, N., Oishi, M., Nakamura, S., and Kurihara, K. 2015. A case of death caused by abuse of a synthetic cannabinoid N-1-naphthalenyl-1-pentyl-1H-indole-3-carboxamide, *Forensic Toxicol.*, 33: 165–169.

50. Adamowicz, P. 2016. Fatal intoxication with synthetic cannabinoid MDMB-CHMICA, *Forensic Sci. Int.*, 261: e5–e10.

51. Shanks, K.G., Clark, W., and Behonick, G. 2016. Death associated with the use of the synthetic cannabinoid ADB-FUBINACA, *J. Anal. Toxicol.*, 40: 236–239.

52. Diao, X. and Huestis, M.A. 2017. Approaches, challenges, and advances in metabolism of new synthetic cannabinoids and identification of optimal urinary marker metabolites. *Clin. Pharmacol. Ther.*, 101: 239–253.

14 卡西酮衍生物及其分析

米连娜·迈赫扎克（Milena Majchrzak）、拉法尔·采林斯基
（Rafał Celiński）

14.1 引言

从2000年年中开始，全球药物市场上出现了新精神活性物质，通常称为策划药。目前，这一群体中数量最多的一类是卡西酮的衍生物，而卡西酮是从阿拉伯茶树中提取出来的具有生物活性的生物碱。合成卡西酮类在非法策划药行业中占据主导地位，前体原始结构的修饰范围也在稳步扩大。在许多国家，越来越多的卡西酮衍生物被法律禁止，被视为等同于如苯丙胺类毒品的精神药物。但对市场上已经存在的这些化合物进行结构修饰的可能性非常大，以至于在禁用某一特定物质后，其新修饰的衍生物就会立即出现。鉴于这些新精神活性物质引发的问题日益严重，当务之急是既要改进现有的定性和定量分析方法，又要开发全新的检测方法。通过添加新化合物的物理化学性质和药理学特性的方式扩展特定种类策划药的现有数据库，使分析化学家和毒理学家能够快速识别给定的化合物。

本章简要介绍了卡西酮类衍生物的历史、化学和药理学特征，同时还介绍了最常用的分析技术，这些技术已经被证实在对物证（如粉末和药品）和含有该类物质的生物样品是最有效的。最后，将提供2014年至2016年间被查获和介绍的卡西酮类新型衍生物的分析数据和物理化学数据。

14.1.1 卡西酮的出现及其衍生物演变简史

卡西酮是从阿拉伯茶树中提取的一种具有生物活性的生物碱。这种植物因其精神活性而被东非和阿拉伯半岛东北部的居民周知并使用了几个世纪。在许多地域，咀嚼新采集的阿拉伯茶树叶（以此摄取影响中枢神经系统的卡西酮）被视为宗教习俗和当

地传统[1—5]。由于其结构与苯丙胺相似（见图14.1），卡西酮及其类似物常被称为"天然苯丙胺"，苯丙胺与卡西酮之间唯一的结构差异是在卡西酮侧链的α位存在羰基。与苯丙胺类似，卡西酮及其类似物具有刺激、欣快和迷幻移情等特性[1—3, 5, 6]。

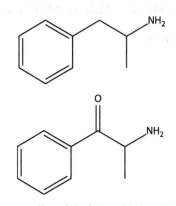

图14.1　苯丙胺与卡西酮结构的相似性

　　20世纪初作为潜在治疗药物合成的第一批卡西酮类衍生物是用于医疗目的的。由于对中枢神经系统（CNS）的刺激作用，它们开始被广泛用于娱乐目的，从2000年开始官方已经证实了这一点。合成卡西酮类被列入一组更广泛的精神活性化合物中，被称为"合法药物"或"策划药"[3, 6—9]。在过去的17年里，卡西酮衍生物通过所谓的"智能商店"即互联网在线获得，现在人们可以从推销"有趣物品""罗马斯""魔法打击"，甚至"施乐点播"的销售点获得[10, 11]。合成卡西酮类通常以白色或彩色结晶粉末出售，放在自封袋或小塑料管（Eppendorf管）中，很少以片剂或胶囊的形式出售。过去，含有卡西酮活性成分的产品曾被宣传为"植物营养素""浴盐""研究化学品""球虫""樱桃"。如今，同样的物质经常被宣传为"水蛭征服者""司机魅力""沙子添加剂""浴盆茶点"等。在以这些名称交易的物质中，并不总是相同的精神活性物质。此外，越来越多的此类制剂不仅含有单一的卡西酮衍生物，还可能是两种或多种的组合，再掺入咖啡因、利多卡因或苯佐卡因[12]。外观一样和在同一分析样品中属于同一组的几种化合物，通常在结构上有非常密切的关系（例如，同分异构体），需要应用高灵敏度的仪器设备才能有效地鉴定它们。

　　尽管最初合成的卡西酮类仅用于医疗目的（用于治疗帕金森综合征、肥胖症或抑郁症），但在21世纪初，合成的卡西酮类已作为合法药物的替代品而成为娱乐消费品。2000年以后，该类物质的两名先驱代表出现在非法药物市场上，即CAT（甲卡西酮）和4-MMC（甲氧麻黄酮，4-甲基甲卡西酮），其次是methylone（3,4-亚甲二氧基-N-甲基卡西酮）和MDPV（3,4-亚甲二氧基吡咯戊酮）[6, 12, 13]。一旦获得了这些化合物的全部化学和药物特征（因此，在许多国家成为非法），合成化学家就开始修饰它们的结构以获得新的类似物。以这种方式，他们合成出了作为取代药物的新型卡西酮，例如butylone（2-甲氨基-1-[3,4-(亚甲二氧基)苯基]-1-丁酮）、ethylone（3,4-亚甲二氧基乙卡西酮）、buphedrone（1-苯基-2-甲氨基-1-丁酮）以及后者的类似物pentedrone（1-苯基-2-甲氨基-1-戊酮），很快这些又被其构造异构体4-MEC（4-甲基-N-乙卡西酮）取代。大约在同一时间，通过在甲氧麻黄酮的芳香环上引入新的取代基使其化学结构发生变化，2009年4-FMC（氟麻黄酮，4-氟甲卡西酮）及其位置异构体3-FMC（3-氟甲卡西酮）的结构得以表征。目前，最常遇到的4-FMC的接替者是在芳环中用氯原子取代氟的化合物，即4-CMS（4-氯甲卡西酮）及其构造异构体3-CMC（3-氯甲卡西酮）和2-CMC（2-氯甲卡西酮）。与pentedrone一起出现的是，属于同一组的第三代合成卡西酮α-PVP（α-吡咯烷基苯戊酮）[3, 6, 12]。卡西酮类衍生物修饰的后续创新和更多近期创新在第14.2.1节介绍。

14.1.2 卡西酮衍生物的化学特性

迄今为止，第一批合成卡西酮类的结构一直在不断改变，因此每年都会有一些新的衍生物出现在非法策划药市场上。由于这些情况，鉴定这些化合物并用新的结构及其物理化学和药理学特征充实药物库成为分析的挑战，这对法医化学家和毒理学家同样重要。

所有合成卡西酮类的结构均源自天然卡西酮的结构，它们可被视为苯基烷基氨基衍生物，在结构上类似于苯丙胺分子，在芳环取代的侧氨基烷基链的α位带有一个羰基。从化学角度看，卡西酮类衍生物分为四组。第1组包括N-烷基化合物，或在芳香环的任何可能位置带有烷基和卤素取代基的化合物（表14.1）。第一批合成的卡西酮类属于这一组，它们是乙卡西酮、甲卡西酮、4-甲基甲卡西酮、4-氟甲卡西酮、buphedrone和pentedrone，以及它们后来的衍生品，例如，4-氯乙卡西酮（4-CEC）和4-甲基-N,N-二甲基卡西酮（4-N,N-DMC）。第2组包括在芳环的任何给定位置有亚甲二氧基取代的化合物，例如，methylone，penthylone，butylone以及最近引入的衍生物之一N-ethylpentylone。在结构上和生理作用方面，所有这些化合物与3,4-亚甲二氧基苯丙胺非常相似（表14.2）。第3组卡西酮类是具有N-吡咯烷基取代基的天然卡西酮类似物，这些化合物是目前策划药市场上最常见的一组化合物（表14.3）[6]所示为该组的代表。第4组是基于其代表的化学结构进行表征（描述），在其代表的分子中包括亚甲二氧基和N–吡咯烷基取代基，其代表之一是3–脱氧–3,4–亚甲基二氧基吡咯戊酮（3–脱氧–3,4–MDPV）（表14.4）。

表14.1　第1组被选择的卡西酮类衍生物的常见简称及化学结构

常见简称	化学结构
Flephedrone（4–FMC）	
Buphedrone	
4–Chloroethcathinone（4–CEC）	
4–Methyl–N, N–dimethylcathinone	
Mephedrone	
Pentedrone	

注：第1组卡西酮类衍生物的共同结构特征是N–烷基或在芳环的任何可能位置具有烷基和卤素取代基。

表14.2　第2组被选择的卡西酮类衍生物的常见简称及化学结构

常见简称	化学结构
Butylone	
Methylone	
Pentylone	
N-Ethylpentylone	

注：第2组卡西酮类衍生物的共同结构特征是在芳环的任何给定位置具有亚甲二氧基取代基。

表14.3　第3组被选择的卡西酮类衍生物的常见简称及化学结构

常见简称	化学结构
MPHP	

常见简称	化学结构
α–PVP	
4–氟–PV9	
4–甲氧基–α–PHPP	

注：第3组卡西酮类衍生物的共同结构特征是具有N–吡咯烷基取代基。

表14.4　第4组被选择的卡西酮类衍生物的常见简称及化学结构

常见简称	化学结构
MDPBP	
MDPPP	

续表

常见简称	化学结构
3,4-MDPV	
3-脱氧-3,4-MDPV	

注：第4组卡西酮类衍生物的共同结构特征是具有亚甲二氧基和N-吡咯烷基取代基。

14.1.3　卡西酮类的代谢过程和作用机制

体外实验研究表明，合成卡西酮类很容易透过血脑屏障（BBB）[13]。卡西酮及其衍生物（简称β-酮基苯丙胺类）通过使突触间隙儿茶酚胺浓度的增加，对中枢神经系统产生刺激和拟交感神经作用，其作用远强于苯丙胺本身[2, 14-21]。与苯乙胺相似，卡西酮类以两种立体异构体形式存在，且每种都具有不同的效力[6]。合成卡西酮类的作用机制包括抑制多巴胺转运体（DAT）、去甲肾上腺素转运体（NAT）和5-羟色胺转运体（SERT）等单胺转运体。根据给定的衍生物，更准确地说是根据其化学结构，它们对上述转运体的亲和力可能不同。通过合成卡西酮类与个体单胺类的不同选择性可以区分其对神经传递的影响[14, 17, 21]。基于合成卡西酮类的两个特性，即一方面是它们对多巴胺、去甲肾上腺素和血清素的反向捕获效力，另一方面是它们释放神经递质的能力，西姆莱尔（Simmler）等人[13]将其分为三组。第一组包括与可卡因和MDMA（亚甲二氧基甲基苯丙胺）作用相似的卡西酮类，表示为"可卡因-MDMA-混合卡西酮类"组。属于这一组卡西酮类的作用机制包括对单胺捕获的非选择性抑制（类似于可卡因，其对多巴胺转运体显示出比血清素转运体更大的选择性）和诱导血清素释放（类似于MDMA）[13]。属于这一组并显示与可卡因作用相似的物质，例如，mephedrone，methylone，ethylone和butylone，而萘苯甲酮的作用方式类似于MDMA。第二组包括与甲基苯丙胺作用方式相似的卡西酮类，其被称为"甲基苯丙胺-卡西酮类"。它们的作用机制包括优先捕获儿茶酚胺和释放多巴胺，其中以甲卡西酮、4-氟甲卡西酮、4-氯甲卡西酮为代表[13, 14]。对神经传递的第三个药理作用是以吡咯戊酮为基础的合成卡西酮类结构，因此表示为"吡咯戊酮-卡西酮类"。第三组的代表是MDPV和MDPBP［1-[3，4-(亚甲二氧基)苯基]-2-(N-吡咯烷基)-1-丁酮］，它们被认为是非常有效和选择性的儿茶酚胺捕获抑制剂，但并不能证明有神经递质的释放效应[13, 15]。

　　人类机体在摄入所讨论的卡西酮类衍生物后，其反应症状与上述对应的卡西酮组的作用机制保持一致，正如在体外实验中所揭示的以及在神经传递水平基础上所定义的那样[17]。卡西酮对中枢神经系统作用的程度和强度可能非常广泛，取决于以下因素：年龄、性别、成瘾程度、常规健康状况、药物治疗、其他致幻剂或精神药物的摄入，以及酒精的使用。然而，卡西酮服用者的主观感觉比较相似，被描述为强烈的兴奋、欣快，增加共鸣和自信，增强人际交往和性欲[2, 3, 6, 12]。但是，必须明确指出，不论人类机体长期暴露于合成卡西酮类的环境中，还是一次或偶尔摄入，都同样会危害人类健康和生命。在使用"浴盐"和类似产品的人所经历的不适中，最常见的是呕吐、出汗、短时记忆障碍、偏头痛和头晕、心跳过度和肌肉震颤。在神经系统方面，卡西酮摄入过量可导致记忆障碍和记忆丧失，阵发性恐慌和好斗情绪、幻觉和抑郁，甚至引发有自杀念头的精神病[13]。从心脏病学的角度来看，合成卡西酮类会导致血压升高、心律失常、心动过速和心脏骤停。使用卡西酮的一些更常见的症状，还有低钠血症、高热、贫血和横纹肌溶解症[16]。

　　相对来说，这些化合物的代谢过程是众所周知的，它们被视为该策划药代谢产物的前体。迈尔（Meyer）等人[18]提出甲氧麻黄酮的代谢过程，认为主要分解步骤是其N-去甲基化为碱性胺，随后酮基官能团还原为4-甲基去甲麻黄碱和芳环的甲基取代基羟基化，导致其最终氧化为相应的羧酸。乌拉莱特斯（Uralets）等人[22]研究测定了人尿中16种合成卡西酮类的代谢产物，将它们分为三个卡西酮衍生物组。第一组包括甲氧麻黄酮、buphedrone、4-methylbuphedrone、pentedrone、4-甲基-N-乙基卡西酮、N-ethylbuphedrone、氟麻黄酮和乙卡西酮，它们按照合成卡西酮前体的模式代谢（即甲卡西酮和卡西酮）。在摄入这些化合物的人尿中，检测到β-酮基还原和N-脱烷基化产生的代谢产物，这相当于出现的两种非对映异构体（去甲麻黄碱和麻黄碱）是主要代谢产物。第二组为3,4-亚甲二氧基取代的卡西酮类（即，methylone，butylone和ethylone），与第一组化合物相比，其特征是β-酮基还原效率较低，这可能与芳环中存在3,4-亚甲二氧基取代基有关。因此，在分析的尿液中，检测到了母体分子。第三组为吡咯烷基酮类，如PVP（α-吡咯烷基苯戊酮）和PBP（α-吡咯烷苯丁酮），它们不进行酮基还原模式下的代谢，在尿液中仍存在且结构未发生变化。其可追踪的代谢物为吡咯烷分解为伯胺的产物[18, 22, 23]。

14.2　应用

14.2.1　卡西酮结构修饰的趋势及其特性

由于对卡西酮结构可以进行各种不同的修饰，因此新型化合物不断出现在策划药市场上。其鉴别和物理化学特性对化学分析者来说是一个真正的挑战。由于实验室间对新衍生物的信息（即化合物的完整特性、不同基质中的鉴定方法和受害者信息）交换互通，毒物分析研究领域不断发展。从2000年开始，当第一批合成卡西酮类出现时[3, 4, 6]，全世界范围的文献中就不断有关于新衍生物的报道[8, 9, 11]。在过去的三年里，市场上已经出现了十几个新的卡西酮类衍生物[11]。2014年年初，出现了策划药α-PVP的甲氧基衍生物，即4-甲氧基-α-PVP，同时还在该产品中检测到了4-methylbuphedrone。2014年3月，内山（Uchiyama）等人在发布的研究中描述了多达7种新的合成卡西酮[24]。在缴获的样品中，发现了称为"芳香液体"的多色液体，以及称为"香粉"的多色粉末。所有这些样品均液液萃取后再进行分析。分别取2 mg粉末和20 μL液体，均加入1 mL甲醇超声提取。离心和过滤后，将获得的上清液稀释（如有必要），然后通过超高效液相色谱-电喷雾质谱联用（UPLC-ESI-MS）和气相色谱-电子碰撞质谱联用（GC-EI-MS）进行分析。使用液相色谱串联四极杆飞行时间质谱（LC-Q-TOF-MS）测定分析化合物的精确质荷比（m/z）。使用氢核磁共振波谱和碳核磁共振波谱进一步确认所有被鉴定化合物的结构。这7种新的卡西酮类衍生物被鉴定为MPHP（4-甲基-α-吡咯烷基苯己酮）、α-PHPP（α-吡咯烷基苯庚酮，PV8）、α-POP（α-吡咯烷基苯辛酮，PV9）、3,4-二甲氧基-α-PVP（3,4-二甲氧基-α-吡咯烷基苯戊酮）、4-氟-α-PVP（4-氟-α-吡咯烷基苯戊酮）、α-EAPP（α-ethylaminopenthiophenone）和N-ethyl-4-methylpentedrone（4-methyl-α-ethylaminopenthiophenone，4-甲基-α-乙基氨基苯戊酮）。不到半年后，使用相同的提取和分析方法，Uchiyama等人[25]在合成卡西酮类数据库中增加了四个新化合物，即：α-PHP（α-吡咯烷基苯己酮）、4-甲氧基-α-POP（4-甲氧基-α-吡咯烷基辛苯酮）、4-甲氧基-α-PHPP（4-甲氧基-α-吡咯烷基苯庚酮）和4-氟-α-PHPP（4-氟-α-吡咯烷基苯庚酮）。

此外，他们还观察到一种增长趋势，并在文献中描述了在商业化产品中提供策划药混合物的情况。通常是二元和三元混合物，且不一定仅属于同一组化合物，也可能属于不同组的药物（例如，合成卡西酮类和合成大麻素类的组合）[24—26]。由于新精神活性化合物的作用机制和毒性是未知的，所以其组合可能导致预料不到的协同作用，从而危及潜在吸食者的健康和生命。

2015年下半年，多伊（Doi）等人[27]首次报道在商业化的策划药中发现噻吩基卡西酮类衍生物，如α-PBT（α-pyrrolidinobutiothiophenone），以及α-PVT（α-pyrrolidinopentiothiophenone）和α-PBT的溴代噻吩基类似物。大约在同一时间，Cambaro等人[28]报道了一种新的卡西酮衍生物，thiothinone（硫代噻吩酮）［(2-methylamino)-1-(2-thienyl)-1-propanone，(2-甲氨基)-1-(2-噻吩基)-1-丙酮］。2015年年底的一篇论文[29]提供了关于α-PHP的补充信息并扩展了物理化学数据库，并首次报道了一种新的卡西酮衍生物4-氟-PV9（4-氟-α-吡咯烷基苯辛酮）。除了应用HPLC-MS、GC-MS和NMR之外，作者还使用电喷雾电离串联质谱（ESI-MSⁿ）、傅里叶变换红外光谱、差示扫描量热法和热重分析对这两种化合物进行了表征。此外，未使用甲醇提取样品（多色粉末），而是使用内部特制的溶剂系统对其进行处理。首先将10 mg粉末溶于1 mL乙腈/甲醇（50∶50，v/v）中，然后超声、离心，并将所得上清液用甲醇/水（80∶20，v/v）稀释[29]。在表14.5中，列出了过去几年中鉴定出的属于卡西酮类衍生物的新化合物的化学结构和部分分析数据。

表14.5 最近报道的卡西酮类衍生物的化学名称、常见简称及化学结构

化学名称	常见简称	化学结构
1-[2-(吡咯烷-1-基)-戊烷基-1-酮基]-4-甲氧基苯	4-methoxy-α-PVP； 4-methoxy-α-pyrrolidinopentiophenone	
1-[2-(吡咯烷-1-基)-庚烷-1-酮基]-苯	α-PHPP；PV8； α-pyrrolidinoheptanophenone	

化学名称	常见简称	化学结构
1-[2-(吡咯烷-1-基)-辛烷-1-酮基]-苯	α-POP；PV9； α-pyrrolidinooctanophenone	
1-[2-(吡咯烷-1-基)-戊烷-1-酮基]-3，4-二甲氧基苯	3,4-dimethoxy-α-PVP； 3,4-dimethoxy-α-pyrrolidinopentiophenone	
1-[2-(吡咯烷-1-基)-戊烷-1-酮基]-4-氟基苯	4-fluoro-α-PVP； 4-fluoro-α-pyrrolidinopentiophenone	
1-[2-(N-乙基氨基)-戊烷-1酮基]-苯	α-EAPP； α-ethylaminopentiophenone	
1-[2-(N-乙基氨基)-戊烷-1酮基]-4-甲基苯	N-ethyl-4-methylpentedron； 4-methyl-α-ethylaminopenthiophenone	
1-[2-(吡咯烷-1-基)-己烷-1-酮基]-苯	α-PHP， α-pyrrolidinohexaphenone	
1-[2-(吡咯烷-1-基)-辛烷-1-酮基]-4-甲氧基苯	4-methoxy-α-POP， 4-methoxy-α-yrrolidinooctanophenone	

续表

化学名称	常见简称	化学结构
1-[2-(吡咯烷-1-基)-庚烷-1-酮基]-4-甲氧基苯	4-methoxy-α-PHPP； 4-methoxy-α-pyrrolidinoheptanophenone	
1-[2-(吡咯烷-1-基)-庚烷-1-酮基]-4-氟基苯	4-fluoro-α-PHPP； 4-fluoro-α-pyrrolidinoheptanophenone	
2-(吡咯烷-1-基)-1-(噻吩-2-基)丁烷-1-酮	α-PBT	
1-(5-溴噻吩-2-基)-2-(吡咯烷-1-基)丁烷-1-酮； 1-(4-溴噻吩-2-基)-2-(吡咯烷-1-基)丁烷-1-酮； 1-(3-溴噻吩-2-基)-2-(吡咯烷-1-基)丁烷-1-酮	5-Br-α-PBT x=Br，y=z=H 4-Br-α-PBT y=Br，x=z=H 3-Br-α-PBT z=Br，x=y=H	
1-(5-溴噻吩-2-基)-2-(吡咯烷-1-基)戊烷-1-酮； 1-(4-溴噻吩-2-基)-2-(吡咯烷-1-基)戊烷-1-酮； 1-(3-溴噻吩-2-基)-2-(吡咯烷-1-基)戊烷-1-酮； 1-(4，5-溴噻吩-2-基)-2-(吡咯烷-1-基)戊烷-1-酮	5-Br-α-PVT， x=Br，y=z=H； 4-Br-α-PVT， y=Br，x=z=H； 3-Br-α-PVT， z=Br，x=y=H； 4,5-Br-α-PVT	
2-(M=甲基氨基)-1-(2-噻吩基)-1-丙酮	thiothinone	
1-[2-(吡咯烷-1-基)-辛烷-1-酮基]-4-氟基苯	4-fluoro-α-PV9； 4-fluoro-α-POP； 4-fluoro-α-pyrrolidinooctanophenone	

14.2.2　鉴别卡西酮的分析技术

策划药市场的稳步增长对研究其物理化学特性及其鉴别生物检材的工作者带来了永久性的分析挑战。除了样品制备的关键步骤外，用于评估这些样品化学组成的分析技术也发挥着至关重要的作用。色谱和光谱技术的长足发展（产生了能够识别数百种微克级浓度化合物的精密仪器）使得毒理学研究的范围从目前研究的（已知和未知的）策划药分子扩展到其代谢产物。所采用的每一种分析技术都有其值得称赞的优势，同时也有某些缺点和局限性，但它们的合理组合可以为物证和生物样品的鉴定和定量提供强有力的工具。

14.2.2.1　生物检材和非生物检材分析中的筛选技术

实际上，鉴定精神活性化合物（包括卡西酮类衍生物）的所有尝试都是从应用非特异性筛选方法开始的。对于物证样品（例如，粉剂、片剂和胶囊内容物）使用标准显色法，这种方法是大多数分析实验室中常规使用的方法，包括警察法医实验室[30, 31]。对结构中含有氮原子的化合物（广泛用于鉴别苯丙胺），最常见的测试是使用Marquis试剂（马奎斯试剂、硫酸和甲醛）。用4-甲基甲卡西酮合成的卡西酮类衍生物不产生此显色反应，但它对含有亚甲二氧基取代基的化合物产生阳性反应，例如MDPV。对于后一种卡西酮类，另一种检测方法是使用Chen试剂（乙酸、硫化铜和氢氧化钠），该方法也适用于麻黄碱衍生物[31]。

比色技术的优势在于其快速且易于推广应用。然而，它们通常只鉴定给定分子的某个结构片段，并不是将该化合物归属于给定一组衍生物的充分的分类标准。由于这一缺点，不能使用显色法进行合成卡西酮类的鉴别，显色法通常不用于策划药的初步筛选。

生物检材的筛选方法最常用的是酶免分析。最常见的一种是ELISA（酶联免疫吸附试验），使用与酶偶联的单克隆抗体或多克隆抗体检测所研究样品中的某些精神活性物质。这种技术在生物医学分析中非常流行，如病毒学（HIV测试）、细菌学（分枝杆菌测试）、对可能含有过敏原的食品分析等[32]。在大多数商业实验室中，进行毒物分析时也使用酶免分析法。作为检测生物检材中合成卡西酮的筛选技术[33, 34]，但酶免分析法被认为是非特异性的（由于可能的交叉反应，如MDPV和苯环己哌啶之间的交叉反应）[34]。

筛选分析可用作评估物证和/或生物样品中精神活性化合物的初步步骤。其结果往往指引了进一步研究的方向，缩小了可疑化合物的范围，但特定的分析技术起着决定性的作用。对于合成卡西酮类，首选的分析技术是气相色谱（GC）和液相色谱（LC）与不同的质谱技术联用。

14.2.2.2　气相色谱-质谱联用法（GC-MS）

气相色谱-质谱联用（GC-MS）是毒物分析中最常用的技术。适用于多种具有挥发性的精神活性化合物（包括卡西酮类）[30, 35-40]的检测。此外，单次分析运行的时间相对较短，在约40 min的时间内，即可对大量化合物进行筛选[37]。在GC-MS中，偶尔会使用化学电离（CI），但在大多数情况下，主要用电子碰撞（EI）电离模式[30, 35-40]。用GC-MS正电离模式分析卡西酮的质谱非常简单，用分子信号亚胺离子来表征。而鉴别不同卡西酮类衍生物则变得相当复杂。因此，最好是对检测方法进行不同的修改，其中之一是串联质谱，它提供了更多关于分子结构的信息，已被证实对鉴定非常有帮助。2012年，祖巴[37]提出用GC-EI-MS测定合成卡西酮类的新分析方法。根据他的方法，如果上述亚胺离子表现为分子离子（$m/z = 16 + 14n$，其中$n = 1$、2、3等），即可假定分析样品中的卡西酮具有直链脂肪族特征。如果质谱中出现与吡咯烷离子对应的信号（$m/z = 70 + 14n$，其中$n = 1$、2、3等），则鉴别出的卡西酮应含有吡咯烷结构。由于可能会遇到许多不同的区域异构体来自于不同的卡西酮类衍生物，因此一项基本任务是评估脂肪族链长度及其可能的取代基，或确定芳环的取代基。对于未取代的环，特征碎裂离子是$m/z = 70$和105。信号$m/z = 91$和119则表示存在甲基苯基环，信号$m/z = 121$和149证明了亚甲二氧基环取代基的存在。GC-EI-MS是一种快速的技术，但其主要缺点是，在应用EI电离模式时，某些异构体可能形成相同的碎片，并且分子离子强度较低。这就是为什么替代质谱技术的应用往往是不可避免的主要原因[37]。

表14.6提供了使用GC-EI/MS技术分析从卡西酮衍生物组中选定的新精神活性物质获得的基峰和碎片峰的m/z值。

14.2.2.3　液相色谱-质谱联用（LC-MS）

毒物分析实验室使用液相色谱-质谱联用仪（LC-MS）的频率几乎与GC-MS相同，其普及是由于这种特殊技术的高灵敏度和选择性。大多数LC-MS分析是在多反应监测（MRM）模式和选择反应监测（SRM）模式下进行的，最常用到的电离技术是电喷雾电离（ESI）。对于合成卡西酮类，大量的分析是在ESI-MS^{n}模式下进行的，从而能够观察到相应的准分子离子的特征碎裂模式。分子离子碎裂的特征是水分子的丢失和吡咯烷环的断裂[24, 28, 29]。图14.2至图14.5显示了在ESI-MS^{n}模式下获得的4种卡西酮类衍生物的质谱，以及推荐的裂解模式。每种化合物代表4个卡西酮类衍生物组中的一个，它们是根据各个衍生物组成员的结构特征进行分类的（如第14.1.2节所述）。

表14.6　最近报道的卡西酮类衍生物的常见简称、最大吸收值、分子质量、LC–ESI/MS特征离子、GC–EI/MS特征离子和参考资料

常见简称	最大吸收值/nm	分子质量/Da	LC–ESI/MS分析 母离子和碎片离子（M+H+）的m/z值	GC–EI/MS分析 基峰和其他峰的m/z值	参考资料
4–methoxy–α–PVP	292	261.36	262	126, 135, 107	[26]
α–PHPP, PV8	253	259.39	260	154, 105, 77	[24]
α–POP, PV9	253	273.41	274	168, 105.77	[24]
3,4–dimethoxy–α–PVP	286, 316	291.39	292	126, 137, 165	[24]
4–fluoro–α–PVP	256	249.32	250	126, 95	[24]
α–EAPP	251	205.30	206	100, 77	[24]
N–ethyl–4–methylpentedrone	264	219.32	220	100, 91	[24]
α–PHP	252, 251	245.36	246, 228, 175	140, 141, 105, 96, 77	[25, 29]
4–methoxy–α–POP	292	303.44	304	168, 135	[25]
4–methoxy–α–PHPP	292	289.41	290	154, 135	[25]
4–fluoro–α–PHPP	255	277.38	278	154, 123, 95	[25]
α–PBT	无数据	223.33	224		[27]
5–Br–α–PBT	无数据	302.23	302, 304	112	[27]
4–Br–α–PBT			302, 304	112	
3–Br–α–PBT			302, 304	112	
5–Br–α–PVT	无数据	316.26	316, 318	126, 189, 191	[27]
4–Br–α–PVT		395.15	316, 318	126, 189, 191	
3–Br–α–PVT			316, 318	126, 189, 191	
4,5–Br–α–PVT			395, 318	126, 267, 269, 271	
thiothinone	无数据	169.24	170	58, 83, 111	[28]
4–fluoro–α–PV9	254, 253	291.40	292, 274, 221, 203, 189	168, 169, 123, 110, 95, 84, 55	[29]
4–fluoro–α–POP					

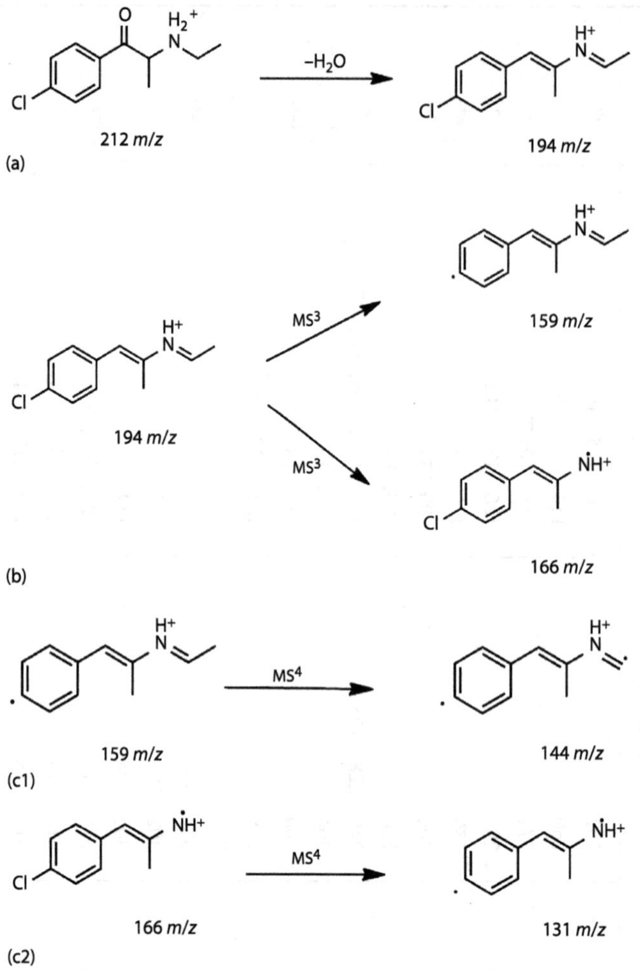

图14.2　4-氯乙卡西酮（4-CEC）的质谱以及推荐的碎裂模式：（a）ESI-MS^{2}模式，（b）ESI-MS^{3}模式和（c）ESI-MS^{4}模式

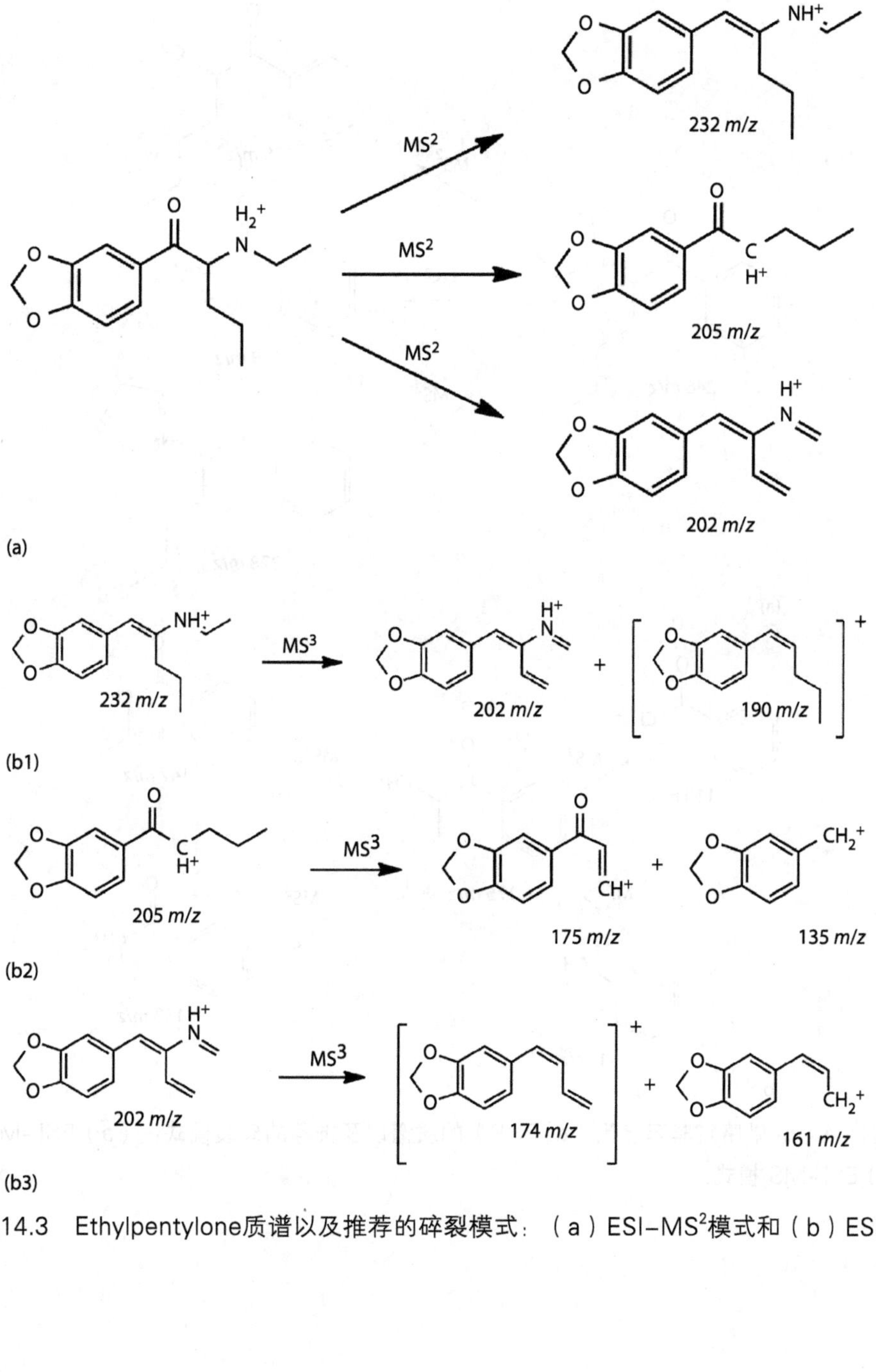

图14.3　Ethylpentylone质谱以及推荐的碎裂模式：（a）ESI-MS² 模式和（b）ESI-MS³ 模式

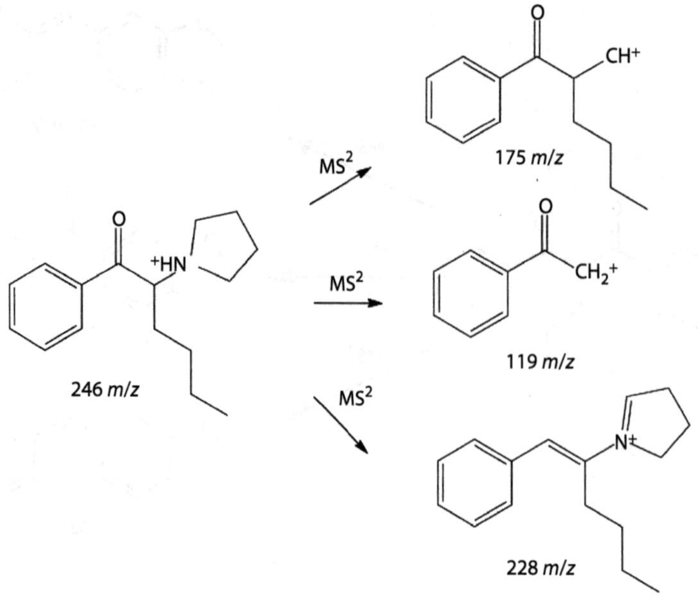

(a)

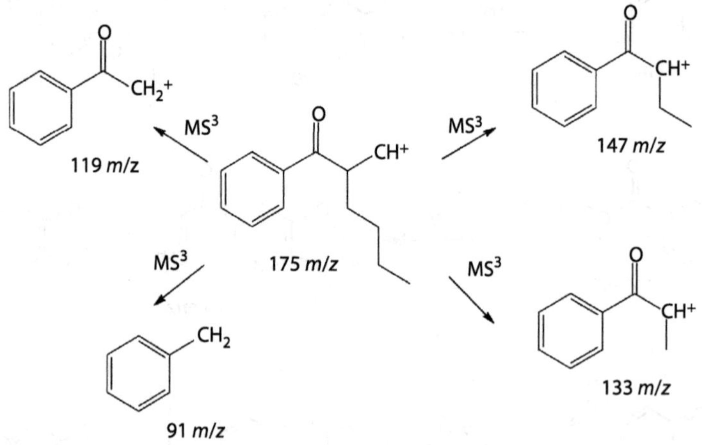

(b)

图14.4　α-吡咯烷基苯己酮（α-PHP）的质谱以及推荐的碎裂模式：（a）ESI-MS^{2}模式和（b）ESI-MS^{3}模式

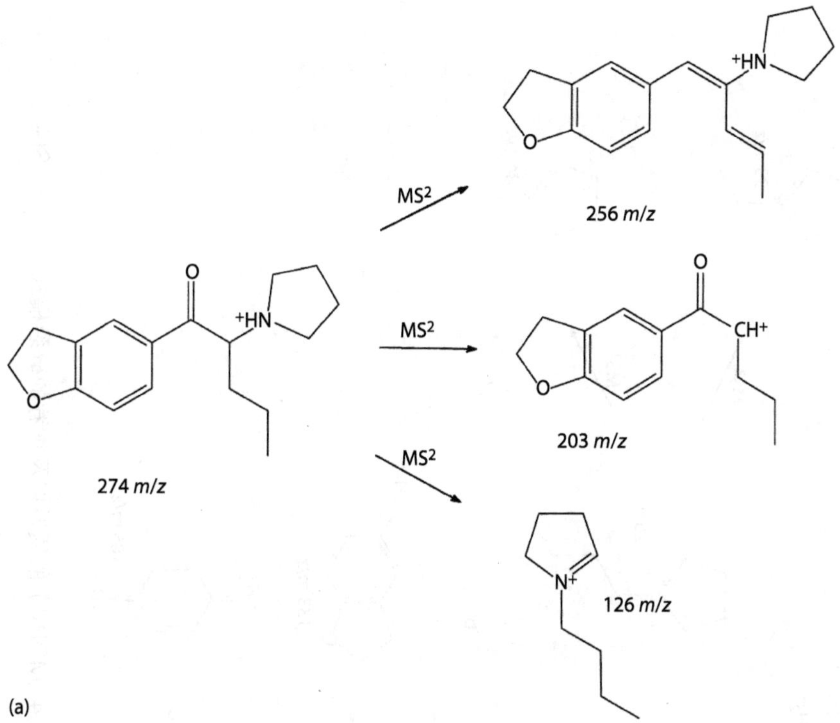

图14.5 3-脱氧-3,4-亚甲基二氧基吡咯戊酮（3-脱氧-3,4-MDPV）的质谱以及推荐的碎裂模式：（a）ESI-MS^{2}模式，（b）ESI-MS^{3}模式和（c）ESI-MS^{4}模式

莱西亚克（Lesiak）等人[41]报道了一种混合卡西酮类衍生物的分析结果，在商业产品中标记为"浴盐"。作者认为，最流行和最常用的分析技术是由质谱库支持的GC-MS和LC-MS，但这些方法的效率往往会随着大量全新的卡西酮类衍生物在策划药市场上的快速出现而降低。作者建议将DART（实时直接分析）电离源与质谱联用作为替代方案。这种方法更具实用性，并有可能更好地区分结构相近甚至异构体化合物，无论是作为单一种类还是混合物。

可用于策划药有效成分分析的另一种技术是超高效液相色谱（UHPLC）与飞行时间质量分析器联用（TOF-MS），及其与四极杆（或多重四极杆）TOF联用（UHPLC-QTOF-MS）。使用后一种技术，伊巴涅斯（Ibánez）等人[42]成功鉴定了许多商品化策划药中的化合物（包括某些卡西酮衍生物），有片剂、胶囊、粉末和干燥草药。这些作者的研究结果表明，所讨论的技术在精神活性化合物的目标分析和非目标分析中均有很大的应用潜力，分析时这些化合物均被视为未知物质。QTOF-MS方法的一个优点是可以在没有任何参考标准的情况下对所分析的化合物进行初步鉴定，而在调查的初始阶段是不需要任何参考标准的。只有在研究的最后阶段才使用标准品，与仪器分析

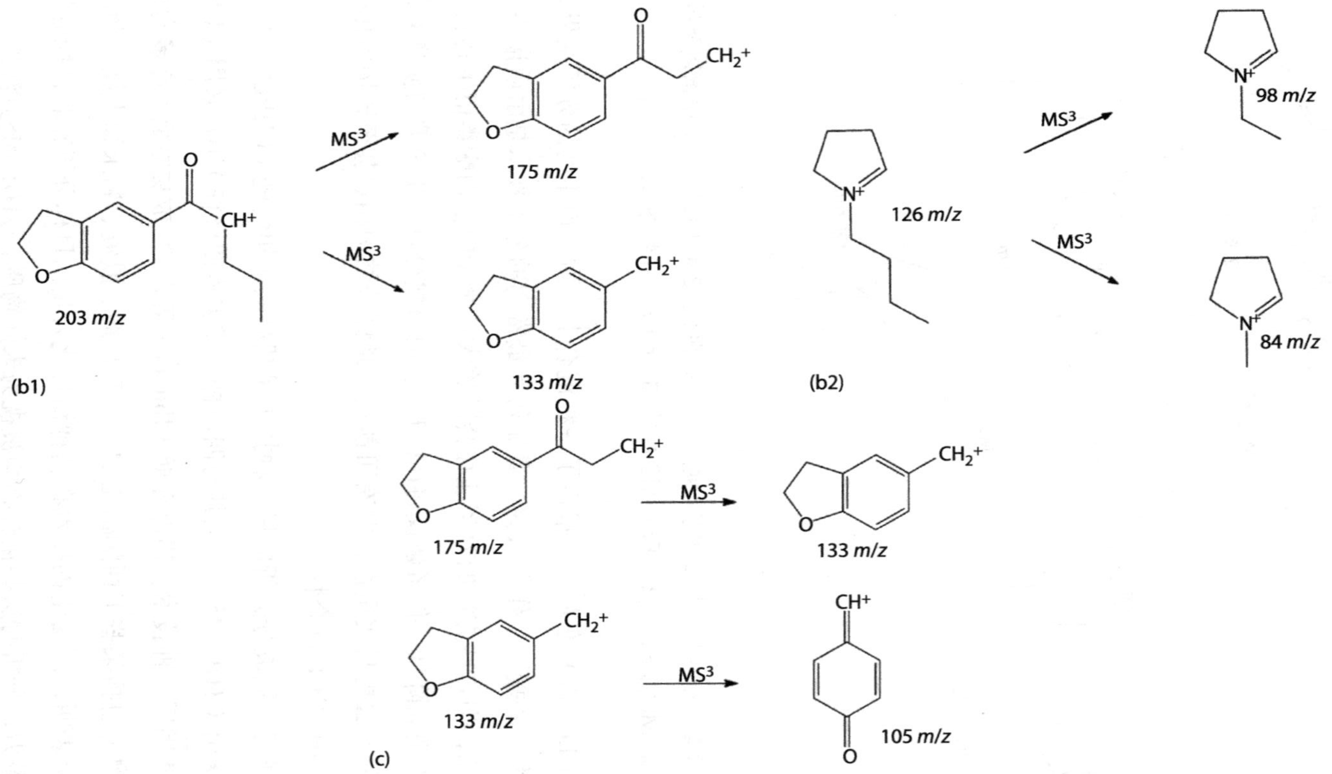

图14.5 3-脱氧-3,4-亚甲基二氧基吡咯戊酮（3-脱氧-3,4-MDPV）的质谱以及推荐的碎裂模式：（a）ESI-MS²模式、（b）ESI-MS³模式和（c）ESI-MS⁴模式

的数据进行比较，最终确认特定化合物的存在。

表14.6提供了使用LC–ESI/MS技术获得的从卡西酮衍生物组中选定的新精神活性物质的准分子离子峰和碎裂峰的*m*/*z*值。

14.2.2.4 液相色谱与UV–Vis、NMR和IR光谱的联用

一种使用频率较低的紫外–可见光谱（UV–Vis）检测系统是二极管阵列检测（DAD）或光电二极管阵列检测（PDA）形式的紫外可见光谱法[24, 29, 43]，它与液相色谱（LC）串联使用，可以用于物证和生物样品的鉴定。由于这种特殊的检测系统，人们可以记录所研究的卡西酮类的紫外–可见光谱，并确定各组代表的吸收波长特性。这些数据可进一步添加到库中，提供每组卡西酮类衍生物的物理化学特征。表14.6给出了从卡西酮类衍生物组中选定的新精神活性物质的最大吸收波长（nm）。

最后但并非最不要的是，鉴于卡西酮类衍生物可能的结构修饰，人们不会忘记在证据材料分析中使用的技术，如核磁共振（NMR）波谱和吸收红外（IR）光谱[29, 39, 40]。核磁共振（NMR）波谱，能够确定给定分子的取代异构，因此可以不使用任何标准品来进行比较[27, 29, 40, 44]。显然，这种技术不能用于测定生物检材中新精神活性物质的含量，但^{1}H和^{13}C核磁共振波谱通常用于详细评估卡西酮类衍生物的化学结构，包括其取代异构体。

参考文献

1. Brenneisen, R., Fisch, H.U., Koelbing, U., Geisshüsler, S., and P. Kalix. 1990. Amphetamine-like effects in humans of the khat alkaloid cathinone. *Br. J. Clin. Pharmacol.* 30:825–828.
2. Feyissa, A.M., and J.P. Kelly. 2008. A review of the neuropharmacological properties of khat. *Prog. Neuropsychopharmacol. Biol. Psych.* 32:1147–1166.
3. Katz, D.P., Bhattacharya, D., Bhattacharya, S., Deruiter, J., Clark, C.R., Suppiramaniam, V., and M. Dhanasekaran. 2014. Synthetic cathinones: "A khat and mouse game". *Toxicol. Lett.* 229:349–356.
4. Patel, N.B., 2015. "Natural amphetamine" khat: A cultural tradition or a drug of abuse? *Int. Rev. Neurobiol.* 120:235–255.
5. Szendrei, K., 1980. The chemistry of khat. *Bull. Narc.* 32:5–35.
6. Valente, M.J., Guedes de Pinho, P., de Lourdes Bastos, M., Carvalho, F., and M. Carvalho. 2014. Khat and synthetic cathinones: A review. *Arch. Toxicol.* 88:15–45.
7. Baumann, M.H., Solis, E., Watterson, L.R., Marusich, J.A., Fantegrossi, W.E., and J.L. Wiley. 2014. Baths salts, spice, and related designer drugs: The science behind the headlines. *J. Neurosci.* 34:15150–15158.

8. Favretto, D., Pascali, J., and F. Tagliaro. 2013. New challenges and innovation in forensic toxicology: Focus on the "new psychoactive substances". *J. Chromatogr. A.* 1287:84–95.

9. Weaver, M.F., Hopper, J.A., and E.W. Gunderson. 2015. Designer drugs 2015: Assessment and management. *Addict. Sci. Clin. Pract.* 10:8.

10. Vardakou, I., Pistos, C., and C. Spiliopoulou. 2011. Drugs for youth via Internet and the example of mephedrone. *Toxicol. Lett.* 201:191–195.

11. Debruyne, D., Loilier, M., Cesbron, A., Le Boisselier, R., and J. Bourgine. 2014. Emerging drugs of abuse: Current perspectives on substituted cathinones. *Subst. Abuse. Rehabil.* 5:37–52.

12. Zawilska, J.B., and J. Wojcieszak. 2013. Designer cathinones—An emerging class of novel recreational drugs. *Forensic. Sci. Int.* 231:42–53.

13. Simmler, L.D., Buser, T.A., Donzelli, M., Schramm, Y., Dieu, L.H., Huwyler, J., Chaboz, S., Hoener, M.C., and M.E. Liechti. 2013. Pharmacological characterization of designer cathinones in vitro. *Br. J. Pharmacol.* 168:458–470.

14. Baumann, M.H., Ayestas, Jr. M.A., Partilla, J.S., Sink, J.R., Shulgin, A.T., Daley, P.F., Brandt, S.D., Rothman, R.B., Ruoho, R.A.E., and N.V. Cozzi. 2012. The designer methcathinone analogs, mephedrone and methylone, are substrates for monoamine transporters in brain tissue. *Neuropsychopharmacology.* 37:1192–1203.

15. Baumann, M.H., Partilla, J.S., Lehner, K.R., Thorndike, E.B., Hoffman, A.F., Holy, M., Rothman, B., Goldberg, S.R., Lupica, C.R., Sitte, H.H., Brandt, S.D., Tella, S.R., Cozzi, N.V., and C.W. Schindler. 2013. Powerful cocaine-like actions of 3,4-methylenedioxypyrovalerone (MDPV), a principal constituent of psychoactive 'bath salts' products. *Neuropsychopharmacology.* 38:552–562.

16. Lopez-Arnau, R., Martinez-Clemente, J., Pubill, D., Escubedo, E., and J. Camarasa. 2012. Comparative neuropharmacology of three psychostimulant cathinone derivatives: Butylone, mephedrone and methylone. *Br. J. Pharmacol.* 167:407–420.

17. Martinez-Clemente, J., Escubedo, E., Pubill, D., and J. Camarasa. 2012. Interaction of mephedrone with dopamine and serotonin targets in rats. *Eur. Neuropsychopharmacology.* 22:231–236.

18. Meyer, M.R., Wilhelm, J., Peters, F.T., and H.H. Maurer. 2010. Beta-keto amphetamines: Studies on the metabolism of the designer drug mephedrone and toxicological detection of mephedrone, butylone, and methylone in urine using gas chromatography-mass spectrometry. *Anal. Bioanal. Chem.* 397:1225–1233.

19. Gibbons, S., and M. Zloh. 2010. An analysis of the "legal high" mephedrone. *Bioorg. Med. Chem.* 20:4135–4139.

20. Dargan, P.I., Sedefov, R., Gallegos, A., and D.M. Wood. 2011. The pharmacology and toxicology of the synthetic cathinone mephedrone (4-methylmethcathinone). *Drug. Test. Anal.* 3:454–463.

21. Liechti, M. 2015. Novel psychoactive substances (designer drugs): Overview and pharmacology of modulators of monoamine signaling. *Swiss. Med. Wkly.* 145:w14043.

22. Uralets, V., Rana, S., Morgan, S., and W. Ross. 2015. Testing for designer stimulants: Metabolic profiles of 16 synthetic cathinones excreted free in human urine. *J. Anal. Toxicol.* 38:233–241.

23. Lusthof, K.J., Oosting, R., Maes, A., Verschraagen, M., Dijkhuizen, A., and A.G.A Sprong. 2011. A case of extreme agitation and death after the use of mephedrone in The Netherlands. *Forensic. Sci. Int.* 206:93–95.

24. Uchiyama, N., Matsuda, S., Kawamura, M., Shimokawa, Y., Kikura-Hanajiri, R., Aritake, K., Urade, Y., and Y. Goda. 2014. Characterization of four new designer drugs, 5-chloro-NNEI, NNEI indazole analog, α-PHPP and α-POP, with 11 newly distributed designer drugs in illegal products. *Forensic Sci. Int.* 243:1–13.

25. Uchiyama, N., Shimokawa, Y., Kawamura, M., Kikura-Hanajiri, R., and T. Hakamatsuka. 2014. Chemical analysis of a benzofuran derivative, 2-(2-ethylamino-propyl)benzofuran (2-EAPB), eight synthetic cannabinoids, five cathinone derivatives, and five other designer drugs newly detected in illegal products. *Forensic Toxicol.* 32: 266–281.

26. Uchiyama, N., Matsuda, S., Kawamura, M., Kikura-Hanajiri, R., and Y. Goda. 2013. Identification of two new-type designer drugs, piperazine derivative MT-45 (I-C6) and synthetic peptide Noopept (GVS-111), with synthetic cannabinoid A-834735, cathinone derivative 4-methoxy-α-PVP, and phenethylamine derivative 4-methylbuphedrine from illegal products. *Forensic Toxicol.* 32:9–18.

27. Doi, T., Asada, A., Takeda, A., Tagami, T., Katagi, M., Matsuta, S., Kamata, H., Kawaguchi, M., Satsuki, Y., Sawabe, Y., and H. Obana H. 2015. Identification and characterization of α-PVT, α-PBT, and their bromothienyl analogs found in illicit drug products. *Forensic Toxicol.* 34:76–93.

28. Gambaro, V., Casagni, E., Dell'Acqua, L., Roda, G., Tamborini, L., Visconti, G.L., and F. Demartin. 2015. Identification and characterization of a new designer drug thiothinone in seized products. *Forensic. Toxicol.* 34:174–178.

29. Majchrzak, M., Rojkiewicz, M., Celiński, R., Kuś. P. and M. Sajewicz. 2015. Identification and characterization of new designer drug 4-fluoro-PV9 and α-PHP in the seized materials. *Forensic. Toxicol.* 34:115–124.

30. Namera, A., Kawamura, M., Nakamoto, A., Saito, T., and M. Nagao. 2015. Comprehensive review of the detection methods for synthetic cannabinoids and cathinones. *Forensic Toxicol.* 33:175–194.

31. Toole, K.E, Fu, S., Shimmon, R.G., and N. Kraymen. 2011. Color test for the preliminary identification of methcathinone and analogues of methcathinone. *Microgr. J.* 9:27–32.

32. Apollonio, L.G., Whittall. I.R., Pianca, D.J., Kyd, J.M., and W.A. Maher. 2007. Matrix effect and cross-reactivity of select amphetamine-type substances, designer analogues, and putrefactive amines using the Bio-Quant direct ELISA presumptive assays for amphetamine and methamphetamine. *J. Anal. Toxicol.* 31:208–213.

33. Ellefsen, K.N., Anizan, S., Castaneto, M.S., Desrosiers, N.A., Martin, L.T.M, Klette, C.K.L, and M.A. Huestis. 2014. Validation of the only commercially available immunoassay for synthetic cathinones in urine: Randox drugs of Abuse V Biochip Array Technology. *Drug. Test. Anal.* 6:728–738.

34. Swortwood, M.J., Lee Hearn, W., and A.P. DeCaprio. 2014. Cross-reactivity of designer drugs, including cathinone derivatives, in commercial enzyme-linked immunosorbent assays. *Drug. Test. Anal.* 6:716–727.

35. Saito, T., Namera, A., Osawa, M., Aoki, H., and Inokuchi, S. 2013. SPME–GC–MS analysis of α-pyrrolidinovaleorophenone in blood in a fatal poisoning case. *Forensic Toxicol.* 31:328–332.
36. Kudo, K., Usumoto, Y., Usui, K., Hayashida, M., Kurisaki, E., Saka, K., Tsuji, A., and N. Ikeda. 2013. Rapid and simultaneous extraction of acidic and basic drugs from human whole blood for reliable semi-quantitative NAGINATA drug screening by GC–MS. *Forensic Toxicol.* 32:97–104.
37. Zuba, D. 2012. Identification of cathinones and other active components of "legal highs" by mass spectrometric methods. *TRAC—Trend. Anal. Chem.* 32:15–30.
38. Zweipfenning, P.G., Wilderink, A.H., Horsthuis, P., Franke, J.P., and R.A. de Zeeuw. 1994. Toxicological analysis of whole blood samples by means of Bond-Elut Certify columns and gas chromatography with nitrogen–phosphorus detection. *J. Chromatogr. A.* 674:87–95.
39. Westphal, F., Junge, T., Klein, B., Fritschi, G., and U. Girreser. 2011. Spectroscopic characterization of 3,4-methylenedioxypyrrolidinobutyrophenone: A new designer drug with α-pyrrolidinophenone structure. *Forensic Sci. Int.* 209:126–132.
40. Westphal, F., Junge, T., Girreser, U., Greibl, W., and C. Doering. 2012. Mass, NMR and IR spectroscopic characterization of pentedrone and pentylone and identification of their isocathinone by-products. *Forensic Sci. Int.* 217:157–167.
41. Lesiak, A.D., Musah, R.A., Cody, R.B., Domin, M.A., Dane, A.J., and J.R.E. Shepard. 2013. Direct analysis in real time mass spectrometry (DART-MS) of "bath salt" cathinone drug mixtures. *Analyst.* 138:3424–3432.
42. Ibáñez, M., Sancho, J.V., Bijlsma, L., van Nuijs, A.L.N., Covaci, A., and F. Hernández. 2014. Comprehensive analytical strategies based on high-resolution time-of-flight mass spectrometry to identify new psychoactive substances. *TRAC—Trend. Anal. Chem.* 57:107–117.
43. Uchiyama, N., Shimokawa, Y., Kikura-Hanajiri, R., Demizu, Y., Goda, Y., and T. Hakamatsuka. 2015. A synthetic cannabinoid FDU-NNEI, two 2H-indazole isomers of synthetic cannabinoids AB-CHMINACA and NNEI indazole analog (MN-18), a phenethylamine derivative N–OH-EDMA, and a cathinone derivative dimethoxy-α-PHP, newly identified in illegal products. *Forensic Toxicol.* 33:244–259.
44. Westphal, F., Junge, T., Rosner, P., Fritschi, G., Klein, B., and U. Girresee. 2007. Mass spectral and NMR spectral data of two new designer drugs with an α-aminophenone structure: 4′-Methyl-α-pyrrolidinohexanophenone and 4′-methyl-α-pyrrolidinobutyrophenone. *For. Sci. Int.* 169:32–42.

15 苯乙胺类2C衍生物及其分析

贝里尔·阿尼兰默特（Beril Anilanmert）、法蒂玛·贾夫乌斯·约纳尔（Fatma Çavuş Yonar）和阿里·阿恰尔·厄兹代米尔（Ali Acar Özdemir）

15.1 引言

在过去的十年里，新型"策划药"使用激增，给医疗卫生系统带来额外负担[1]。导致这种滥用迅速蔓延的因素有很多，但最突出的一个似乎是，这些药物可以很容易地在互联网、狂欢聚会、夜总会和迷幻品店里购买。新合成药物或"策划药"，是对其他精神活性药物的化学结构进行修饰而得到的，因此在结构上与非法精神活性药物相似，但并不完全相同。新型药物种类繁多，其中大部分直到最近几年都还没有被现有法律涵盖。合成药物的规模，似乎往往仅受限于有野心化学家的创造力[2]。苯乙胺类是最重要的合成药物之一。苯乙胺类是一类具有精神活性和兴奋作用的物质，包括兴奋剂（例如安非他明）和致幻剂（例如MDMA），所有这些药物都受联合国1971年《精神药物公约》的管制[3, 4]。苯乙胺类具有共同的苯乙基-2-胺结构，包括在苯环上取代的具有致幻作用的物质，如"2C系列"（例如2-CB，2-CE和2-CI）和NBOMe（25I-，25B-和25-C NBOMe），在苯环上取代的苯丙胺如"D系列"（例如DOI，DOC），苯并二呋喃（例如"溴蜻蜓"、2C-B-Fly）和其他（例如对甲氧基甲基苯丙胺［PMMA］）[4, 5]。

2C-X类化合物具有2,5-二甲氧基苯乙胺的基本结构，和麦司卡林（三甲氧基苯乙胺）的结构相似[6]。它们在结构上类似于3,4-亚甲二氧基-N-甲基苯丙胺（MDMA，摇头丸）[7]。术语"2Cs"由Alexander Shulgin引入，用于描述图15.1所示化学结构中氨基和苯环之间的两个碳。2C药物系列是一个庞大的群体，是在芳香环的2-和5-位由甲氧基取代的苯乙基胺碱，在芳香环的4-位由烷基、卤素或烷硫基取代的化合物[3, 6, 8]。4-位的疏水取代基可以是2C-I中的碘或2C-B中的溴[9]。苯环上的4-碳位置常被取代以形成不同的化合物[10]。此外，通过改变芳环2-、3-、5-和6-位的取代基，其实可以合成出更多的新化合物（例如"Fly"）。

　　合成麦司卡林类似物，也被称为"2C类策划药物"，于20世纪70年代和80年代在欧洲广泛使用[6]，并于20世纪90年代被融合到美国的药物文化中。1991年，Alexander Shulgin出版了一本名为《PIHKAL：一个化学爱情故事》（PIHKAL是"Phenethylamines I Have Known and Loved"的首字母缩略词）的书[1]。该书包含200多种迷幻化合物的信息，包括合成路线、测定方法、剂量，以及药效作用的评述。该出版物提高了2C类药物的知名度，随后将2C-B、2C-T-7、2C-E、2C-D、2C-C、2C-I、2C-T-2、2C-T-4、2C-H和2C-P这些物质列入附表Ⅰ类受控物质。另外，这些物质也在《受控物质联邦类似物法案》的列管范围内，因此，贩运任何与附表所列苯乙胺结构类似的化合物均属非法。据报道，在过去的十年里，欧洲和美国相继检测出2C-T-7、2C-T-2和2C-B等2C类药物[11-14]。在"狂欢派对"和音乐节上寻欢作乐的人们可能使用2C毒品作为掺杂物或MDMA的替代品[10]。这些物质通常为片剂或粉末，可在互联网上购买，可能被列为"研究化学品"。2C滥用人群更多为年轻男性，一般有多种药物滥用史。2C和其他苯乙胺类使用的真实情况尚不完全清楚。一项针对英国舞蹈俱乐部常客的调查显示，17.6%的人使用过2C-B，11.2%的人使用过2C-I。2006年至2009年间，西班牙约3%的药物成分分析中含有2C-B。许多2C物质被列为附表Ⅰ类受控物质。然而，新的苯乙胺类化合物不断被设计出来并引入，以逃避现有的立法和监管。

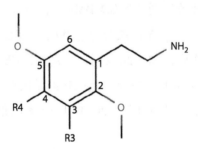

图15.1　2C类化合物的结构（转载自Dean，B. V. et al.，2013，*J Med Toxicol*. 9：172-178。）

　　在苯乙胺4-位由任何疏水基团取代的2C系列，都具有致幻作用[3, 6, 8]。这些物质作用于$5-HT_2$受体，据报道会产生类似于LSD的体验[6]。4-位不同的取代基表现出不同的效力，其中卤素取代最高效，其次是烷基，接着是烷硫基，最后是氢取代。它们与苯丙胺D-系列取代的区别仅在于侧链α碳上没有甲基[3, 8]。迄今为止，鉴定出的最具活性的化合物具有烷基、烷硫基或卤素基团，其效力按以下顺序增加：H < OR < SR

＜R＜卤素[15]。

这些年来，很多不同的2C类物质开始涌现[1]。最近流行的2C药物是2,5-二甲氧基-4-碘苯乙胺（2C-I）和2-(4-氯-2,5-二甲氧基-苯基)-N-[(2-甲氧基苯基)甲基]乙胺（2C-I-NBOMe）。它们以粉末形式出现，在美国、亚洲和西欧可在线购买，也可在迷幻品店、舞蹈俱乐部、加油站、卡车停靠站和狂欢派对上获得。每毫克2C-I的有效剂量范围约比麦司卡林低十倍。2C-I-NBOMe在结构上与2C-I相似，但对5-羟色胺（5-HT$_{2A}$）受体的亲和力更高。表15.1[6, 7, 16]列出了市场上的2C类似物及其对应的IUPAC名称。2C-苯乙胺的报道从2011年到2015年增加了295%。2011年，2C-E、2C-I和2C-B占2C-苯乙胺报道的90%，而2015年，25I-NBOMe、25C-NBOMe和25B-NBOMe占91%[16]。

表15.1　市场上的2C类化合物及其相应IUPAC命名

化合物名称	IUPAC名称
"溴蜻蜓"	8-溴-α-甲基-苯[1,2-b: 4,5-b']二呋喃-4-乙胺
2C-B-FLY	4-溴-2,5-二甲氧基-苯乙醇胺
2C-B-BZP	1-[(4-溴-2,5-二甲氧基苯基)甲基]-哌嗪
2C-C	4-氯-2,5-二甲氧基-苯乙胺
2C-D	2,5-二甲氧基-4-甲基-苯乙胺
2C-E	2,5-二甲氧基-4-乙基苯乙胺
2C-G	2,5-二甲氧基-3,4-二甲基苯乙胺
2C-G-3	2,5-二甲氧基-3,4-三甲基苯乙胺
2C-G-5	2,5-二甲氧基-3,4-降冰片烯-苯乙胺
2C-H	2,5-二甲氧基-苯乙胺
2C-I	4-碘-2,5-二甲氧基-苯乙胺
2C-N	2,5-二甲氧基-4-硝基苯乙胺
2C-P	2,5-二甲氧基-4-丙基-苯乙胺
2C-SE	2,5-二甲氧基-4-甲基硒基-苯乙胺
2C-T	2,5-二甲氧基-4-(甲巯基)-苯乙胺
2C-T-2	4-(乙巯基)-2,5-二甲氧基-苯乙胺
2C-T-4	2,5-二甲氧基-4-[(1-甲基乙基)巯基]-苯乙胺

续表

化合物名称	IUPAC名称
2C-T-7	2,5-二甲氧基-4-(丙巯基)-苯乙胺
2C-T-8	2,5-二甲氧基-4-(环丙基甲巯基)-苯乙胺
2C-T-9	2,5-二甲氧基-4-[(叔)丁巯基]-苯乙胺
2C-T-13	2,5-二甲氧基-4-(2-甲氧基乙巯基)-苯乙胺
2C-T-15	2,5-二甲氧基-4-(环丙基巯)-苯乙胺
2C-T-17	2,5-二甲氧基-4-[(异)丁巯基]-苯乙胺
2C-T-21	2,5-二甲氧基-4-(2-氟乙巯基)-苯乙胺
3C-P	1-(3,5-二甲氧基-4-丙氧基苯基)丙-2-胺
25B-NBOMe	4-溴-2,5-二甲氧基-N-[(2-甲氧基苯基)甲基]-苯乙胺
25C-NBOMe	2-(4-氯-2,5-二甲氧基苯基)-N-(2-甲氧基苄基)乙胺
25D-NBOMe	2-(2,5-二甲氧基-4-甲基苯基)-N-(2-甲氧基苄基)乙胺
25E-NBOMe	2-(4-乙基-2,5-二甲氧基苯基)-N-(2-甲氧基苄基)乙基-1-胺
25G-NBOMe	2,5-二甲氧基-N-[(2-甲氧基苯基)甲基]-3,4-二甲基苯乙胺
25H-NBOMe	2-(2,5-二甲氧基苯基)-N-(2-甲氧基苄基)乙胺
25I-NBOMe	4-碘-2,5-二甲氧基-N-[(2-甲氧基苯基)甲基]-苯乙胺
25I-NBF	N-(2-氟苄基)-2-(4-碘代-2,5-二甲氧基苯基)乙胺
25T2-NBOMe	2,5-二甲氧基-N-[(2-甲氧基苯基)甲基]-4-(甲硫基)-苯乙胺

来源: 转载自McGonigal, M. K. et al., 2017, *Forensic Sci Int.* 275: 83–89., 7, 17; Dean, B. V. et al., 2013, *J Med Toxicol.* 9: 172–178; U.S. Drug Enforcement Administration, Diversion Control Division. 2017. 2C-Phenethylamines, Piperazines, and Tryptamines Reported in NFLIS, 2011–2015. Springfield, VA: U.S. Drug Enforcement Administration.

15.1.1 2C-I类

2C-I的合成于1991年发表,2003年前后在英国作为俱乐部药物以片剂的形式流行起来[9]。2C-I在尿液中以结合物和代谢物的形式存在,其剂量与毒性关系目前尚不清楚。我们遇到了文献中报道的一例中毒案例:一名39岁的非洲裔美国女性,在参加整晚派对后,于元旦入住急诊科,其精神状态迅速下降、激动、体温过低、呕吐、尿失禁、严重高血压、血管收缩和去大脑僵直[9]。她的朋友提供了前一天晚上23:00至入院当天11：00之间的全部时间点的酒精、可卡因、MDMA和2C-I摄入史。据报道，是患者在家中使用互联网上的配方自己合成了2C-I。在检测中发现，苯丙胺筛查显示与2C-I无交叉反应（尿浓度高达100 μg/mL），包括可卡因代谢产物在内的所有其他药物的筛查结果也均为阴性，这与患者朋友提供的病史不一致，表明患者或其朋友并未完全意识到他们正在使用的药物。使用带有紫外扫描模式的HPLC法确认苯丙胺类毒品时，苯丙胺和甲基苯丙胺结果为阴性，MDMA和MDA的检测则受到一种物质的干扰。然而，使用多目标LC-MS/MS法分析，在患者尿液中检测到MDA（5.56 μg/mL）和2C-I（0.311 μg/mL）。众所周知，（2C-I）类似物与单胺氧化酶抑制剂（MAOIs）类药物混用，与5-羟色胺综合征或中毒有很大关联[4]。

15.1.2　2C-B类

2C-B（4-溴-2,5-二甲氧基苯乙胺或去甲基-DOB）是一种对人体具有迷幻精神作用的苯乙胺类衍生物，是所谓的"2Cs"家族中著名的成员之一[17]。2C-B是一种溴代苯乙胺，而苯乙胺于1995年在美国被列为附表Ⅰ类受控物质[6]。在国际上，2C-B是《精神药物公约》中的附表Ⅱ类受控物质[11]。自2C-B成为管制药物以来，已经有数十种其类似物进入毒品市场，使得执法部门难以起诉，犯罪实验室积压了大量案卷[6]。2C-B也称为"Nexus"或"Afro"，是一种麦司卡林类似物，正在作为一种狂欢和俱乐部药物而日益流行[11]。

2C-B摄入后，会产生感知的改变，类似于吸食死藤水和鼠尾草的效果，而吸食苯丙胺和MDMA后则不会[11]。2C-B在愉悦感和社交能力方面与MDMA没有差异，失去自控能力方面低于其他迷幻剂。2C-B最早于20世纪70年代中期合成，并作为MDMA在1985年被禁止后的合法替代品而广受欢迎。在一些欧洲国家，2C-B的各种品牌"Nexus"、"Erox"和"Performax"一起在"智能商店"里作为催情剂合法出售。最初2C-B在大多数国家是合法的，直到20世纪90年代中期才被列为管制药物。过去20年中，2C-B在几个国家的非法药物市场上还是能被发现。

15.1.3　其他2C类似物和D-系列

除2C-B和2C-I外，还有许多其他2C系列的衍生物（图15.2）[3, 8, 18, 19]。这些药物的致幻作用，通过α-碳上的甲基基团（D系列或环取代苯丙胺）得到进一步增强。该类药物包括2,5-二甲氧基-4-甲基苯丙胺（DOM）、2,5-二甲氧基-4-溴苯丙胺（DOB）和2,5-二甲氧基-4-碘苯丙胺（DOI）（图15.2）。关于这些致幻苯丙胺类的副作用，包括恶心和心动过速以及持久的致幻作用、激动和血管痉挛等已有报道。2C和D-系列药物的迷幻属性，是通过与5-羟色胺(5-HT$_{2A}$)受体的相互作用而产生的。通过对2C-x化合物结构的进一步修饰，产生了2C-x-Fly系列的类似物，其中x是8位的取代基，"Fly"为在苯环的相对两侧连接的两个二氢呋喃环[20]。这种带有溴取代基的化合物以"2C-B-Fly"的名称被广泛使用。2C-x-Fly中二氢呋喃部分的芳香化，导致产生了一类超强效的麦司卡林类似物，昵称为"蜻蜓"，这是因为其结构让人想起同名昆虫（图15.2）的缘故。"溴蜻蜓"是由Fly前体通过保护伯氨基下溴化、用DDQ（2,3-二氯-5,6-二氰基-1,4-苯醌）芳香化，然后脱保护制备而成的。

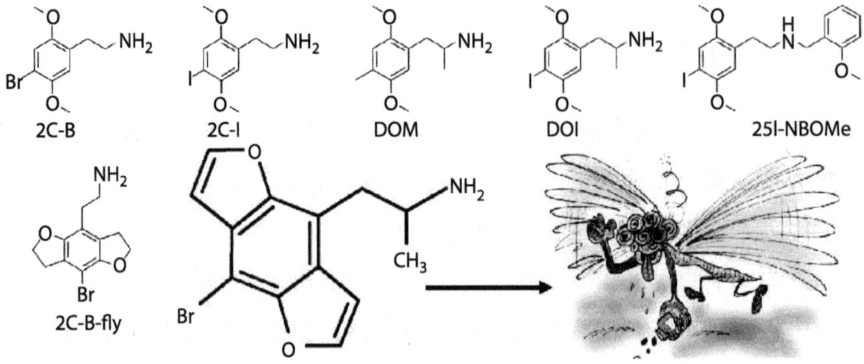

图15.2　苯乙胺类物质的分子结构，包括2C类（2C-B，2C-I和25I-NBOMe）、D-系列（DOM和DOI）和苯并二呋喃（2C-B-Fly、"溴蜻蜓"），对一些2C类物质进行研究调查，发现其结构与2C-B衍生物相似，除了添加乙基基团形成的两个环结构不同。在药理学上，所有这些物质都是致幻剂和强效5-HT$_{2A}$受体血清素激动剂（转载自Liechti, M. 2015. *Swiss Med Wkly*. 145: 14043; Hoffman, R. S. et al., Amphetamines, in *Goldfrank's Toxicologic Emergencies*, 10th Ed., McGraw-Hill Global Education Holdings, LLC., http://accesspharmacy.mhmedical.com/content.aspx?bookid=1163&sectionid=64554057, accessed May 2017; Graaf, Å. Vad ärdrogen bromodragonfly? 2017, I SAY NO DRUGS, http://www.isaynodrugs.org/vad-ar-drogen-bromodragonfly/, accessed May 2017.）

　　"Fly"类药物（"溴蜻蜓"、2C-B-Fly等）具有致幻作用，可引起妄想症、激动、心动过速、血管痉挛、癫痫发作、肢体疼痛、局部缺血、高热和死亡[8]。"溴蜻蜓"是一种新型致幻类策划药，与苯乙胺类药物结构相近，但其作用时效可长达3天[1]。可以从互联网上购买到，主要以"吸墨纸"、粉末、液体或片剂的形式出售。"溴蜻蜓"的作用效果与LSD相似，会引起幻觉、刺激和情绪升高。然而，对不同使用者，其精神作用效果可能会不同。例如，一些人将这种感觉描述为"登月之旅"，因为它

"持续时间太长，会让你筋疲力尽"。在已发表的案例报道中，描述为出现严重激动、幻觉、强直阵挛性癫痫发作、肾衰竭、肝衰竭、深度血管收缩导致多指截肢和死亡等效应。使用者通常将其与LSD、大麻、2C-B、氯胺酮、"methylone"、苯丙胺、阿普唑仑、可卡因和酒精混用。尽管可以使用GC-MS或LC-MS/MS法分析，但无法通过市售的免疫测定技术进行。

15.1.4　生物利用度、症状、使用途径、药理学和药代动力学

自2012年以来，在欧盟药物市场上出现了多种N-甲氧基苄基取代的苯乙胺类物质[3, 8]。常规筛查方法在尿液或血清中未检测到2C类药物。因此，临床医生需要评估患者的病史、临床体征和症状以进行诊断[1]。

25I-NBOMe（图15.2），与强效而经典的致幻类药物相比，对5-HT$_{2A}$受体以及其他可能的受体，表现出更强的效力[3, 8]。据报道，25I-NBOMe有严重和致命的中毒症状，包括躁动、幻觉、癫痫和高热，但也有针对拟交感神经的毒性。这些新型致幻剂的效力极高，在微克剂量下就具有精神活性，这可能会导致药物过量。由于NBOMe衍生物是相对较新出现的一类物质，因此在第16章"苯乙胺类的NBOMe衍生物及其分析方法"中介绍了它们。2C-B、2C-T-7、2C-E、2C-D、2C-C、2C-I、2C-T-2、2C-T-4、2C-H、2C-N和2C-P均列于受控物质附表Ⅰ中[1]。一些2C类似物会产生与用药有关的严重不良反应，从兴奋性谵妄到暴力、多动、高热，甚至心肺骤停（死亡）[1, 3, 11, 21]。药物的剂型（胶囊、粉末和液体）取决于2C类药物的种类及其滥用方式。2C系列的滥用方式主要为口服或鼻吸。在以非洲爪蟾卵母细胞作为模型系统的研究中，2C系列化学物质对5HT$_{2A}$受体作用很小或没有作用，但对5HT$_{2C}$受体具有活性。

2C-B的典型滥用剂量为12～24 mg。2C-B的药代动力学特性尚未进行系统和深入的研究，但临床效应在吸入药物数分钟后或口服药物约1 h后出现[3]，在约2 h达到峰值，并持续约5 h。代谢是在肝脏中通过氧化脱氨和（或）O-去甲基化作用进行的。体外人肝细胞对2C-B的敏感性似乎存在较大差异，这表明某些个体可能比其他个体具有更高的中毒风险。剂量效应曲线陡峭，因人而异。据报道，10 mg剂量表现为兴奋；超过10 mg的剂量往往是精神活性的，具有致幻作用和愉悦感，而30 mg或更多的剂量可能引起强烈的幻觉或精神错乱，以至于必须为使用者提供医疗服务。

15.1.5　代谢

2C类药物的代谢是通过O-去甲基化与氧化脱氨反应生成相应的酸，或还原为相应

的醇来实现的[10]。脱氨主要通过单胺氧化酶（MAO）发生，因此，2C类药物可能会
与MAO抑制剂产生药物相互作用。2C类药物对MAO-A的亲和力往往高于对MAO-B的亲
和力。肝脏细胞色素P450酶，特别是CYP2D6，也在代谢中发挥作用。

15.2 2C类衍生物分析

15.2.1 免疫分析

传统上，免疫测定常用于药物筛选，以鉴别潜在的阳性样品[22]。2C类药物的取
代基团不断发生变化，从而避免被列为管制物质[6]。由于很多药物都是新出现的滥用
物质，因此没有公认的标准分析方法。此外，尚未广泛开发针对这类物质的筛选测定
方法。多年来，免疫测定被用于假定的毒品筛查检测。在免疫分析技术中，当应用于
策划药物时，交叉反应（化合物与不是预期目标化合物的分析物结合）会产生严重问
题。各种取代基定期的变化会干扰到免疫分析。由于新精神活性物质结构独特且变化
迅速，商业公司通常难以跟上药物市场变化的速度及时地开发检测方法。由于缺乏特
定检测方法，许多此类物质未被检测到，因此标记为"未检出"。如果推定检验结果
为阴性或不确定，则案件通常会积压在犯罪实验室。然而，近期关于免疫分析应用的
情况表明，免疫分析的结果应通过其他方法进一步确证，在鉴定新型化合物或类似物
时更应如此。对于2C类药物来说，使用已开发好的方法，尝试着根据化合物类别进行
分析的模式是不可靠的，也是失败的。对于NBOMe类药物，在CEDIA DAU苯丙胺、摇
头丸检测中，免疫检测结果为阴性。原因在于，芳香环4-位上的取代基和胺上的N-2-
甲氧基苄基取代基被认为对分析有干扰。假阴性可能性比假阳性结果更危险，因为假
阴性结果可能导致分析人员"漏检"，从而导致结果为"未检出"。

15.2.2 GC-MS

在文献中，2C类药物分析最常用的技术有GC-MS法和LC-MS/MS法。近些年来，气
相色谱-质谱联用法（GC-MS）是金标准；然而近来，尤其是高分辨率LC-MS/MS技术
大有取代GC-MS的趋势，或者需要其对新出现衍生物的GC-MS结果进行确认。GC-MS
的应用仅限于挥发性、半挥发性和可衍生化的物质；LC-MS/MS可能存在假阴性，但对
于LC-MS/MS而言，不存在此限制。尽管如此，GC-MS仍然是未知化合物及其代谢产物
的鉴别、结构鉴定，以及同量异素体测定研究的重要工具，特别是因为其采用大孔径

色谱柱甚至可以成功分离某些对映异构体。

在文献中的一项GC-MS研究中，对人血浆中的2C-D、2C-E、2C-P、2C-B、2C-I、2C-T-2和2C-T-7等2C系列药物及其类似物麦司卡林，建立了筛选同时定量的方法[23]。一些涉及2C-T-7的致命中毒事件已有报道。关于人体血液和（或）血浆中这些物质的分析，公布的数据极少。该方法在混合模式固相萃取（HCX）和七氟丁酸酐衍生化后，GC-MS通过选择离子监测模式进行分析。除2C-T-2和2C-T-7外，方法验证数据均可接受。定量限为5 ng/mL，检出限为1 ng/mL。

15.2.3 毛细管电泳（CE）

分析化学家们尝试采用各种技术来测定策划类药物，同时，新的策划药物亦不断涌现。近15年来，文献中关于毛细管电泳在2C系列苯乙胺类策划药物分析中的应用已有报道[24, 25]。与LC-MS/MS一样，CE-MS不需要样品衍生化，已成功应用于生物基质中的多种小分子，包括苯丙胺类化合物的分析研究。例如，2007年建立的CE-ESI-MS法，可用于检测和定量人血浆中的2C-T、2C-T-2、2C-T-5和2C-T-7[24]。前处理采用了一种简便的液液萃取法来提取样品。方法已通过验证。使用pH 2.5的磷酸盐缓冲水溶液，CE-MS分析提供了在人血浆中明确确认这些药物的数据。使用未涂覆的熔融石英毛细管（120 cm × 50 μm i.d.）进行毛细管电泳分离，施加25 kV的分离电压，以50 mbar的压力进行10秒钟的流体动力学进样。质谱分析条件如下：毛细管温度200℃、离子源电压-3.5 kV、正离子模式、鞘气为氮气20 arb.units。缓冲液由甲醇-水-100 mM pH=2.5磷酸盐（50∶49.5∶0.5）组成。通过向试管中的1 mL血浆中加入20 μL的稀磷酸（1/5）进行样品制备，超声处理30 min，然后加入2 mL乙腈进行提取。将提取物蒸发至干，残留物在1 mL分离缓冲液中重新溶解。LOD和LOQ值分别为11.3～23.0 ng/mL和27.3～43.0 ng/mL。回收率在76%～85%。该研究中唯一值得关注的问题是，在CE中使用磷酸盐缓冲液以及在样品制备步骤中使用了磷酸，因此在常规分析中存在堵塞质谱接口毛细管的风险。在将来的研究中，如果该方法旨在用于常规分析，将磷酸盐缓冲液和磷酸换成pKa常数接近的甲酸盐和甲酸会更好些。

蔡（Tsai）等人建立了通过CE对部分2C-系列苯乙胺类策划药物，包括2C-T-2、2C-T-7、2C-C、2C-B、2C-I进行分离，分别采用了荧光和发光二极管（LED）诱导荧光（LIF）两种检测器，并进行比较[25]。优化得到了胶束电动毛细管色谱法（MEKC-LIF）分离人尿样中这些药物的方法。使用异硫氰酸荧光素异构体I衍生后，衍生物直接进行毛细管电泳分离，使用LED诱导的荧光进行检测，采用蓝色LED（～2 mW）作为荧光激发源。采用MEKC模式和叠加-MEKC模式后，检出限分别降至～10^{-7}和～10^{-8} M。在尿液样本中添加5种标准品，用乙酸乙酯碱性提取1 mL尿液后，通过MEKC-LIF 模式进行检测。荧光激发和荧光发射波长分别为300 nm和340 nm。对尿样提取物同时进行GC-MS检测，HP-5MS毛细管柱（30 m×0.25 mm i.d.），膜厚0.25 μm，用于GC-MS 分析。离子源温度为230℃。GC-MS分析结果与毛细管电泳法基本一致。该方法分别基于荧光和LED诱导荧光检测，前一种方法简单，但LOD较差；而后者的LOD更低。当 MEKC模式结合荧光衍生化应用于尿液提取物时，可成功测定上述五种2C类系列药物。该方法灵敏、准确、简单、经济，可作为GC-MS的补充方法用于法医和临床分析。

15.2.4　LC-MS和LC-MS/MS

在新精神活性物质的检测、结构鉴定和定量分析，代谢物研究，以及异构体或少量修饰的相近类似物鉴别的研究中，毋庸置疑的是，与液相色谱相结合的质谱技术（尤其是HRMS/高分辨质谱）正在成为首选和必需技术。如果方法开发得强大，高分辨质谱扫描技术采用得恰当，则在某些情况下LC-MS/MS可以同时用于筛选和确认。然而，由于新出现的新精神活性物质类似物的不断变化带来了极大挑战，需要GC-MS和（或）NMR等其他技术的支持。

皮基尼（Pichini）等人[26]采用LC-APCI-MS测定尿液中的2C-D、2C-B、2C-B-Fly、2C-T-2、2C-I和2C-E，该方法已通过验证。样品制备是在pH=6.0条件下对非水解和酶水解尿液样品进行固相萃取（SPE）。用C18色谱柱进行色谱分离，用10 mM碳酸氢铵（pH=7.3）和乙腈作为流动相的线性梯度分析。使用大气压电离—电喷雾电离（ESI）接口，在LC-MS单离子监测模式下测定分析物。干燥气体（氮气）350℃，流速为12.0 L/min；喷雾气（氮气）压力为50 psi；使用4 000 V毛细管电压。每个化合物选取三个定性离子。对于所研究的不同分析物，LOQ值在20 ng/mL和60 ng/mL之间，平均回收率在55.4%至95.6%之间。在水解的尿液样品中，如果分析物浓度较高，表明尿液中存在结合化合物。从结果可以看出，苯乙胺类化合物（2C-B，2C-E等）主要以硫酸化和葡萄糖醛酸化的结合物形式存在于尿中。有趣的是，在MDMA和2C-B同时使用的情况下，2C-B以结合物形式测得的部分为0～31%，小于单独服用2C-B时的46%～92%。

近来，关于2C类衍生物检测的研究通常采用EI-GC-MS或（和）LC-MS/MS法进行。在一项研究中，采用已通过验证的方法，在2006年1月至2009年12月期间，从西班牙娱乐性药物非法市场采集的样本中鉴定出2C-B[11]。为了检测2C-B并确认是否存在潜在毒性掺杂物，作者采用了薄层色谱和气质联用方法。通过薄层色谱技术将Marquis

试验中的保留因子和颜色与标准物质比对来鉴别分析物，并在14.5 min内使用GC-MS进行确证。对2C-B进行药物成分分析，并从娱乐性使用者处获取了关于滥用方式和个人感受方面的信息。为了确认薄层色谱结果，使用带有四极杆质谱仪的GC/MS技术分析样品。以分流模式将样品注入一个12 m × 0.2 mm内径、0.33 μm膜厚的5%苯基甲基聚硅氧烷色谱柱中，进样口和接口在280℃下操作，以氦气为载气（流速0.48 mL/min）。针对所研究的分析物，选择的定性离子质荷比为215、230和259。为了确认质谱，我们将其同标准谱库相比较，同时使用紫外分光光度法用于样品纯度的测定。从2C-B滥用人群中招募的参与者的样本中，确认是否存在2C-B物质之后，研究人员通过评估志愿者2C-B的滥用方式和使用后的个人感受，对分析结果进行确认。在真实案例样本的常规分析中，2006年1月至2009年12月期间，实验室收到的3303份样品中有97份含有2C-B。在96个样品中检测到2C-B（99%），另外1个样品中检测到2C-I而非2C-B。在96份确认的2C-B样本中，52份（54%）为片剂，其余44份（46%）为粉末或胶囊。

15.2.5　同量异素体化合物的区分和鉴别

在非极性固定相上进行气相色谱分析，可以成功地对位置异构体和同量异素体进行分离。但是，如果采用精确的LC-MS/MS检测，应添加保留时间参数和（或）更多MRM离子对，以确保同量异素体和位置异构体化合物检测的绝对无误。只有LC-HRMS才能给出准确质量，可用于推断分子式和结构鉴定[27]。离子阱（IT）提供了观察后续MS^n质谱裂解的机会，而TOF可为未知化合物和杂质分析提供高分辨率和精确质量。借助高分辨质谱技术，MS技术的质量分离和质量测定能力得到了增强，这为同色谱分离技术UPLC或整体柱HPLC联用进行快速分析提供了机会。手性柱可有效应用于化学对映异构体的分离中，这将大大有助于未来2C类衍生物相关异构体的分析。

安巴克（Ambach）等人报道了使用QTRAP LC-MS/MS对干血斑（DBSs）中包括苯丙胺类衍生物、2C家族（2C-B、2C-D、2C-E、2C-H、2C-I、2C-P、2C-T-2、2C-T-4、2C-T-7）、氨基茚满类、色胺类、去氧哌苯甲醇、麻黄碱、伪麻黄碱、氯胺酮、去甲麻黄碱、去甲伪麻黄碱和PCP在内的64种新精神活性物质进行分析的方法[28]。该方法成功地用于同量异素体化合物的鉴别。对于方法开发和验证，取10份静脉血样品，涂抹在血液斑点卡片上，在室温下至少干燥3小时后，钻出直径为1 cm的DBS，并将其收集到Eppendorf®管中。通过加入500 μL甲醇和10 μL内标溶液（10 ng/mL），涡旋15 min进行提取。将甲醇溶液酸化并挥干，然后用100 μL水/甲酸（99.9∶0.1；v/v）溶液复溶并进行分析。使用含0.1%甲酸水溶液和0.1%甲酸乙腈为流动相，使用Synergi Polar-RP

（100 mm×2.0 mm，2.5 μm）柱子，在50℃下进行梯度洗脱。LC-ESI(+)-MS/MS系统的离子喷雾电压5 kV，其他仪器条件还包括气帘气30、碰撞气6、gas1为40和gas2为60 psi。离子源温度设定为700℃。对于每种同量异素体化合物，母离子和碎片离子的三对通道被监测。2C类衍生物的LOD在1～10 ng/mL，LOQs在2.5～10 ng/mL，提取回收率高于60%。除4-FMC和3-FMC以及MDDMA和MDEA外，所有同量异素体化合物均可得到有效分离。与本研究相似，也有其他方法对一些同量异素体化合物给出了良好的结果；但是，如果在未来的研究中考虑手性分离，则使用LC-MS/MS技术可以获得更成功和更特异性的结果。

15.2.6　杂质分析

杂质分析在法庭科学中也很重要，可以确定毒品的非法制造来源。如果不同案例的样本中有相同的杂质，找出其间的关联，就有可能发现药物生产的来源信息[27]。近年来，已有多篇关于使用LC-MS/MS技术鉴别违禁药物中杂质的出版物发表。在杂质分析方面，文献中已经证明了LC-IT-TOF-MS的成功[27]。尤其是在常规分析中，使用LC-MS/MS配合GC-MS或GC-MS/MS作为"双保险"来确认结果，是一种非常好的方法。如果是进行杂质剖析，则需要确定未知化合物或代谢物的化学结构，可通过制备色谱进行纯化、NMR、FTIR等技术用于研究。

2016年发表了一个非常好的杂质剖析示例[27]。建立了简便有效的LC/MS-IT-TOF法，鉴定药物2C-E的杂质及推导其合成路线。确定了2C-E的碎片裂解途径，研究了其杂质结构及其碎片裂解机理。详细内容如下，以便于计划研究杂质剖析的研究人员了解方法：使用制备型HPLC，2.2 g非法2C-E样品用甲醇在超声波水浴中超声提取两次，每次10 min，然后过滤。合并提取液，浓缩至5 mg/mL，调节pH至3.0。在制备型HPLC仪器（柱：250 mm×20.0 mm i.d.，5 μm）中分析样品。流动相为甲醇-水（30∶70，v/v），流速为8 mL/min。对于ESI-LC/MS-IT-TOF检测，将2C-E样品溶解在高效液相级甲醇中，使浓度达到20 mg/mL，并在分析前过滤。使用C18色谱柱（150 mm×4.6 mm i.d.，5 μm），在40℃下，流动相为0.5%甲酸水和甲醇溶液，进行梯度洗脱（流速0.5 mL/min）。分别使用4.5 kV的正电喷雾电压和3.5 kV负电喷雾电压，检测器电压1.65 kV，雾化气流量1.5 L/min，干燥气压力为128 kPa。TOF和IT区域的压力分别设定为1.7×10^{-4} Pa和1.8×10^{-2} Pa。离子累积时间设定为60 ms。对于MS^n多级质谱，CID碰撞能量设置为60%。在正离子模式下，采集2C-E标准品的多级质谱数据。观察到2C-E的$[M+H]^+$离子为m/z 210.1432。从母离子丢失氨分子形成的子离子m/z 193.1182。从3级质谱和4级质谱的结果显示丢失15 Da，代表CH₃的连续丢失（图15.3）。在TIC中，2C-E片剂中检测到10种杂质。在杂质分析的基础上，推断了合成路线。为确定杂质的结构，部分杂质经制备型HPLC分离制备，然后通过MS和NMR进行结构鉴定。根据MSⁿ光谱和元素组成分析鉴别出10种杂质，并通过杂质分析推断了2C-E片剂的合成路线。

祖巴等人对缉获粉末样品中的2,5-二甲氧基-4-硝基-b-苯乙胺（2C-N）进行分析，并根据其杂质给出了合成途径[15]。该方法通过GC-MS、LC-QTOF/MS、FTIR和NMR进行2C-N的鉴定研究。在GC-MS分析中，将粉末（10 mg）溶于10 mL甲醇中，并在三氟乙酸酐（TFAA）衍生化和不衍生化的情况下进行处理。使用涂有0.25 μm膜厚的(5%-苯基)-甲基聚硅氧烷（HP-5MS）毛细管柱（30 m，0.25 mm i.d.）进行色谱分析。ESI(+)LC-QTOF/MS：将贮备液在0.1%（v/v）甲酸水中稀释进样，使用C18（7.5 cm × 2.1 mm × 2.7 μm）色谱柱（35℃），0.1%（v/v）甲酸水（a）和乙腈（b）作为流动相（流速0.3 mL/min）进行梯度洗脱。FTIR：固体样品采用透射技术直接测定。NMR：将固体样品溶于氘代二甲基亚砜（DMSO-d₆）中，置于NMR管中，采集¹H和¹³C NMR谱。在LC/ESI-QTOFMS和GC-EI/MS中确认了2C-N（226.0954 amu）的分子质量。使用两种色谱方法，均找到了母体物质的一系列特征离子。基于获得的离子质量及其碎片离子m/z = 195.0527和m/z = 151.0755（碎裂电压 = 200 V，CE = 15 eV），鉴定了ESI条件下2C-N碎片离子的结构。2C-N的FTIR光谱中，观察到在1520 cm⁻¹和1342/1322 cm⁻¹处两条宽的来源于硝基的强吸收带。在该光谱中还识别了2C-N分子中出现的其他振动带。核磁共振谱有助于明确的结构鉴定。实践证明，所采用的鉴别程序是确定新型策划药物结构的有力工具。根据舒利金（Shulgin）提出的方案，对样本的杂质剖析和自制2C-N标准品的比较研究表明，样品是通过2C-H硝化合成的。

15.2.7 临床化学和法庭毒物分析方法在中毒诊断中的应用

由于互联网的广泛使用，人们比以往任何时候都更容易获得关于新化合物的合成和获取的信息[29]。尤其是对无法沟通交流的患者，这在治疗和识别滥用药物方面给医学界带来了新的挑战。为了中毒诊断，除临床症状观察之外，还需要临床化学和法医毒理学的检测和定量分析方法。弗拉恩肯（Vrancken）等人分享了一个案例：一名26岁的白人男子，有多种药物滥用史和精神问题，在朋友家被发现反应迟钝。据患者的朋友称，他摄入了2C-E，但不知是否还使用了其他药物或酒精。患者有各种精神药物的处方，包括舍曲林、氯硝西泮、加巴喷丁和唑吡坦。尿液药物筛查显示为2C-E化合物呈阳性。2C-E由LC-MS/MS确认。在单级质谱中，2C-E相对分子质量约为209，带一

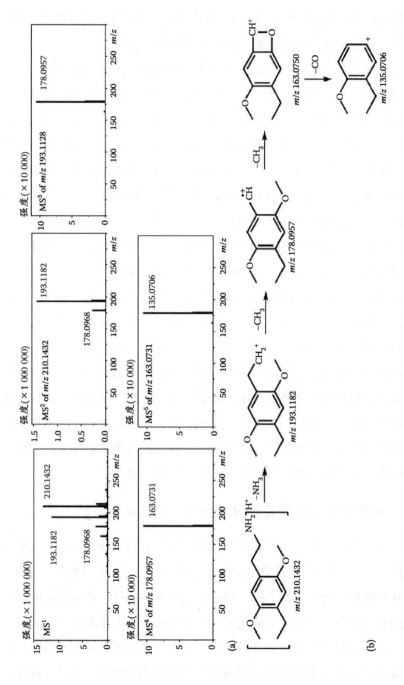

图15.3　（a）2C—E的MSⁿ谱图（b）2C—E可能的裂解路径（转载自Tsai, C. C. et al., 2006, *J Chromatogr A.* 1101:319 – 323.）

个单位正电荷。质谱检测器仅允许具有特定质荷比的离子通过并检测。然而，其他化合物也可能具有非常相近的质荷比，并降低了质谱的特异性（例如，吗啡和二氢吗啡酮具有相同的质荷比286，因此难以通过非串联质谱分离这两种化合物），而应用串联质谱有助于缓解这一问题。

15.2.8 广谱筛选和确认

Adamowicz等人在2015年开发了一种快速简易的ESI(+)LC-MS/MS筛查方法，用于血液中不同类别的143种新精神活性物质，包括2C-B、2C-C、2C-D、2C-E、2C-H、2C-I、2C-N、2C-T-2和2C-T-7[30]。前处理时间约为30 min，液质分析整个流程为14 min。取0.2 mL血液样品，加入20 μL浓度为1 μg/mL的内标甲醇溶液。取每份50 μL，分别加入600 μL乙腈后涡旋10 s用于沉淀蛋白。将样品沉淀液混合5 min，然后以13 000 r/min的速度离心5 min。将分离的有机相在37℃氮气下挥干，残留物溶于100 μL的0.1%甲酸水（v/v）中并进行分析。在25℃下，使用C18（2.1 mm×50 mm，1.8 μm）色谱柱和0.1%甲酸乙腈、0.1%甲酸水溶液梯度洗脱。毛细管电压3.5 kV，气体流速（氮气）10 L/min，气体温度325℃；鞘气流速10 L/min，鞘气温度350℃，雾化气压力为40 psi。除三种化合物监测两个离子对外，其他所有化合物均监测三个MRM离子对。在动态模式下（dMRM）离子对总数为432。104种化合物的LOD在0.01～3.09 ng/mL。测定的32种化合物的回收率在1.8%至133%之间，虽然其中一些物质的回收率超出了分析范围，但该方法可用于快速筛查法医鉴定中的新型滥用药物，或只要分析响应足够高，回收率高的药物也可用于定量分析。该方法已成功应用于常规办案中的法医血样分析，在2012—2014年的三年间（分析了1 000多份血样，其中112份新精神活性物质呈阳性），2C-B和2C-P属于检测出最多的化合物。

2017年，帕森（Pasin）等人[31]通过UPLC-QTOF-MS分析了12个2C-X、6个DOX和14个25X-NBOMe类似物，对其碰撞诱导解离（CID）途径进行研究，并评估生成的子离子对新型致幻苯乙胺类似物的非靶向检测的适用性。这组选定的分析物中，还包含有同位素标记的2C-B-d₆和25I-NBOMe-d₉，用于帮助子离子的结构鉴定。CID实验使用设定为10 eV、20 eV和40 eV的碰撞能量进行。通过应用中性分子丢失过滤器（NLFs）和提取常见子离子，可以检测这类别的新型物质。在Poroshell 120 C18色谱柱（2.1 mm×75 mm，2.7 μm）上采用梯度洗脱实现色谱分离，流速为0.4 mL/min，总运行时间为17 min。流动相由20 mM甲酸铵水溶液和含0.1%（v/v）甲酸的乙腈组成。ESI(+)-QTOF/MS采用扩展动态范围（2 GHz）操作，毛细管电压设置为3 500 V，裂解电压设置为180

V。在不同的碰撞能量下使用CID成功地应用于致幻苯乙胺类物质的分析。2C-X和DOX衍生物有共同的中性分子NH_3、CH_6N和C_2H_9N丢失，对于2C-X衍生物有共同的3个子离子：m/z 164.0837、149.0603和134.0732，而对于DOX衍生物有共同的4个子离子：m/z 178.0994、163.0754、147.0804和135.0810。25X-NBOMe衍生物具有2个特征的子离子m/z 121.0654和91.0548，以及有少量的2-甲基苯甲醚、2-甲氧基苄胺和·$C_9H_{14}NO$中性分子丢失。这些物质具有共同的中性分子丢失和特征子离子，可用于非靶向筛选分析，以检测和初步鉴别新型类似物。

2014年，尿液中多种具有兴奋作用的新型策划药物（例如苯乙胺、苯丙胺、卡西酮和哌嗪衍生物），包括2C-B、2C-I、2C-T-2、2C-T-4、2C-T-7、2C-H，以及常见滥用药物（例如氯胺酮和利他林酸）的LC-HRMS-QTOF分析方法被报道[32]。通过快速而简便的盐析液液萃取（salting-out liquid-liquidExtraction，SALLE）进行样品制备。向200 µL尿液中加入20 µL内标（浓度0.5 mg/L）和250 µL乙腈并涡旋。依次加入50 µL 10 M乙酸铵和50 µL 10 M KOH溶液，涡旋并在10 000（r/min）下离心3 min。取100 µL有机相转移至LC进样瓶中，再加入100 µL流动相A，涡旋后分析。在C18（100 mm × 2.1 mm i.d., 1.8 µm）色谱柱上，柱温40℃下使用由5 mM甲酸铵缓冲液（pH=4.0）组成的流动相A和由0.1%甲酸乙腈溶液组成的流动相B（流速0.4 mL/min）分离目标分析物。Q-TOF仪器配置双喷雾ESI源。四极杆用于在数据依赖采集模式（auto-MS）下分离母离子（质量窗口1.3 m/z），线性六极杆碰撞池（氮气作为碰撞气体）用于母离子裂解。保留时间参数作为定性依据之一。应用非靶向数据依赖型采集模式，使得在不使用标准物质的情况下，能够鉴别首选目标列表化合物中氯胺酮和亚甲二氧基吡咯戊酮（MDPV）的代谢产物。该方法提供了一个非常有用的工具，可用于对尿液等生物基质中的滥用药物进行靶向和非靶向分析。非靶向数据依赖的采集提供了额外的样品信息（即未列出或数据库中未存储的药物的代谢物）。数据通过全自动数据提取算法自动处理，同时考虑一级质谱的准确质量、碎片离子的准确质量和保留时间来实现鉴别。在39种分析物中，35种的定量结果可接受。对于分析的2C类衍生物的LOD和LOQ值分别在1～6 ng/mL和1～19 ng/mL范围内。由于2C类似物的回收率在41.6%～44.8%（2C-H除外，回收率为60.8%），因此该方法仅适用于2C类药物的筛查。

帕森等人开发并验证了一种高回收率（71%～100%）的分析方法。为了检测和定量37种新策划药物，包括卡西酮、致幻类苯乙胺（例如2C-B，2C-E，2C-H，2C-I）和哌嗪类[33]。研究的目的在于，开发和验证一种能够使用LC-QTOF-MS检测和定量全血中37种策划药物的方法。该方法仅使用100 µL全血，盐析辅助乙腈液液萃取法以分离目标化合物，然后使用UPLC-QTOF/MS进行分析。内标是甲氧麻黄酮-d$_3$。使用C18色谱柱（150 mm×2.1 mm i.d.，1.8 μm），柱温50℃，梯度洗脱模式（流速0.4 mL/min），总运行时间为15 min。流动相A由5 mM甲酸铵（pH=3.0）组成，流动相B由含0.1%（v/v）甲酸乙腈组成。所有化合物使用ESI(+)的MSE模式（在同一运行中碰撞能量递增的质谱）采集，基于母离子和两个子离子的准确质量及保留时间进行鉴别（表15.2）。所有分析物校准曲线在0.05～2 mg/L范围内呈线性，LOD在0.007～0.07 mg/L，LOQ在0.05～0.1 mg/L范围内。回收率在71%～100%，并评估了基质效应。该方法被应用于几个实际法医案例中，检测对象表现出策划药物中毒的行为特点，常规的毒品筛选结果为阴性。在两个案例中检测到一些药物，其中一例在血液和尿液中检出25C-NBOMe和25I-NBOMe。

表15.2　每种2C类和NBOMe衍生物的准分子离子、两个子离子以及保留时间

药物类别	化合物	保留时间/min	单一同位素质量 [M+H]$^+$	第一子离子（m/z）	第二子离子（m/z）
2C	4-甲基甲卡西酮-d$_3$	2.94	181.1430（内标）		
	2C-B	4.41	260.0286	227.9907	243.0270
	2C-E	5.35	210.1494	178.1042	163.0849
	2C-H	2.58	182.1181	150.0752	135.0489
	2C-I	5.04	308.0147	290.9965	275.9697
NBOMe	25B-NBOMe	8.21	380.0861	121.0688	91.0644
	25C-NBOMe	7.92	336.1366	121.0712	91.0967
	25H-NBOMe	6.71	302.1756	121.0706	91.0847
	25I-NBOMe	8.74	428.0722	121.0662	91.0648

来源：转载自Pasin, D. et al., 2017. *Drug Test Anal* 9：1620-1629.

　　尽管新型策划药物越来越多，对其在生物样本中进行定性定量的全面常规的检测筛查分析方法却很少[34]。斯沃特沃德（Swortwood）等人使用LC-QQQ-MS/MS（三重四极杆质谱），建立了涵盖苯乙胺类、色胺类和哌嗪类中的30多种策划药物的分析方法，包括血清中2C-B的检测。向1 mL血清样品中加入20 μL内标，用2 mL磷酸钠缓冲液（100 mM，pH=6.0）稀释，然后涡旋样品，使用SPE提取样品，并用碱性混合溶液（使用二氯甲烷、IPA和浓氨水（80：20：2，v/v/v））洗脱。洗脱液用100 μL HCl-IPA

（1：3，v/v）酸化，挥干后复溶于50 μL流动相。通过LC–QQQ–MS/MS的MRM模式测定分析物。使用C18色谱柱（50 mm×2.1 mm i.d.，1.8 μm），在柱温40℃下进行分离，以2 mM甲酸铵/0.1%甲酸溶于水作为流动相A，含0.1%甲酸的乙腈/水（90：10，v/v）作为流动相B，以0.5 mL/min的流速进行梯度洗脱。在MS/MS分析中，气体温度为320℃，气体流速为8 L/min，雾化气压力27 psi，鞘气温度380℃，鞘气流速为12 L/min，毛细管电压为3750 V，放电电压为500 V。LOQ值在1～10 ng/mL范围内，LOD值接近10 pg/mL。使用经验证的方法分析了两例尸检样本，能够在低至11 ng/mL的浓度下鉴别和定量其中7种化合物。图15.4所示为32种目标分析物的LC–MS–MRM色谱图（强度vs.保留时间）。

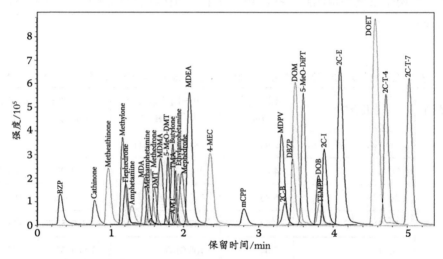

图15.4　32种目标分析物的MRM模式的液质联用色谱图（强度vs.保留时间）（转载自Paul，M. et al.，2014，*Anal Bioanal. Chem.* 406：4425–4441.）

15.2.9　计算化学为分析提供数据支撑

在没有药理学数据的情况下，计算化学在预测理化性质方面变得越来越重要，可以预估这些药物的吸收、分布和消除数据。2016年，采用"shotgun"法合成了苯乙胺类药物，并通过ESI–MS对其进行结构确证。通过氯仿/水体系测定分配系数（LogP），通过平行人工膜渗透性测定（PAMPA–BBB）来评估血脑屏障渗透性，以确定表观渗透系数（Papp）[35]。除了能够减少方法验证研究中的实验数量外，使用计算方法还可以计算理论Log P值和分子亲脂性，以补充实验数据。这些数据与里宾斯基五规则一起，可在ACD/Labs数据库中搜索，以供法医从业人员快速参考。为了获取非法药物制造的新趋势，研究人员已经开始建立大型化合物数据库，以便与实地样本中的数据进行比较。更快地为数据库中化合物完善相关药理学参数，将会增强法医研究人员跟上快速变化的新型精神活性药物趋势的能力。几十年来，分配系数都是基于正辛醇/水体系（Log P_{OW}）经典实验获得的，是测定亲脂性的标准方法。但这个体系不能用于ESI-MS，有在接口处形成乳液的趋势。作为Log P_{OW}的替代方法，已收集了大量关于氯仿/水（Log P_{CW}）体系中许多化合物分配系数的数据。尽管这些溶剂不具有辛醇和水所具有的极性差异，但它们的相对不混溶性以及与ESI-MS的兼容性，使其成为快速亲脂性测量的理想溶剂。通过使用这种带有ESI-MS的氯仿/水体系进行Log P测定，可以避免正辛醇/水经典体系实验方法的耗时。由于碳酸氢铵缓冲液的pH范围较大（pH=6.6～8.6），且与ESI兼容，因此选择碳酸氢铵缓冲液作为水相。在ESI-MS分析前，取预饱和氯仿和5 mM碳酸氢铵缓冲液（pH=7.4）各1 mL，在两层之间进行2 h振荡提取。只有在两相中都检测到，才可用于计算分配系数。

在毒物分析和临床检测研究进行的同时，计算化学家也尝试着使用计算机程序来阐述这些分子的3D构象结构。更精确的结构对化学家来说，是非常重要的数据。在2016年的一篇论文中，普拉塔马（Pratama）等人采用三维几何矩不变量来精确表达苯丙胺类兴奋剂药物的分子结构[36]。图15.5中选择2C-I作为立体结构模型。

15.2.10 代谢研究和代谢物分析

在文献中，对2C类衍生物以及其他新精神活性药物的代谢研究开始增多[37]。应用微粒体、细胞和组织等进行体外研究，以获得关于药物代谢方面的概况。而体内代谢物的测定，可以提供整个药物代谢更全面的评估。除了实验研究方法之外，基于一定规则的计算机方法越来越多地被采用，对于药物代谢可进行粗略的预测。药物的各种代谢产物确定之后，就需要使用实验室中的分析技术，对其进行鉴别和定量分析。通常，目标分析物通过基于蛋白质去除、液液萃取和固相（微）萃取等的样品制备技术，进行纯化和预浓缩。然后，使用强大的仪器技术（如LC-MS/MS和NMR）更好地分析提取物，以进行目标组分的分离、结构鉴定和定量分析。代谢产物的结构鉴定，对于快速地鉴别和建立代谢产物轮廓和药物生物转化率至关重要。电化学方法可以通过提供一个直接和廉价的氧化途径的情况来支持代谢研究。NMR检测在解析代谢产物和同量异素体分子的结构方面特别有优势，因为它能够推断分子中官能团的具体位置，而这的确是质谱经常遇到的难题。在这方面，LC-NMR的[1]H和[13]C分析，可用作LC-MS技术的补充。

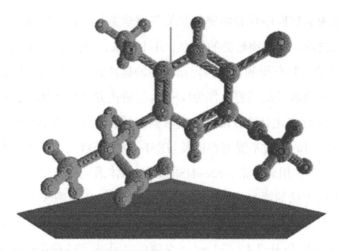

图15.5　2C-I的立体化学分子结构（转载自Swortwood，M. J.et al., 2013，*Anal Bioanal Chem*. 405：1383–1397. ）

LC–ESI–MSⁿ和LC–NMR的组合优势可用于代谢产物的结构鉴定。尽管存在一些有待解决的缺点，如灵敏度、整个色谱的快速数据采集和氘代流动相的使用方面，但是由于在分离过程可去除大部分基质干扰，因此耗时的样本制备步骤就可以大大简化。此外，LC、SPE和NMR的在线联用也被证明是一个适合结构鉴定的替代方法[38]。引入在线固相萃取步骤是一个很好的策略，这可以增加进入核磁共振室的产物量和纯度，从而提高灵敏度。

前期研究表明，2Cs类衍生物主要通过O-去甲基化、N-乙酰化或脱氨作用进行代谢。迈尔（Meyer）等[39]研究了重组人N-乙酰转移酶（NAT）1和2在2Cs II相代谢中的作用。在这些研究中，使用了cDNA表达的重组人N-乙酰转移酶，并使用GC-MS检测了孵育后形成的代谢产物。在P450型同工酶中，只有CYP2D6对2C-D、2C-E、2C-T-2和2C-T-7的代谢有影响，但代谢率较低。然而，不同的N-乙酰转移酶（NAT）在2Cs代谢中的作用仍不清楚。2Cs的所有N-乙酰化衍生物，均按照之前发布的方法自己合成，并适当做了一些修改："含有生成乙酰化产物的孵育混合物上清液，用100 μL乙腈稀释，用于GC-MS检测，用200 μL乙腈稀释后用于LC-MS/MS检测，进行鉴别和纯度分析。"底物2C-B、2C-I、2C-H、2C-D、2C-E、2C-P、2C-T-2和2C-T-7与重组人N-乙酰转移酶1或N-乙酰转移酶2孵育30 min后形成代谢产物。上清液分别进行EI-GC-MS和UHPLC-APCI(+)-MS/MS分析。LC-MS/MS采用子离子定量，定量离子分别为：*m/z* 242（2C-B）、*m/z* 290（2C-I）、*m/z* 164（2C-H）、*m/z* 178（2C-D）、*m/z* 192（2C-E）、*m/z* 206（2C-P）、*m/z* 224（2C-T-2）和*m/z* 238（2C-T-7）。结果表明，人NAT2负责

"2C"家族的N–乙酰化。图15.6所示为2C类药物的乙酰化反应及其部分衍生物的分子结构。酶动力学研究表明，所有代谢产物形成的反应均遵循经典的Michaelis–Menten动力学模型，且2C类物质对人NAT2的亲和力，随着4–取代基总量的增加而增加。因此，NAT2的慢乙酰化表型或抑制剂可能会导致N–乙酰化代谢物减少，并可能导致增加2Cs副作用风险。当评估这些2C类物质的生物利用度时，应该考虑N–乙酰化的个体差异。

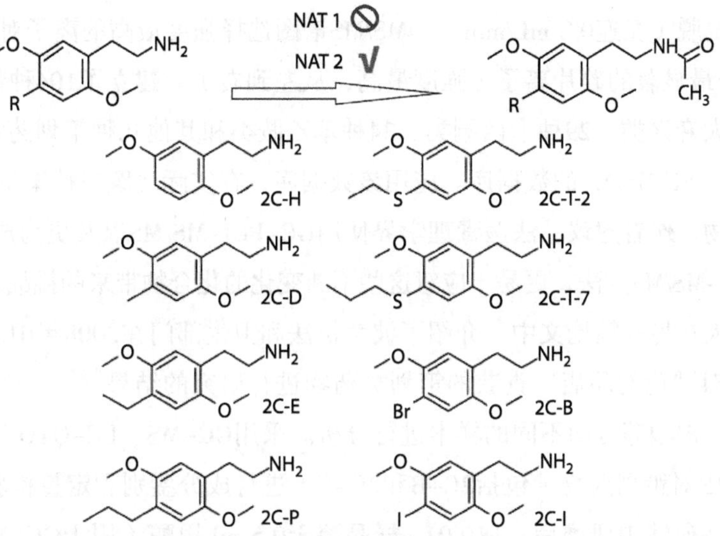

图15.6 一些常见2C类药物的化学结构（转载自Saurina，j和Sentellas，S.2017，*J Chromatogr B*. 1044–1045：103–111.）

15.2.11 多种方法的使用

通常，对于市场上新型未知策划药物的鉴别或结构鉴定，需要采用多种分析方法。色谱分析有助于分离和纯化未知化合物，而质谱全扫描、串联质谱、紫外–可见光谱、红外光谱、元素分析和核磁共振等检测技术可提供结构和分子式信息。希罗德（Giroud）等人的研究试图通过多种分析方法（GC-MS、HPLC-DAD、CE-DAD、FTIR和NMR）鉴别4–溴–2,5–二甲氧基苯乙胺（2C–B），此药是从瑞士黑市获得的两组片剂中发现的[40]。2C–B的可靠鉴别只能通过质谱和NMR分析相结合的方式实现。2C–B的定量由HPLC-DAD和CE-DAD进行。片剂中2C–B的含量（3～8 mg），处于药效发挥作用所需的最小剂量范围内。

使用GC-PCI-MS/MS（正化学电离）开发了一种检测方法，但这种方法还很少用于分析新型精神活性药物[41]。用500 μL蒸馏水和10 μL的咖啡因d_3内标溶液稀释0.5 g尸检得到的右心全血。加入2.5 mL乙腈、50 μL甲酸和10 μL 5M HCl沉淀蛋白，涡旋并离心。上清液用2 mL乙腈稀释，并用氨水将pH值调至7，再次涡旋并离心。上清液通过快速SPE提取并富集后，使用GC-EI-MS和GC-PCI-MS/MS进行分析。在GC-PCI-MS/MS系统中，使用BPX5（2 m，0.25 mm i.d.，0.5 μm膜厚）和BPX5（4 m，0.15 mm i.d.，0.25 μm膜厚）两柱串联。LC-ESI(+)-MS/MS中使用的色谱柱为PFP色谱柱（50 mm×2.1 mm i.d.，0.5 μm），柱温40℃。流动相由0.1%甲酸水（流动相A）和0.2%甲酸乙腈（流动相B）组成的梯度洗脱（流速0.2 mL/min）。MS/MS谱图选择强度最高的离子对，GC-EI-MS谱图选取3个最显著的碎片离子（强度最高，从左到右）。建立了104种精神药物，包括32种合成大麻素类、29种卡西酮类、34种苯乙胺类和其他几种策划药物的GC-PCI-MS/MS和LC-ESI-MS/MS的数据库。应用该数据库，在实际法医尸检案例中检出5种新精神活性药物。作者建议，法医毒理学界使用GC-PCI-MS/MS以及更为成熟的GC-EI-MS和LC-ESI-MS/MS方法，更易于应对这些不断变化的化合物带来的挑战。

祖巴等人在另一篇论文中，介绍了波兰执法和卫生部门在2008年中期至2011年上半年期间，对"迷幻品店"查获的策划类药物进行研究的结果[42]。总计对449种在标签、净重、剂型等方面不同的样本进行分析。采用GC-MS、LC-QTOF-MS、高效液相色谱和NMR对策划药物（包括2C-B和2C-E）进行成分鉴别和定量检验。将粉末、片剂和胶囊在研钵中研磨后，取0.01 g样品溶于0.5 mL甲醇（用于GC-MS）和10 mL水：甲醇（1∶1，v/v）（用于LC分析）中并离心。必要时，溶液还可以再用适当的溶剂溶解。提取物的EI-GC-MS分析以不分流模式自动进样，色谱分离在30 m长、内径为0.25 mm、膜厚0.25 μm的涂覆有(5%-苯基)-甲基聚硅氧烷的HP-5MS毛细管柱上进行，温度梯度由三段组成。HPLC-DAD采用C18封端整体柱（5 mm×100 mm），在柱温30℃下对检测物质进行定量分析。LC-QTOF/MS在C18（7.5 cm×2.1 mm×2.7 μm）色谱柱上分离，总运行时间21 min，柱温35℃。流动相由0.1%（v/v）甲酸乙腈和水（流速0.3 mL/min）组成。脱溶剂气体（氮气）温度为300℃，雾化气流速为10 L/min，雾化气压力为45 psi，毛细管电压为3 kV，裂解电压为100～300 V。同时采用全扫描和MS/MS模式。核磁共振样品（约20 mg）溶解在氘代二甲基亚砜或氘代氯仿中。通过1D和2D核磁共振技术，包括在300 K下的H-H COSY、HSQC和HMBC实验，完成了^{1}H和^{13}C核磁共振化学位移的测定。采用GC-MS、LC-QTOF/MS和NMR（如需要）进行物质鉴别，使用HPLC对449份样品中的活性物质进行定量分析，在仅有少数的样本中发现了2C-B、2C-E。报告称，缉获样品的成分组成，会随着时间的推移而变化，哌嗪类通常会被卡西酮类取代。在大多数情况下，样品中会含有两种或两种以上的成分。卡西酮和哌嗪混和在一起，主要原因在于化学类别上相近，而咖啡因常与哌嗪（24种）和卡西酮（22种）混合，利多卡因仅与卡西酮混合（47种）。标签相同的样本，其成分在定性和定量结果上存在很大的差异，个别组分含量甚至从几毫克到数百毫克不等。

近红外光谱（NIRs）作为一种快速、无损分析和检测复杂基质中不同化合物的工具，正被推广[43]。里索卢蒂（Risoluti）等人研究了使用近红外（NIR）光谱结合化学计量学校准技术，来检测街头样本中的新精神活性物质的可行性。通过新出现的新精神活性物质，来评估这种方法在法庭化学中的检测能力。该研究侧重于合成大麻素类和合成苯乙胺类（包括NBOMe系列、25I-NBOMe和25C-NBOMe以及2C-P）药物。该方法的检测结果与其他方法进行比较得到了验证，并已成功应用于对缉获的实际样本中的非法药物进行"现场"测定。使用近红外（NIR）光谱，可直接检测香料和吸墨纸等基质中的策划类药物。同时进行GC-MS分析，按照验证过的方法程序从基质中提取实际样品与标准物质对照分析。取一组吸墨纸或香料，分别在0.5 mL甲醇中浸泡6 h，滤液经EI-GC-MS以不分流模式进行分析。采用HP-5 MS毛细管柱（30 m × 0.25 mm × 0.25 μm）进行色谱分离，流速为1 mL/min的氦气作为载气。对于吸墨纸分析，初始色谱柱温度（75℃）保持1 min，然后以25℃/min的速度线性升至280℃，最后保持2 min。对于香料样本分析，柱箱温度最初在80℃下保持5 min，然后以1.0℃/min的升温速率升至290℃，然后在290℃下保持15 min。FT-NIR仪器配置积分球采样部件、卤钨灯光源和InGaAs检测器，以反射模式进行测定，扫描范围为10 000~4000 cm^{-1}，在4 cm^{-1}的分辨率下采集82次扫描。NIR适于现场分析，节省时间和成本，由于其不需要或极少的样品制备，无损且易于操作（不需要高技能人员），可在法庭实验室进行进一步研究。近红外光谱和化学计量学相结合，提供了一种新的分析策略，作为一种法庭毒品分析的工具，可用于现场筛查或缉获的新精神活性物质检测。

策划类药物的快速变化，使得实验室难以依赖传统的靶向筛选方法[31]。2017年，麦戈尼格尔（McGonigal）等人[6]通过直接样品分析与精确质量质谱TOF MS联用技术（DSA-TOF-MS）对2C-X和NBOMe等26种市售标准品进行了研究。街头样本是在一次秘密购买行动中缴获的十张吸墨纸。两份吸墨纸用500 μL甲醇进行超声提取处理（30 min），涡旋振荡（2 min）后过滤，然后将5 μL滤液稀释至95 μL水中。取2 μL加到筛网上进行原位电离质谱分析。AxION DSA-TOF-MS的电离参数为：+电晕电流7 mA，加热器温度325℃，加热气温度25℃，干燥气流量0 L/min，雾化气压力5.6 psi。检测器电压为3100 V。在大气压条件下，DSA利用来自氮气的直接电荷转移，从而导致电离，随后发生源内碰撞诱导解离。裂解模式、HRMS质谱数据和同位素比值可以在短时间内对未知的街头样品快速定性鉴别"溴蜻蜓"、2C-B Fly、2C-B、2C-B BZP、2C-C、2C-D、2C-E、2C-G、2C-H、2C-I、2C-N、2C-P、2C-T、2C-T-2、2C-T-4、2C-T-7、3C-P、25B、25C、25D、25E、25G、25H、25I、25I NBF、25-T-2。质谱谱图数据对于同类化合物，其质谱数据具有相似性，可以快速进行类别确定，同时质谱谱图还具有唯一性，适于化合物的个体鉴别。DSA-TOF-MS利用源内碰撞诱导解离和原位电离技术产生[M+H]⁺离子和碎片离子，该技术易于方法开发和进行筛选分析，被作者推荐作为定性鉴别技术。然而，因为DSA-TOF-MS在许多实验室还没有配备，LC-MS/MS最近已成为分析新型药物的首选方法。近年来，尤其是LC-QTOF-MS，以其分离和鉴别化合物的卓越能力，成为更优选的技术之一。

15.3　未来前景

滥用药物千变万化，分析化学家、法医毒理学家和临床医师将站在识别这些药物的最前沿。鉴于互联网时代，许多来自世界各地的新精神活性物质可供个人娱乐性使用[10]。

环取代苯乙胺类衍生物，俗称2Cs，是新兴的滥用药物[7]。目前，有关2Cs的已发表文献数量不是很多。近来，一些2Cs，如2C-T-7、2C-B和2C-E已经有所研究，虽然不多，但有关可用的药理学、药代动力学和药效学的信息逐渐产生。在2C致死案例中全部出现兴奋性谵妄综合征，包括严重躁动、攻击、暴力、癫痫发作和高热。目前尚无有效的2C中毒解毒剂。治疗仅限于维持疗法，对于出现与兴奋性谵妄综合征一致的体征和症状的2C病例，应进行快速镇静和积极治疗重度高热。

根据需要，这类药物的实验室检测和影像学检查应针对临床观察和症状[10]。2C苯乙胺类药物用市场上的标准免疫分析技术不能进行检测。GC-MS或LC-MS/MS结合FTIR和NMR等技术可用于物质的鉴别或定量分析。液相色谱-质谱联用技术（LC-MS/MS）越来越受欢迎，尤其是作为临床实践的支持。

文献中关于2C药物的分析中，最常用的技术是GC-MS和LC-MS/MS。多年来，气相色谱-质谱联用（GC-MS）一直是金标准。然而，近年来，由于新兴衍生物的检测存在假阴性结果的风险，高分辨液质联用技术开始逐渐取代GC-MS，或被要求对GC-MS的结果进行确证。

多种方法已经普遍应用于对新型未知策划类药物进行鉴别或结构鉴定。色谱有助于分离和纯化未知化合物，检测技术如质谱全扫描、MS/MS、紫外-可见光谱、红外光谱、元素分析和核磁共振等则有助于确定分子式和结构鉴定。代谢产物的结构信息对于快速鉴别母体化合物、建立代谢产物轮廓和计算药物的生物转化率至关重要。由于核磁共振检测能够推断分子中官能团的具体位置，其在解析未知化合物、代谢产物和同量异素体的结构鉴定方面尤其成功，而这是质谱难以解决的问题之一。

在法庭科学中，杂质分析也很重要，据此可以推断毒品的制造来源。如果不同案例的样品中，存在相同的杂质，则可以找出它们之间的关联，从而找到毒品的生产来源。如果在LC-MS/MS中，尚未开发出更好的方法来分离对映异构体，则GC-MS仍是未知化合物及其代谢产物的鉴别和结构鉴定研究，以及同量异素体测定研究的重要工具。在大孔径色谱柱中的非极性固定相上进行GC分离，可以成功分离位置异构体和同量异素体化合物。但是，对于精确质量的LC-MS/MS检测，应结合保留时间参数和（或）更多MRM通道，以准确鉴别同量异素体和位置异构体化合物。LC-HRMS给出的准确质量，可用于分子式推断和结构鉴定[25]。离子阱（IT）的MS^{n}和TOF的高分辨率，可以测定未知化合物的准确质量和进行杂质剖析。HRMS技术大大增强了MS技术的质量分辨能力和质量测定能力，因此通过与UPLC联用或与整体柱HPLC联用，可以进行快速分析。手性柱可有效用于化学中的对映异构体分离，在未来分析2C衍生物相关的异构体时，也应变得越来越重要。

在文献中，据报道HPLC可以同时与NMR和MS检测器联用，形成LC-NMR-MS系统[44]。在这种系统中，通过对每种分析物进行色谱分离和纯化，使核磁共振分析更容易和更快速；通过在线系统，如果有合适的数据库匹配，这种强大的技术可用于对映异构体、药物代谢研究、2C类似物和其他新精神活性物质的快速筛选和鉴定。

参考文献

1. Musselman, M. E. and Hampton J. P. 2014. Not for human consumption: A review of emerging designer drugs, *Pharmacother.* 34:745–757.
2. Carpenter, T. G. 2015. Designer drugs, carpenter a new, futile front in the war on illegal drugs, *Policy Anal.* 774:1–13.
3. Hill, S. L. and Thomas, S. H. 2011. Clinical toxicology of newer recreational drugs, *Clin Toxicol.* 49:705–719.
4. Abdulrahim, D. and Bowden, J. O. 2015. On behalf of the NEPTUNE Expert Group. Chapter 7 Amphetamine-type substances (ATS): An overview Drug group: Stimulant, in: Guidance on the Management of Acute and Chronic Harms of Club Drugs and Novel Psychoactive Substances. Novel Psychoactive Treatment UK Network (NEPTUNE), London.

5. Smith, P. R. and Morley, S. R. 2017. New Psychoactive Substances, Ed. Guy N. Rutty, In: *Essentials of Autopsy Practice: Reviews, Updates, and Advances*, Springer, Switzerland, p. 69.

6. McGonigal, M. K., Wilhide, J. A., Smith, P. B., Elliott, N. M. and Dorman, F. L. 2017. Analysis of synthetic phenethylamine street drugs using direct sample analysis coupled to accurate mass time of flight mass spectrometry, *Forensic Sci Int.* 275:83–89.

7. Dean, B. V., Stellpflug, S. J., Burnett, A. M., and Engebretsen, K. M. 2013. 2C or Not 2C: Phenethylamine designer drug review, *J Med Toxicol.* 9:172–178.

8. Liechti, M. 2015. Novel psychoactive substances (designer drugs): Overview and pharmacology of modulators of monoamine signaling, *Swiss Med Wkly.* 145:14043.

9. Drees, J. C., Stone, J. A. and Wu, A. H. B. 2009. Morbidity involving the hallucinogenic designer amines MDA and 2C-I, *J Forensic Sci.* 54:6.

10. Nelson, M. E., Bryant, S. M., and Aks, S. E. 2014. Emerging drugs of abuse, *Disease-A-Month.* 60:110–132

11. Gálligo, F. C., Riba, J., Ventura, M., González, D., Farré, M., Barbanoj, M. J. and Bouso, J. C. 2012. 4-Bromo-2,5-dimethoxyphenethylamine (2C-B): Presence in the recreational drug market in Spain, pattern of use and subjective effects, *J Psychopharmacol.* 26:1026–1035.

12. De Boer, D. and Bosman, I. 2004. A new trend in drugs-of-abuse: The 2C-series of phenethylamine designer drugs, *Pharm World Sci.* 26:110–113.

13. Andreasen, M. F., Telving, R., Birkler, R. I., Schumacher, B., and Johannsen, M. 2009. A fatal poisoning involving Bromo-Dragonfly, *Forensic Sci Int.* 183:91–96.

14. Wood, D. M., Looker, J. J., Shaikh, L., Button, J., Puchnarewicz, M., and Davies, S. 2009. Delayed onset of seizures and toxicity associated with recreational use of Bromo-dragon fly, *J Med Toxicol.* 5:226–229.

15. Zuba, D., Sekula, K., and Buczek, A. 2012. Identification and characterization of 2,5-dimethoxy-4-nitro-betaphenethylamine (2C-N)-a new member of 2C-series of designer drug, *Forensic Sci Int.* 222:298–305.

16. U.S. Drug Enforcement Administration, Diversion Control Division. 2017. 2C-Phenethylamines, Piperazines, and Tryptamines Reported in NFLIS, 2011–2015. Springfield, VA: U.S. Drug Enforcement Administration.

17. Páleníček, T., Fujáková, M., Brunovský, M., Horáček, J., Gorman, I., Balíková, M., Rambousek, L., Syslová, K., Kačer, P., Zach, P., Valešová, V.B., Tylš, F., Kubešová, A., Puskarčíková, J., and Höschl, C. 2013. Behavioral, neurochemical and pharmaco-EEG profiles of the psychedelic drug 4-bromo-2,5-dimethoxyphenethylamine (2C-B) in rats, *Psychopharmacol.* 225:75–93.

18. Hoffman, R. S., Howland, M. A., Lewin, N. A., Nelson, L. S., Goldfrank, L. R. 2015. Amphetamines, *in Goldfrank's Toxicologic Emergencies*, 10th Ed., McGraw-Hill Global Education Holdings, LLC., http://accesspharmacy.mhmedical.com/content.aspx?bookid=1163&sectionid=64554057, accessed May 2017.

19. Graaf, Å. Vad är drogen bromodragonfly? 2017, I SAY NO DRUGS, http://www.isaynodrugs.org/vad-ar-drogen-bromodragonfly/, accessed May 2017.

20. Appendino, G., Minassi, A., and Taglialatela-Scafati, O. 2014. Recreational drug discovery: Natural products as lead structures for the synthesis of smart drugs, *Nat Prod Rep.* 31:880–904.

21. Weaver, M. F., Hopper, J. A. and Gunderson, E. W. 2015. Designer drugs 2015: Assessment and management, *Addict Sci Clin Pract.* 10:1–9.
22. Lin, D. 2016. Designer drugs—A brief overview, *Therapeut Toxins News.* 2:1–10.
23. Habrdova, V., Peters, F. T., Theobald, D. S. and Maurer, H. H. 2005. Screening for and validated quantification of phenethylamine type designer drugs and mescaline in human blood plasma by gas chromatography/mass spectrometry, *J Mass Spect.* 40: 785–795.
24. Boatto, G., Nieddu, M., Dessì, G., Manconi, P., and Cerri, R. 2007. Determination of four thiophenethylamine designer drugs (2C-T-series) in human plasma by capillary electrophoresis with mass spectrometry detection, *J Chromatogr A.* 1159:198–202.
25. Tsai, C. C., Liu, J. T., Shu, Y. R., Chan, P. H. and Lin, C. H. 2006. Optimization of the separation and on-line sample concentration of phenethylamine designer drugs with capillary electrophoresis–fluorescence detection, *J Chromatogr A.* 1101:319–323.
26. Pichini, S., Pujadas, M., Marchei, E., Pellegrini, M., Fiz, J., and Pacifici, R. 2008. Liquid chromatography-atmospheric pressure ionization electrospray mass spectrometry determination of "hallucinogenic designer drugs" in urine of consumers, *J Pharm Biomed Anal.* 47:335–342.
27. Li, Y., Wang, M., Li, A., Zheng, H., and Wei, Y. 2016. Identification of the impurities in 2, 5-dimethoxy-4-ethylphenethylamine tablets by high-performance liquid chromatography mass spectrometry-ion trap-time of flight, *Anal Methods.* 8:8179–887.
28. Ambach, L., Redondo, A. H., König, S. and Weinmann W. 2014. Rapid and simple LC-MS/MS screening of 64 novel psychoactive substances using dried blood spots, *Drug Test Anal.* 6:367–375.
29. Van Vrancken, M. J., Benavides, R. and Wians, F. H. 2013. Identification of designer drug 2C-E (4-ethyl-2, 5-dimethoxy-phenethylamine) in urine following a drug overdose, *Proceedings*, 26: 58, Baylor University Medical Center.
30. Adamowicz, P. and Tokarczyk, B. 2015. Simple and rapid screening procedure for 143 new psychoactive substances by liquid chromatography–tandem mass spectrometry, *Drug Test Anal.* 8:652–667.
31. Pasin, D., Cawley, A., Bidny, S., and Fu, S. 2017. Characterization of hallucinogenic phenethylamines using high-resolution mass spectrometry for non-targeted screening purposes. *Drug Test Anal.* 9:1620–1629.
32. Paul, M., Ippisch, J., Herrmann, C., Guber, S., and Schultis, W. 2014. Analysis of new designer drugs and common drugs of abuse in urine by a combined targeted and untargeted LC-HR-QTOFMS approach, *Anal Bioanal Chem.* 406:4425–4441.
33. Pasin, D., Bidny, S., and Fu, S. 2015. Analysis of new designer drugs in post-mortem blood using high-resolution mass spectrometry, *J Anal Toxicol.* 39:163–171.
34. Swortwood, M. J., Boland, D. M., and DeCaprio, A. P. 2013. Determination of 32 cathinone derivatives and other designer drugs in serum by comprehensive LC-QQQ-MS/MS analysis, *Anal Bioanal Chem.* 405:1383–1397.
35. McBride, E. M., Kretsch, A., Garibay, L. K., Brigance, K., Frey, B., Buss, B. and Verbeck, G. F. 2016. Rapid experimental and computational determination of phenethylamine drug analogue lipophilicity, *Forensic Chem.* 1:58–65.

36. Pratama, S. F., Muda, A. K., Choo, Y. H., and Abraham, A. 2016. 3D geometric moment invariants for ATS drugs identification: A more precise approximation. In: Abraham A., Haqiq A., Alimi A., Mezzour G., Rokbani N., Muda A. (eds.), Proceedings of the 16th International Conference on Hybrid Intelligent Systems (HIS 2016). HIS 2016. *Advances in Intelligent Systems and Computing*, vol. 552, pp. 124–133, Springer, Cham.

37. Saurina, J. and Sentellas, S. 2017. Strategies for metabolite profiling based on liquid chromatography, *J Chromatogr B*. 1044–1045:103–111.

38. Gillotin, F., Chiap, P., Frederich, M., Van Heugen, J. C., Francotte, P., Lebrun, P., Pirotte, B., and de Tullio, P. 2010. Coupling of liquid chromatography/tandem mass spectrometry and liquid chromatography/solid-phase extraction/NMR techniques for the structural identification of metabolites following in vitro biotransformation of SUR1-selective ATP-sensitive potassium channel openers, *Drug Metab Dispos*. 38:232–240.

39. Meyer, M. R., Robert, A., and Maurer, H. H. 2014. Toxicokinetics of novel psychoactive substances: Characterization of N-acetyltransferase (NAT) isoenzymes involved in the phase II metabolism of 2C designer drugs, *Toxicol Lett*. 227:124–128.

40. Giroud, C., Augsburger, M., Rivier, L., Mangin, P., Sadeghipour, F., Varesio, E., Veuthey, J. L., and Kamalaprija, P. 1998. 2C-B: A new psychoactive phenylethylamine recently discovered in ecstasy tablets sold on the Swiss black market, *J Anal Toxicol*. 22:345–354.

41. Waters, B., Ikematsu, N., Hara, K., Fujii, H., Tokuyasu, T., Takayama, M., and Kubo, S. I. 2016. GC-PCI-MS/MS and LC-ESI-MS/MS databases for the detection of 104 psychotropic compounds (synthetic cannabinoids, synthetic cathinones, phenethylamine derivatives), *Legal Med*. 20:1–7.

42. Zuba, D. and Byrska, B. 2013. Prevalence and co-existence of active components of 'legal highs,' *Drug Test Analysis*. 5:420–429.

43. Risoluti, R., Materazzi, S., Gregori, A., and Ripani, L. 2016. Early detection of emerging street drugs by near infrared spectroscopy and chemometrics, *Talanta*. 153:407–413.

44. Corcoran, O. and Spraul, M. 2003. LC–NMR–MS in drug discovery, *Drug Discov. Today* 8:624–631.

16 苯乙胺类NBOMe衍生物及其分析方法

贝里尔·阿尼兰默特（Beril Anilanmert）、法蒂玛·贾夫乌斯·约纳尔（Fatma Çavuş Yonar）和塞纳·恰拉尔·安达奇（Sena Çaglar Andaç）

16.1 引言

　　最近*，一类新型"2C"血清素（即5-羟色胺）5-HT$_{2A}$受体激动剂策划药物，即二甲氧基苯基–N–[(2-甲氧基苯基)甲基]乙胺（NBOMe）衍生物，开始流行起来。该类药物容易通过网络获得，在美国、欧洲和亚洲等地出现滥用情况[1]。该类药物危害极大，能致人严重中毒甚至死亡。NBOMe类化合物是2C-X系列的N-2甲氧基苄基衍生物[2]。NBOMe化合物包括25B-N(BOMe)2、25B-NBOMe、25C-NBOMe、25D-NBOMe、25E-NBOMe、25G-NBOMe、25H-NBOMe、25I-BOMe、25N-NBOMe和25iP-NBOMe[3]。据报道在过去5年中，欧洲、美国和其他地方出现了将该类化合物用作新型精神活性物质和相关急性中毒的案例。它们作为5-HT$_{2A}$受体激动剂发挥作用，据报道会导致血清炎性综合征，伴有行为怪异、焦虑和持续长达3天的癫痫发作[1]。该类物质被滥用频繁的原因在于其能诱发强烈幻觉[4]。致幻作用产生的部分原因是该类物质能作用于5-HT$_{2A}$受体。致幻剂，顾名思义，是能够诱发幻觉或其他迷幻效果的药物[5]。

　　NBOMe有时也被称为25X-NBOMe，包括各种2C类致幻剂的苯乙胺衍生物。最常见的衍生物是25I-NBOMe、25B-NBOMe和25C-NBOMe，化学名称依次为：2-(4-碘代-2,5-二甲氧基苯基)-N-[(2-甲氧基苯基)甲基]乙胺、N-(2甲氧基苄基)-2,5-二甲氧基-4-溴苯乙胺和N-(2-甲氧基苄基)2,5-二甲氧基-4-氯苯乙胺。其他NBOMe衍生物参见第15章表15.1。与许多低剂量致幻药物一样，这些化合物通常吸附在吸墨纸上售卖。目前，滥用最广泛的NBOMe衍生物（以粉末或吸墨纸形式出售）的名称为25I-NBOMe、"N-Bomb"和"Smiles"[1]。图16.1即为这些含有非法物质的吸墨纸。

---

* 原书出版于2018年，书中出现的时间以此为参照。——编者注

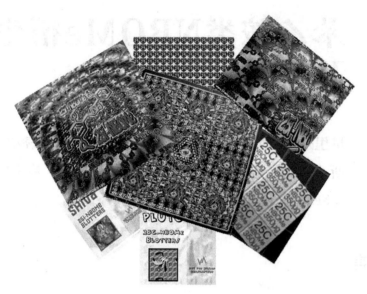

图16.1　在shamanicharmonics.com、ivolabs.com、etsy.com等互联网网站上发布的含NBOMe衍生物的吸墨纸广告。一剂N-Bomb的价格通常为2到4英镑

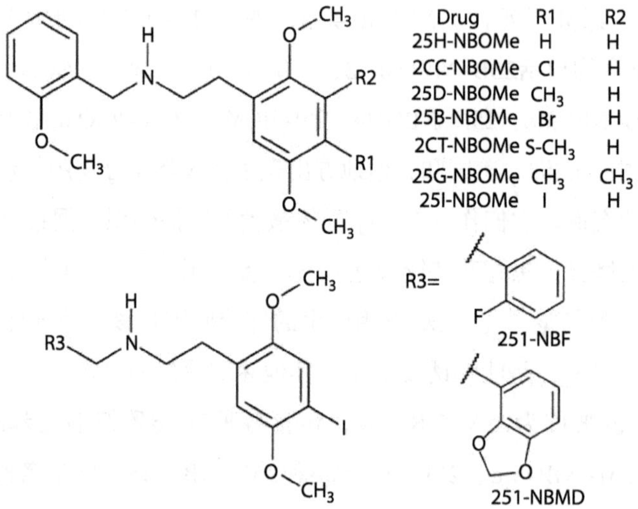

Drug R1 R2
25H-NBOMe H H
2CC-NBOMe Cl H
25D-NBOMe CH3 H
25B-NBOMe Br H
2CT-NBOMe S-CH3 H
25G-NBOMe CH3 CH3
25I-NBOMe I H
R1
R2
R3=
251-NBF
251-NBMD

图16.2　NBOMe衍生物的结构（转载自Poklis，J.L.etal.，2014，J Anal Toxicol，38：113-121.）

包括25I-NBOMe和25B-NBOMe在内的几种衍生物，最早由柏林自由大学拉尔夫·海姆（Ralf Heim）在研究5-HT_{2A}受体的药理学作用的过程中合成。NBOMe衍生物很容易合成。2C-I-NBOMe可以通过2C-I与2-甲氧基苯甲醛的还原烷基化反应合成[6]。

该合成过程需逐步进行，首先合成亚胺，然后使用硼氢化钠还原该亚胺或直接与三乙酰氧基硼氢化钠反应。由于这种策划药也由非专业人员秘密合成，它的纯度和效力可能会有很大差异。美国药品管理局于2013年10月10日将25I-NBOMe、25B-NBOMe和25C-NBOMe列入《管制药物法》附表Ⅰ。

不同类型NBOMe衍生物的一般分子结构如图16.2所示。大多数NBOMe衍生物的分子名称也已在第15章表15.1中列出。NBOMe化合物与2C-物质（2C-I、2C-C和2C-B）共同之处在于共享一个核心苯乙胺结构，不同之处在于其氮原子上增加了一个2-甲氧基苄基[4]。

16.1.1 药理学和毒理学效用和剂量

在2C衍生物中，N-苄基-氧代-甲基（NBOMe）衍生物值得关注，这主要是由于过去六年中有多篇文献报道其急性中毒；这些病例大多与25I-NBOMe有关[7]。已报道的25I-NBOMe作用与典型的5-羟色胺致幻剂（如麦角酸二乙基酰胺或裸头草碱）的效应相似[8]，因而已成为LSD的常用替代品[1]。案例报道使用者会出现不同程度刺激效应的幻觉[8]，甚至会丧失人性。与典型的5-羟色胺致幻剂相反，参与互联网调查的442名使用者报告显示，25I-NBOMe具有更大的"副作用"，但同时价格更低。除了预期的视觉和听觉、幻觉之外，许多使用者还会因精神错乱而入院治疗。其中一些后果包括谵妄、焦虑、攻击、暴力、偏执、烦躁、严重精神错乱和自残。一些患者表现为5-羟色胺或交感神经型中毒，包括"兴奋性谵妄"伴严重焦虑、攻击和暴力。在少数25I-NBOMe使用者的临床报告中频繁出现心动过速、高血压和瞳孔散大。在几个病例中也报告了反射亢进和阵挛。而许多最终需要医疗护理的病例中也出现了癫痫发作症状。严重的中毒反应包括高热、肺水肿和外伤致死。

在一个病例中，据报告有一名19岁男性在摄入25I-NBOMe后出现偏执和怪异行为并最终死亡。在另一个致命病例中，一名摄入25I-NBOMe的21岁男性司机突然暴怒，将车驶离道路，并开始破坏车内，随后不明原因死亡。除死亡病例外，一名15岁女孩摄入25I-NBOMe后在舞厅外昏迷，到达当地医院时，她身体蜷缩且直肠温度为39.9℃[3]。目前25I-NBOMe的长期生理作用尚不清楚[8]。匿名报告显示，剂量为50~250 mg的药品粉末散剂可以舌下给药，通过吹入或涂抹应用于口腔[9]。吸墨纸通常含有更高的剂量，达到500~800 mg，这显然是由于药物的吸收率较低。一些已发表的摘要和论文介绍了25I-NBOMe中毒的体征和症状。

16.1.2　新型NBOMe类似物

与其他药物一样，非法实验室通过持续制造新型NBOMe类似物，逃避筛查检验，而相对应的，政府部门持续开发具有挑战性的方法和技术，试图追踪类似物的快速变化趋势。

2016年，1-(苯并呋喃-5-基)-N-(2-甲氧基苄基)丙-2-胺类似物，即5-APB-NBOMe，被使用液相色谱-四极杆飞行时间质谱（LC-QTOF-MS）、气相色谱-质谱（GCMS）和核磁共振（NMR）进行了鉴定[10]。韦斯特法尔（Westphal）等人[11]以前曾报告过5-APB-NBOMe，但没有高分辨率LC-MS数据。

2017年，舍维林（Shevyrin）等人[12]检测并鉴定了N-(2-甲氧基苄基)-2-(2,4,6三甲氧基苯基)乙胺（2,4,6-TMPEA-NBOMe），即一种NBOMe系列的新化合物。使用的检验方法包括了气相色谱-高分辨率质谱联用（GC-HRMS和GC-HRMS/ MS）、超高效液相色谱、高分辨率串联质谱（UHPLC-HRMS和UHPLC-HRMS/MS）以及^{1}H和^{13}C NMR光谱。

2012年，祖巴和塞库拉（Sekula）[13]报告了三种强效血清素5-HT$_{2A}$受体激动剂致幻剂的分析特性，这三种物质来自从波兰缴获的吸墨纸中，是一类源自甲氧基苯乙胺（NBOMe）衍生物的新型N-甲氧基苄基衍生物：2-(2,5-二甲氧基4-甲基苯基)-N-(2-甲氧基苄基)乙胺（25D-NBOMe）、2-(4-乙基2,5-二甲氧基苯基)-N-(2-甲氧基苄基)乙胺（25E-NBOMe）和2-(2,5-二甲氧基-3,4-二甲基苯基)-N-(2-甲氧基苄基)乙胺（25G-NBOMe）。近年来，已在吸墨纸上鉴别出来N-(2-甲氧基苄基)-2,5-二甲氧基-4氯苯乙胺（2CC-NBOMe）和2-(4-碘-2,5-二甲氧基苯基)-N[(2,3-亚甲二氧基苯基)甲基]乙胺（25I-NBMD）。采用的分析技术包括GC-EI-MS（无衍生化和用三氟乙酸酐［TFAA］衍生化后）、LC-ESI-QTOF-MS、FTIR和NMR技术。这些化合物的GC-MS谱图非常相似，主要碎片离子的m/z为150、121和91。其余碎片离子与2C-D、2C-E和2C-G类似，但强度较低。衍生化方法可以测定所研究物质的分子质量。通过LC-ESI-QTOF/MS可以获得精确的分子质量和化学式，还可以确定碎裂机制。核磁共振（NMR）和傅里叶变换红外（FTIR）光谱用于结构的最终解释和鉴别确认。祖巴和塞库拉使用三氟乙酸酐衍生化（TFAA）法鉴定25D-、25E-、和25G-NBOMe。然而，衍生化方法无法分离异构体25E-（含H和C$_2$H$_5$）和25G-（含CH$_3$和CH$_3$）。卢姆（Lum）等人[14]在异构体25E-NBOMe和25G-NBOMe的鉴别中使用了七氟丁酸酐衍生化（HFBA）。研究表明，在质谱分析过程中，NBOMe系列会发生特征性和诊断性的McLafferty重排。

16.2 NBOMe衍生物的分析方法

16.2.1 筛查和鉴定方法概述

在法医分析中，免疫测定是重要的筛查技术；然而，在检测相对较新的2C类化合物（如25I–NBOMe）时会出现困难，尤其是在药物浓度较低的情况下[5]。

LC–UV和HPTLC可能有助于筛查，但仍存在假阴性的可能，因为NBOMe在吸墨纸中和人体摄入后体液中的浓度较低。如果筛选中首选LC–UV和HPTLC，则应使用质谱技术确认结果，以免遗漏低浓度的新型未知衍生物（如果存在的话）。药物浸渍吸墨纸的使用非常常见。为了使用易于使用的实验室设备解决此问题，开发并验证了一种新的HPTLC方法，用于查获的吸墨纸中的25C–NBOMe的识别和定量，并通过GC–MS进行定性确认[15]。将15份真实的吸墨纸样本分别浸入25.0 mL甲醇中，并超声提取15 min，然后通过HPTLC和GC–MS进行分析。HPTLC分析是在预先于80℃下活化30 min的20 cm×10 cm预涂硅胶F254板上进行。第一次应用时，x轴为15 mm，y轴为8.0 mm，轨道间距离为5.8 mm。在自动显影室中将板显影调整至70 mm的距离，以环己烷/甲苯/二乙胺（75∶15∶10，v/v/v）作为流动相（10 mL，室中无饱和）。干燥5 min后，用密度计扫描条带，并在298 nm下测量吸光度。通过HP-5毛细管柱（30 m×0.32 mm×0.25 μm）洗脱后，在70 eV下使用EI模式进行GC–MS分析。将色谱柱温度设定为75℃，保持1 min，然后以25℃/min的速度升温至为280℃，并在280℃下保持恒定20 min。进样口温度为250℃，采用无分流模式进样，氦气流速为1 mL/min。通过比较化合物的质谱和进样的标准品的保留时间来鉴定化合物。使用经验证的方法分析了15份实际样本，在所有样本中均发现25C–NBOMe有较大的剂量范围（701.0～1943.5 μg/张吸墨纸）。LOD和LOQ分别为7.1 μg/条带和21.63 μg/条带。平均回收率为99.26%。

同样，应根据预期获得的信息考虑使用MS/MS技术，特别是库支持的LC–HRMS/MS技术或双/多仪器应用，如GC–MS+LC–MS/MS、GC–MS+LC–MS/MS+NMR、LC–MS/MS+NMR和GC–MS+LC–MS/MS+FTIR+NMR（或其中一种最佳方法，LC–MS/MS+LC–NMR）。如第15章所述，不同技术的优势开始在多种方法中结合起来，常用于市场新出现的未知设计药物的鉴定或结构阐明，用于杂质分析以预测合成途径和制造商来源，用于代谢产物分析或共存对映异构体形式的检测。与其他2C衍生物一样，识别未知代谢产物和同位素分子需要进行NMR检测。FTIR和NMR能够准确预测分子中官能团的位置，这是MS技术难以解决的问题。使用LC–HRMS（高分辨率MS）方法能测出新引入化合物的准确质量，可用于预测化学式和结构推断[16]。与LC–MS/MS相比，飞行时间（TOF）和离子阱（IT）仪器在执行多次质谱裂解循环（MS^n）的能力、高分辨率、质量准确度和快速分析方面具有优势。因为离子提取需要低电压，IT仪器提供了更高的灵敏度且几乎没有表面充电效应，所以非导电表面（例如载玻片）或厚组织样本可与MALDI仪器结合使用。

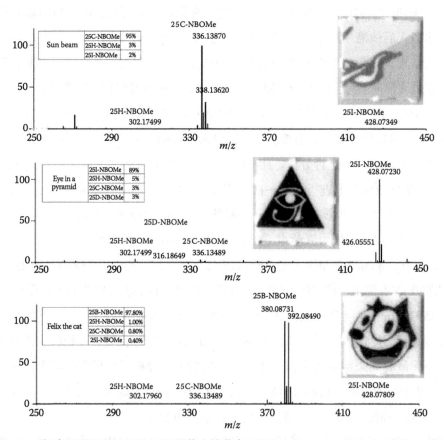

图16.3　每张吸墨纸的DART–MS光谱（转载自 Poklis, J.L.etal., 2015, J Anal Toxicol, 39：617–623.）

近年来的几项研究证明了基于质谱的分析方法在NBOMe衍生物筛选和检测中具有实用性。由于无需或只需少量样品制备和分析快速，直接分析技术（如实时直接分析技术DART–MS）已在该领域变得越来越重要。2015年该技术已用于吸墨纸上NBOMe类致幻剂的筛查[1]，可以直接对吸墨纸和浸泡吸墨纸的甲醇溶液进行快速检测。NBOMe衍生物均纳入筛查范围，包括：25I–NBOMe亚胺、25I–NBOMe、25I–NBF、25G–NBOMe、25D–NBOMe、25H–NBOMe亚胺、25B–NBOMe、25C–NBOMe和2CT–

NBOMe。DART-MS以(+)离子模式运行，离子源氦气流速为2.0 L/min，气体加热器温度为300℃，放电电极针为4 V；电极1设置在150 V，电极2设置在250 V。测量时，离子导管峰值电压为800 V，反射器电压为900 V。使用为所有三种电压创建单个文件的切换模式，在300℃，20 V、60 V或90 V下操作孔板1，孔板2设置为5 V，环形透镜设置为3 V。通过DART-MS检测吸墨纸，有无样本前处理步骤均可。前述为DART-MS制备的相同样本也在LC-MS/MS（Q阱）仪器进行分析。除了NBOMe亚胺之外，所有分析的NBOMe衍生物都产生相同或相似的产物离子。25H-NBOMe亚胺和25I-NBOMe亚胺通过相同的碎裂模式产生彼此相似的产物离子。因此，$[M+H]^+$离子（孔板1：20 V）用于表征每张吸墨纸中的衍生物（图16.3）。

16.2.2　NBOMe衍生物的气相色谱-质谱分析

随着新的合成精神活性类似物的出现，尽管实验室倾向于使用LC-HRMS技术来发现样本中新的未知分子的结构，但GC-MS仍然是最广泛和最常用的药物样本分析技术。然而，常规GC-MS方法仍不足以分析新的精神活性分子。例如，他们可能将25I-NBOH（以及NBOH系列的其他成员）误认为2C-I，因为其在注射器内降解为2C-I（以及该系列其他成员的相应2C），除非采用非标准的衍生化程序[17]。内图（Neto）等人已提出了一种替代程序，能够使用常规GC-MS方法间接鉴定NBOHs，从而将其与2C-I区分开，并且无需衍生化或其他分析技术。采用HP-1MS熔融石英毛细管柱（30 m × 0.25 mm内径，0.25 μm厚度），1 μL样本注射体积，25：1分流比和1 mL/min的氦气载气，进样口温度为280℃。柱温箱升温程序从150℃开始并保持1.5 min，然后以30℃/min的速度升温至250℃并保持1 min，然后以50℃/min的速度升温至300℃并保持3 min，输送管线温度为300℃。为避免25I-NBOH的热降解，可以通过降低进样器温度（280℃～150℃），测试不同的样本提取溶剂（甲醇、乙腈、乙酸乙酯和丙酮）和不同的注射分流比等方法。考虑到25I-NBOH在标准常规GC注射过程中会降解为2C-I这一事实，降解产生的其他副产物也会进入色谱柱，并可能在总离子电流色谱图中产生其他峰。因此，通过调整柱温箱升温程序，使用甲醇，并将溶剂延迟时间缩短至1.5 min，以监测潜在的快速洗脱化合物，能够检测到25I-NBOH降解而产生的额外峰。由于该次级早期色谱峰的存在，在不需要借助衍生化（或其他分析过程）的情况下，常规GC-MS分析也可以区分25I-NBOH和2C-I，从而防止将25I-NBOH误识别为2C-I。尽管可能有人认为使用甲醇或其他醇作为溶剂会增强热降解，但这种增强作用可能有利于原始分子的识别，因为降解现在是通过特定反应发生的。由于该方法有趣且特殊，图16.4中给出了应用改进方法的吸墨纸样本色谱图。

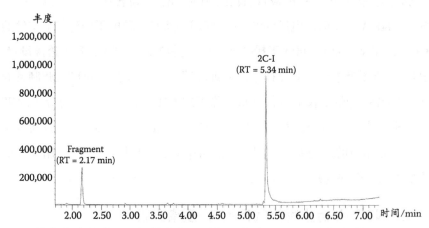

图16.4 地方街头查获吸墨纸样本的甲醇提取物在GC–MS分析中获得TIC。主峰（rt = 5.34 min）与相同条件下注射的25I–NBOH和2C–I认证参考标准品的保留时间匹配。仅检测到25I–NBOH认证标准品和缴获的吸墨纸标准品的二级峰（rt = 2.17 min）（转载自Neto, J. C. etal., 2017, Forensic Toxicol, 1–6.）

16.2.3 NBOH化合物的分析

NBOH化合物被提议作为NBOMe化合物的合法替代品，尽管它们的药理学和毒理学特性并没有被完全掌握。由于NBOH化合物与NBOMe分子的差异很小，因此非常相似，因而也被纳入与NBOMe衍生物分析相关的研究。关于NBOH化合物的科学数据非常稀少，仅有少量通过小鼠或计算模型进行的有关药理学研究。仅一篇论文报道了在三只成年雄性大鼠（其中一只死于呼吸困难）的尿液样本中回收25C–NBOH以及25C–NBOMe和2C–C[18]。另一种用于吸墨纸中25I–NBOH的鉴定和2–CI的区分方法是使用GC–MS、LC–ESI(+)–QTOF/MS、FTIR和NMR分析。巴西多家国家级法医实验室已鉴别出吸墨纸中的25I–NBOH[19]，采用甲醇提取吸墨纸中的物质。对于GC–MS分析，采用熔融石英毛细管GC柱（30 m×0.25 mm内径，0.25 μm厚度）。进样体积为0.5 μL，分流比为50∶1，氦气流量为1 mL/min，入口管线温度为280℃，进样器温度为200℃。柱温箱升温程序从100℃的初始温度开始，保持6℃/min的速度升至300℃，并保持5.67 min。2C–I对人体产生致幻作用的已知使用剂量在14 mg以上，仍需要进一步分析。在LC–ESI(+)–QTOF/MS方法中，流动相由0.1%甲酸溶于水和0.1%甲酸溶于甲醇组成。分离采用C18（100 mm×2.1 mm内径，粒度1.8 μm）柱。干燥气体温度为350℃；干燥气体流量为8.0 L/min；喷雾器，35 psi；鞘气温度：400℃；鞘气流，11 L/min；VCap，

3500 V。然而，色谱峰的ESI质谱显示有两个精确的离子碎片：m/z 308.0142 [M+H]$^+$（2C–I）和m/z 414.0561 [M+H]$^+$。m/z 414.0561处的离子与分子式25I–NBOH相容。尽管与25I–NBOMe的相似度高于2C–I，但仍观察到以1250 cm^{-1}为中心的光谱带系统性减弱，这是NBOMe化合物不对称C–O–C振动的特征。该峰的减弱表明–OCH$_3$被–OH取代，形成了NBOH化合物。完整的^{1}H和^{13}C信号分配以及^{1}H–^{13}C相关性证实该化合物是25I–NBOH。图16.5所示为GC–MS色谱图和LC–QTOF–MS光谱。

16.2.4　NBOMe衍生物的液相色谱–质谱/质谱分析

在2018年的一项研究中，卡斯珀（Casper）等人建立了一种基于Orbitrap的LC–HRMS联用HR全扫描（HRFS）MS和"所有离子碎裂"（AIF）MS的高度灵敏的方法，用来鉴定和区分一组策划药，包括25B–NBOMe、25C–NBOMe、25E–NBOMe、25I–NBOMe、25H–NBOMe、2C–H、2C–N、2C–D、2C–P、2C–E、2C–B、2C–B–Fly、2C–I、2C–T–2和2C–T–7[20]。由于它们的摄入剂量很低，导致血液药物浓度低至ng/mL水平，因此血液中此类药物的定性和定量比较困难。

使用洗脱液A（含0.1%甲酸的2 mM甲酸铵水溶液，pH 3.4）和洗脱液B［含0.1%甲酸的甲醇∶乙腈（50∶50，v∶v）］进行梯度洗脱。加热型电喷雾电离（HESI II）源设置如下：鞘气，氮气，53AU；辅助气体，氮气，14AU；温度，437℃；喷雾电压，4 kV；离子转移毛细管温度，269℃；S–透镜射频水平，60.0。使用HRFS数据进行正极性模式，随后进行AIF模式。在HRFS数据采集中：分辨率设置为35000；微扫描，1；自动增益控制（AGC）目标，3×106；最大注射时间（IT），200 ms；扫描范围，m/z 100～600。对于AIF模式：分辨率为17500；微扫描，1；AGC目标，3×106；最大IT时间，200 ms；具有阶跃归一化碰撞能量的HCD，17.5%、35%和52.5%；扫描范围，m/z 50～600；并且在光谱数据收集中使用轮廓模式。使用乙醚–乙酸乙酯（1∶1）分两步提取1 mL血浆，第一步在中性pH下，第二步在碱性pH下。使用三氯米帕明–d3作为内标物（IS）。在HRFS模式（=限定符1和限定符3）下可以获得质子化分子的准确质量和信号强度，此外，在AIF模式（=限定符2和限定符3）下获得的质量准确度≤5×10^{-6}的至少两个特征碎片离子也可以用于确认。LLOQ值在0.18～0.27 ng/mL之间。所用方法基于选择性碎片离子的鉴定。首选HRFS/AIF系统代替HRFS靶向MS–MS，允许在不修改MS条件的情况下向方法中添加新化合物。在这种模式下，受监测化合物的数量不受限制，而且在HRFS/AIF模式下，获得标准品数据后，可以搜索以前的质谱数据文件，利用其保留时间和特定离子识别以前的未知分子。这种模式最有趣的好处是，可以使用

m/z 121.0653中的基团碎片离子识别未知分子，这是NBOMes存在的表现，并且该离子也可能是25B–NBOMe、25C–NBOMe和25I–NBOMe主要代谢产物的特征。

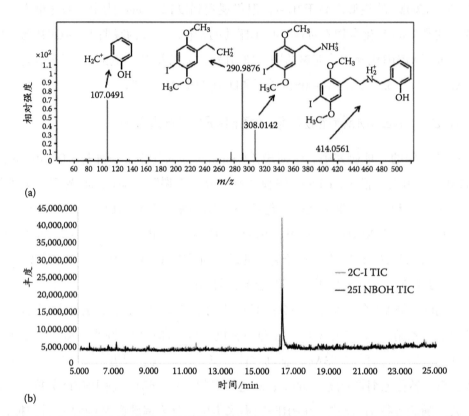

(a)

(b)

图16.5 （a）25I–NBOH的产物离子光谱，显示分别在80 V和20 V碎裂电压和碰撞能量下的相应化学结构，使用LC–QTOF–MS获得；（b）在GC–MS分析中显示相同保留时间的25I–NBOH和2C–I总离子电流色谱图（转载自Arantes，L. C. etal.，2017，Forensic Toxicol，1–7.）

NBOMe化合物在极低剂量下也可以具有极强的药效和高度致幻性[21]。几份单独的报告表明，通常服用25C–NBOMe的剂量在50 μg至1200 μg之间。然而，网络上的药物论坛显示，一些用户也可能摄入可怕的剂量；例如，对于25I–NBOMe，在有效剂量方面可能没有足够的认识。由于在大多数情况下，尸检病例中检出的NBOMe化合物的浓度极低，通常低至< 0.50 ng/mL，因此需要灵敏、快速的方法来解决问题[4, 22]。为此，2014年开发了一种UPLC–ESI(+)–MS/MS方法，能够检测25I–NBOMe以及其他NBOMe类药物（例如25B–、25C–、25D–、25H–、25I–、和25T2–NBOMe），可用检材包括血液、尿液和其他体液[22]。全血和玻璃体液无需样本前处理。胆汁、胃内容

物和尿液用水以1：10稀释。血清固相萃取采用Clean Screen ZSDUA020柱。使用3 mL添加2%的氨水的二氯甲烷/异丙醇混合溶剂（v：v，80：20）将分析物洗脱至一次性进样管中（含有200 μL水和100 μL 添加1% HCl的甲醇溶液）。将洗脱液浓缩至约100 μL，并在UPLC-MS-MS联用仪中进行分析。采用PFP（50 mm× 2.1 mm内径，1.7 μm粒子）柱，并用含0.2%甲酸的2.0 mM甲酸铵和含0.1%甲酸的乙腈进行梯度洗脱。所有化合物均在3 min内洗脱。采用Q trap和MRM模式，离子喷雾电压为5000 V；入口电位，10 V；碰撞活化解离气体、介质；气帘，10；离子源气体1，70；离子源气体2，30；源温度为500℃。这些类似物的LOD和LOQ值依次为0.005 ng/mL至0.01 ng/mL和0.01 ng/mL至0.02 ng/mL。典型的线性动态范围为0.01～20 ng/mL。回收率在54%至94%之间。

16.2.5 代谢研究/代谢产物鉴定

有关NBOMe衍生物代谢研究的文献不断增多，大部分文献都涉及LC-HRMS技术。在一些研究中，同时使用GC-MS和LC-MS/MS对结果进行确认。

2015年，LC-HRMS/MS被用来研究25I-NBOMe的Ⅰ相和Ⅱ相代谢及其在尿液筛查方法中的可检测性[23]。将25I-NBOMe应用于雄性Wistar大鼠后，在24 h内采集尿液。经过适当处理后，通过LC-HRMS/MS在尿液中检出了Ⅰ相和Ⅱ相代谢产物。对于可检测性研究，通过GC-MS、LC-MSⁿ和LC-HRMS/MS进行的标准尿液筛查程序适用于大鼠和真实人类尿液样本，以进行毒理学分析。最后，在主要代谢步骤中，需要进行原始CYP活性筛选以确定CYP同工酶。由于25I-NBOMe代谢程度高，因此只能通过LC-MS筛选方法进行检测。由于CYP2C9和CYP3A4参与初始代谢步骤，因此如果联合用药可能会出现药物间相互作用。代谢主要途径包括O-去甲基化，O,O-双去甲基化、羟基化和这些反应的组合，以及主要I相代谢产物的葡萄苷酸化和硫酸化。25I-NBOMe已被检测出有60多种代谢产物。主要代谢步骤中涉及的代谢产物和同工酶的研究可以在NBOMe使用者中进行，而不需要动物实验，因为有大量使用者在用药后被查获或被送到医院，一些使用者会自述其药物使用情况。只要有机会接触到真实样本或使用者，就有可能从这些使用者样本中检测到代谢产物。

2017年，报告了一例经鼻摄入的NBOMe液体混合物重度中毒病例，已通过25I-NBOMe和代谢产物检测进行了回顾性记录[7]。29岁的男性患者经鼻滴入粉红色液体后1 h内昏迷。初次检查中观察到张力亢进和震颤，然后出现部分性癫痫伴继发性全身性发作、双侧和反应性散瞳、心动过速、高血压、高热和大量出汗，提示血清素综合征。他表现出持续性认知和精神异常。LC-HRMS分析显示粉红色液体中存在三种

NBOMe化合物，其中25I-NBOMe为主要成分，血清中存在25I-NBOMe（LC-MS/MS定量：0.9 ng/mL），其尿样中存在7种25I-NBOMe代谢产物：两种去甲基-25I-NBOMe、一种去甲基-羟基-25I-NBOMe、一种羟基-25I-NBOMe、双-去甲基-25I-NBOMe、一种去甲基-25I-NBOMe葡萄糖醛酸。这些代谢产物是在对新型精神活性药物（NPS）进行体外代谢研究后，通过对25I-NBOMe与人肝微粒体（HLM）池孵育后采集的样本进行分析，并交叉核对所获数据的电子预测生物转化而回顾性鉴定的。最后，所有已检测代谢产物的MS光谱均存入HRMS和MS-MS库中，以便对新型精神活性药物使用者进行常规高效检测。

NBOMes的流行使人们对LSD产生了新的兴趣，因此NBOMes和LSD之间经常会出现混淆[24]。曾发生一名25岁的男子参加派对返回时被火车碾压死亡的案例。研究表明，25I-NBOMe越来越多出现在派对、聚会活动中。对尸体的血液和尿液样本进行了广泛筛查。对少数致幻剂也进行了MRM模式的靶向筛查。血液和尿液样本中的乙醇含量分别为0.71 g/L和1.59 g/L。LC-HRMS筛查未发现存在NPS，包括NBOMes。MRM模式的靶向筛选显示存在LSD及其代谢产物2-氧代-3-羟基-LSD。LSD在血液中的定量结果为0.2 ng/mL。这个病例建议筛查所有致幻剂，即使案情有指向。

当（Tang）等人[25]报告了另两例与NBOMe衍生物相关的急性中毒致死病例。检材通过QTrap三重四极杆质谱进行分析。两名男性患者（17岁和31岁）服用了标记为"NBOMe"或"Holland film"的药物，出现意识错乱、焦虑、血压升高、心动过速、高热、出汗和瞳孔扩大，医生需要使用苯二氮䓬类药物和其他药物来控制病人症状。两名患者的尿液样本经葡萄糖醛酸酶反应和固相萃取后，使用LC-MS/MS进行分析。采用配有与HPLC系统耦合的涡轮离子喷雾源的QTrap三重四极杆MS，连同XDB-C8柱（4.6 mm × 150 mm，5 μm）和梯度洗脱（流速：1 mL/min），梯度洗脱包括1 mM甲酸铵、0.1%甲酸溶于水（A）和1 mM甲酸铵、0.1%甲酸溶于乙腈（B）。分析时间为32 min。质量参数：源温度650℃，气帘流速30 mL/min，离子喷雾电压5000 V，离子源气体1、2流速各25 mL/min。对每种化合物监测了两次MRM转变：25B-NBOMe：380 > 121和91；25C-NBOMe：336 > 121和91；25H-NBOMe：302 > 121和91；25I-NBOMe：428 > 121和91。25H-NBOMe的去聚集电位为20 V，其余化合物为40 V。使用碰撞能量为20和50的增强型产物离子扫描进行了进一步确认。通过与参考标准品进行比较，可以确认分析物的特性。除了对NBOMe化合物进行特定分析外，还使用LC-MS/MS和GC-MS对尿液样本进行了包括常见药物和滥用药物在内的一般毒理学筛查。定性检验的结果是通过标准品保留时间和增强产物离子扫描结果进行比较得到的。在两份尿液样本中，均检测到25B-NBOMe。此外，在一份尿液样本中鉴定出25C-NBOMe。临床医生和检验人员在检测发现这一类具有潜在危险的新兴毒品方面发挥着重要作用。

16.2.6 吸毒者是否真的服用了标签上的化合物？

2015年，对2例NBOMe药物进行分析时采用了配备Q阱的LC-MS/MS技术[26]。这些NBOMe中毒病例中，患者认为自己使用的是25I-NBOMe，而实验室需要检验他们的血清和尿液样本。样品前处理采用快速固相萃取。使用Clean Screen FASt萃取柱提取NBOMes。在多反应监测（MRM）模式下监测了下列跃迁离子（m/z）：25C-NBOMe：336 > 121和336 > 91；25B-NBOMe：381 > 121和381 > 91；25I-NBOMe-d3：431 > 124和431 > 92。使用之前公布的方法测定尿液中的25C-NBOMe。患者认为他们正在服用25I-NBOMe，但通过质谱确认他们服用的药物分别是其氯和溴衍生物，25C-NBOMe和25B-NBOMe。

16.2.7 多种鉴定方法：一种应用于新型类似物表征的有效工具

GC-MS、LC-MS/MS和NMR等多种分析技术的结合也被用于新型策划药的鉴定。内山（Uchiyama）等在案例中报道了两类新型合成大麻素，一类是AM-2201苯并咪唑类似物（FUBIMINA，1）和(4-甲基哌嗪-1-基)(1-戊基-1H-吲哚-3-基)甲酮（MEPIRAPIM，2），以及2014年的论文[27]提及的在日本销售的非法产品中新出现的三种苯乙胺衍生物25B-NBOMe（3），2C-NNBOMe（4），和25H-NBOMe 3,4,5-三甲氧基苄基类似物（5）。每种草药型产品取10 mg并粉碎成粉末，随后分别取2 mg粉末产品和20 mL的液体产品，并与1 mL甲醇混合超声10 min。离心后，过滤上清液。根据我们之前的研究，通过UPLCESI-MS和GC-EI-MS分析了每种样本溶液。在GC-MS分析中，烘箱温度程序为初始80℃（保持1 min），并以5℃/min的速度升至190℃（保持15 min），然后以10℃/min的速度升至310℃（保持20 min）。他们还使用其内部EI-MS策划药物库（通过对非法产品和市售试剂的持续检验生成）进行结构分析。通过LC-ESI-QTOF-MS获取了目标化合物的准确质量数。为了分离化合物4和5，他们使用了制备型凝胶渗透液相色谱法（GPLC）。内容包括^{1}H核磁共振、^{13}C核磁共振、异核多量子相干（HMQC）、异核多键相干（HMBC）、^{15}N HMBC、双量子滤波相关光谱（DQF-COSY）和旋转框架核上手动效应（NOE）光谱。在GC-MS和LC-MS分析中，对产物中的未知峰进行了研究。LC-MS/MS中发现质子化分子离子[M+H]$^+$的准确质量，使用QTOF-MS获得准确质量以预测分子式。将[M+H]$^+$和观察到的碎片离子与GC-MS结果及购买的标准品化合物的数据进行比较。化合物的^1H、^{13}C NMR和2D NMR光谱有助于通过给出质子和碳的数量来阐明结构，并给出官能团及其相互距离的信息。化合物的紫外光谱再次帮助推断其他部分。例如，与25B–NBOMe（3）（λ max 296 nm）不同且与2C–N（λ max 245 nm，279 nm，375 nm）相似的2C–N–NBOMe（4）（λ max 244 nm，276 nm，371 nm）支持–NO_2基团的存在。某些部分的联系是由HMBC和^{15}N HMBC相关性提出的。根据上述色谱和光谱分析的结果，成功推断出了化合物的结构，25B–NBOMe（3）、2C–N–NBOMe（4）和25H–NBOMe 3,4,5–三甲氧基苄基类似物（5）的分子结构见图16.6。

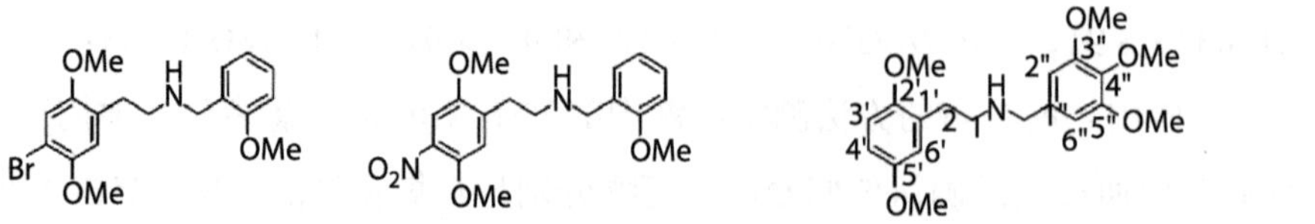

25B-NBOMe (3)
$C_{18}H_{22}BrNO_3$: 3380

2C-N-NBOMe (4)
$C_{18}H_{22}N_2O_5$: 3346

25H-NBOMe 3, 4, 5-trimethoxybenzyl analog (5)
2-(2, 5-dimethoxyphenyl)-N-(3,4,5-trimethoxybenzyl) ethanamine
$C_{20}H_{27}NO_5$: 3361

图16.6　25B–NBOMe（3）、2C–N–NBOMe（4）和25H–NBOMe 3,4,5–三甲氧基苄基类似物（5）的分子结构（转载自 Uchiyama, N. et al., 2014, Forensic Toxicol, 32：105–115.）

对从某毒贩处获得的22份市售娱乐性药物成分样品进行GC–MS、HRMS和NMR分析[28]。该研究展示了15种未有文献报道过的新型策划药。包括3种NBOMe药物：25H–NBOMe、25D–NBOMe和25E–NBOMe；其他三种苯乙胺类药物：25I–NBMD、RH34和escaline，以及25I–NBOMe、ADB–CHIMINACA、5F–ADB等。在GC–EI–MS分析中，首先将每份10 μL的液体样本或每份10 mg的粉末样本溶于2 mL甲醇中，并进行稀释和分析。DB–5MS毛细管柱（30 m长度 × 0.25 mm内径，0.25 μm厚度），氦气流速为1.56 mL/min。在无分流模式下，进样口温度为260℃，进样体积为1 μL。将烘箱初始温度设置为60℃，并保持2 min，然后以10℃/min的速度升高至320℃并保持10 min。离子源设置为200℃，工作在全扫描（m/z 40～700）模式下。在NMR分析中，每种粉末样本（其中9个样本无法通过GC/MS识别）分别取10 mg溶于1 mL甲醇–d_4（99.8%）或吡啶–d_5（99.8%）中。NMR光谱检验包括500 MHz（^1H）和125 MHz（^{13}C）。这些信号是根据2D核磁共振实验分配的，其中涉及相关光谱学（COSY）、偏振转移无畸变增强（DEPT135）、异核多量子相干（HMQC）和异核多键相干（HMBC）光谱分析。9个样本（无法通过GC/MS识别）的分析使用了通过氙气体快速原子轰击（FAB）在正模式下操作的HRMS法。以甘油或3-硝基苯甲醇为基质。每份样本均由单一化合物组成，纯度超过90%。12个样本（10种化合物）与光谱库的数据匹配鉴定出特定化合物。在25X-NBOMe类策划药中，查获的药品中最常检出25I-NBOMe和25B-NBOMe。

16.2.8 相近类似物和位置异构体的测定与鉴别

新出现药物的鉴定的主要挑战在于缺乏分析数据和准确识别位置异构体的能力[29]。6种基于2,5-二甲氧基-4-碘苯乙胺结构的N-苄基苯乙胺（"25I"）和12种取代的N-苄基-5-甲氧基色胺（"5MT"），已经被合成并进行了全面分析。用于分析的技术有电子和化学电离模式的GC-IT-MS、HPLC-DAD、IR、电喷雾高质量准确度QTOF-MS和三重四极杆MS。使用电子碰撞（EI）和化学电离（CI）模式下的GC-IT-MS、LC-二极管阵列检测、红外光谱、电喷雾高质量精度QTOF-MS和三重四极杆MS进行分析表征。在EI和CI模式下获得了所有18种化合物（0.5 mg/mL甲醇溶液）的GC/MS数据。在分流模式（1∶50）下进样口设定275℃。传输管线、歧管和离子阱的温度分别设定为310℃、80℃和220℃。载气为氦气，流速为1 mL/min。使用VF-5ms GC柱（30 m × 0.25 mm，0.25 μm膜厚）进行分离。起始温度设定为130℃并保持1 min，然后以20℃/min的速度升至280℃并保持恒定11.50 min，使总运行时间为20 min。通过直接输注（流量10 μL/min，浓度0.01 mg/mL）化合物进行电喷雾三重四极杆串联质谱实验。MS优化是在MS扫描和产物离子扫描（+）模式下进行的。毛细管电压为3.12 kV；锥体电压28 V；射频透镜电压0.1 V；源温度100℃；脱溶温度200℃；倍压器650 V。使用氮气作为锥形气体（流速50 L/h）和脱溶气体（流速200 L/h），碰撞气体为氩气（流速0.3 mL/min）。18种化合物获得的$[M+H]^+$离子均被选择用于MS/MS实验。设定的碰撞能量为20 eV，而基于色胺的化合物的碰撞能量值选择为10 eV。如前所述，化合物采用UPLC/QTOF-MS/MS进行分析。ESI-QTOF-MS数据是在m/z 100至m/z 1000的正态扫描中采集的，并伴有或不伴有自动MS/MS碎裂。ESI-QTOF-MS参数为：气体温度325℃；干燥气体（N_2）流速10 L/min；鞘气（N_2）温度400℃。对于HPLC/DAD分析，检测窗口设定为200 nm至595 nm。18种"NBOMe"化合物的分析全面收集色谱和光谱数据。4组3种位置异构体被纳入并分析其不同，即25I-NB2OMe、25I-NB3OMe、25I-NB4OMe、25I-NB2B、25I-NB3B、25I-NB4B及其5-甲氧基色胺对应物。此外还研究了6种5-甲氧基色胺的间位取代N-苄基衍生物（-CF$_3$，-F，-CH$_3$，-Cl，-I，-SCH$_3$）。图16.7给出了25I-NBOMes和5MT-NBOMes的结构，以及MS分析中的关键离子。

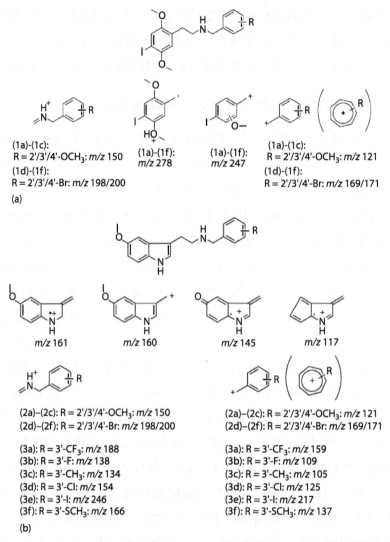

(a)

(1a)-(1c):
R = 2'/3'/4'-OCH₃: m/z 150
(1d)-(1f):
R = 2'/3'/4'-Br: m/z 198/200

(1a)-(1f):
m/z 278

(1a)-(1f):
m/z 247

(1a)-(1c):
R = 2'/3'/4'-OCH₃: m/z 121
(1d)-(1f):
R = 2'/3'/4'-Br: m/z 169/171

m/z 161   m/z 160   m/z 145   m/z 117

(2a)–(2c): R = 2'/3'/4'-OCH₃: m/z 150
(2d)–(2f): R = 2'/3'/4'-Br: m/z 198/200

(3a): R = 3'-CF₃: m/z 188
(3b): R = 3'-F: m/z 138
(3c): R = 3'-CH₃: m/z 134
(3d): R = 3'-Cl: m/z 154
(3e): R = 3'-I: m/z 246
(3f): R = 3'-SCH₃: m/z 166

(2a)–(2c): R = 2'/3'/4'-OCH₃: m/z 121
(2d)–(2f): R = 2'/3'/4'-Br: m/z 169/171

(3a): R = 3'-CF₃: m/z 159
(3b): R = 3'-F: m/z 109
(3c): R = 3'-CH₃: m/z 105
(3d): R = 3'-Cl: m/z 125
(3e): R = 3'-I: m/z 217
(3f): R = 3'-SCH₃: m/z 137

(b)

图16.7　通过电子电离离子阱质谱分析期间形成的建议关键离子的结构表示：（a）25I-NBOMes（1a）-（1f）和（b）5 MT-NBOMes（2a）-（3f）（转载自 Brandt, S. D. etal., 2015, Rapid Commun Mass Spectrom, 29: 573-584.）

2017年，帕森（Pasin）等人[30]在2C-X、DOX和25X-NBOMe衍生物的非靶向筛选方法中，研究了致幻剂苯乙胺和合成大麻素的综合特性。使用HRMS鉴别这些分子的产物离子公式，通过碰撞诱导解离（CID）研究测定常见产物离子和损失。在ESI+模式下扩展动态范围（2 GHz）操作QTOF-MS，毛细管和碎裂器电压分别设置为3500 V和180 V。对于MS和MS/MS扫描实验，在m/z 50～1000的质量范围内采用自动MS/MS（数据依赖）采集模式速率分别为1和3个光谱/秒。

每个周期最多选择三种来自MS扫描的前体用于CID，周期时间为2.1 s，丰度阈值为200个计数。CID实验在碰撞能量（CE）为10 eV、20 eV和40 eV的情况下进行，采用氮气作为碰撞气体进行单独分析。使用Poroshell 120 C18色谱柱（2.1 × 75 mm，2.7 μm）进行分离，采用梯度洗脱，流速为0.4 mL/min，总运行时间为17 min。流动相A由20 mM甲酸铵组成，流动相B由含0.1%（v/v）甲酸的乙腈组成。在本研究中，通过UPLC–QTOF–MS分析了12种2C–X、6种DOX和14种25X–NBOMe类似物，以评估其CID途径，并评估将生成的产物离子应用于新型致幻剂苯乙胺类似物非靶向检测中的适用性。使用同位素标记的2C–B–d_6和25I–NBOMe–d_9来阐明产物离子。在不同CEs下采用CID通过LC–QTOF–MS成功分析了致幻剂苯乙胺化合物。2C–X和DOX衍生物在m/z 164.0837、149.0603和134.0732处有NH_3、CH_6N和C_2H_9N的共同损失，在m/z 178.0994、163.0754、147.0804和135.0810处有DOX衍生物的共同产物离子损失。25X–NBOMe衍生物具有特征性产物离子光谱，在m/z 121.0654和91.0548处有丰富的离子，以及对应于2-甲基苯甲醚和2-甲氧基苄胺以及$C_9H_{14}NO$的轻微中性损失。筛选这些常见的中性损失和产物离子可用于非靶向筛选方法，以检测和初步鉴定新型类似物。

2015年6月，在中国湖北省捣毁了一个秘密实验室，并查获了约20 kg新型精神活性粉末样本。将约200份未知样品提交公安部国家毒品实验室分析[31]，鉴定出19种取代苯乙胺衍生物，包括：5-(2-甲基氨基丙基)-2,3-二氢苯并呋喃（5–MAPDB）、5-(2-氨基乙基)-2,3-二氢苯并呋喃（5–AEDB）、N,2二甲基-3-(3,4-亚甲二氧基苯基)丙–1–胺（MDMA亚甲基同系物）、6-溴-3,4-亚甲二氧基甲基苯丙胺（6-Br-MDMA）和1-(苯并呋喃5-基)-N-(2-甲氧基苄基)丙。通过LC-QTOF-MS、GC-MS和NMR获取了五种取代苯乙胺衍生物分析性质。在GC-MS、LC–QTOF–MS和NMR分析中，分别在甲醇、0.1%甲酸（v/v）水溶液和氘代甲醇中处理样本。对于LC–QTOF–MS分析，液相分离在40℃下采用Acquity UPLC CSHTM C_{18}色谱柱（10 cm × 2.1 mm内径，1.7 μm粒径）。对于梯度洗脱，将流动相0.1%甲酸水和乙腈混合，流速为0.4 mL/min。QTOF仪器以ESI（＋）模式运行，参数为：离子喷雾电压，5.5 kV；涡轮喷雾温度，600℃；喷雾器气体（气体1），50 psi加热器气体（气体2），50 psi和30 psi的气帘。使用氮气作为雾化器和辅助气体。优化后的去簇势和碰撞能量依次为80 V和5 V。在第二个实验中，对CID应用了25 ± 15 V的扫描碰撞能量设置，以从前一次扫描的离子中获得碎片离子。在这些条件下，研究化合物的保留时间为：5–AEDB为2.0 min；5–MAPDB为2.9 min；MDMA亚甲基同系物为3.1 min；6-Br-MDMA为3.3 min；5–APB–NBOMe为4 min。气相色谱分离使用DB-5MS毛细管柱（30 m × 0.25 mm内径，0.25 μm厚度），恒定的氮气流速为1.0 mL/min。过滤后的溶液以分流比（20∶1）注射进样。柱温箱以20℃/min的速度将初始色谱柱温度（60℃）升至280℃，并在此温度下保持20 min，然后以10℃/min的速度升至300℃，最后在300℃下保持20 min。GC进样口和传输管线温度分别保持在280℃和250℃。电离能设定为70 eV。扫描模式范围 *m/z* 35～500。进样体积为1 μL。在这些条件下，5-MAPDB的保留时间为8.0 min；5-AEDB为7.9 min；MDMA亚甲基同系物为8.1 min；6-Br-MDMA为9.2 min；5-APB-NBOMe为11.9 min。使用Avance III 400光谱仪在300 K、400 MHz ^{1}H频率和100 MHz ^{13}C频率下获得了NMR光谱。分析内容包括^{1}H-NMR、^{13}C-NMR、通过偏振转移进行的^{13}C-无畸变增强（^{13}C-DEPT）、^{1}H/^{1}H相关光谱（^{1}H/^{1}H-COSY）、^{1}H/13杂核单量子相关光谱（^{1}H/^{13}C-HSQC）和^{1}H/^{13}C-杂核多键相关光谱（^{1}H/^{13}C-HMBC）。^{1}H和^{13}C NMR光谱的化学位移以CD$_3$OD的残留溶剂峰为参考，^{1}H NMR光谱为3.31×10^{-6}，^{13}C NMR光谱为49.0×10^{-6}。

2015年1月至3月，在日本查获的非法产品中发现了两种新精神活性物质，分别是苯乙胺衍生物2-(4-碘-2,5-二甲氧基苯基)N-[(3,4-亚甲二氧基苯基)甲基]乙胺（25I-NB34MD）和哌嗪衍生物1-(3,4-二氟亚甲二氧基苄基)哌嗪（DF-MDBP）[32]。25I-NB34MD具有3,4-亚甲二氧基苄基部分，是25I-NBOMe的N-苄基甲氧基衍生物的类似物。DF-MDBP是已知策划药1-(3,4-亚甲二氧基苄基)哌嗪（MDBP）的二氟亚甲二氧基类似物。被称为"液体香料"的15种液体作为分析样本，于2015年1月至3月获得。使用由溶剂A（0.1%甲酸溶于水）和溶剂B（0.1%甲酸溶于乙腈）组成的二元流动相进行UPLC-ESI-MS分析。LC-MS分析中使用了两种流速为0.3 mL/min的洗脱程序。根据研究人员之前的文献[33]，在ESI模式下可以获取准确的质量数。GC-EI-MS分析采用HP-1MS毛细管柱（30 m × 0.25 mm内径，0.25 μm厚度），氦气作为载体，流速为0.7 mL/min。在GC-MS条件下，电子能量为70 eV；进样器温度，220℃；进样，无分裂模式持续时间，1.0 min；输送管线温度：280℃；扫描范围，*m/z* 40～550。柱温箱在80℃下保持1 min，并以5℃/min的速度升至190℃，保持15 min，然后以10℃/min的速度升至310℃并保持15 min。随后将获得的GC质谱与EI-MS库的质谱进行比对。作者还使用策划药EI-MS库进行结构阐释，该库是通过对非法产品和市售试剂的持续调查而获得的内部资料。在核磁共振研究中，分析内容包括^{1}H核磁共振、^{13}C核磁共振、异核多量子相干（HMQC）、异核多键相干（HMBC）、^{15}N HMBC、双量子过滤关联光谱（HH-COSY）和核上手动效应（NOE）光谱。从已知的情况看，在鉴定非法产品中的NPS时，可能会将它们误认为是其他NPS的异构体。应使用多种仪器（如GC-MS和LC-MS）将未知物质与参考标准品数据进行比较。

16.3　结论

NBOMe衍生物，尤其是25I–NBOMe，是相对较新的策划药，也是尤其受年轻人欢迎的滥用药物。这些药物的新型类似物不断向市场推出，以规避法律制裁和药物测试检测[8]。它们的常见不良反应也相似，尤其是具有临床意义的精神病症状。致幻剂作用类似于LSD，即使其"副作用"大于其本身效用，但因为价格便宜而更受欢迎。通过尿检检测这些药物仍是挑战性工作，因此临床医生应考虑患有焦虑和精神疾病的年轻成人中是否使用此类策划药。这类药物与LSD相像并能导致严重的健康问题，因为出于娱乐目的而使用LSD的人可能会无意中服用NBOMe。事实上，无论是通过摄入NBOMe导致严重中毒或是致死的病例中，服药者都误以为自己摄入了"酸"。我们采用苯二氮䓬类药物治疗摄入LSD等"传统"致幻剂后产生的症状。此外，尚未发现因服用过量LSD导致死亡的病例。相比之下，尽管NBOMes仅在最近才进入滥用药物市场，但已发生许多严重中毒和死亡事件。科埃略（Coelho）[35]获得的结果表明，即使在相同图案（取自相同吸墨纸）的吸墨纸中，药物剂量也存在很大的不均匀性。这可能是因为这些药物是由非专业人员在秘密实验室合成的。考虑到这类药物的效力、纯度变化和药物剂量的不均匀性，使用者很容易用药过量。此外，NBOMes的高效力和小剂量摄入使得分析检测极其困难。即使对于采用高度灵敏方法的机构来说，检测这些致幻剂也具有挑战性，因为来自这些药物的响应信号非常低，很容易被样本的背景噪声掩盖。因此，对于临床医生、法医病理学家和中毒及致死病例的调查人员来说，向法医毒物分析实验室提供相关信息及其病例情况至关重要。

除了25I–NBOMe（似乎是最危险的NBOMe类型），尽管许多国家禁止使用和贩运25C–NBOMe[36]，但是在全球范围内与摄入25C–NBOMe相关的中毒和死亡事件也在增加。25B–NBOMe以前也有临床中毒和死亡案例[25]。临床医生和实验室检验人员在推进检测这一类潜在危险性的新型药物方面发挥着重要作用。他们应加强对这类新型致幻剂的了解，并辨别对应的症状，以便正确地分析与哪一类药物有关。当有新的取代类似物出现时，应及时告知公众。临床医生和医学专家应劝阻公众购买和使用此类迷幻剂，并告知公众使用相关的药物会导致的所有严重后果。为了对法医和临床病例进行适当的毒理学研究，有必要建立灵敏、快速、高准确度和高分离度的常规分析方法来测定生物体液中的NBOMe衍生物及其代谢产物。

直到最近，临床和法医毒理学实验室才使用免疫测定进行筛选，并使用MS技术对有限数量的化合物类别进行确认。然而，免疫测定的特异性受母体药物、其代谢产物和类似物所用抗体的亲和力和交叉反应性的影响[37]。确认性分析仅适用于筛检阳性的样本，而不适用于筛检阴性的样本，因此可能会导致检验人员遗漏样本中可能包含的一些新型精神活性物质。建立宽范围筛选方法有助于节省检验时间，但该方法必须提供准确的定性鉴定，在某些情况下还必须提供目标化合物的确定含量。如今，HRMS分析提供了一种可能性，通过实现从药物及其代谢产物中获得的离子物种的精确质量测定（精确度至少为小数点后4位），来克服多目标筛选的局限性。分析物鉴定是基于对照相关化合物的元素分子式数据库进行搜索。从文献中获取的新药成分及其可能的代谢产物可以很容易地添加到数据库中。毒理学分析中最适用的HRMS仪器类型为飞行时间（TOF）MS和静电阱。目前，高端TOF仪器的分辨率最高可达40 000～50 000，准确度$< 3 \times 10^{-6}$，而标准MS仪器的分辨率最高可达10 000～30 000，准确度$< 5 \times 10^{-6}$。根据不同的仪器配置，使用傅里叶变换MS检测的静电阱的分辨率可达100 000，使用更专业的设备可达240 000（精度$< 3 \times 10^{-6}$）。

尽管实验室检测范围正在扩大，但在大多数临床环境和实验室中仍没有适用于各类策划药的标准化检测方法；而且在大多数医院或实验室，甚至连常规检测生物体液或组织中的NBOMe衍生物也难以实现[6, 8]。策划药产品的含量、浓度和化学成分的异质性增加了分析检验的难度，而所有这些因素在产品之间和产品内部都可能不同。因此，应针对这些问题建立新的、快速且灵敏度高的检验方法。此外，法医毒理专家应了解药物滥用的最新趋势，包括替代品的NBOMes的广泛滥用，以及分析技术的最新趋势。同时，在调查药物相关病例时，应不断扩大检测范围，包括检测新出现的药物。由于NBOMe的高效性和易合成性，其滥用似乎变得越来越严重，将来可能会出现更多的新型衍生物。现在有必要公布新数据、病例报告并评估至少在人肝细胞和尿基质中的NBOMe代谢产物，以增加临床和法医界的知识和了解。

参考文献

1. Poklis, J. L., Raso, S. A., Alford, K. N., Poklis, A., and Peace, M. R. 2015. Analysis of 25I-NBOMe, 25B-NBOMe, 25C-NBOMe and other dimethoxyphenyl-N-[(2-methoxyphenyl) methyl] ethanamine derivatives on blotter paper. *J Anal Toxicol*, 39:617–623.
2. McGonigal, M. K., Wilhide, J. A., Smith, P. B., Elliott, N. M., and Dorman, F. L. 2017. Analysis of synthetic phenethylamine street drugs using direct sample analysis coupled to accurate mass time of flight mass spectrometry. *Forensic Sci Int*, 275:83–89.

3. Wood, D. M., Sedefov, R., Cunningham, A., and Dargan, P. I. 2015. Prevalence of use and acute toxicity associated with the use of NBOMe drugs. *Clin Toxicol*, 53: 85–92.

4. Johnson, R. D., Botch-Jones S. R., Flowers, T., and Lewis, C. A. 2014. An evaluation of 25B-, 25C-, 25D-, 25H-, 25I- and 25T2-NBOMe via LC-MS-MS: Method validation and analyte stability. *J Anal Toxicol*, 38:479–84.

5. Lin, D. 2016. Designer drugs—A brief overview. *Therap Toxins News, Newsl TDM Toxicol Div AACC*, 2:1–10.

6. Nikolaou, P., Papoutsis, I., Stefanidou, M., Spiliopoulou, C., and Athanaselis, S. 2015. 2C-I-NBOMe, an "N-bomb" that kills with "Smiles." Toxicological and legislative aspects. *Drug Chem Toxicol,* 38:113–119.

7. Richeval, C., Boucher, A., Humbert, L., Phanithavong, M., Wiart, J. F., Moulsma, M., Citterio-Quentin, A., Coulon, T., Hernu, R., and Vial, T. 2017. Retrospective identification of 25I-NBOMe metabolites in an intoxication case. *Toxicol Anal Clin*, 29:71–81.

8. Weaver, M. F., Hopper, J. A., and Gunderson, E. W. 2015. Designer drugs 2015: Assessment and management. *Addict Sci Clin Pract*, 10:1–9.

9. Poklis, J. L., Clay, D. J., and Poklis, A. 2014. High-performance liquid chromatography with tandem mass spectrometry for the determination of nine hallucinogenic 25-NBOMe designer drugs in urine specimens. *J Anal Toxicol*, 38:113–121.

10. Liu, C., Jia, W., Qian, Z., Li, T., and Hua, Z. 2017. Identification of five substituted phenethylamine derivatives 5-MAPDB, 5-AEDB, MDMA methylene homolog, 6-Br-MDMA, and 5-APB-NBOMe, *Drug Test Anal*, 9:199–207.

11. Westphal, F., Girreser, U., and Waldmüller, D. 2015. Analytical characterization of four new ortho-methoxybenzylated amphetamine-type designer drugs. *Drug Test Anal*, 8:910–919.

12. Shevyrin, V., Kupriyanova, O., Lebedev, A. T., Melkozerov, V., Eltsov, O., Shafran, Y., Morzherin, Y. and Sadykova, R. 2016. Mass spectrometric properties of N-(2-methoxybenzyl)- 2- (2, 4, 6-trimethoxyphenyl) ethanamine (2, 4, 6-TMPEA-NBOMe), a new representative of designer drugs of NBOMe series and derivatives thereof. *J Mass Spectrom*, 51:779–789.

13. Zuba, D. and Sekuła, K. 2013. Analytical characterization of three hallucinogenic N-(2-methoxy)benzyl derivatives of the 2C-series of phenethylamine drugs. *Drug Test Anal*, 8:634–645.

14. Lum, B. J., Brophy, J. J. and Hibbert, D. B. 2016. Identification of 4-substituted 2-(4-x-2, 5-dimethoxyphenyl)-N-[(2-methoxyphenyl) methyl] ethanamine (25X-NBOMe) and analogues by gas chromatography–mass spectrometry analysis of heptafluorobutyric anhydride (HFBA) derivatives. *Aust J Forensic Sci*, 48:59–73.

15. Duffau, B., Camargo, C., Kogan, M., Fuentes, E., and Cassels, B. K. 2016. Analysis of 25C NBOMe in seized blotters by HPTLC and GC–MS. *J Chrom Sci*, 54:1153–1158.

16. Li, Y., Wang, M., Li, A., Zheng, H., and Wei, Y. 2016. Identification of the impurities in 2, 5-dimethoxy-4-ethylphenethylamine tablets by high performance liquid chromatography mass spectrometry–ion trap–time of flight. *Anal Methods*, 8:8179–8187.

17. Neto, J. C., Andrade, A. F. B., Lordeiro, R. A., Machado, Y., Elie, M., and Arantes, F. E. J. L. C. 2017. Preventing misidentification of 25I-NBOH as 2C-I on routine GC–MS analyses. *Forensic Toxicol*, 35:415–420.

18. Kristofic, J. J., Chmiel, J. D., Jackson, G. F., Vorce, S. P., Holler, J. M., Robinson, S. L., and Bosy, T. Z. 2016. Detection of 25C-NBOMe in three related cases. *J Anal Toxicol*, 40:466–472.

19. Arantes, L. C., Ju´nior, E. F., Souza, L. F., Cardoso, A. C., Alcantara, T. L. F., Liao, L. M., and Machado, Y. 2017. 25I-NBOH: A new potent serotonin 5-HT$_2$A receptor agonist identified in blotter paper seizures in Brazil. *Forensic Toxicol*, 35:408–414.

20. Caspar, A. T., Kollas, A. B., Maurer, H. H., and Meyer, M. R. 2018. Development of a quantitative approach in blood plasma for low-dosed hallucinogens and opioids using LC-high resolution mass spectrometry. *Talanta*, 176:635–645.

21. Bersani, F. S., Corazza, O., and Albano, G. 2014. 25C-NBOMe: Preliminary data on pharmacology, psychoactive effects, and toxicity of a new potent and dangerous hallucinogenic drug. *BioMed Res Int*, 2014:734–749.

22. Poklis, J. L., Devers, K. G., Arbefeville, E. F., Pearson, J. M., Houston, E., and Poklis, A. 2014. Postmortem detection of 25I-NBOMe [2-(4-iodo-2,5-dimethoxyphenyl)-N-[(2- methoxyphenyl)methyl]ethanamine in fluids and tissues determined by UPLC-ESI(+)-MS/MS from a traumatic death. *Forensic Sci Int*, 234:14–20.

23. Caspar, A. T., Helfer, A. G., Michely, J. A., Auwärter, V., Brandt, S. D., and Meyer, M. R. 2015. Studies on the metabolism and toxicological detection of the new psychoactive designer drug 2-(4- iodo-2,5-dimethoxyphenyl)-N-[(2-methoxyphenyl)methyl]ethanamine (25I-NBOMe) in human and rat urine using GC-MS, LC-MS$^{(n)}$, and LC-HR-MS/MS. *Anal Bioanal Chem*, 407:6697–6719.

24. Bodeau, S., Bennis, Y., Régnaut, O., Fabresse, N., Richeval, C., Humbert, L., Alvarez, J. C., and Allorge, D. 2017. LSD instead of 25I-NBOMe: The revival of LSD? A case report. *Toxicol Anal Clin*, 29:139–143.

25. Tang, M. H. Y., Ching, C. K., Tsui, M. S. H., Chu, F. K. C., and Mak, T. W. L. 2014. Two cases of severe intoxication associated with analytically confirmed use of the novel psychoactive substances 25B-NBOMe and 25C-NBOMe. *Clin Toxicol*, 52:561–565.

26. Laskowski, L. K., Elbakoush, F., Calvo, J., Bernard G. E., Fong J., Poklis, J. L., Poklis, A., and Nelson, L. S. 2015. Evolution of the NBOMes: 25C- and 25B- Sold as 25I-NBOMe. *J Med Toxicol*, 11:237–241.

27. Uchiyama, N., Shimokawa, Y., Matsuda, S., Kawamura, M., Hanajiri R. K., and Goda, Y. 2014. Two new synthetic cannabinoids, AM-2201 benzimidazole analog (FUBIMINA) and (4-methylpiperazin-1-yl)(1-pentyl-1H-indol-3- yl)methanone (MEPIRAPIM), and three phenethylamine derivatives, 25H-NBOMe 3,4,5-trimethoxybenzyl analog, 25B-NBOMe, and 2C-N-NBOMe, identified in illegal products. *Forensic Toxicol*, 32:105–115.

28. Kaizaki, A., Noguchi, M. N., Yamaguchi, S., Odanaka, Y., Matsubayashi, S., Kumamoto, H., Fukuhara, K., Funada, M., Wada, K., and Numazaw, S. 2016. Three 25-NBOMe-type drugs, three other phenethylamine-type drugs (25I-NBMD, RH34, and escaline), eight cathinone derivatives, and a phencyclidine analog MMXE, newly identified in ingredients of drug products before they were sold on the drug market. *Forensic Toxicol*, 34:108–114.

29. Brandt, S. D., Elliott, S. P., Kavanagh, P. V., Dempster, N. M., Meyer, M. R., Maurer, H. H., and Nichols, D. E. 2015. Analytical characterization of bioactive N-benzyl-substituted phenethylamines and 5-methoxytryptamines. *Rapid Commun Mass Spectrom*, 29:573–584.

30. Pasin, D., Cawley, A., Bidny, S., and Fu, S. 2017. Characterization of hallucinogenic phenethylamines using high-resolution mass spectrometry for non-targeted screening purposes. *Drug Test Anal*, 9:1620–1629.

31. Liu, C., Jia, W., Qian, Z., Li, T., and Hua, Z. 2016. Identification of five substituted

phenethylamine derivatives 5-MAPDB, 5-AEDB, MDMA methylene homolog, 6-Br-MDMA, and 5-APB-NBOMe. *Drug Test Anal*, 9:199–207.

32. Uchiyama, N., Hanajiri, R. K., and Hakamatsuka, T. 2016. A phenethylamine derivative 2-(4-iodo-2,5-dimethoxyphenyl)-N-[(3,4-methylenedioxyphenyl)methyl]ethanamine (25I-NB34MD) and a piperazine derivative 1-(3,4-difluoromethylenedioxybenzyl) piperazine (DF-MDBP), newly detected in illicit products. *Forensic Toxicol*, 34:166–173.

33. Uchiyama, N., Matsuda, S., Kawamura, M., Hanajiri R. K., and Goda, Y. 2013. Two new-type cannabimimetic quinolinyl carboxylates, QUPIC and QUCHIC, two new cannabimimetic carboxamide derivatives, ADB-FUBINACA and ADBICA, and five synthetic cannabinoids detected with a thiophene derivative a-PVT and an opioid receptor agonist AH-7921 identified in illegal products. *Forensic Toxicol*, 31:223–240.

34. Kyriakou, C., Marinelli, E., Frati, P., Santurro, A., Afxentiou, M., Zaami, S., and Busardo, F. P. 2015. NBOMe: New potent hallucinogens—Pharmacology, analytical methods, toxicities, fatalities: A review. *Eur Rev Med Pharmacol Sci*, 19:3270–3281.

35. Coelho, N. J. 2015. Rapid detection of NBOME's and other NPS on blotter papers by direct ATR-FTIR spectrometry. *Forensic Sci Int*, 252:87–92.

36. Nikolaou, P., Papoutsis, I., Dona, A., Spiliopoulou, C., and Athanaselis, S. 2014. Beware of 25C-NBOMe: An N-benzyl substituted phenethylamine. *J Forensic Toxicol Pharmacol*, 3:3.

37. Smith, P. R., and Morley, S. R. 2017. New psychoactive substances, in *Essentials of Autopsy Practice: Reviews, Updates, and Advances*, Ed. Rutty, Guy N. Springer International Publishing, Cham, Switzerland, DOI: 10.1007/978-3-319-46997-3_4.

17 哌嗪类药物的法医学分析

奇波·克莱亚（Chipo Kuleya）

迈克尔·D. 科尔（Michael D. Cole）

17.1 哌嗪类药物简介

苄基和苯基哌嗪类化合物的作用与苯丙胺和环取代苯丙胺作用类似，据报道没有明显副作用。这类药物化学上衍生自哌嗪，如表17.1所示，目前，在地下药物市场上有许多此类药物。最初在20世纪50年代，这些药物作为抗蠕虫药，在20世纪70年代，又作为抗抑郁药被研究[1]。苄基哌嗪（BZP）作为滥用药物的文献记载始于1996年[2]。自20世纪70年代以来，这类药物的苯丙胺类活性就为人所知，其药物作用效果类似于3,4-亚甲二氧基甲基苯丙胺（MDMA）[3]。尽管哌嗪类药物已经披上"安全"和合法的外衣，但与事实不符。如今，其合法用途包括作为前体或中间体用于合成环丙沙星、喹诺酮类抗生素、吩噻嗪以及抗抑郁药曲唑酮、奈法唑酮和依托泊苷[4]。

街头样本中发现的哌嗪类药物的比例通常各不相同。例如，常用的混合物是将苄基哌嗪（BZP）和三氟甲基哌嗪（TFMPP）中的一种与包括咖啡因、可卡因、达泊汀、右美沙芬、地西泮、麻黄碱、MDMA、甲基苯丙胺和烟酰胺在内多种掺杂物和稀释剂混合。因此，与哌嗪滥用相关的单一药物和多种药物毒性均有报道[1, 3, 5]。街头样本通常以片剂形式存在，如图17.1所示，但也可以以胶囊、粉末和液体形式存在。当联合使用时，这些药物作用时间最长可达8 h[6]。

表17.1 常见苄基哌嗪和苯基哌嗪的结构和实例

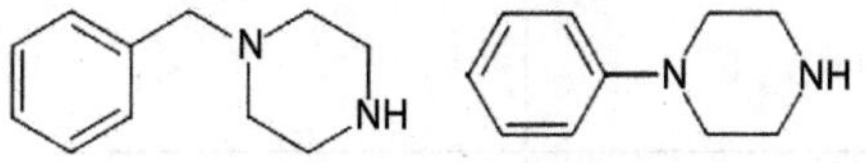

苄基哌嗪和苯基哌嗪的一般结构

苄基哌嗪

1-苄基哌嗪（BZP）

1-苄基-4-甲基哌嗪（MBZP）

1-(4-溴-2,5-二甲氧基苄基)哌嗪（2C-B BZP）

苯基哌嗪类

1-苯基哌嗪

1-(3-氯苯基)哌嗪（3-CPP）

1-(4-氯苯基)哌嗪（4-CPP）

1-(3-氯苯基)-4-(3-氯丙基）哌嗪（3-CPCPP）

1-(4-氟苯基)哌嗪（4-FPP）

4-甲基苯基哌嗪（4-MePP）

1-(4-甲氧基苯基)哌嗪（4-MeOPP）

1-(3-三氟甲基苯基)哌嗪（3-TFMPP）

1-(4-三氟甲基苯基)哌嗪（4-TFMPP）

17.2 哌嗪类化合物的制造

哌嗪类化合物是一类相对简单的化合物，可用易得的原料制备。例如，苄基哌嗪（BZP）的生产是将六水合哌嗪溶解在无水乙醇中并加入氯化苄来实现的。在65℃下剧烈摇晃25 min后，生成白色晶体，即反应产物苄基哌嗪（BZP），冰浴冷却并用冰乙醇洗涤进一步"净化"。通过游离碱与盐酸的后续反应形成盐酸盐。这种途径的常见副产物是二苄基哌嗪。

例如，氟哌嗪类化合物，如1-(4-氟苯基)哌嗪（4-FPP）可以通过氟化苯胺与双(2-氯乙基)胺在弱碱和高温条件下反应制备。通过使用恰当可取代的苯胺原料，也可用类似方式制备其他环取代的哌嗪。

片剂质量/mg	片剂外形	片剂中药物成分	片剂中药物质量（游离碱）/mg 占比/%
333		苄基哌嗪	56（17%）
		3-三氟甲基苯基哌嗪	106（32%）
		1,4-二苄基哌嗪	8（2%）
224		苄基哌嗪	17（8%）
		3-三氟甲基苯基哌嗪	21（9%）
		1,4-二苄基哌嗪	1（0.5%）
		咖啡因	痕量
355		麻黄素	36（10%）
		3-三氟甲基苯基哌嗪	6（2%）
		咖啡因	101（28%）

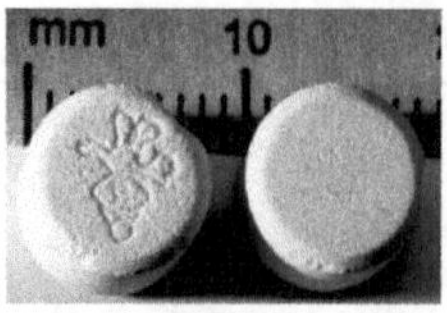

图17.1　哌嗪的片剂剂型示例

17.3　哌嗪类药物的立法现状和管控

哌嗪类药物目前未受国际管制。哌嗪类药物没有被列入联合国1971年《精神药物公约》，但世卫组织药物依赖问题专家委员会（WHO Expert Committee on Drug Dependence）在2012年对其中几种进行了预先审查，今后这类药物的国际管制可能会更严格。

目前，哌嗪类药物在全球范围内的很多国家受到管制。例如，2008年，欧洲毒品与毒瘾监测中心（EMCDDA）在欧盟对哌嗪类药物进行了风险评估，之后这类药物在全欧洲范围内受到管控。在欧洲以外的澳大利亚、加拿大、日本、新西兰和美国也实施了管控。

由于这些管控措施的存在，非常有必要对样品中哌嗪类管控物质进行鉴定。因此需要使用包括色谱法在内的一系列有效的分析方法来检测哌嗪类物质。

17.4 哌嗪类药物的分析方案

有必要对样本中存在的任何药物进行定性检验，来确定是否存在管制物质。哌嗪类药物通常是散装样本。样本可用如下标准方案来分析：

· 观察并记录样本的物理特征
· 开展预实验确定药物类别
· 使用薄层色谱法鉴别哌嗪种类
· 使用气相色谱-质谱（GC-MS）、二极管阵列检测高效液相色谱（HPLC-DAD）或液相色谱-质谱（LC-MS）对哌嗪类药物进行定性
· 对药物进行定量（GC-MS、HPLC-DAD或LC-MS）

对以哌嗪类药物为基础的药物化学杂质剖析很少，且该领域已发表的文献报道也很少。

有时可能需要对非常大量的片剂药物进行分析。在这种情况下，应将药物分成视觉上相同的组，然后可对每组用联合国药物管制规划署（UNODC）规定的取样方法进行取样。有人提出了一种替代方法，即无论总数多少，只要抽取三个样本，就能找到待鉴定的药物[7]。无论采用哪种方案对样品进行取样，分析人员都应确保取样方法满足工作所在管辖区的法律要求。

17.5 哌嗪类药物的物理特征

在对药物进行任何化学检验之前，最好先对样本进行全面记录。首先是记录接收样本的包装和包装状态。这是为了确保证据的连续性，如果后续检出管制物质，能够证明它们来自样本内部，而不是其他来源。记录完包装后，应正确打开。如何实现这一点将取决于所涉及的包装，但每次获取样品的入口都要独立于先前的获得方式。取出样本，并将其分成视觉上相同的组，然后进行记录。记录应明确关键的物理特征，包括片剂样本的片剂"弹道学"细节，这些细节可用于使样本相互关联[8]。当提取样品进行化学分析时，应避开这些"弹道"标记，因为它们可用于将样本相互关联，并且可能需要用于第二次检验和后续检查。在扣押药片时，应记录每组视觉上相同的药片的数量，以及药片的大小（尺寸）、重量、形状、颜色、特征线、标志和任何其他标记。

17.6　预实验

在仪器分析之前，通常在药物鉴别的第一阶段使用颜色反应来检测。它们可以测定样本中的一类或多类药物。目前没有针对哌嗪的特定比色（推定）反应检测，当然也没有针对哌嗪类的个体化测试。颜色反应将减少对精密仪器检验的依赖，或有助于在没有现代分析设备或其不方便使用的情况下（例如，没有恒定电源的情况下）对药物进行识别。

早期，对一些不太常见的哌嗪进行研究表明，它们与利伯曼—伯查德试剂发生反应。但所得颜色与多种不同类别药物反应所得颜色相同[9]。使用多角度方法并将多种检测方法（即Marquis、Scott和Simons检测）相结合，可以将哌嗪作为一类药物检验出来。最近，已考虑使用1,2-萘醌-4-磺酸钠（NQS）鉴别哌嗪[10]。在这项研究中，开发了一种检测方法，当NQS与哌嗪类药物反应时，检测结果为橙红色。其他化合物没有表现出相同的颜色反应。该检测方法的检测限为40 μg，其灵敏度足以应用于街头样本，但无法单独识别样本中存在的药物。

然而，正是因为没有可用的特定检测，才需要复杂的仪器分析来实现对这类药物及其同系物的准确定性和定量鉴定。还应考虑，样本中可能还存在其他类别药物。因此，还应对哌嗪以外的药物进行检测。例如，对可卡因使用异硫氰酸钴检测，对苯二氮䓬类药物（例如地西泮）使用齐默曼试剂。

17.7　哌嗪类药物的仪器分析

17.7.1　街头样本中哌嗪类化合物的提取

因为街头样本含有多种药物，所以从这类样本中提取管制物质面临特殊挑战。重要的是，任何用于提取街头样品中混有的哌嗪和其他药物的溶剂都必须满足多项标准。溶剂必须在较宽的浓度范围内定量溶解目标药物。在提取阶段或任何分析过程中，提取溶剂不得与药物发生反应，不得导致药物分解。就健康和安全而言，它们必须易于处理，并且不会带来重大健康和安全风险。从操作角度来看，溶剂必须易于获得，并且其使用必须具有成本效益，本质上，溶剂必须便宜。最后，它们应与使用的任何分析技术兼容。

联合国毒品和犯罪问题办公室（UNODC）推荐的哌嗪分析方法[4]有对水、丙酮、氯仿、乙醚和己烷使用的讨论。然而，这些溶剂均不符合上述标准。在每种情况下，至少有一种哌嗪不溶于这些溶剂。甲醇是可以溶解所有样本的溶剂，但该溶剂也存在问题，因为它可能会吸水，然后甲醇吸收的水可能会与样本中的同系物发生反应，例如甲醇用于可卡因提取时会导致可卡因水解为苯甲酰爱康宁，然后再水解为爱康宁。

低分子量醚，如甲基叔丁基醚（MTBE）已用于从以A2[11]形式出售的街头样本制备的水溶液中提取BZP。甲基叔丁基醚是一种低分子量醚，其极性足以溶解哌嗪类，但同时不会与药物反应形成假象或导致BZP分解。

其他作者在分析前使用添加盐酸的甲醇溶解街头样本中的哌嗪类[12]。这是为了将药物转化为盐酸盐，后者更容易溶于极性溶剂和HPLC所用的流动相。然而，这种方法面临的挑战是，一些哌嗪类化合物对酸不稳定（尽管在该研究的街头样品中没有遇到）。此外，目前在街头采集的哌嗪样本中发现的一些同系物（例如可卡因）会在甲醇溶液中水解。任何使用甲醇的分析数据可能包含反应产物和目标原始药物的分析结果。

近年来对哌嗪及其同系物稳定性的研究表明，多种溶剂不适合哌嗪类药物的提取[13]。考察的溶剂为甲醇、乙酸乙酯、二氯甲烷和异丙醇。发现甲醇不适合作为溶剂，可导致哌嗪样品中混合的可卡因在甲醇中水解。使用乙酸乙酯会带来健康和安全问题，并且可能与伯胺反应生成亚胺和席夫碱。因为样本可能含有伯胺所以乙酸乙酯理论上不是合适的溶剂。二氯甲烷（DCM）不适合作为溶剂，因为氟哌嗪会分解为其合成前体。例如，在溶于二氯甲烷的1-(4-氟苯基)哌嗪样本中发现了4-氟苯胺。在本研究中，建议使用异丙醇，因为它符合良好分析溶剂的所有必要标准。

从这些研究中可以得出的结论是，低分子量醚类或叔醇适合于提取哌嗪。其他更常用的溶剂，如伯醇、酯和卤代溶剂，不适合这类化合物的提取。

17.7.2 薄层色谱法

可以通过薄层色谱法分析哌嗪类化合物。作者使用了通常用于生物碱分析的硅胶固定相和流动相，包括甲醇/氨（100∶1.5，v/v）、环己烷/甲苯/二乙胺（75∶15∶10，v/v）和氯仿/丙酮（4∶1，v/v）。使用生物碱分析的典型试剂（即碘铂酸钾试剂和碘化铋钾试剂）使化合物显色[9]。但是，用这种方法会有许多化合物与哌嗪类化合物具有相同色谱特性，因此薄层色谱法是一种不能准确定性的药物鉴别方法。正是由于这个原因，需要更精密的仪器设备进行检验。

17.7.3 液相色谱法

配有二极管阵列检测器的高效液相色谱法已多次应用于哌嗪类化合物的分析。早期研究[14]表明液相色谱（LC）可用于分析哌嗪类化合物。然而，用这种方法，哌嗪异构体的混合物无法分离至基线，且无法区分三氟甲苯哌嗪、甲氧基苯基哌嗪（MeOPP）、氯苯哌嗪（CPP）和氟苯基哌嗪异构体的质谱。实际上，这是使用液相和气相色谱与质谱联用时遇到的常见困难。

后续研究[15]表明，苄基哌嗪、1-(2-氯苯基)哌嗪、1-(3-氯苯基)哌嗪、1-(4-氯苯基)哌嗪和1-(3-三氟甲基苯基)哌嗪可根据其保留时间和二极管阵列检测光谱进行区分。该方法适用于毒理学样本，同样适用于街头样本。这一点特别有用，因为在同一研究中，使用LC-MS时，同分异构体化合物的质谱只有很小的差异，而这些同分异构体化合物在200 nm和595 nm之间的紫外光谱图却有非常明显的差异。

一项研究使用了十八烷基二氧化硅（ODS）色谱柱，分别使用磷酸缓冲液与七氟丁酸缓冲液并使用二极管阵列检测器[13]。这个方法虽然可以分离一些哌嗪类化合物，但一些哌嗪的异构体仍难以区分。当与GC/MS结合时，可以使用复杂的数据集区分化合物，包括气相（GC）保留时间、质谱（MS）数据、高效液相（HPLC）容量因子和来自二极管阵列检测的紫外（UV）光谱。然而，尽管它们在液相（LC）系统中洗脱时间并不完全相同，但氯苯哌嗪异构体的保留时间非常相似，因此如果样本中含有一种以上的异构体，鉴别将极其困难。

总之，虽然液相色谱法已应用于哌嗪类化合物的分析，但普遍存在药物不同异构体分离的问题。一些立法制度可能要求这样做，而且如果要进行药物特征分析，则肯定需要这样做。此外，虽然二极管阵列检测可用于区分某些哌嗪，但首选的质谱分析技术存在问题，因为在液相色谱条件下，哌嗪异构体的质谱不能容易且可靠地区分。

17.7.4 气相色谱法

早期采用气相色谱法分析哌嗪类化合物的研究难点之一是在给定的一组气相色谱分析条件下，不同异构体的保留时间相同[11]。此外，未衍生化的哌嗪在电子碰撞条件下的质谱非常相似，如图17.2所示。这些因素导致该方法不能对这类药物进行准确定性。需要提高色谱分离度或质谱分辨率。

为了解决此问题并改善药物的色谱行为，尝试了先对哌嗪进行乙酰化和三氟乙酰化，再通过气相色谱和气质联用仪来分析。乙酰化形成了稳定的衍生物，在气相色谱仪中分离度得到了提高，但不能完全区分不同异构体的质谱数据。三氟乙酰化生成的衍生物其质谱数据更加清晰[11]。然而，在该研究中，不能获得甲氧基苯基哌嗪的稳定衍生物。因此，在用气相或气质联用分析之前，使用N–三氟乙酰化对哌嗪进行柱前衍生化是不可行的。

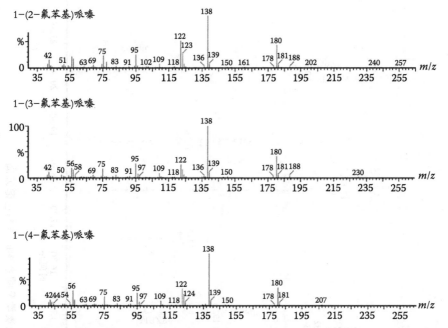

图17.2　未衍生化的哌嗪1–(2–氟苯基)哌嗪、1–(3–氟苯基)哌嗪和1–(4–氟苯基)哌嗪的质谱图

最近的一项研究考虑了哌嗪异构体和药物同系物的分离[13]。在该研究中，出于难以证明所有药物均已完全衍生化、衍生化会增加每次分析的时间和成本以及衍生化过程中始终存在污染样本的风险等多种原因，决定不对药物进行衍生化。用异丙醇对样本进行前处理后，可以分离大量的同系物和药物的所有异构体，如图17.3所示；也可以分离哌嗪街头样本中的药物，如图17.4所示；也可以鉴定混合物中的杂质，证明药物也可以是化学杂质。

17.7.5　毛细管区带电泳

目前采用毛细管区带电泳（CZE）分析哌嗪类化合物的研究非常有限[4]。在该研究中，使用210 nm紫外线进行检测，通过毛细管区带电泳法分析了三氟甲基哌嗪（没有报道过的异构体）、1–(2–甲氧基苯基)哌嗪、1–(3–甲氧基苯基)哌嗪和1–(4–甲氧基苯

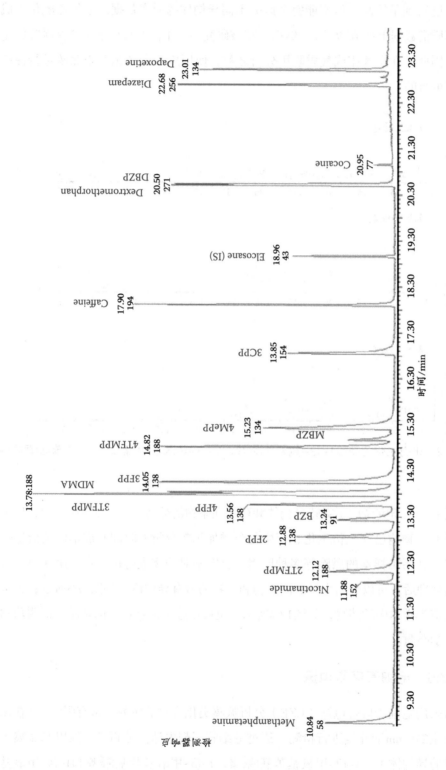

图17.3 哌嗪类及同系物的气相色谱分离

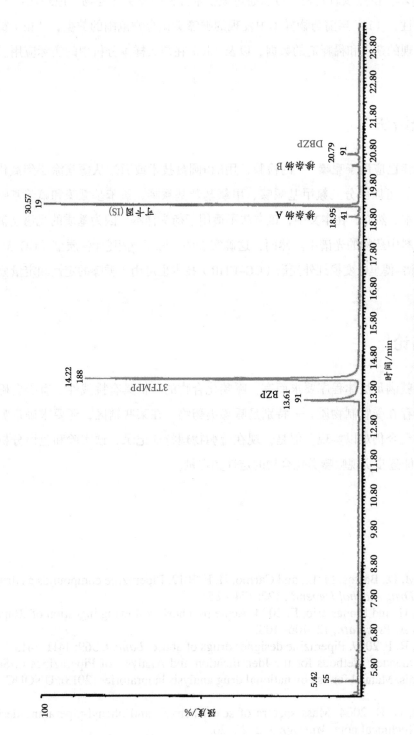

图17.4 哌嗪类药物街头样品的气相色谱分离

基)哌嗪的样本。虽然该研究表明可以通过该技术分析哌嗪类化合物，但缺乏：（i）药物的准确定性，（ii）当前药物样本中发现的哌嗪类化合物范围的数据，（iii）街头样本中可能发现的杂质和稀释剂的数据，以及（iv）在街头样本分析中的实际应用。

17.8　光谱法

红外光谱已应用于哌嗪[14]的检验，用KBr圆盘技术或通过从薄膜涂层到氯化钠圆盘获得光谱，可以区分三氟甲基哌嗪、甲氧基苯基哌嗪、氯苯基哌嗪和氟苯基哌嗪异构体的纯样本。然而，在本文中，该方法不适用于街头样本，因为基质的光谱会被添加到所分析材料中药物的光谱中。然而，这确实表明，除了气相色谱–质谱（GC-MS）之外，气相色谱–傅里叶变换红外光谱（GC-FTIR）技术也可用于哌嗪的定性和定量分析。

17.9　结论

显然，就满足法律程序要求而言，哌嗪化合物的分析具有挑战性。有必要确定缉获物中是否存在受管制物质——特别是哌嗪类药物。在某些辖区，还要求确定哌嗪的异构体，这至今仍难以实现。但是，现在遵循物理特征记录、预实验和色谱分析的分析顺序就可能逐步实现哌嗪类化合物的定性和定量。

参考文献

1. Arbo, M. D., Bastos, M. L., and Carmo, H. F. 2012. Piperazine compounds as drugs of abuse, *Drug Alcohol Depend.*, 122: 174–185.
2. Austin, H. and Monasterio, E. 2004. Acute psychosis following ingestion of 'Rapture', *Australas. Psychiatr.*, 12: 406–408.
3. Staack, R. F. 2007. Piperazine designer drugs of abuse, *Lancet*, 369: 1411–1413.
4. Recommended Methods for the Identification and Analysis of Piperazines in Seized Materials. Manual for use by national drug analysis laboratories (2013). UNODC, New York.
5. Maurer, H. H. 2004. Mass spectra of select benzyl- and phenyl-piperazine designer drugs. Technical note. *Microgr. J.* 2: 22–26.

6. Nikolova, I. and Danchev, N. 2008. Piperazine based substances of abuse: A new party pills on Bulgarian drug market, *Biotechnol. Biotechnol. Equip.*, 22: 652–655.

7. Aitken, C. G. G. and Lucy, D. 2002. Estimation of the quantity of a drug in a consignment from measurements on a sample, *J. Forensic Sci.*, 47: 1–8.

8. Zingg, C. 2005. The analysis of ecstasy tablets in a forensic drug intelligence perspective. Institut de Police Scientifique, University of Lausanne.

9. Uchiyama, N., Kawamura, M., Kamakura, H., Kikura-Hanajiri, R., and Goda, Y. 2008. Analytical data of designated substances (Shitei-Yakubutsu) controlled by the Pharmaceutical Affairs Law in Japan, part II: Color test and TLC, *Yakugaku zasshi J Pharm Soc Jpn.*, 128: 981–987.

10. Morgan, P., Shimmon, R., Stojanovska, N., Tahtouh, M., and Fu, S. 2013. Development and validation of a presumptive colour spot test method for the detection of piperazine analogues in seized illicit materials, *Anal. Methods*, 5: 5402–5410.

11. de Boer, D., Bosman, I. J., Hidvégi, E., Manzoni, C., Benkö, A. A., dos Reys, L. J. A. L., and Maes, R. A. A. 2001. Piperazine-like compounds: A new group of designer drugs-of-abuse on the European market, *Forensic Sci. Int.*, 121: 47–56.

12. Misako, T., Nagashima, M., Suzuki, J., Seto, T., Yasuda, I., and Yoshida, T. 2009. Creation and application of psychoactive designer drugs data library using liquid chromatography with photodiode array spectrophotometry detector and gas chromatography–mass spectrometry, *Talanta*, 77: 1245–1272.

13. Kuleya, C., Hall, S., Gautam, L., and Cole, M. D. 2014. An optimised gas chromatographic-mass spectrometric method for the chemical characterisation of benzylpiperazine and 1-arylpiperazine based drugs, *Anal. Methods*, 6: 156–163.

14. Inoue, H., Iwata, Y. T., Kanamori, T., Miyaguchi, H., Tsujikawa, K., Kuwayama, K., Tsutsumi, H., Katagi, M., Tsuchihashi, H., and Kishi, T. 2004. Analysis of benzylpiperazine-like compounds, *Japn. J. Sci. Tech. Identif.*, 9: 165–184.

15. Elliott, S. and Smith, C. 2008. Investigation of the first deaths in the United Kingdom involving the detection and quantitation of the piperazines BZP and 3-TFMPP, *J. Anal. Toxicol.*, 32: 172–177.

18 芬太尼及其类似物的色谱分析

托马斯·A. 布雷特尔（Thomas A. Brettell）
马修·R. 伍德（Matthew R. Wood）

18.1 引言

芬太尼最早是在1960年作为吗啡和哌替啶的更有效、作用更快的镇痛药替代品而由保罗·A. 詹森（Paul A. Janssen）博士合成的[1]。詹森博士和他的研究小组认识到，很可能由于吗啡较高的脂溶性而比哌替啶更有效[2]。当时，增加药物化合物的亲脂性可以使药物更有效地穿过血脑屏障已为众所周知。詹森博士修饰了哌替啶的结构（图18.1a），通过添加苯环来增加药物的脂溶性，然后通过添加饱和碳链来优化苯环与母体化合物之间的距离。在苯环附近的碳上增加了一个羟基，从而成功开发了苯哌替啶（图18.1b），一种强效镇痛药[3]。芬太尼（图18.1c）是通过取代哌替啶的苯环，用酰胺取代酯部分，使苯基与N原子连接而合成的。

在整个20世纪70年代，杨森制药继续开发用于各种不同目的的芬太尼类似物。他们的研究组设计了舒芬太尼（图18.2a）[4]和卡芬太尼（图18.2b），两者都明显比芬太尼更有效。这些化合物旨在降低镇痛所需药量，通过减少患者的反应变化和副作用增加其可靠性。然而，卡芬太尼的药效很强，以至于它只能用于镇静大象、水牛和犀牛等大型动物。洛芬太尼（图18.2d）也是由该小组开发的，但其实际用途有限。不幸的是，这些化合物，如芬太尼、舒芬太尼、卡芬太尼和洛芬太尼，都表现出长期的呼吸抑制作用[5]。阿芬太尼（图18.2c）的产生是为了满足对一种快速起效、持续时间短的镇痛药的需求[6]。阿芬太尼没有芬太尼的药效强度，但起效时间约为2 min，由于持续时间短，可被纳洛酮有效逆转。之前的化合物需要术后插管或持续使用逆转剂。

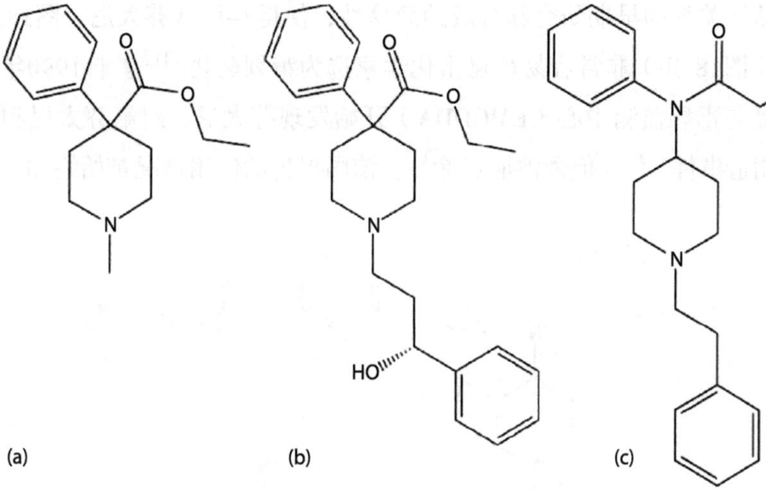

图18.1 （a）哌替啶，（b）苯哌替啶和（c）芬太尼。

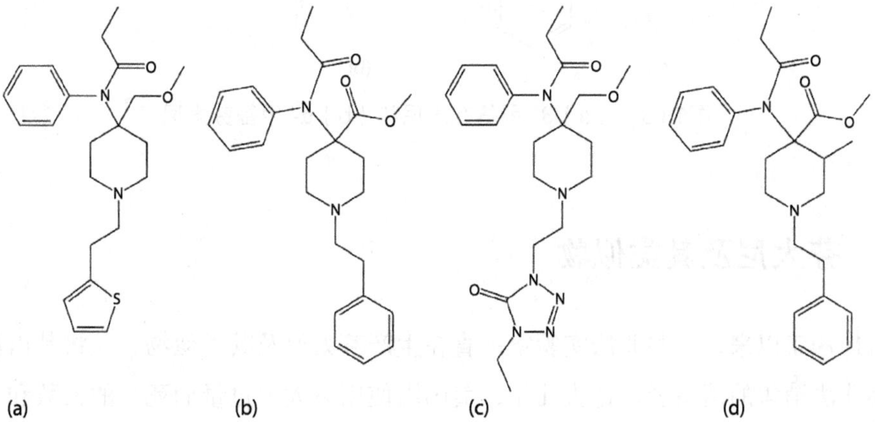

图18.2 （a）舒芬太尼，（b）卡芬太尼，（c）阿芬太尼和（d）洛芬太尼。

在申请的专利（3，164，600）中，詹森描述了芬太尼的α-甲基取代，并分别描述了在哌啶环3-位（例如3-甲基芬太尼）[7]和4-位取代的制备[8]。这项工作证明了这些类似物的镇痛作用得到增强。μ阿片受体仍然是镇痛和疼痛管理研究的目标，芬太尼类似物已被证明是非常有效的μ受体兴奋剂。最近出现了许多其他芬太尼类似物，一些具有合法来源，是为了寻求改善镇痛特性；而其他则来自秘密实验室，目的是寻求颠覆执法、监管和控制，并增强药物的欣快副作用[9]。芬太尼和许多芬太尼类似物很容易由4-苯胺基哌啶骨架结构合成。高效力加上易于合成，使得这类化合物对非法制造商非常有吸引力。整个20世纪80年代初，美国经历了第一次"策划类"芬太尼的流行[10]。基于杨森制药对结构活性关系的早期研究和合成的简易性，使得3-甲基芬太尼（图18.3a）和α-甲基芬太尼（图18.3b）非常容易被秘密化学家选为策划药物[11]。自1990年代中期以来，欧洲毒品与毒瘾监测中心（EMCDDA）开始发现芬太尼、对氟芬太尼和3-甲基芬太尼的零星制造事件[12]，但爱沙尼亚除外，该国报告的使用情况是始终如一的。

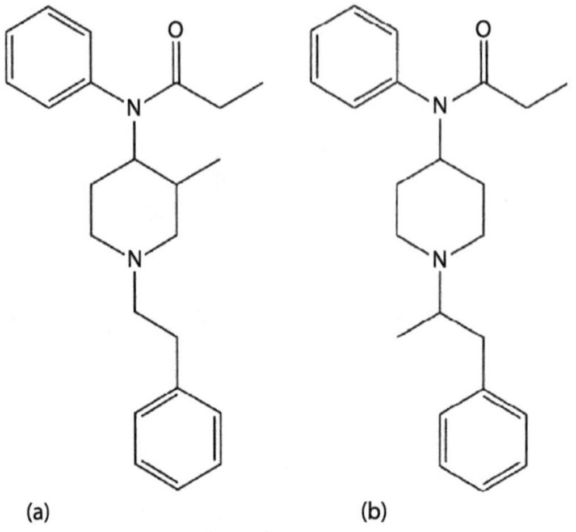

图18.3　（a）3-甲基芬太尼和（b）α-甲基芬太尼

18.2　芬太尼及其类似物

自1979年以来，一些非法实验室一直在生产芬太尼及其类似物，并将其出售给参与毒品非法销售的消费者。过去几年，美国因使用芬太尼过量而死亡的人数和百分比不断增加，这归因于秘密制药点生产各种非法版本的芬太尼[13]。2015年，美国报告了超过52 000例药物过量死亡案例；63%涉及阿片类药物。2014年至2015年，因美沙酮以外的合成类阿片药物导致死亡的案例增加了72%[14]。

近年来出现了各种各样数量巨大的新精神活性物质（NPS），对公众健康构成了威胁。特殊检测和研究实验室的新兴趋势项目[15]通过查询由美国药品管理局实验室系统分析毒品证据中的存档扣押和分析信息，对数据进行汇总和报告。这些数据代表了在报告日期范围内查获和分析的毒品证据。根据2016年新增威胁报告，共鉴定出1299种芬太尼、芬太尼相关物质和其他新阿片类药物[15]。芬太尼约占鉴定结果的68%。其次鉴定出最主要的阿片类药物是呋喃基芬太尼，占11%。在877项含有芬太尼的鉴定中，46.5%发现仅含有芬太尼一种受管控物质，约42%的鉴定中发现含有芬太尼和海洛因混合物。在已鉴定的15种物质中，有9种物质是在2016年首次报告的（表18.1）。更全面的芬太尼相关化合物列表见表18.2。

芬太尼有多种合成途径，已在学术期刊和互联网上发表。最常见的途径是N–苯乙基–哌啶酮（NPP）中间体与苯胺反应，还原为4–苯胺基–N–苯乙基–哌啶（4–ANPP）前体。芬太尼的合成是通过与丙酰氯反应完成的。大部分芬太尼类似物可通过取代NPP合成中的起始原料，用取代的苯胺（例如，对氟苯胺）替代苯胺以及通过替代丙酰氯的乙酰氯、丁酰氯或其它反应物的反应以实现在酰胺处的改变。两篇有借鉴意义的文章，一篇由卢里（Lurie）等人发表[16]，另一篇由迈尔（Mayer）等人发表[17]。通过检测反应副产物和残留前体来分析芬太尼样品的来源特征。两项研究的分析方案均使用了液相色谱–串联质谱（LC–MS/MS）；第二篇文章还使用了气相色谱–质谱联用（GC–MS）和电感耦合质谱（ICP–MS）。

表18.1　2016年DEA报告的芬太尼相关化合物

化合物名称	鉴定数目
芬太尼	877
呋喃基芬太尼*	142
乙酰芬太尼	112
U–47700*	50
4–ANPP	32
4–氟异丁酰芬太尼*	20
卡芬太尼	17
丙烯芬太尼*	13
布特瑞芬太尼	13
戊酸芬太尼	10
o–氟芬太尼*	4
苄基芬太尼*	3
对氟丁酰芬太尼*	3
3–甲基芬太尼*	2
乙酰诺芬太尼*	1

来源：新出现的威胁年度报告。美国药品监督管理局，2016年。

* 2016年由DEA首次报告的化合物。

表18.2 芬太尼相关化合物

	复合名称	分子质量/Da	化学式
1	3-烯丙基芬太尼	376.53	$C_{25}H_{32}N_2O$
2	3-甲基丁基芬太尼（3-MBF）	364.533	$C_{24}H_{32}N_2O$
3	3-甲基芬太尼（3-MF，美芬太尼）	350.236	$C_{23}H_{30}N_2O$
4	3-甲基-硫芬太尼	356.526	$C_{21}H_{28}N_2OS$
5	4-甲氧基-丁酰芬太尼（MeO-BF）	380.246	$C_{24}H_{32}N_2O_2$
6	4-甲氧基芬太尼	366.231	$C_{23}H_{30}N_2O_2$
7	n-苯乙基-4-哌啶酮（4-NPP）	203.28	$C_{13}H_{17}NO$
8	4-苯基芬太尼	412.577	$C_{28}H_{32}N_2O$
9	乙酰芬太尼-4-甲基苯乙烯类似物	336.4	$C_{22}H_{28}N_2O$
10	乙酰诺芬太尼	218.29	$C_{13}H_{18}N_2O$
11	乙酰芬太尼（去甲基芬太尼）	322.204	$C_{21}H_{26}N_2O$
12	丙烯芬太尼（丙烯酰芬太尼）	334.204	$C_{22}H_{26}N_2O$
13	阿芬太尼（阿芬太尼，R-39209）	416.517	$C_{21}H_{32}N_6O_3$
14	4-氨基苯基-1-苯乙基哌啶（4-ANPP）	280.4	$C_{19}H_{24}N_2$
15	苄基芬太尼（R-4129）	322.204	$C_{21}H_{26}N_2O$
16	布芬太尼（A-3331）	420.481	$C_{20}H_{29}FN_6O_3$
17	丁酰芬太尼	350.236	$C_{23}H_{30}N_2O$
18	卡芬太尼（卡芬太尼，wildnil）	394.226	$C_{24}H_{30}N_2O_3$
19	苄卡芬太尼	380.4	$C_{23}H_{28}N_2O_3$
20	环戊基芬太尼	376.251	$C_{25}H_{32}N_2O$
21	去丙酰芬太尼	280.41	$C_{19}H_{24}N_2$
22	去丙酰-3-甲基芬太尼	294.442	$C_{20}H_{26}N_2$
23	去丙酰-对氟芬太尼	298.184	$C_{19}H_{23}FN_2$
24	芬太尼	336.22	$C_{22}H_{28}N_2O$
25	呋喃芬太尼（FU-F）	374.199	$C_{24}H_{26}N_2O_2$
26	异丁酰芬太尼	350.236	$C_{23}H_{30}N_2O_2$
27	洛芬太尼	408.533	$C_{25}H_{32}N_2O_3$
28	米瑞芬太尼	376.452	$C_{22}H_{24}N_4O_2$

	复合名称	分子质量/Da	化学式
29	n-甲基卡芬太尼（R-32395）	304.384	$C_{17}H_{24}N_2O_3$
30	诺芬太尼	232.327	$C_{14}H_{20}N_2O$
31	去甲芬太尼		$C_{15}H_{22}N_2O$
32	诺苏芬太尼	276.4	$C_{16}H_{24}N_2O_2$
33	奥芬太尼（A-3217）	370.468	$C_{22}H_{27}FN_2O_2$
34	羟甲芬太尼（OMF, RTI-4614-4）	366.505	$C_{23}H_{30}N_2O_2$
35	对氟丙烯芬太尼	352.5	$C_{22}H_{25}FN_2O$
36	o-氟罗布替尼芬太尼（2-FBF，o-FBF）	368.226	$C_{23}H_{29}FN_2O$
37	p-氟布他林芬太尼（4-FBF，p-FBF）	368.226	$C_{23}H_{29}FN_2O$
38	o-氟芬太尼（2-FF，o-FF）	354.469	$C_{22}H_{27}FN_2O$
39	对氟芬太尼（4-FF，p-FF）	354.469	$C_{22}H_{27}FN_2O$
40	苯那定（2,5-二甲基芬太尼）	364.533	$C_{24}H_{32}N_2O$
41	4-甲氧基甲基芬太尼（R-30490）	380.522	$C_{24}H_{32}N_2O_2$
42	瑞芬太尼	376.447	$C_{20}H_{28}N_2O_5$
43	舒芬太尼（舒芬太尼，R-30730）	386.554	$C_{22}H_{30}N_2O_2S$
44	硫芬太尼	342.501	$C_{20}H_{26}N_2OS$
45	瑞芬太尼（A-3665）	456.551	$C_{25}H_{31}FN_6O_2$
46	戊酸芬太尼	364.251	$C_{24}H_{32}N_2O$
47	乙酰-α-甲基芬太尼	336.479	$C_{22}H_{28}N_2O$
48	α-甲基芬太尼（中国白）	350.497	$C_{23}H_{30}N_2O$
49	α-甲硫基芬太尼	356.528	$C_{21}H_{28}N_2OS$
50	β-甲硫基芬太尼	356.528	$C_{21}H_{28}N_2OS$
51	β-羟基芬太尼	352.47	$C_{22}H_{28}N_2O_2$
52	ω-1-羟基芬太尼	352.47	$C_{22}H_{28}N_2O_2$
53	β-羟基硫代芬太尼	358.171	$C_{20}H_{26}N_2O_2S$
54	β-甲基芬太尼	350.506	$C_{23}H_{30}N_2O$
55	ω-羟基诺芬太尼	248.32	$C_{14}H_{20}N_2O_2$

18.3 气相色谱法

由于芬太尼化合物的出现和广泛使用，目前已投入大量精力开发了用于其分析的分析方案，包括各种分离和色谱方法。由于新芬太尼类似物的不断出现，犯罪毒品实验室面临着开发对这类化合物灵敏度高和特异性好的方法的挑战。过去几十年，气相色谱-质谱联用（GC-MS）一直是分析滥用药物的金标准，因此，许多已开发的芬太尼及其类似物分析方法均采用GC-MS。

吉莱斯皮（Gillespie）等人开发了分析芬太尼化合物最早的气相色谱分析方法之一[18]。他们使用填充柱和氮磷检测器（NPD）对人血浆中的芬太尼及其类似物进行气相色谱测定。同时，GC-MS在α-甲基芬太尼（"中国白"）的鉴别中发挥了重要作用。GC-MS、GC-化学电离质谱（CIMS）和光谱学的结合鉴定出了第一种芬太尼类似物[19]。当然，这些使用填充柱的早期方法已被使用毛细管柱的更灵敏、更有效的分离方法取代。奥塔（Ohta）等人[20]利用GC-火焰离子化检测（FID）和直接进样MS联用能够区分25种芬太尼类化合物。在25种化合物中，有23种能够通过使用50 m非极性毛细管柱单独进行GC鉴别。使用这些条件时，N-甲基芬太尼的洗脱时间较短。曼拉尔（Manral）等人[21]使用GC-FID技术报告了芬太尼和18种类似物在中等极性BP-5和非极性BP-1毛细管气相色谱柱上相对于同质正烷烃系列的保留指数。研究了程序升温速率、载气流速和柱箱温度等色谱条件的影响。这些类似物不同之处在于与哌啶环上氮相连的取代基不同，并且保留指数根据取代基的性质而变化（表18.3）。

在一例首次报道的涉及奥芬太尼的死亡病例中，使用GC-MS与带二极管阵列检测器（DAD）的反相液相色谱（RPLC）联用法，在涉案粉末中检出对乙酰氨基酚、咖啡因和奥芬太尼[22]。使用基于液-液萃取（LLE）和超高效液相色谱-质谱（LC-MS/MS）的目标物分析法对生物样本中的奥芬太尼进行定量。通过薄层色谱（TLC）、GC-MS和液相色谱-质谱（LC-MS）技术，建立了同时分析18种芬太尼及其类似物的方法。使用以甲苯-丙酮-28%氨水（20∶10∶0.3，按体积计）为展开剂的薄层色谱法（TLC），芬太尼类似物得到很好的分离。使用GC-MS，除芬太尼和乙酰-α-甲基芬太尼外，芬太尼类似物可在提取的离子色谱（EICs）上使用每种化合物的特征碎片离子进行分离。采用文献所述的薄层色谱（TLC）、气相色谱-质谱（GC-MS）和液相色谱-质谱（LC-MS）条件，可对所有18种化合物进行分离和鉴定[23]。

安乃近是一种解热镇痛药物，常用作非法芬太尼的掺杂剂。在使用气相色谱-火焰离子化检测器（GC-FID）和GC-MS分析过程中，它会热分解为氨基比林和4-甲基氨基安替比林，从而使分析复杂化。良好的色谱和光谱分析对于这些样本至关重要[24]。

在缴获毒品中发现各种药物，包括仅含有非法芬太尼，含有非法芬太尼和海洛因，含有非法芬太尼和可卡因以及含有非法芬太尼、海洛因和可卡因[25]。在这些药物组合中也发现了芬太尼类似物，与其他一些毒品相比，其浓度有时非常低。图18.4所示为所检样本的甲醇提取物色谱图，其中含有相对少量的卡芬太尼，而掺杂物为普鲁卡因和奎宁。这是药物分析员在分析这些受管制物质的粉末和违禁品时所面临挑战的一个很好的例子。如果色谱分析结果不佳，则很容易忽略小峰（如本例所示），从而无法识别药物。图18.5显示了t_R = 4.68 min时峰的质谱（上图）和卡芬太尼的光谱搜索匹配结果。图18.6和图18.7显示了另一个海洛因和呋喃芬太尼阳性案例的结果。图18.6所示为所检样本的甲醇提取物色谱图，其峰表示普鲁卡因、6-单乙酰吗啡（6-MAM）、海洛因和呋喃基芬太尼。图18.7显示了t_R = 8.50 min时峰的质谱（上图）和呋喃基芬太尼的光谱搜索匹配结果。

采用气相（GC）-傅里叶变换红外光谱（FTIR）对5种单甲基化芬太尼相关化合物进行了鉴别研究[26]。研究的化合物为α-甲基芬太尼、3-甲基芬太尼、正丙基芬太尼、异丙基芬太尼、对甲苯基芬太尼和芬太尼。气相光谱的GC-FTIR分析是使用配备有Ultra-1熔融石英毛细管柱（50 m × 0.2 mm × 0.25 μm）的Hewlett Packard 5890 A气相色谱仪获得的。色谱条件如下：色谱柱烘箱温度设定为100℃至320℃（10℃/min），氦气载气流速为20 mL/min，分流比为1∶15，接口和光导管的长度、直径和温度分别为150 mm、1 mm内径和280℃。FTIR光谱仪采用Nicolet FTIR 5SXC系统，配有碲镉汞（MCT）检测器。红外光谱在700~4000 cm^{-1}范围内测量。

贝尔（Bell）[27]在关于药物热解的综述中讨论了芬太尼的热解。芬太尼在高达约500℃的温度下表现出热稳定性，在该温度以上出现降解产物[28]。通过GC-MS和库比对初步鉴定了芬太尼样本中的n-苯乙基-1,2,5,6四氢吡啶和苯丙酰胺。

一种在750℃下操作的分析性热解探针的方法已被开发，通过在厌氧和有氧条件下使用氦气和空气进行热解实验，结合GC-MS来确定与吸食芬太尼和芬太尼贴剂相关的可能生物标志物[29]。这种方法鉴定了苯乙烯、苯胺、吡啶、苯乙醛、丙苯胺、苯甲醛和两种代谢产物（去丙酰芬太尼和诺芬太尼），贴剂基质不干扰分析结果。另一种化合物1-苯基吡啶鎓盐（1-PEP）在使用热解GC-MS的三项单独研究中均有所报告[28, 30, 31]。

随着掺杂芬太尼的假冒药丸和粉末以及有毒芬太尼相关化合物的不断涌现，CDC建议通过两级检测方案分析用药过量受害者样本，以识别特定的芬太尼化合物。目前

表18.3　芬太尼化合物识别的GC条件

固定相	色谱柱	载气	基体	探测器	分析物	参考文献
3% OV-17	2 m × 2 mm i.d.	Helium	Blood	NPD	3 fentanyls	18
Hi-Cap CBP-1	(50 m × 0.2 mm, 0.25 μm)	Nitrogen	Standards	FID	25 fentanyls	20
BP-5	(25 m × 0.22 mm, 0.25 μm)	Nitrogen	Standards	FID	19 fentanyls	21
BP-1	(25 m × 0.22 mm, 0.25 μm)	Nitrogen	Standards	FID	19 fentanyls	21
				MS	Ocfentanil	22
DB-5MS	(30 m × 0.25 mm, 0.25 μm)			MS	18 fentanyls	23
Rxi-5SilMS	(30 m × 0.25 mm, 0.25 μm)	Helium	Urine	MS	Acetylfentanyl	33
			Body fluids	MS	Acetylfentanyl	34
Zebron ZB-5MS	(15 m × 0.25 mm, 0.25 μm)	Helium	Body fluids	MS	Acetylfentanyl	35
Zebron ZB-5MS	(15 m × 0.25 mm, 0.25 μm)	Helium	Body fluids	MS	Butyr-fentanyl	36
DB-5MS	(15 m × 0.25 mm, 0.25 μm)	Helium	Powder	MS	Ocfentanil	37
DB-1MS	(25 m × 0.25 mm, 0.4 μm)	Helium	Urine	MS	Fentanyl	38
HP-5	(15 m × 0.25 mm, 0.25 μm)	Helium	Urine	MS	Fentanyl	38
DB-5	(12 m × 0.20 mm, 0.33 μm)	Nitrogen	Powder	FID	Dipyrone	24
DB-5MS	(30 m × 0.25 mm, 0.25 μm)	Helium	Powder	MS	Dipyrone	24
DB-5		Helium	Urine	MS	Acetylfentanyl metabolites	39
DB-5	30 m		Blood	MS	Fentanyl	42
Rtx-5	(30 m × 0.25 mm, 0.25 μm)	Helium	Blood	MS	Fentanyl	43
			Powder	MS	Fentanyl	28

续表

固定相	色谱柱	载气	基体	探测器	分析物	参考文献
Equity-5	(30 m × 0.25 mm, 0.25 μm)	Helium	Patches	MS	Fentanyl	29
						30
						31
Rtx-5	(30 m × 0.25 mm, 0.25 μm)	Helium	Blood	MS	Butyryl fentanyl	44
					Acetyl fentanyl	
Ultra-1	(50 m × 0.2 mm, 0.25 μm)	Helium	Standards	FTIR	5 fentanyls	26
Elite-5	(25 m × 0.32 mm, 0.52 μm)	Helium	Blood	MS	Fentanyl	46
DB-5	(10 m × 0.18 mm, 0.18 μm)	Helium	Urine	MS	Fentanyl	47
1% OV-17	(2 m × 3 mm, 100-120 mesh)	Nitrogen	Urine	CIMS	α-methylfentanyl	48
					Metabolites	
DB-35MS	(30 m × 0.25 mm, 0.15 μm)	Helium	Urine	MS	3 fentanyls	49
DB-5MS	(30 m × 0.25 mm, 0.1 μm)	Helium	Urine	MS	Fentanyl	49
					metabolites	
DB-5MS	(30 m × 0.25 mm, 0.1 μm)	Helium	Patches	MS	Fentanyl	51
DB-5	(15 m × 0.25 mm, 0.25 μm)	Helium	Syringes	MS	Fentanyl	50

的指南建议对芬太尼进行酶联免疫分析（ELISA）筛查，然后进行GC-MS分析[32]。一起致命中毒案件的物证提交给警方实验室，实验室在粉末和液体中均鉴定出乙酰芬太尼和PV8（4-甲氧基PHPP）。采用GC-MS和LC-MS扫描分析对一名用药过量受害者尿液中的乙酰芬太尼和PV8进行鉴别，采用选择离子模式的LC-MS/MS同时定量两种药物[33]。

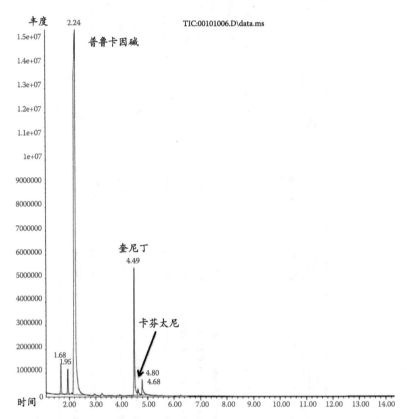

图18.4　所检样本中含有卡芬太尼的甲醇提取物的TIC（来自佛罗里达州劳德代尔堡布劳沃德警长办公室犯罪实验室。经允许）

综上所述，在预实验中发现在提交的药物中存在海洛因和芬太尼时，可通过GC-MS进行芬太尼确认。使用固相萃取（SPE），洗脱液用乙酸酐和吡啶衍生化，通过GC-MS对毒理学样本中的芬太尼和诺芬太尼进行了鉴别和定量。该方法的定量限（LOQ）为1 ng/mL[25]。经酶联免疫吸附（ELISA）筛选预实验后，采用正丁基氯萃取，已用于GC-MS尸体血液中乙酰芬太尼的鉴定[34]。

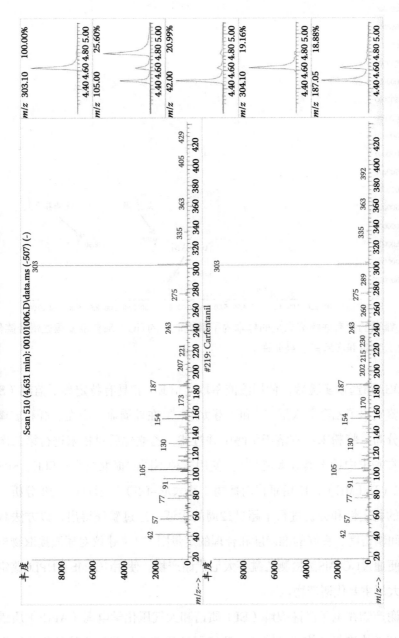

图18.5　图18.4中TIC（上）的质谱峰（t_R = 4.68 min）和卡芬太尼谱库检索结果（下）（来自佛罗里达州劳德代尔堡布沃德堡警长办公室犯罪实验室。经允许）

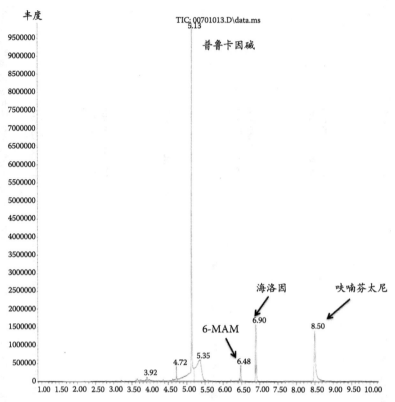

图18.6　缉获的含有呋喃芬太尼的样本的甲醇提取物的TIC（来自佛罗里达州劳德代尔堡布劳沃德警长办公室犯罪实验室。经允许）

进行ELISA筛选预实验后，使用液液萃取（LLE）和具有特定离子监测（SIM）的GC-MS法，鉴定出了乙酰芬太尼[35]和丁芬太尼[36]在外周血、心血、肝和玻璃体液中的死后浓度分布。将粉末样本溶于甲醇中并过滤，乙酰化后对粉末进行第二次分析，通过GC-MS在粉末中检出奥芬太尼[37]。使用三种不同的提取技术：LLE、SPE和分散液-液微萃取（DLLME），使用氘代内标物（芬太尼-D5），通过GC-MS分析，对尿液中的芬太尼的稳定性和分析进行了超过12周的验证。经过验证得出，该方法具有良好的日内和日间精密度、良好的准确度和合理的定量限[38]。建议对尿液提取物进行乙酰化处理，以便通过GC-MS法检测乙酰芬太尼代谢产物。使用GC-MS和HPLC鉴定了尿液中的乙酰芬太尼主要代谢产物。

通过代谢产物在电子碰撞裂解（EI）质谱和大气压化学电离（APCI）质谱中的碎片信息，对其结构进行了构建和确认。测定了乙酰芬太尼代谢产物的部分衍生物的质谱和色谱性质。乙酰芬太尼生物转化的主要途径是分子中苯基部分的羟基化[39]。采用GC-MS对尸检样本进行分析[40, 41]，死后芬太尼浓度可能受生前因素、死后再分布

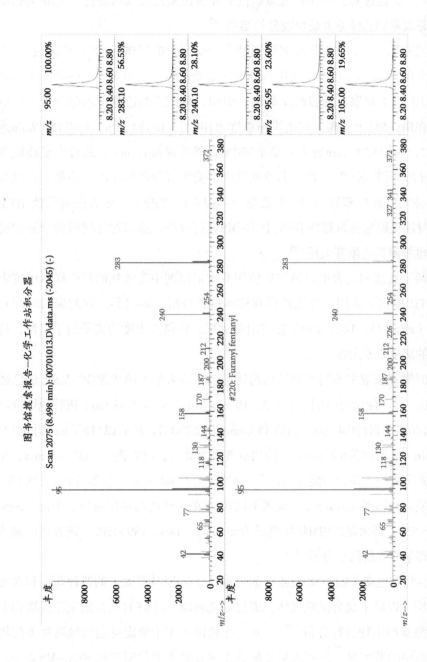

图18.7 图18.6中TIC（上）的质谱峰（t_R = 8.50 min）和呋喃芬太尼谱库检索结果（下）（来自佛罗里达州劳德代尔堡尔堡布劳德沃德警长办公室犯罪实验室。经允许）

和实验室可变性的影响，法医病理学家在解释芬太尼含量作为死亡调查的一部分时必须小心谨慎[41]。在23例尸检病例中，在SPE处理后通过GC-MS从尸检全血中对芬太尼进行了定量[42]，通过对23例用药过量病例的死后血碱性提取物进行GC-MS全扫描分析，确证了芬太尼和乙酰芬太尼免疫分析结果[43]。

采用液液萃取法（LLE）从两名致死性中毒受害者的尸体标本中分离出乙酰芬太尼和丁酰芬太尼。取2 mL样本，使用饱和硼酸盐缓冲液以及甲苯、己烷和异戊醇的混合物（78∶20∶2）提取，用硫酸反萃取，中和，并在乙酸乙酯中浓缩以进行分析。碱性提取物在Rtx-5柱上分离。初始烘箱温度为100℃，保持1 min，先以15℃/min速率升温至230℃，再以12℃/min速率升温至300℃，然后保持10 min。通过电子碰撞全扫描GC-MS进行分析鉴别[44]。在一名致死性中毒受害者的尸检尿液中检测到乙酰芬太尼、乙酰诺芬太尼和4-苯胺基-N-苯乙基-4-哌啶（ANPP），该方法包括使用Toxi-tube A采用碱性提取法提取尿液并通过GC-MS进行分析。通过对注射器的甲醇冲洗液GC-MS分析也检测到乙酰芬太尼[45]。

在一名两岁女童的浅表出血擦伤处使用芬太尼贴剂中毒致死的尸检样本中鉴定出芬太尼。在TIC模式下采用无分流进样对样本进行分析，根据芬太尼的保留时间和三种特征离子（m/z 245、146、189）鉴定出芬太尼。将最大丰度的离子用于定量，将第二、三丰度的离子用于定性[46]。

一种同时筛查尿液中不同种类滥用药物（包括芬太尼）的快速GC-MS方法已经开发并得到验证[47]。使用短GC柱（DB-5，10 m × 0.18 mm × 0.18 μm）进行色谱分离，烘箱温度在140℃下保持0.4 min，再以35℃/min升至280℃，然后以118℃/min升至320℃下保持1.5 min（总时间为6.2 min）。使用氦气作为载气，恒定流速为0.7 mL/min；在脉冲无分流模式下将注射端口设定在280℃（脉冲压力40 mL/min，持续0.5 min；吹扫时间0.5 min）。质量检测器在SIM/SCAN模式下以70 eV的电子电离电压运行。全扫描采集范围为m/z 51～550，芬太尼的SIM特征离子为m/z 245、146、189和202。该方法已成功应用于法医毒理学样本的筛选分析[47]。

借助GC-化学电离（CI）MS技术，研究确认了α-甲基芬太尼的四种新型和次要代谢产物的结构。以异丁烷为反应气体，通过填充柱GC-CIMS对从大鼠尿液提取物中制备的三氟乙酰基衍生物进行分析[48]。开发并验证了用于测定可能接触阿片类药物的生产工人尿液中的芬太尼、舒芬太尼和阿芬太尼及其主要代谢产物的GC-MS方法。使用SPE开发了一种简单的一步提取方案，以从尿液中回收所有分析物。常规代谢产物的仲胺官能团被衍生化，形成稳定的五氟苯甲酰胺（PFBA）衍生物，具有良好的色谱性能。使用五氘代类似物作为内标物，实现了芬太尼2.5 pg /mL、舒芬太尼2.5 pg /mL和阿芬太尼7.5 pg /mL的尿液检测限（LOD）。对于阿片类药物代谢产物，发现尿液中LOD <
50 pg/mL。在-30℃下储存时，发现尿液样本稳定时间至少两个月[49]。

通过酶倍增免疫分析技术（EMIT® Ⅱ Plus）从尸检的多种样本类型（血液、尿液、玻璃体液及其他组织和液体）中筛选芬太尼和其他药物，然后通过碱性提取物和GC-MS进行确认[50]。

建立GC-MS方法，以测定使用过的芬太尼储药贴片和基于D-Trans基质技术的芬太尼贴剂中的残留芬太尼，从而估计单个患者中芬太尼的实际透皮给药速率。质量选择性检测系统在SIM模式下运行。监测芬太尼在 m/z 245和 $^2H_5$-芬太尼在 m/z 250出现的碱性离子碎片，并用于随后的定量。两个离子碎片的单个离子停留时间均设定为50 ms[51]。

使用Toxi-A管和GC-MS是一种对手术后退回药房的注射器中的枸橼酸芬太尼（阈下剂量）的简单定量方法[52]。该方法有助于核实任何未使用的芬太尼均已按照麻醉药品法规予以丢弃，从而避免了转入非法消费。

18.4　液相色谱法

分析人员可使用多种液相色谱法分离化合物。本节将讨论两种策略：第一种是从法医毒理学家或法医药物分析员的角度出发，面对未知缉获药物材料的样本或几乎没有线索可循的生物样本，即一般未知样品。在这种方法中，更全面的分析将是首选，即分析员以牺牲快速分析时间为代价获得高分辨率；第二种方法将作为一种有针对性的筛选和确认方法，可能是在高通量实验室的环境中，或者是在潜在致醉物质属于少数候选物质的情况下，此时分析员需要快速确定样本中是否存在芬太尼类化合物。例如，在一些尸检毒理学病例中，背景线索可以在许多事件中帮助分析员；初步免疫分析药物筛选、在犯罪现场发现的未消耗的药物物质、鼻孔中的药物残留、在死者附近发现的随身用品、药物使用史等。在这种情况下，分析员可选择快速测定法来确认是否存在疑似芬太尼类化合物。

文献中出现了多种用于分析芬太尼、代谢产物和类似物的样本前处理技术。样本前处理的选择在很大程度上取决于基质。对于粉末样本，使用适当的流动相将样本稀释至适合色谱柱和系统的浓度。使用2.1 mm内径的窄孔色谱柱，将每注射体积50 μg至

120 µg的样本溶于50∶50的H_2O和乙腈或H_2O和甲醇的混合物中，可最有效地溶解大多数样本成分并避免色谱柱过载。几项已发表的文章研究了用于多种不同基质的尸检毒理学取样方法，对这些基质的综述不在本章范围内。此处介绍了两种最常见的样本，即外周血和尿液样本。样本前处理方法差异很大。例如，以基本的稀释—注射法为样本前处理的尿液分析程序已经成功地通过验证。全血或死后血液样本的更精细提取和浓缩技术可使用全自动SPE。由于检测芬太尼化合物和代谢产物需要较高的灵敏度，因此如果没有要求的话，则首选样品前处理和净化。

许多不同的LLE方法已经被提出，不论是使用n-氯丁烷涡旋和离心并保存有机层的简单方法[37]还是更精细的方法。例如，可通过添加1.0 mL碳酸钾溶液，然后在涡旋混合器中搅拌，对尿液进行碱化，可使用5 mL的正己烷∶乙酸乙酯（7∶3，v/v）混合物进行提取。涡旋混合2 min并以3000 r/min离心5 min后，取上层有机层并蒸发近干。然后可用流动相或合适的溶剂重新配制样本[22]。所选择的方法应保证目标化合物的回收率，同时减少不必要的背景物质的量。在潜在麻醉药物完全未知的情况下，可能优选一般的酸/碱提取方法，以限制对任何可能药物的有害作用。

18.4.1　高效液相色谱法（HPLC）

分析滥用药物时最常用的液相色谱柱是非常可靠的反相C18色谱柱。该色谱柱是一种非常好的通用色谱柱，具有宽的pH操作范围，并且与多种流动相方案兼容。致力于开发涵盖多种化合物的检测方法的实验室可能会选择C18色谱柱进行工作。苯基（联苯基或己基苯基）和五氟苯基（PFP）等其他键合相色谱柱提供了选择性差异，利用前者可以提高具有芳香官能团的结构相似化合物的分离度，利用后者可以提高碱性可电离化合物的分离度。当分析员考虑区分芬太尼类似物（位置异构体）或稍加修饰的类似物时，应考虑这些色谱柱，因为它们在选择性方面具有优势。

对于芬太尼和相关化合物的色谱分析，建议从2.1 mm内径窄孔柱开始方法开发。分析芬太尼的高效性要求增加灵敏度，该直径色谱柱与电喷雾电离（ESI）质谱联用效果良好。如果施加的系统压力太大，例如在传统的HPLC系统中，分析员可以选择3.0 mm内径柱，这取决于系统和检测器要求。

色谱柱长度与色谱柱效率和分析时间成正比。如果分析的目标是快速分离具有显著不同结构特征的少数目标分析物，则较短的50 mm色谱柱将是合适的选择。研究表明，在约44%的致死性和非致死性药物过量病例中，受害者摄入了多种药物化合物，其中酒精是最常见的药物。然而，受害者摄入的药物化合物很少超过5种。如此少量化合物的鉴别完全在常规高通量分析的较短色谱柱的能力范围内。或者，如果目标是分离密切相关的芬太尼类似物的复杂混合物，则适当的选择是150 mm或更长的HPLC柱。可以使用带有小内径和小尺寸颗粒的长色谱柱进行全面分析。但是分析员必须愿意接受延长的分析时间。镇痛化合物的临床毒理学行为导致许多主要色谱柱制造商将其色谱柱与分析100多种化合物的方法一起上市。毒理学家必须记住，色谱柱长度也会影响系统压力，但影响程度小于色谱柱直径和粒径。

选择用于滥用药物色谱分析的粒径时，建议从系统能够耐受的最小粒径开始。较小的填料颗粒由于其较小的理论塔板尺寸，将提高分辨率和效率，并允许较宽的流速范围。通过减少分析时间，使用较小粒径对高通量策略有益，通过提高复杂混合物的分离度，对综合分析策略有益。粒度的选择通常仅受液相色谱仪压力容限的限制。粒径越小，分离效率越高，但这会导致系统背压增加。约2.0 μm或更小的粒径预留给超高压色谱系统，该系统可耐受高达10 000 psi或700 bar的压力以上。传统的液相色谱系统（< 6000 psi或400 bar）将被限制在3.5 μm或更大的粒径范围内，但仍可通过补偿更长的色谱柱长度和更低的流速来实现高效率分离。

颗粒还有另外两个有助于其分离效率的特性：孔径和粒径分布。致力于从色谱系统中获得最大分离度的法医化学家或毒理学家可以通过仔细评估所有可用的色谱柱参数来优化色谱柱选择。这对于分离密切相关的芬太尼位置异构体可能是必要的。孔径与柱颗粒的表面积成反比，孔径越小，颗粒的表面积越大，因此色谱柱的保留能力越强。对于法医化学家或毒理学家面对的目标化合物来说，孔径60 Å至120 Å是分子质量为1000 amu或更小的小分子的理想选择。芬太尼代谢产物和类似物的分子质量范围在200至500 amu之间。

粒径（公布的）实际上是用于柱填充的二氧化硅粒径范围的平均直径。一般而言，粒径范围越宽，分析物的峰宽越宽。因此，较窄的粒径分布范围将导致较高的理论塔板数和较高的柱效率。小分子液相色谱效率的提高可以忽略不计；然而，最好是选择来自具有良好质量控制的供应商制造的精良色谱柱。

流动相的选择很重要，应针对特定的分离进行优化。分离多种药物化合物（包括与芬太尼相关的药物）的常用方法是使用两相系统：（A）含0.1%甲酸的水和（B）含0.1%甲酸的甲醇或乙腈。使用乙腈比使用甲醇更昂贵，但其洗脱强度更高、紫外吸收率更低且黏度更低（因此系统压力更低）。通常，所需流动相的pH比芬太尼（pK_a约8.6）或其他分析物等碱性分析物的pK_a值低1或2。流动相流速范围从0.100 μL/min到10 mL/min，具体取决于LC系统、色谱柱选择和泵的能力。大多数已发表的芬太尼化合物

LC-MS分析方法推荐的平均流速为0.3至0.4 mL/min。较高的流速会减少峰展宽，但会提高系统压力。溶剂梯度的选择将基于该方法的目标，即更快的梯度变化用于高通量分析，更慢的梯度变化用于更高的化合物分离度。方法开发的典型起点是95%流动相A，5%流动相B，保持1.5 min至2 min；然后在接下来的16 min至20 min内，将流动相B的比例缓慢提升至100%；在100%流动相B下保持约2 min至4 min，然后返回95%流动相A和5%流动相B，使色谱柱平衡4 min至8 min。这只是一个简单的方法梯度，用于方法开发的广泛通用分析。每个应用程序都需要有一种基于特定系统、色谱柱以及分析目标和要求而专门开发的方法。

罗伊基维茨（Rojkiewicz）等人[53]描述了一种通过HPLC-MS对芬太尼类似物4-氟丁酰芬太尼进行定量的分析方法。最初，使用pH=9的TRIS缓冲液、乙腈和乙酸乙酯对水解尿样和尸检血液均进行LLE提取。通过GC-MS和HPLC-MS（离子阱）对提取的样本进行检测。使用150 mm×4.6 mm内径的C18色谱柱进行液相色谱分析。该组方法中使用的流动相为（流动相A）50 mM甲酸铵和20 mM甲酸（0.084%）去离子H_2O以及（流动相B）10%流动相A溶液和90%乙腈。作者使用的溶剂梯度为：从95%A：5%B开始2 min，然后逐渐升至30%A：70%B，直至30 min，保持2 min，然后在32 min至40 min内恢复至初始值。流动相流速为100 μL/min。在本病例报告中，在40 min色谱分析中不到35 min时间内就洗脱了目标分析物。本分析是旨在从生物基质中分离大量化合物的更全面方法的一个示例。

波克利斯（Poklis）等人[54]开发并验证了一种对各种体液和组织样本中乙酰芬太尼、芬太尼、乙酰诺芬太尼和诺芬太尼的定量方法。通过免疫分析对尸检血液、玻璃体液和尿液样本进行了初步毒理学筛查，芬太尼的推定结果为阳性，并通过全扫描GC-MS进行了确认。选择确认方法时，考虑免疫测定筛选的交叉反应性很重要。在免疫分析中，各种芬太尼类似物可能与芬太尼抗体反应，也可能不与芬太尼抗体反应。使用SPE柱从pH 6.0磷酸盐缓冲液和匀浆组织中提取用于LC-MS/MS分析的样本。使用100 mm × 2.5 mm内径、5 μm粒径柱的UHPLC-MS/MS系统进行分析。方法中使用的流动相是（流动相A）含有10 mM甲酸铵和0.1%甲酸去离子水以及（流动相B）甲醇。色谱柱的粒度和内径允许更高的流动相流速和更短的分析时间。在这种情况下，作者采用的梯度从95%A：5%B开始，1.5 min后升至60%A：40%B，3 min后升至100%B，然后再回到95%A：5%B。4 min后完成色谱分析。当在案例工作中遇到丁酰芬太尼类似物时，作者随后将该方法应用于丁酰芬太尼的定量[44]。当芬太尼类似物的存在已经被推定或通过先前的方法确认时，这是对它们使用高通量、靶向方法进行快速定量的一个极好例子。

18.4.2　液相色谱-质谱法（LC-MS）

质谱仪与液相色谱仪的联用极大地提高了LC用于识别滥用药物的分析效用。与GC-MS相比，LC-MS具有多种优势，正迅速在法医和毒理学实验室得到广泛应用。一般而言，LC-MS更灵敏，需要的样本前处理更少，且易于处理热不稳定化合物。这些优势对芬太尼和芬太尼类似物的分析特别有帮助。最大限度地减少样本前处理步骤可减少目标分析物损失的机会，高效低剂量芬太尼化合物的检测需要高度灵敏的分析技术。在LC中，可使用电喷雾电离（ESI）、大气压化学电离（APCI）或光电电离（APPI）对分析物施加电荷。电喷雾（或加热型电喷雾）电离是最流行的滥用药物电离技术，尽管APCI已成功用于鉴定全血和尿液中的芬太尼[55]。芬太尼和芬太尼类似物是具有胺基官能团的碱性药物，可被质子化，因此正离子模式是芬太尼检测相关方法合适的电离选择。

液相色谱仪与单个四极杆质谱仪联用可用于在全扫描模式下扫描一定范围的质荷比（m/z）或在选定离子监测（SIM）模式下扫描选定离子来提高灵敏度。尽管不如LC-MS/MS或LC-HRMS仪器具有选择性或灵敏性，但仍可使用单个四级杆LC-MS进行常规分析。如果要使用单个四极杆LC-MS分析结构相关的芬太尼类似物，则开发的方法必须具有足够高的色谱分离度，以区分具有相同分子质量的芬太尼类似物，如位置异构体3-甲基芬太尼和α-甲基芬太尼，分子质量均为351。韦尼斯（Venisse）等人[56]开发了全扫描模式下HPLC-MS的一般未知物筛选程序。他们的方法依赖于稳健的样本前处理，以减少外来背景噪声，同时实现分析物的高回收率。色谱系统使用反相C18色谱柱（150 mm × 1 mm内径，5 μm粒径）、50 min流动相梯度和50 μL/min低流速，以达到该方法所需的色谱分离度。在他们的设计中，产物离子是通过交替源内碰撞诱导解离（CID）电压产生的。当离子在源内被加速成气体分子时，电喷雾接口发生碎裂。该研究团队基于重建在低和高CID电压下采集的光谱并优化数据处理，开发了自己的质谱库。通过将未知的碎片离子和保留时间与在相同条件下生成的定制库进行比较来进行化合物鉴定。

全扫描方法会导致灵敏度下降，但可能会识别基质中存在的其他化合物。选择性离子监测（SIM）模式的灵敏度更高，但需要更多的方法开发。在使用SIM模式时，在给定时间只能监测到少量离子。需要为每种芬太尼化合物开发一种SIM法，以测定预期保留时间和适当的锥孔电压，从而在保留前体离子的同时产生足够的产物离子。成功的鉴别要求特定离子以特定比例、特定保留时间存在。验收标准由适用的监管机构设定，例如，美国病理学家学会（CAP）建议使用至少两种不同的离子比率时，离子比率必须在已知校准品的20%以内。对于特征离子数量较少的分析物，两种特征离子的一个比值是可以接受的。选择要监测的离子时必须小心。回到前面的例子，3-甲基芬太尼和α-甲基芬太尼共有*m/z* 202的产物离子。分析员需要依赖不同的离子来监测并需要这些分析物具有足够分离度。

18.4.3　液相色谱-串联质谱（LC-MS/MS）

液相色谱最常见的检测器类型是三重四极杆质谱仪。第一个四极杆分离特定的前体质量，第二个四极杆（或碰撞池）在各种碰撞能量下诱导碎裂，第三个四极杆过滤产物离子。这有时被称为串联质谱，因为存在两个质量过滤器，一个在碰撞池之前，一个在碰撞池之后。当相同的碰撞能量和其他参数一致地应用于不同样本时，碎裂是可靠和可再现的。这使分析员能够使用第一个四极杆（Q1）搜索前体或原始化合物的完整质量，诱导某一质量范围内的所有离子碎裂（所有离子碎裂-AIF），或仅碎裂一组目标离子，例如，Q2芬太尼为*m/z*337，然后在Q3生成碎片谱图。这种分析方法被称为多反应监测（MRM），是三重四极杆质谱仪最常用的方法。MRM分析使从业者能够搜索前体离子，施加已知的碰撞能量以生成一个或两个离子用于确认目的，以及生成第二个或第三个离子用于定量。

芬太尼、芬太尼类似物和其他阿片类药物的流行已促使几种使用LC-MS/MS的可靠分析方法的发展。格格夫（Gergov）等人[57]开发了一种使用四极杆-线性离子阱质谱仪筛选和确认阿片类药物（包括芬太尼、诺芬太尼和其他7种芬太尼衍生物）的综合方法。在他们的方法中，作者获得了足够的色谱分离度，这使他们能够区分三种标称质量相同的化合物：α-甲基芬太尼、以及顺式和反式3-甲基芬太尼的立体异构体，这是鉴别具有相似前体离子和MRM转变为相似产物离子的化合物的关键因素。使用中等粒径的窄孔C18色谱柱（100 mm × 2.0 mm内径，3 μm粒径）和150 μL/min的低流速。作者使用流动相梯度A：0.1%甲酸溶于10 mM醋酸铵（pH=3.2），流动相B：0.1%甲酸溶于乙腈，从85%A：15%B开始，持续9 min，以平衡色谱柱。向LC中注入10 μL样本，并在13 min内使流动相B的百分比逐渐升高至30%。然后在10 min内将梯度升至80%流动相B，最后1 min升至最终的95%流动相B。碰撞能量和其他参数是事先为该组中的25种化合物中的每一种单独确定和优化的。为了进行鉴别，在选定的保留时间窗口内对每种化合物监测了两次MRM转换。例如，在5.5 min至12 min期间监测了瑞芬太尼377→345和377→317（CE = 20）的转变。在12 min至色谱运行结束的保留时间窗口内监测芬太尼的337→188和337→105（CE = 30）转变。将MRM转换监控划分为单独的时间窗口可加快扫描时间，从而提高分辨率并为每个峰值生成更多数据点。表18.4列出了芬太尼相关化合物的一些MRM转换示例。

表18.4　选定芬太尼化合物的MRM转换

	[M+H]	产物离子	产物离子	碰撞能量	去簇电压（或锥体电压）	参考文献
诺芬太尼	233	84	177	25	40	57
瑞芬太尼	377	345	317	20	30	57
阿芬太尼	417	268	385	25	40	57
芬太尼	337	188	105	30	50	57
对氟芬太尼	355	206	216	30	50	57
α-甲基芬太尼	351	202	119*	30 & 35*	50 & 60*	57
反式-3-甲基芬太尼	351	202	230	30	60	57
顺式-3-甲基芬太尼	351	202	230	30	60	57
舒芬太尼	387	238	355	25	40	57
乙酰诺芬太尼	219	85	56*	17 & 25*	32	54
乙酰芬太尼	323	105	188*	35 & 23*	48	54
丁酰芬太尼	351	105	188*	36 & 24*	50	54
4-氟丁酰芬太尼	369	188	299	未指明的	未指明的	53 53
呋喃芬太尼	375.1	188	105*	25 & 40*	125（V）Fragmentor	58
奥芬太尼	371	188	105*	24 & 32*	28	22
诺卡芬太尼	291.1	113	231.2*	33 & 17*	121	59
诺苏芬太尼	277.2	184.2	128.2	17	60	59
卡芬太尼	395	113	335.2*	37 & 23*	176	59
洛芬太尼	409.1	105.1	200.2*	59 & 38*	188	59

*表示第二个产物离子是由第二个碰撞能量产生的，也用*符号表示。
诺卡芬太尼也是瑞芬太尼的主要代谢产物。

串联质谱（MS/MS）已被证明是芬太尼检测的一种有价值的工具，因为它实现了芬太尼、其类似物和代谢产物之间的高选择性，同时保持低检测限（估计范围为0.003 ng/mL至0.027 ng/mL）。

18.4.4 LC–HRAMS

虽然串联质谱是法医毒理学中使用最广泛的液相色谱检测系统，但高分辨率精确质谱（HRAMS）正变得越来越流行。LC–MS/MS需要用潜在分析物的已知知识来建立MRM转换和化合物相关参数，或通过在全扫描模式下操作降低灵敏度来实现。此外，LC–MS/MS限于检测到的峰的标称质量。高分辨率精确质谱（HRAMS），如飞行时间（TOF）或Orbitrap仪器，可在低至2×10^{-6}的质量分辨率下为分析员提供检测化合物的精确质量。考虑止痛药羟吗啡酮（$C_{17}H_{19}NO_4$）和二氢可待因（$C_{18}H_{23}NO_3$）：两者的标称质量均为302.2 m/z，但其精确质量却可以通过HRAMS进行鉴别。羟吗啡酮和二氢可待因的精确质量分别为301.13141和301.16779，差异为120×10^{-6}。由于分离度提高，这些质谱仪还能够分离已鉴定化合物的同位素模式。LC–HRAMS可通过准确的质量、色谱保留时间、碎片模式、同位素模式以及与已公布或用户定义的库或数据库的比较来识别化合物。选定的芬太尼化合物HRAMS特性列表见表18.5。

18.5 未来展望

自1960年合成以来，芬太尼一直是治疗中度至重度疼痛的一种有用且重要的药物。它是一种比吗啡和哌替啶更有效、起效更快的镇痛药。在过去的50年里，特别是最近，出现了许多新的类似物和衍生物。所造成的结果是危险药物的大流行，这又造成了人类前所未有的用药过量率。尽管已经有过多的芬太尼相关化合物，但未来仍有许多开发不同的且在某些情况下生物活性更强大的类似物和衍生物的可能性。一个令人恐惧的想法是，可以合成更强效的芬太尼或其他药物，这些药物不可避免地会被滥用，并导致更多的用药过量。希望未来的发展能带来新的芬太尼相关化合物，以积极的方式用于减轻人类的疼痛。

具有讽刺意味的是，色谱法的使用时间仅比芬太尼产生的时间长一点点，它已经成熟，并继续发展成为分析包括芬太尼相关化合物在内的受管制物质的强大分离技术。色谱技术与光谱学相结合的能力使分离技术的实用性发生了革命性的变化，对必

表18.5 HRAMS选定的芬太尼化合物

化合物名	实验类型	化学分子式	萃取质量	加合物	碎片1	碎片2	碎片3	碎片4
阿芬太尼	XIC	$C_{21}H_{32}N_6O_3$	417.26087	M+H	314.18534	268.176	197.12799	170.10319
α-甲基芬太尼	XIC	$C_{23}H_{30}N_2O$	351.24309	M+H	216.13776	202.15855	119.08548	91.05454
苯茎芬太尼	XIC	$C_{21}H_{26}N_2O$	323.21179	M+H	216.13825	174.12774	91.05475	82.06573
3-甲基芬太尼	XIC	$C_{23}H_{30}N_2O$	351.24309	M+H	230.15381	202.15896	150.09135	105.07025
芬太尼	XIC	$C_{22}H_{28}N_2O$	337.22744	M+H	216.13774	188.14291	134.09616	105.07001
羟基芬太尼	XIC	$C_{22}H_{28}N_2O_2$	353.22235	M+H	216.1383	204.13832	202.12274	186.12776
诺芬太尼	XIC	$C_{14}H_{20}N_2O$	233.16484	M+H	177.13826	150.09104	84.08117	69.07057
去甲甲基芬太尼	XIC	$C_{15}H_{22}N_2O$	247.18049	M+H	191.1542	150.09134	98.09684	200.14331
羟甲芬太尼	XIC	$C_{23}H_{30}N_2O_2$	367.238	M+H	349.22723	218.15381	216.13822	
ω-羟基芬太尼	XIC	$C_{14}H_{20}N_2O_2$	249.15975	M+H	84.08137	56.05029	84.08117	
瑞芬太尼	XIC	$C_{20}H_{28}N_2O_5$	377.2071	M+H	317.18583	285.15961	261.15959	228.12297

须分析未知和危险物质的分析化学家和毒理学家来说是无价的。对于工作量巨大的实验室来说，能够使用自动化技术是一大优势。高通量灵敏分析对于这类应用非常重要。随着串联质谱技术的不断发展以及微采样和微萃取等前处理方法的改进，这些技术的前景十分光明。

参考文献

1. Stanley, T.H. 1992. The history and development of the fentanyl series. *J. Pain Symptom Mgmt.* 7(3 Suppl):S3–S7.
2. Stanley, T.H., Egan, T.D., and Van Aken, H. 2008. A tribute to Dr. Paul A. J. Janssen: Entrepreneur extraordinaire, innovative scientist, and significant contributor to anesthesiology. *Anesth. Analg.* 106(2): 451–462.
3. Janssen, P.A.J. 1962. A review of the chemical features associated with strong morphine-like activity. *Br. J. Anaesth.* 34: 260–268.
4. Niemegeers, C.J.E., Schellekens, W.F.M, Van Bever, W.F.M., and Janssen, P.A.J. 1976. Sulfentanil, a very potent and extremely safe intravenous morphine-like compound in mice, rats and dogs. *Arzneimittelforsching.* 26: 1551–1556.
5. Janssen, P.A.J. 1982. Potent, new analgesics, tailor-made for different purposes. *Acta Anaesth. Scand.* 26: 262–268.
6. Niemegeers, C.J.E. and Janssen, P.A.J. 1981. Alfentanil (R 39 209)—A particularly short-acting intravenous narcotic analgesic in rats. *Drug Develop. Res.* 1: 83–133.
7. Van Bever, W.F., Niemegeers, C.J.E., and Janssen, P.A.J. 1974. Synthetic analgesics. Synthesis and pharmacology of the diastereoisomers of *N*-[3-methyl-1-(2-phenylethyl)-4-piperidyl]-*N*-phenylpropanimide and *N*-[3-Methyl-1-(1-methyl-2-phenylethyl)-4-piperidyl]-*N*-phenylpropanimde. *J. Med. Chem.* 17:1047–1051.
8. Van Bever, W.F., Niemegeers, C.J.E., Schellekens, K.H.L., and Janssen, P.A.J. 1976. N-(4-substituted-1-(2-arylethyl)-4-piperidinyl)-N-phenylpropanamides, a novel series of extremely potent analgesics with unusually high safety margin. *Arzneimittelforschung.* 26: 1548–1551.
9. Al-Hasani, R. and Bruchas, M.R. 2011. Molecular mechanisms of opioid receptor-dependent signaling and behavior. *Anesthesiol.* 115: 1363–1381.
10. Henderson, G.L. 1988. Designer drugs: Past history and future prospects. *J. Forensic Sci.* 33: 569–575.
11. Carroll, F.I., Lewin, A.H., Mascarella, S.W., Seltzman, H.H., and Reddy, P.A. 2012. Designer drugs: A medicinal chemistry perspective. *Ann. N. Y. Acad. Sci.* 1248: 8–38.
12. EMCDDA. 2012. *Fentanyl in Europe: Trendspotter Study.* The European Monitoring Centre for Drugs and Drug Addiction.
13. Stanley, T. 2014. The fentanyl story. *J. Pain* 15:1215–1226.
14. CDC. 2016. *Increases in Drug and Opioid-Involved Deaths—US 2010–2015.* US Department of Health and Human Services/Centers for Disease Control and Prevention, 65: 1445–1452.

15. 2016. *Emerging Threat Report Annual.* Drug Enforcement Administration.
16. Lurie, I.S., Berrier, A.L., Casale, J.F., Iio, R., and Bozenko, J.S., Jr. 2012. Profiling of illicit fentanyl using UHPLC-MS/MS. *Forensic Sci. Int.* 220: 191–196.
17. Mayer, B.P., DeHope, A.J., Mew, D.A., Spackman, P.E., and Williams, A.M. 2016. Chemical attribution of fentanyl using multivariate statistical analysis of orthogonal mass spectral data. *Anal. Chem.* 88: 4303–4310.
18. Gillespie, T.J., Gandolfi, A.J., Maiorino, R.M., and Vaughan, R.W. 1981. Gas chromatographic determination of fentanyl and its analogues in human plasma. *J. Anal. Toxicol.* 5: 133–137.
19. Kram, T.C., Cooper, D.A., and Allen, A.C. 1981. Behind the identification of china white. *Anal. Chem.* 53(12): 1379A–1386A.
20. Ohta, H., Suzuki, S., and Ogasawara, K. 1999. Studies on Fentanyl and related compounds IV. Chromatographic and Spectrometric Discrimination of fentanyl and its derivatives. *J. Anal. Toxicol.* 23: 280–285.
21. Manral, L., Gupta, P.K., Ganesan, K., and Malhotra, R.C. 2008. Gas chromatographic retention indices of fentanyl and analogues. *J. Chromatogr. Sci.* 46: 551–555.
22. Coopman, V., Codonnier, J., De Leeuw, M., and Cirimele, V. 2016. Ocfentanil overdose fatality in the recreational drug scene. *Forensic Sci. Int.* 266: 469–473.
23. Kanamori, T., Iwata, Y.T., Tsujikawa, K., Kuwayama, K., Yamamuro, T., Segawa, H., and Inoue, H. 2016. Simultaneous analysis of 18 compounds of fentanyl and its analogues by TLC, GC/MS and LC/MS. *Japn. J. Forensic Sci. Technol.* 21(1): 139–147.
24. Isaacs, R.C.A., Harper, M.M., and Miller, E.C. 2017. Analytical challenges in the confirmation identification of dipyrone as an adulterant in illicit drug samples. *Forensic Sci. Int.* 270: 185–192.
25. Marinetti, L.J. and Ehlers, B.J. 2014. A series of forensic toxicology and drug seizure cases involving fentanyl alone and in combination with heroin, cocaine or heroin and cocaine. *J. Anal. Toxicol.* 38: 592–598.
26. Suzuki, S. 1989. Studies on fentanyl and related compounds: II. Spectrometric discrimination of five monomethylated fentanyl isomers by gas chromatography/Fourier transform-infrared spectrometry. *Forensic Sci. Int.* 43: 15–19.
27. Bell, S.C. and Nida, C. 2015. Pyrolysis of drugs of abuse: A comprehensive review. *Drug Test. Anal.* 7: 445–456.
28. Manral, L., Gupta, P.K., Suryanarayana, M.V.S., Ganesan, K., and Malhotra, R.C. 2009. Thermal behavior of fentanyl and its analogues during flash pyrolysis. *J. Therm. Anal. Calorim.* 96: 531–534.
29. Nishikawa, R.K., Bell, S.C., Kraner, J.C., and Callery, P.S. 2009. Potential biomarkers of smoked fentanyl utilizing pyrolysis gas chromatograph–mass spectrometry. *J. Anal. Toxicol.* 33: 418–422.
30. Rabinowitz, J.D., Wensley, M., Lloyd, P., Myers, D., Shen, W., Lu, A., Hodges, C., Hale, R., Mufson, D., and Zaffaroni, A. 2004. Fast onset medications through thermally generated aerosols. *J. Pharm. Exp. Ther.* 309: 769–775.
31. Garg, A. Solas, D.W., Takahashi, L.H., and Cassella, J.V. 2010. Forced degradation of fentanyl: Identification and analysis of impurities and degradants. *J. Pharmaceut. Biomed.* 53: 325–334.

32. Influx of Fentanyl-Laced Counterfeit Pills and Toxic Fentanyl-Related Compounds Further Increases Risk of Fentanyl-related Overdose and Fatalities, Centers for Disease Control and Prevention, 2016. https://emergency.cdc.gov/han/han00395.asp, accessed 27 May 2017.

33. Yonemitsu, K., Sasao, A., Mishima, S., Ohtsu, Y., and Nishitani, Y. 2016. A fatal poisoning case by intravenous injection of "bath salts" containing acetyl fentanyl and 4-methoxy PV8. *Forensic Sci. Int.* 267: e2–e6.

34. Lozier, M.J., Boyd, M., Stanley, C., Ogilvie, L., King, E., Martin, C., and Lewis, L. 2015. Acetyl fentanyl, a novel fentanyl analog, causes 14 overdose deaths in Rhode Island, March–May 2015. *J. Med. Toxicol.* 11: 208–217.

35. McIntyre, I.M., Trochta, A., Gary, R.D., Malamatos, M., and Lucas, J.R. 2015. An acute acetyl fentanyl fatality: A case report with postmortem concentrations. *J. Anal. Toxicol.* 39: 490–494.

36. McIntyre, I.M., Trochta, A., Gary, R.D., Wright, J., and Mena, O. 2016. An acute butyr-fentanyl fatality: A case report with postmortem concentrations. *J. Anal. Toxicol.* 40: 162–166.

37. Dussy, F.E., Hangartner, S., Hamberg, C., Berchtold, C., Scherer, U., Schlotterbeck, G., Wyler, D., and Breillman, T.A. 2016. An acute ocfentanil fatality: A case report with postmortem concentrations. *J. Anal. Toxicol.* 40: 761–766.

38. Gardner, M.A., Sampsel, S., Jenkins, W.W., and Owens, J.E. 2015. Analysis of fentanyl in urine by DLLME-GC-MS. *J. Anal. Toxicol.* 39: 118–125.

39. Melent'ev, A.B., Kataev, S.S., and Dvorskaya, O.N. 2015. Identification and analytical properties of acetyl fentanyl metabolites. *J. Anal. Chem.* 70(2): 240–248.

40. Krinsky, C.S., Lathrop, S.L., and Zumwalt, R. 2014. An examination of the postmortem redistribution of fentanyl and interlaboratory variability. *J. Forensic Sci.* 59 (5): 1275–1279.

41. Algren, D.A., Monteilh, C.P., Punja, M., Schier, J.G., Belson, M. Hepler, B.R., Schmidt, C.J., Miller, C.E., Patel, M., Paulozzi, L.J., Straetemans, M., and Rubin, C. 2013. Fentanyl-associated fatalities among illicit drug users in Wayne County, Michigan (July 2005–May 2006). *J. Med. Toxicol.* 9: 106–115.

42. Thompson, J.G., Baker, A.M., Bracey, A.H., Seningen, J., Kloss, J.S., Strobl, A.Q., and Apple, F.S. 2007. Fentanyl concentrations in 23 postmortem cases from the Hennepin County Medical Examiner's Office. *J. Forensic Sci.* 52 (4): 978–981.

43. Pearson, J., Poklis, J., Poklis, A., Wolf, C., Mainland, M., Hair, L., Devers, K., Chrostowski, L, Arbefeville, E., and Merves, M. 2015. Postmortem toxicology findings of acetyl fentanyl, fentanyl and morphine in heroin fatalities in Tampa, Florida. *Acad. Forensic Pathol.* 5(4): 676–689.

44. Poklis, J., Poklis, A., Wolf, C., Hathaway, E.A., Chrostowski, L., Devers, K., Hair, L., Mainland, M., Merves, M., and Pearson, J. 2016. Two fatal intoxications involving butyryl fentanyl. *J. Anal. Toxicol.* 40: 703–708.

45. Cunningham, S.M, Haikal, N.A., and Kraner, J.C. 2016. Fatal intoxication with acetyl fentanyl. *J. Forensic Sci.* 61 (S1): S276–S280.

46. Bakovic, M., Nestic, M., and Mayer, D. 2015. Death by band-aid: Fatal misuse of transdermal fentanyl patch. *Int. J. Legal Med.* 129: 1247–1252.

47. Srano-Rossi, S., Bermejo, A.M., de la Torre, X., and Botrê, F. 2011. Fast GC-MS method for the simultaneous screening of THC-COOH, cocaine, opiates and analogues including buprenorphine and fentanyl, and their metabolites in urine. *Anal. Biochem. Chem.* 399: 1623–1630.

48. Sato, S., Suzuki, S., Lee, X.-P., and Sato, K. (2010). Studies on 1-(2-phenethyl)-4-(N-propionylanilino)piperidine (fentanyl) related compounds. VII. Quantification of α-methylfentanyl metabolites excreted in rat urine. *Forensic Sci. Int.* 195: 68–72.

49. Van Nimmen, N.F.J., Poels, K.L.C., and Veulemans, H.A.F. 2004. Highly sensitive gas chromatographic–mass spectrometric screening method for the determination of pictogram levels of fentanyl, sufentanil and alfentanil and their major metabolites in urine of opioid exposed workers. *J. Chromatogr. B.* 804: 375–387.

50. Hull, M.J., Juhascik, M., Mazur, F., Flomenbaum, M.A., and Behonick, G.S. 2007. Fatalities associated with fentanyl and co-administered cocaine and opiates. *J. Forensic Sci.* 52 (6): 1383–1388.

51. Van Nimmen, N.F.J. and Veulemans, H.A.F. 2007. Validated GC-MS analysis for the determination of residual fentanyl applied Durogesic® reservoir and Durogesic® D-Trans® matrix transdermal fentanyl patches. *J. Chromatogr. B* 846: 264–272.

52. Kingsbury, D.P., Makowski, G.S., and Stone, J.A. 1995. Quantitative analysis of fentanyl in pharmaceutical preparations by gas chromatography–mass spectrometry. *J. Anal. Toxicol.* 19: 27–30.

53. Rojkieewicz, M., Majchrzak, M., Celinski, R., Kus, P., and Sajewicz, M. 2016. "Identification and physiochemical characterization of 4-fluorobutyrfentanyl (1-((4-fluorophenyl)(1-phenethylpiperidin-4-yl)amino)butan-1-one, 4-FBF) in seized materials and postmortem biological samples. *Drug Test. Anal.* Online. 8(8).

54. Poklis, J. et al. 2015. Postmortem tissue distribution of acetyl fentanyl, fentanyl and their respective nor-metabolites analyzed by ultrahigh performance liquid chromatography with tandem mass spectrometry. *Forensic Sci. Int.* 257: 435–441.

55. Skulska, A., Kala, M., Adamowicz, P., Chudzikiewicz, E., and Lechowicz, W. 2007. Determination of fentanyl, atropine, and scopolamine in biological materials using LC-MS/APCI methods. *Przegl Lek.* 64(4–5): 263–267.

56. Venisse, N., Marquet, P. Duchoslav, E., Dupuy, J.L., and Lachâtre, G. 2003. A general unknown screening procedure for drugs and toxic compounds in serum using liquid chromatography–electrospray single quadrupole mass spectrometry. *J. Anal. Toxicol.* 27(1): 7–14.

57. Gergov, M. Nokua, P., Vuori, E., and Ojanperä, I. 2009. Simultaneous screening and quantification of 25 opioid drugs in postmortem blood and urine by liquid chromatography-tandem mass spectrometry. *Forensic Sci. Int.* 186(1–3): 36–43.

58. Mohr, A.L.A., Friscia, M., Papsun, D., Kacinko, S.L., Buzby, D., and Logan, B.K. 2016. Analysis of novel synthetic opioids U-47700, U-50488, and furanyl fentanyl by LC-MS/MS in postmortem casework. *J. Anal. Toxicol.* 40: 709–717.

59. Shaner, R.L., Kaplan, P., Hamelin, E.I., Bragg, W.A., and Johnson, R.C. 2014. Comparison of two automated solid phase extractions for the detection of ten fentanyl analogs and metabolites in human urine using liquid chromatography tandem mass spectrometry. *J. Chromatogr. B.* 962: 52–58.

19 色胺类药物的现代鉴定技术

达留什·祖巴（Dariusz Zuba）

19.1 色胺类策划药的特征

色胺是最受欢迎的策划药化合物母体结构之一。作为一种单胺类生物碱，其结构与色氨酸相似，含有吲哚环，即由六元苯环和五元含氮吡咯环组成的双环结构（图19.1）。色胺可以作为神经调节剂或神经递质，在哺乳动物的大脑中少量存在并发挥作用[1]。

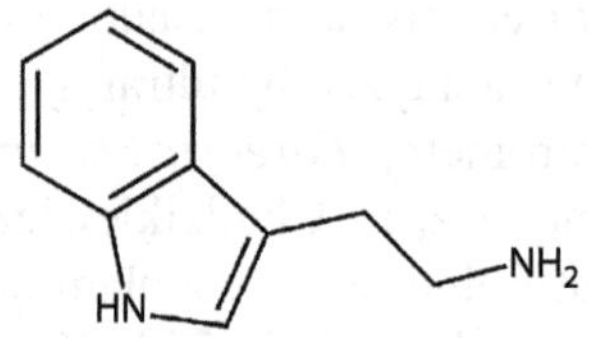

图19.1 色胺的化学结构

在自然界中存在许多天然色胺的衍生物，但也有许多色胺衍生物通过人工合成产生。色胺类化合物（简称"色胺"）包括许多生物活性化合物（神经递质和迷幻药）。众所周知，赛洛西宾（O-磷酰基-4-羟基-N,N-二甲基色胺）和赛洛新（4-羟基-N,N-二甲基色胺）这两种色胺是从南美洲、墨西哥和美国的热带和亚热带地区的某些蘑菇中获得的。作为单一化学物质，这些致幻剂会导致肌肉松弛、瞳孔放大，产生视觉和听觉扭曲以及情绪紊乱。而很多"神奇"蘑菇含有不同含量的色胺以及其他化学物质。色胺的另一个代表是二甲基色胺（DMT），它既存在于各种植物和种子中，也可以经由人工合成。许多其他致幻剂具有与DMT非常相似的结构和性质，如二乙基色胺（DET）具有同样的药理作用，但其效力比DMT稍弱。蟾毒碱（5-羟基-N,N-二甲基色胺）是一种存在于某些蘑菇、种子和蟾蜍皮腺中的物质。最近在美国检出了N,N-二异丙基-5-甲氧基色胺（简称Foxy-Methoxy），是一种口服活性色胺化合物[2]。另一方面，色胺化合物也是许多治疗药物的母体结构。

在1997年亚历山大·舒尔金和安·舒尔金写的《TIHKAL：延续》一书[3]发表后，色胺类药物成为一种流行的策划药。TIHKAL是首字母缩略词，代表"我所知道和喜爱的色胺"。这本书是《PIHKAL：一个化学爱情故事》的续集，介绍苯乙胺衍生物。TIHKAL包含了55种迷幻化合物的详细合成方法（许多化合物是亚历山大·舒尔金发现的），包括它们的化学结构、推荐使用剂量和定性检测。在20世纪90年代，第一个合成色胺化合物进入药物市场，但大部分色胺化合物出现在2008—2012年。截至2016年年底，欧洲毒品与毒瘾监测中心（EMCDDA）通过预警系统（EWS）获取了33种色胺物质，其完整清单见表19.1。

在对药品、毒品市场上出售的色胺类化合物的结构进行分析时，可以清楚地看到，在色胺结构中有五个取代基连接位置。侧链上的取代基位于氮原子上，通常两个基团相同（二甲基、二乙基、二烯丙基、二异丙基或二丙基），只有一些合成的色胺含有混合烷基。吲哚部分有两个活性位点。羟基和乙酰氧基通常连接在4位，而甲氧基连接在5位。4-OH-DMT是赛洛新，它的5-异构体被称为丁氟酮。其余物质也与上述类别密切相关。AMT是指甲基连接在α碳原子上。不太常见的化合物是表19.1中第一种化合物，2-Me-DMT，该化合物2014年分别在德国和芬兰的两个小包装药品中被检测到。

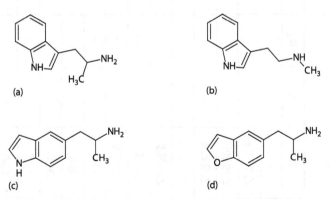

图19.2　（a）AMT、（b）NMT、（c）5-IT和（d）5-APB的化学结构

在对缴获的检材或中毒案件的生物检材进行色胺类化合物的分析检验时，需要考虑它们可能是其他化合物的异构体。在"合法兴奋剂"化合物中，最重要的是5-(2-氨基丙基)吲哚，通常被称为5-IT。它是色胺类药物AMT和NMT的位置异构体，但该化合

表19.1 近十年（2005—2016年）欧洲市场发现的色胺衍生物设计药物清单

化合物名称	R₄	R₅	R_α	R_{N1}	R_{N2}	其他	系统化学名
2-Me-DMT	—	—	—	甲基	甲基	2-甲基	N,N-二甲基-2-(2-甲基-1H-吲哚-3-基)乙胺
4-AcO-DALT	乙酰氧基	—	—	烯丙基	烯丙基	—	4-乙酰氧基-N,N-二烯丙基色胺
4-AcO-DET	乙酰氧基	—	—	乙基	乙基	—	4-乙酰氧基-N,N-二乙基色胺
4-AcO-DIPT	乙酰氧基	—	—	异丙基	异丙基	—	4-乙酰氧基-N,N-二异丙基色胺
4-AcO-DMT	乙酰氧基	—	—	甲基	甲基	—	4-乙酰氧基-N,N-二甲基色胺
4-AcO-DPT	乙酰氧基	—	—	丙基	丙基	—	4-乙酰氧基-N,N-二丙基色胺
4-AcO-MET	乙酰氧基	—	—	甲基	乙基	—	4-乙酰氧基-N-甲基-N-乙基色胺
4-AcO-MIPT	乙酰氧基	—	—	甲基	异丙基	—	4-乙酰氧基-N,N-甲基异丙基色胺
4-HO-DET	羟基	—	—	乙基	乙基	—	4-羟基-N,N-二乙基色胺
4-HO-DIPT	羟基	—	—	异丙基	异丙基	—	4-羟基-N,N-二异丙基色胺
4-HO-DPT	羟基	—	—	丙基	丙基	—	4-羟基-N,N-二丙基色胺
4-HO-MET	羟基	—	—	甲基	乙基	—	4-羟基-N-甲基-N-乙基色胺
4-HO-MIPT	羟基	—	—	甲基	异丙基	—	4-羟基-N,N-甲基异丙基色胺
5-HO-DMT	—	羟基	—	甲基	甲基	—	5-羟基-N,N-二甲基色胺
5-MeO-AMT	—	甲氧基	甲基	—	—	—	5-甲氧基-α-甲基色胺
5-MeO-DET	—	甲氧基	—	乙基	乙基	—	5-甲氧基-N,N-二乙基色胺
5-MeO-DIPT	—	甲氧基	—	异丙基	异丙基	—	5-甲氧基-N,N-二异丙基色胺
5-MeO-DMT	—	甲氧基	—	甲基	甲基	—	5-甲氧基-N,N-二甲基色胺

（续表）

化合物名称	R₄	R₅	R_α	R_{N1}	R_{N2}	其他	系统化学名
5-MeO-DPT	—	甲氧基	—	丙基	丙基	—	5-甲氧基-N,N-二丙基色胺
5-MeO-EIPT	—	甲氧基	—	乙基	异丙基	—	N-乙基-N-[2-(5-甲氧基-IH-吲哚-3-基)乙基]丙-2-胺
5-MeO-MALT	—	甲氧基	—	甲基	烯丙基	—	N-[2-(5-甲氧基-1H-吲哚-3-基)乙基]N-甲基丙-2-烯-1-胺
5-MeO-MET	—	甲氧基	—	甲基	乙基	—	5-甲氧基-N-乙基-N-甲基色胺
5-MeO-MiPT	—	甲氧基	—	甲基	异丙基	—	5-甲氧基-N-甲基-N-异丙基色胺
5-MeO-NiPT	—	甲氧基	—	—	异丙基	—	N-2-(5-甲氧基-IH-吲哚-3-基)乙基]-丙-2-胺
5-MeO-tryptamine	—	甲氧基	—	—	—	—	5-甲氧基色胺
5-Me-DALT	—	甲氧基	—	烯丙基	烯丙基	—	N,N-二烯丙基-5-甲氧基色胺
AMT	—	—	甲基	—	—	—	α-甲基色胺
DALT	—	—	—	烯丙基	烯丙基	—	N-烯丙基-N-[2-(1H-吲哚-3-基)乙基]丙-2-烯-1-胺
DIPT	—	—	—	异丙基	异丙基	—	二异丙基色胺
DMT	—	—	—	甲基	甲基	—	N,N-二甲基色胺
DPT	—	—	—	丙基	丙基	—	N,N-二丙基色胺
MET	—	—	—	甲基	乙基	—	N-甲基-N-乙基色胺
MIPT	—	—	—	甲基	异丙基	—	N-甲基-N-异丙基色胺
McPT	—	—	—	甲基	环丙基	—	N-2-(1H-吲哚-3-基)乙基-N-甲基环丙烯胺
6α-TMT	—	—	甲基	甲基	甲基	—	[2-(1H-吲哚1-3-γ1)-1-甲基-乙基]二甲胺

资料来源：EMCDDA。

物的取代基在吲哚环的5位而不是3位，不属于色胺化合物。5-IT在化学上更类似苯乙胺衍生物，如5-APB[5-(2-氨基丙基)苯并呋喃]。有报道称，5-IT药物作为一种毒品使用时，效果是产生亢奋，而不是迷幻。5-IT作为一种策划药，从2011年开始被当作娱乐药物公开销售。自发现以来，已导致瑞典14人死亡[4]。图19.2比较了AMT、NMT、5-IT和5-APB的化学结构。

现有多种分析方法可用于检测鉴定色胺类药物，包括简易化学测试、现场快速检测、药物/麻醉剂检测试剂盒、气雾剂等。但因为选择性和灵敏度的局限，这些分析方法在临床或法庭毒物检验中的应用受到限制。目前，市场上多用荧光偏振免疫测定法[5]和免疫层析测定法[6]等测定法鉴定色胺类药物。但实际上"合法的致幻药品"（可以达到毒品效果，尚未被列为非法药品）通常是几种结构相似物质的混合物，因此，法庭毒物实验室通常采用多种检测手段联用技术，如气相色谱/液相色谱-质谱联用技术。其中，气相色谱或液相色谱用于组分的分离，而质谱用于组分的鉴定。下面将讨论不同技术的应用。

19.2　气相色谱-质谱法鉴定色胺类药物

19.2.1　色谱数据

气相色谱-质谱（GC-MS）是一种非常流行的分析方法，常用于法医实验室检验从药品市场缴获的违禁品。气相色谱-质谱联用法结合了两种强大的分析技术，可进行痕量化合物的定性和定量分析。其中，气相色谱用于混合物中复杂组分的高效分离；质谱用于确认组分以及鉴定未知物。

与其他策划药相比，色胺类化合物的有效剂量相对较高，且通常以纯粉末形式出售，使用标准分析方法即可检测缴获的样本。简单样品通常不需要复杂的提取程序，最常见的处理方法包括直接溶解在合适的溶剂中或酸碱提取。粉末样品通常直接用溶剂（如甲醇）溶解，溶液样品用己烷或己烷/二氯甲烷的混合溶剂在碱性条件下进行液-液萃取（LLE）[7]。

化合物在色谱柱中的保留时间是一个非常重要的参数，可用于判定该化合物在样品中是否存在。多年来，在法庭毒物实验室中，化合物和标准品在两个色谱柱上的保留时间均一致就被认为是同一化合物。然而，这种方法在排除方面比确认同一更有用，因为其他物质可能具有相同的保留时间，这种情况经常发生在异构体中，特别是立体异构体。由于许多色胺化合物的化学结构相似，严格控制分离条件以确保保留时间的稳定性是非常重要的。最有用的方法之一是应用保留时间锁定功能（RTL），该功能可以使用安捷伦科技公司生产的仪器来完成。RTL申请的详情见第9章。

在作者的实验室中，色胺类药物（和其他策划药）可在以下条件下进行：

- 色谱柱的初始温度为75℃，并保持1 min。
- 以每分钟上升25℃升温至280℃。
- 温度保持21.8 min。

该方法总分析时间为31 min。载气氦气的流速为1 mL/min。二苯胺用作RTL试剂，其保留时间设定为6.90 min。实验室使用了惠普HP 6890N系列气相色谱系统搭载自动进样器（仪器型号：安捷伦7638），并与质谱仪（仪器型号：安捷伦5973）相联。化合物使用安捷伦HP-5MS毛细管柱进行分离（长度，30 m；内径，0.25 mm；薄膜厚度，0.25 pm）。质谱仪电子碰撞能量为70 eV，m/z检测范围为29～600，m/z值较低的离子的收集很重要，因为许多色胺类化合物的离子特征范围在m/z 30～44。然而通常建议从m/z 50开始记录GC-MS谱图（对该建议的解释是减少可能的干扰，例如，二氧化碳的分子质量为44，但使用适当的方案可阻止或者至少显著减少这种现象）。实验室开发了19种色胺和5-IT的分析检测方法。化合物（包括异构体）的保留时间差异很小，最小差异为0.03 min，相当于2 s（0.4%）。当分析鉴定完全基于保留时间时，这种差异会带来错误鉴别的风险。因此，正确控制仪器参数和进行方法验证非常重要，包括方法重复性评估。在使用Valistat 1.0软件进行数据分析后，实验数据证明所开发的方法具有高度的可重复性，日内精度（RSD）为0.06%，日间精度（RSD）为0.1%。即使对于不同的仪器，精度也优于0.5%。这证明了保留时间窗口可以设置得非常严格。这种方法在区分结构异构体方面非常有用，例如5-MeO-DMT和4-MeO-DMT、DIPT和DPT，以及NMT、AMT和5-IT，因为它们的质谱差异非常小，可避免错误识别。

19.2.2 电子碰撞裂解（EI）下的碎片分析

在气相色谱–质谱分析中，最常用的电离方法是电子碰撞裂解（EI）。大量的有机化合物都可以被EI处理。EI裂解分析的化合物必须是可挥发性的。样品可以是固体、液体或气体，可以被加热至气化。当70 eV的电子束击中气相中的样品分子后，就会形成离子。样品分子具有大量的过剩能量，裂解产生碎片离子。质谱图具有很高的重现性，可用于谱库检验。样品分子裂解得到的谱图，可阐释化合物的结构信息。

在质谱中，最大的离子（m/z值最大的离子）很可能是分子离子。当有机样品气化进入质谱仪的电离室，受到电子流的轰击时，就会形成这种分子离子。分子离子在色胺的鉴定中非常重要。色胺通常含有两个氮原子，这与以粉末形式销售的其他大多数类别的策划药物（例如苯乙胺或卡西酮的衍生物）不同。根据氮规则，结构中氮原子的个数为偶数时，化合物的分子质量为偶数。因此，色胺类药物的分子离子m/z值也为偶数。遗憾的是，在标准条件下EI会引起大范围的碎裂，因此许多化合物都未能观察到分子离子，或者它的强度很低。化学电离是一个电离能较低的电离方式。较低的能量产生较少甚至没有碎片。典型的CI光谱具有容易识别的质子化分子峰$[M+1]^+$，可确定分子质量。另一种确定分子量的方法是通过衍生化产生稳定的化合物。

色胺类化合物分子被电子束轰击会导致碳原子之间的键断裂。在第一阶段，键断裂发生在与侧链中的氮原子相关的α和β碳原子之间。该过程可以如下所示：

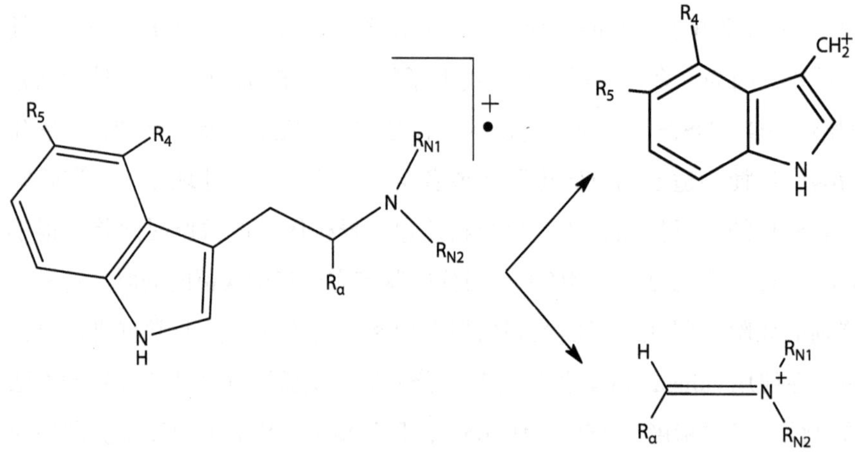

通常，在色胺类化合物的气相色谱–质谱图中，形成的亚胺离子强度是最大的。它们的化学式是$C_nH_{2n+2}N^+$（其中$n =1$，2等）并且质荷比以$m/z = 16 + 14n$的形式存在，即30、44、58、72、86等。苯乙胺和直链卡西酮也可形成亚胺离子，但哌嗪（其也具有偶数的分子质量）不能形成[8]。亚胺离子是偶电子离子，种类不依赖于色胺核心结构中的取代基，可以进行二级和三级碎裂，与脂肪胺（也是16 + 14n）特有的离子系列一致，这有助于区分异构体。

必须注意的是，对于在色胺侧链中具有相同碳原子数的化合物，最初形成的离子质荷比是相同的。例如，含有N,N–二丙基和N,N–二异丙基取代基的色胺在$m/z = 114$时具有最强的峰，但是阳离子的进一步断裂可区分这些异构体。在N,N-二丙基取代基的情况下，以相对高的效率获得 $m/z = 86$ 的离子，而对于N,N-二异丙基取代基，在 $m/z = 72$ 时观察到离子。这个过程发生在麦氏重排[9]之后：

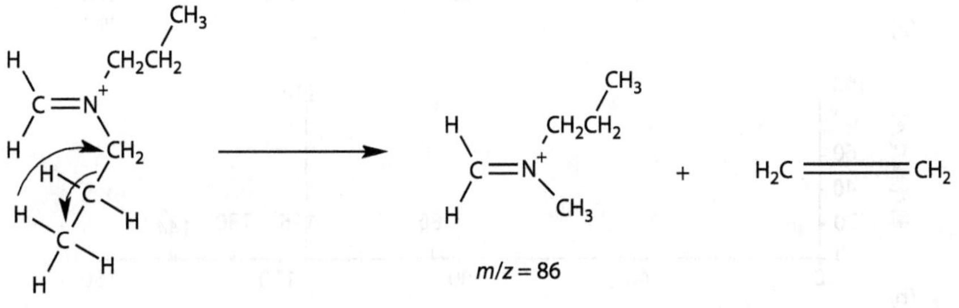

DPT

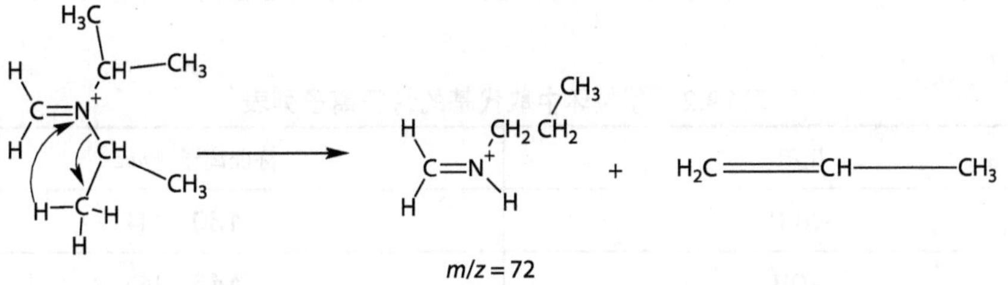

$m/z = 86$

DIPT

$m/z = 72$

氮原子含有两个乙基取代侧链的色胺（N,N-二乙基色胺，如DET）和含有一个甲基和一个丙基或异丙基的色胺的情况相似。在所有情况下，都可获得 $m/z = 86$ 的强峰。借助麦氏重排后的进一步裂解能够识别取代基；N–甲基–N–异丙基异构体可形成 $m/z = 86$ 片段，N–甲基–N–丙基异构体可形成 $m/z = 72$ 片段，N,N-二乙基可形成 $m/z = 58$ 片段。

如前所述，色胺中主要有三个取代基可与吲哚部分连接。表19.2列出了吲哚环上含有乙酰氧基、甲氧基和羟基的衍生物的特征离子。其中因为乙酰氧基很容易降解，所以 m/z 188和 m/z 202处的离子强度通常很低。

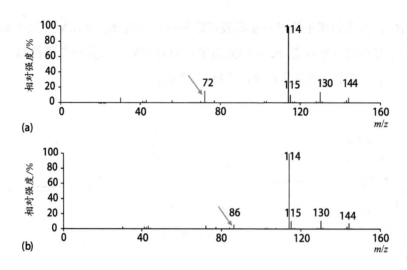

图19.3 （a）DIPT和（b）DPT的质谱图。二级裂解特征性离子用箭头标记

表19.2 吲哚环中取代基的特征离子列表

R$_4$/R$_5$	特征离子［m/z］
−(H,H)	**130**, 144
−OH	**146**, 160
−OCH$_3$	145, **160**, 174
−OOCH$_3$	**145**, 160, （188）, （202）

注意：最强的离子用粗体字标出。

在大多数色胺类化合物的质谱图中，可以观察到 m/z = 130 的质谱峰，该峰与吲哚结构相关，可能来源于以下结构：

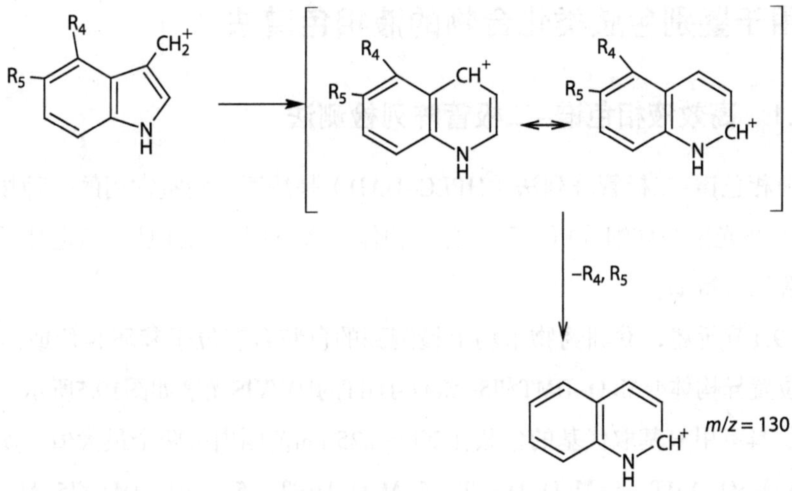

$m/z = 130$

色胺化合物的质谱中的另一个特征离子是$m/z =117$。然而，截至目前它对应的结构尚未明确，因为可以考虑两种可能的离子结构：

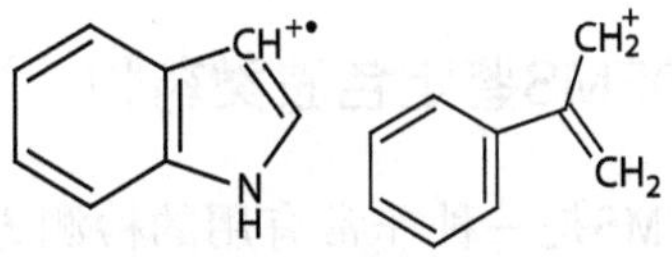

基于离子稳定性的理论计算，最终确定该离子的结构是可能的。吲哚环的进一步降解会形成m/z值为115，103，91和77。

了解碎片裂解途径，可用于预测新的色胺药物。例如因无法获取 5-甲氧基-乙基-异丙基色胺（5-MeO-EIPT）的EI裂解质谱，实验室根据经验预测该物质含有以下离子：

· 100（主要），72，58，30—亚胺离子；
· 174，160，145—甲氧基取代吲哚环的特征离子；
· 130，117，115，103，91，77—吲哚环降解形成的离子。

几个月后，EMCDDA公布了5-MeO-EIPT，瑞典法医实验室热心地提供了质谱谱图，如图19.4所示。结果证明，理论推断得到了充分证实。

19.3　用于鉴别色胺类化合物的液相色谱法

19.3.1　高效液相色谱–二极管阵列检测法

高效液相色谱–二极管阵列法（HPLC-DAD）是法医实验室常用的一种技术。实验表明，UV/VIS光谱的详细分析对于区分异构体非常有用，尤其是对确定吲哚部分中取代基的位置很有帮助。

如第19.1节所述，欧洲药物市场上检测到的色胺含有位于苯环4–位或5–位的取代基。两对位置异构体4-MeO-DMT和5-MeO-DMT的UV/VIS光谱如图19.5所示。

在5–位具有甲氧基取代基的色胺在200～225 nm范围内有两个最大值。所有试验化合物，即5-MeO-AMT、5-MeO-DALT、5-MeO-DIPT、5-MeO-DMT和5-MeO-MIPT，均在203 nm和219 nm光谱处有强度非常相似的两个峰。4–位带有羟基或乙酰氧基的色胺化合物在该区域只有一个最大值。该特征在色胺的鉴别中非常重要，因为常规质谱技术无法区分此类异构体。

19.3.2　通过LC–QTOFMS鉴定色胺类药物

如第7章所述，LC-QTOFMS是一种非常有用的检测方法，可用于鉴定从药物市场中缴获的或在生物检材中检测到的未知化合物，不仅可以从色谱图数据中获得一些信息，还可以从质谱碎片中获得更多信息。

在LC-QTOFMS中，电喷雾电离（ESI）是最常用的技术。ESI属于软电离技术，这意味着可以记录准分子离子。LC-QTOFMS具有离子质量测定的高分辨率和精确度等多种优势。

电离电压和碰撞能量的改变，可能影响碰撞程度。准分子离子形成后可以进行进一步MS/MS分析。因此不仅可以研究准分子离子的组成，还可以研究其他碎片离子的组成。

低能量可给分子带电，能够在质谱中观察准分子离子。在这样的实验中，使用低电离电压，例如100 V，并且不使用碰撞能量，可观察到准分子离子。分析中的高准确度意味着可以测定化合物的精确分子式。然而异构体具有相同的分子质量，可通过MS/MS对离子裂解差异进行区分。

与GC-MS电子碰撞下的电离不同，LC-QTOFMS使用的电喷雾电离，色胺类化合物的侧链中碳原子和氮原子之间的键的解离是LC-QTOFMS中的特征性裂解。氮原子上的取代

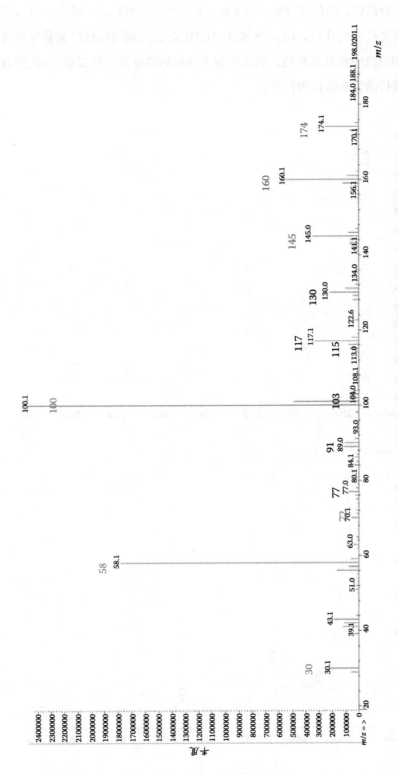

图19.4　5-MeO-EIPT的EI-MS质谱（最初由瑞典国家法医中心林克平记录），特征离子峰与理论预期相同

基片段与分子分离后，剩余部分被记录下来。在二级质谱MS/MS实验中，可以得到源自吲哚部分及其取代基的片段。GC–MS和LC–QTOFMS之间侧链裂解的差异使得这些技术在色胺的结构研究中具有互补性。结合两种方法得到的数据，可以确定α位的取代基以及氮原子上取代的烷基数量和种类。

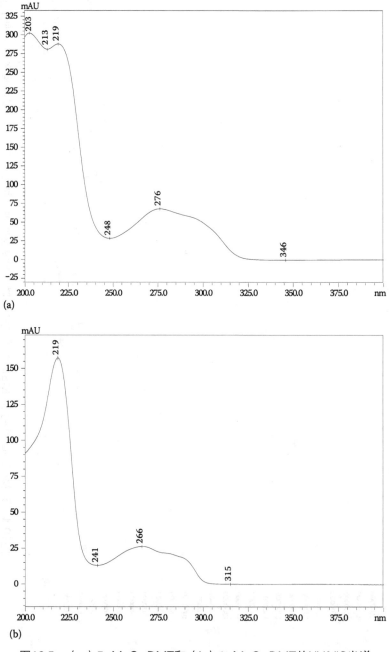

图19.5 （a）5–MeO–DMT和（b）4–MeO–DMT的UV/VIS光谱

色胺类化合物的裂解途径见图19.6，表19.3中给出了代表性的特征离子。图19.7显

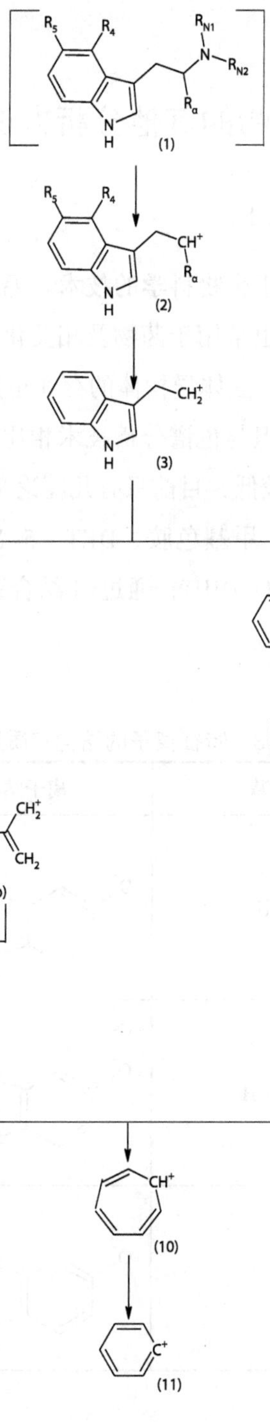

图19.6 ESI-QTOFMS下色胺的主要裂解途径

示了带有标记离子的4-MeO-DMT的QTOFMS光谱。了解化合物的碎片途径可用于推断新型色胺类药物的质谱谱图。

19.4　用于鉴别色胺类药物的其他分析方法

19.4.1　毛细管电泳（CE）

毛细管电泳是一种广泛应用于生物科学的技术。毛细管电泳在法医学中的主要应用是DNA指纹图谱。该分析方法也常用于药物及相关化合物分析，是一种高效的手性分离技术。在非法药物的检验中，立体异构体的存在也是一个问题。CE的特点是高选择性，这意味着良好的分离度。但与色谱分析技术相比，使用毛细管电泳方法分析滥用药物（包括色胺）的比例相对较低，目前只有几篇论文。

色胺及其8种衍生物，包括5-甲基色胺、DET、5-MeO-DMT、DMT、6-MeO-色胺、5-羟色胺、蟾蜍色胺和5-MeO-DIPT，通过CE结合紫外激光诱导荧光（LIF）进行检测（ $\lambda_{ex} = 266$ nm）[10]。

表19.3　特征离子的结构和质量

离子序号	取代基	离子结构	分子式和质量
（2）	$R_4 \rightarrow R_5 = -OH$		$C_{10}H_9NO$ 159.0678 Da
	$R_4 \rightarrow R_5 = -OCH_3$		$C_{11}H_{12}NO$ 174.091 Da
			$C_{10}H_9NO$ 159.0678 Da

离子序号	取代基	离子结构	分子式和质量
	$R_4 = -(=O)-C-CH_3$		$C_{12}H_{12}NO_2$ 202.0862 Da
			$C_{10}H_9NO$ 159.0679 Da
	$R_\alpha = -CH_3$		$C_{11}H_{12}N$ 158.0964 Da
（3）			$C_{10}H_{10}N$ 144.0808 Da
（4）			$C_{10}H_7$ 127.0542 Da
（5a）			C_9H_9N 131.0729 Da
（5b）			C_9H_8N 130.0651 Da
（6a）			C_9H_7 115.0542 Da

离子序号	取代基	离子结构	分子式和质量
（6b）			C_9H_8N 130.0651 Da
（7）			C_9H_9 117.0699 Da
（8）			C_8H_9 105.0699 Da
（9）			C_7H_7N 105.0573 Da
（10）			C_7H_7 91.0542 Da
（11）			C_6H_5 77.0386 Da

分离电解液的组成可以根据对关键溶质的分离度和荧光检测的灵敏度进行优化。采用天然α-环糊精作为电泳分离的复合物形成改性剂和荧光增强剂。该方法中化合物的检测限可达0.1～6 μg/L。峰面积的重现性低于2.3%RSD。采用独立的HPLC-DAD方法交叉验证了该方法的准确性。CE-(UV)-LIF法获得的检测限低于HPLC-DAD法的检测限。研究证明，CE-(UV)-LIF法可实现非法合成药物和药物配方中9种色胺类化合物的快速检测。

实验人员分别用毛细管电泳分离与气相色谱法、高效液相色谱法进行了比较[11]。实验选择AMT、DMT、5-MeO-AMT、DET、DPT、DBT、DIPT、5-MeO-DMT和5-MeO-DIPT作为目标化合物。通过GC-MS法和LC-UV吸收法得到的检测限（S/N = 3）范围为0.5～15 μg/mL和0.3～1.0 μg/mL。采用CZE/UV法测定其检出限为0.5～1.0 μg/mL。

当采用毛细管胶束电动色谱（MEKC）模式时，检出限提高到2~10 ng/mL。对于GC、HPLC和CE三种方法，通过GC和HPLC分析的9种化合物的迁移时间分别为11~15 min和8~23 min，通过MEKC分析的迁移时间为20~26 min。DMT、DET、DPT和DBT的迁移顺序遵循分子质量大小顺序，而AMT和5-MeO-AMT（伯胺）、DIPT（DPT的一种异构体）和5-甲氧基-色胺（5-MeO-AMT、5-MeO-DMT和5-MeO-DIPT）的迁移顺序可以通过改变分离条件来改变。为了利用MEKC-UV检测获得上述色胺的最佳分离条件和在线样本浓度，在后续实验中继续进行了研究[12]。

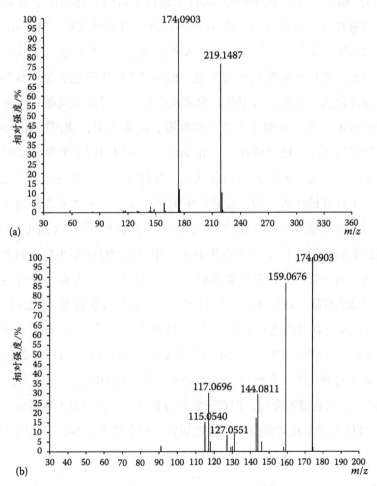

图19.7　4-MeO-DMT（a）的ESI-QTOF质谱（b）主离子（m/z = 174）在MS/MS模式下的碎裂质谱

MEKC的检测限（S/N = 3）范围为1.0 μg/mL至1.8 μg/mL。使用在线样本浓缩方法，包括扫描-MEKC和阳离子选择性完全注射-扫描-MEKC法（CSEI-sweep-MEKC），

LOD分别提高至2.2～8.0和1.3～2.7 ng/mL。

19.4.2　其他方法

比色反应如斑点试验和薄层色谱（TLC），用于筛选或初步鉴定缴获的材料和从生物检材中提取的残留物，能够不使用特殊仪器就可以很容易地观察颜色变化。所有色胺的分子结构中都含有一个氮原子，因此通常使用与氮反应的比色试剂进行检测。斯普拉特利（Spratley）等人[13]使用薄层色谱对5种色胺（包括5-MeO-DIPT、5-MeO-AMT、5-MeO-MIPT、DPT和5-MeO-DMT）进行了研究，并验证了检测薄层色谱板斑点时使用的两种常见混合溶剂，即Marquis试剂和Ehrlich试剂。Marquis试剂可使色胺化合物（除DPT，仅产生黄色外）产生从黄色到黑色的颜色变化。Ehrlich试剂可使每种色胺类似物，颜色均从紫色变为蓝色，但DPT（产生紫色变化）和5-MeO-MIPT（从紫色变为浅蓝色）除外。常用薄层色谱试剂存在选择性或灵敏性较差的问题。纳卡莫托（Nakamato）等人研究了色胺的检测限，结果表明，使用Ehrlich和Marquis试剂时，根据物质的不同，极限值在10～50 μg/mL，而使用四溴酚酞乙醚时，极限值在0.5～2.0 μg/mL[14]。另一种常用的西蒙试剂，对仲胺具有选择性，可产生蓝色至紫色的变化，但由于具有精神活性的色胺通常为伯胺或叔胺，因此未观察到颜色反应。其他试剂，如对二甲氨基肉桂醛（DACA）、多聚甲醛试剂[15]、Van Urk-Salkowski试剂[16]和酸化茴香醛试剂[17]，已有报告显示可用于检测吲哚衍生物；然而，这些试剂检验并不常用，因为每一种试剂检验都很耗时，而且试剂均有毒、反应活性强，并且它们的灵敏度仍然有限。近年来，人们对快速、灵敏的薄层色谱/荧光应用与人体尿样中的色胺及其代谢产物检测进行了研究[18]。检验人员使用次氯酸钠、过氧化氢或六氰基高铁酸钾（III）-氢氧化钠作为氧化剂处理显影的硅胶和RP-18薄层色谱板。在365 nm波长下获得了可视化的荧光产物，并确定薄层色谱的LOD值在0.01～0.06 μg。尽管近年来已没有基于薄层色谱的应用，但对于常规分析而言，其价值不可低估。与GC-MS或LC-MS相比，TLC的灵敏度较低且定量性能较差，但它具有成本低和通用性强等优点。

致谢

作者感谢苏珊娜·索博尔（Zuzanna Sobol）在通过多种分析方法研究色胺和鉴定离子结构方面给予的支持和帮助。

参考文献

1. Jones, R.S. 1982. Tryptamine: A neuromodulator or neurotransmitter in mammalian brain? *Prog. Neurobiol.* 19(1–2): 117–139.
2. Potter, J.V. *Substances of Abuse*. AFS Publishing Co., Redding, California, 2008.
3. Shulgin, A., Shulgin, A. *TIHKAL: The Continuation*. Transform Press, Berkeley, California, 1997.
4. Seetohul, L.N., Maskell, P.D., De Paoli, G., Pounder, D.J. 2012. Deaths associated with new designer drug 5-IT. *BMJ* 345: e5625.
5. Cody, J.T., Schwarzhoff R. 1993. Fluorescence polarization immunoassay detection of amphetamine, methamphetamine, and illicit amphetamine analogues. *J. Anal. Toxicol.* 17(1): 23–33.
6. Albers, Ch., Lehr, M., Beike, J., Köhler, H., Brinkmann, B. 2002. Synthesis of psilocin hapten and protein–hapten conjugate. *J. Pharm. Pharmacol.* 54: 1265–1267.
7. Hsiao, Y., Liu, J.T., Lin, C.H. 2009. Simultaneous separation and detection of 18 phenethylamine/tryptamine derivatives by liquid chromatography-UV absorption and -electrospray ionization mass spectrometry. *Anal. Sci.* 25(6): 759–763.
8. Zuba, D. 2012. Identification of cathinones and other active components of legal highs by mass spectrometric methods. *TrAC—Trends Anal. Chem.* 32: 15–30.
9. Yukiko, N., Kenji, T., Kenji, K., Tatsuyuki, K., Yuko, I.T., Kazuna, M., Fumiyo, K., Hiroyuki I. 2014. Simultaneous determination of tryptamine analogues in designer drugs using gas chromatography–mass spectrometry and liquid chromatography-tandem mass spectrometry. *Forensic Toxicol.* 32: 154–161.
10. Huhn, C., Pütz, M., Martin, N., Dahlenburg, R., Pyell, U. 2005. Determination of tryptamine derivatives in illicit synthetic drugs by capillary electrophoresis and ultraviolet laser-induced fluorescence detection. *Electrophoresis* 26(12): 2391–401.
11. Wang, M.J., Liu, J.T., Chen, H.M., Lin, J.J., Lin, C.H. 2008. Comparison of the separation of nine tryptamine standards based on gas chromatography, high performance liquid chromatography and capillary electrophoresis methods. *J. Chromatogr. A* 1181(1–2): 131–136.
12. Wang, M.J., Tsai, C.H., Hsu, W.Y., Liu, J.T., Lin, C.H. 2009. Optimization of separation and online sample concentration of N,N-dimethyltryptamine and related compounds using MEKC. *J. Sep. Sci.* 32(3): 441–445.
13. Spratley, T.K., Hays, P.A., Geer, L.C., Cooper, S.D., McKibben, T.D. 2005. Analytical profiles for five "designer" tryptamines. *Microgr. J.* 3: 54–68.
14. Nakamoto, A., Namera, A., Yahata, M., Kuramoto, T., Nishida, M., Yashiki, M. 2007. A systematic toxicological analysis for hallucinogenic tryptamines in seized and biological materials (in Japanese with English abstract). *Hiroshima Igaku Zasshi* 55: 1–14.
15. Toneby, M.I. 1974. Thin-layer chromatographic fluorimetry of indole derivatives after condensation by a paraformaldehyde spray reagent. *J. Chromatogr.* 97(1): 47–55.
16. Tonelli, D., Gattavecchia, E., Gandolfi, M. 1982. Thin-layer chromatographic determination of indolic tryptophan metabolites in human urine using Sep-Pak C18 extraction. *J. Chromatogr.* 231(2): 283–289.

17. Zhou, L., Hopkins, A.A., Huhman, D.V., Sumner, L.W. 2006. Efficient and sensitive method for quantitative analysis of alkaloids in Harding grass (*Phalaris aquatica* L.). *J. Agric. Food Chem.* 54(25): 9287–9291.

18. Kato, N., Kojima, T., Yoshiyagawa, S., Ohta, H., Toriba, A., Nishimura, H., Hayakawa, K. 2007. Rapid and sensitive determination of tryptophan, serotonin and psychoactive tryptamines by thin-layer chromatography/fluorescence detection. *J. Chromatogr. A* 1145(1–2): 229–233.

20 新型阿片类药物的毒理学分析

卡琳娜·佐默费尔德-克拉塔（Karina Sommerfeld-Klatta）、阿图尔·泰兹伊克（Artur Teżyk）和博尼亚·格佩特（Bogna Geppert）

20.1 引言

阿片类药物（ATC药物编码N02A）是一类可刺激阿片受体的化合物，包括阿片类药物（菲类生物碱，如可待因和吗啡，以及异喹啉生物碱，如罂粟碱和那可汀）；内源性吗啡（内啡肽）如脑啡肽和强啡肽；半合成阿片类药物（即化学修饰的阿片类药物），如海洛因和羟考酮；合成阿片类药物——包括哌替啶、美沙酮和芬太尼及其类似物。阿片类药物刺激位于脑、脊髓和外周组织中的δ（OP1）、κ（OP2）和μ（OP3）阿片受体。大多数情况下，刺激μ（子类μ_1和μ_2）和δ受体会产生镇痛效应。刺激μ_2受体会导致中枢性呼吸抑制、心动过缓、便秘和对阿片类药物的身体依赖性；刺激κ_1受体会产生瞳孔缩小等效应，而刺激κ_2受体会产生幻觉和依赖性。阿片类药物对阿片受体具有不同的亲和力，因此分为激动剂（吗啡、可待因、芬太尼、美沙酮）、部分激动药（丁丙诺啡）和混合激动-拮抗药（喷他佐辛）。吗啡作为经典的阿片镇痛药物，是μ阿片受体的纯激动剂[1, 2]。图20.1–图20.3对吗啡、羟考酮和芬太尼的化学结构进行了介绍。

阿片类药物不仅对不同类型的阿片受体亲和力不同，而且在动力学受体、效力和作用时间以及代谢途径（通过消化系统和肾）方面不同。因为其活性代谢物与吗啡葡萄糖苷酸或羟考酮代谢产物一样，可能在肾脏蓄积，进而可能产生中毒，因此，肝和肾损害的患者应特别谨慎地使用[2]。

在实践中，阿片类药物以口服缓释制剂（每12 h控释20～30 mg剂量的吗啡）和透皮治疗系统（TTS）的形式使用，如芬太尼（12～25 μg/h剂量）。每隔5～10 min静脉注射1～2 mg剂量的吗啡后，能达到适当的镇痛水平或直至出现不良反应（困倦、呕吐、恶心）[3]。

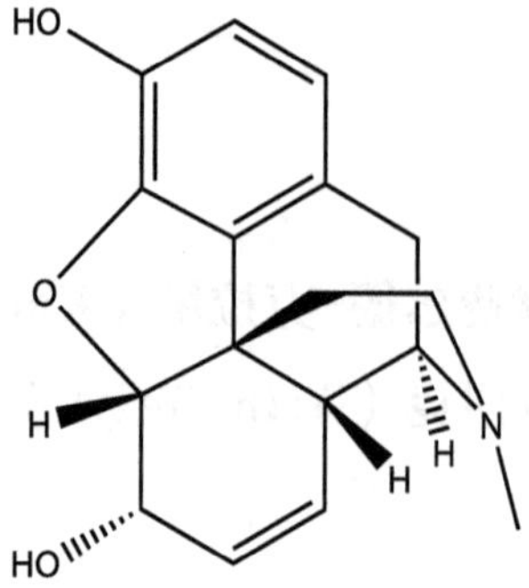

图20.1　吗啡结构式

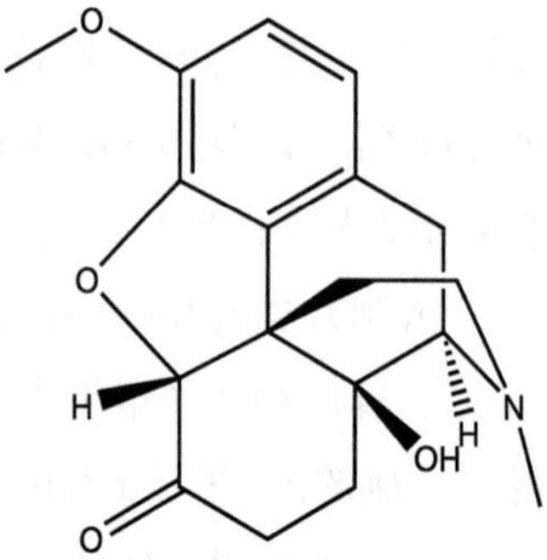

图20.2　羟考酮结构式

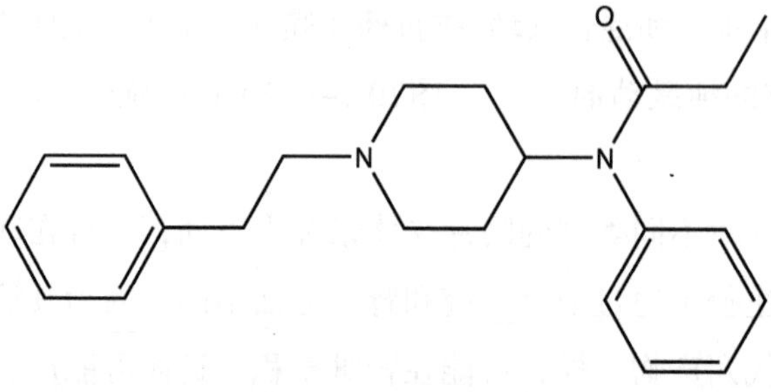

图20.3　芬太尼结构式

　　多年来，阿片类药物的使用一直受到管控，人们还对其使用相关的风险水平进行了界定，尤其是美国药品管理局（DEA）根据阿片类药物的潜在成瘾性（海洛因）和治疗用途（芬太尼）对阿片类药物进行分类[4]。表20.1介绍了阿片类药物的医疗用途。

欧洲毒品与毒瘾监测中心（EMCDDA）的官方数据表明，全世界约有3 200万人对阿片类药物成瘾，其中100万人在欧洲[5]。尽管海洛因已经垄断阿片类药物市场超过40年，但越来越多的人开始对芬太尼、美沙酮和丁丙诺啡感兴趣。然而，海洛因始终是世界上中毒致死的主要原因[5, 6]。

大多数阿片类药物中毒都有特征性的临床症状（有时称为阿片类药物中毒综合征）：瞳孔缩小，困倦转为昏迷（中枢神经系统抑郁症），呼吸紊乱转为呼吸暂停（呼吸性抑郁症）。阿片类药物滥用的长期结果是造成耐受和身体依赖性[7]。因此，在疼痛治疗、中毒和大量死亡案件中掌握是否存在阿片类药物至关重要。

阿片类药物的定性和定量分析必须采用特定的方法，主要包括与各种类型的检测器相结合的色谱法。最常用的方法是与质谱仪（MS）连接的气相色谱法（GC）和液相色谱法（LC）。用于测定阿片类药物的其他已知方法有带有火焰离子化检测器（FID）的气相色谱法、带有氮-磷检测器（NPD）或安培检测器的液相色谱法。还有一些关于使用毛细管电泳或薄层色谱（TLC）的报告。重要的是，所有讨论的方法都包括使用分离方法从生物和非生物样本中分离目标化合物。最常见的有液-液萃取（LLE）、固相柱萃取（SPE）、水解前混合相萃取（SPE）、固相柱微萃取（SPME）[8]。

表20.1　阿片类药物的医疗用途

阿片类药物名称	医疗用途
吗啡、美沙酮、芬太尼、哌替啶、羟考酮	镇痛
阿芬太尼、舒芬太尼	麻醉剂
地芬诺酯、洛哌丁胺	止泻剂
可待因、右美沙芬	镇静药

资料来源：Trescot, A.M.等人，2008年，Pain Physician, 11：133-53。

20.2　新型阿片类策划药

随着合成大麻素和卡西酮的广泛流行，合成阿片类策划药已经出现在麻醉药品市场上，不仅包括芬太尼及其衍生物（乙酰芬太尼、丁酰芬太尼、呋喃芬太尼），最重要的是新的合成阿片类药物的化学结构各不相同，其中已确定的物质有：AH-7921、

MT-45、U-47700、U-50488、W-15、W-18，以及U-51754。

根据EMCDDA的数据，自2008年以来，新精神活性物质增加了450种新化合物，它们来自以下类别：苯基烷基胺、色胺、合成大麻素、合成卡西酮、苯二氮䓬类和阿片类[9]。因对属于阿片受体激动剂的新型策划药缺乏检测解决方案和常规检测方法，直到2012年，仅发现几种化合物，其中主要是芬太尼衍生物。

这一组中的第一种是以Krypton的名义出售的制剂，它是O-去甲基曲马多（曲马多的活性代谢产物）和来自帽蕊木属（称为Kratom）的植物提取物的混合物[10]。下图20.4和图20.5说明了曲马多和O-去甲基曲马多的化学结构。

欧洲于2012年5月首次发现了一种新的阿片受体激动剂AH-7921。2013年日本再次证实了该化合物的存在[11, 12]。到2015年，AH-7921已在4个国家造成不少人员中毒和死亡[13-15]。AH-7921属于二甲基氨基环己烷衍生物。作为κ受体的选择性激动剂，它在结构上不像吗啡，但与芬太尼和苯环利定略有相似。该化合物最早于20世纪70年代合成，具有镇痛作用（高于可待因）[16]。图20.6给出了AH-7921的化学结构。

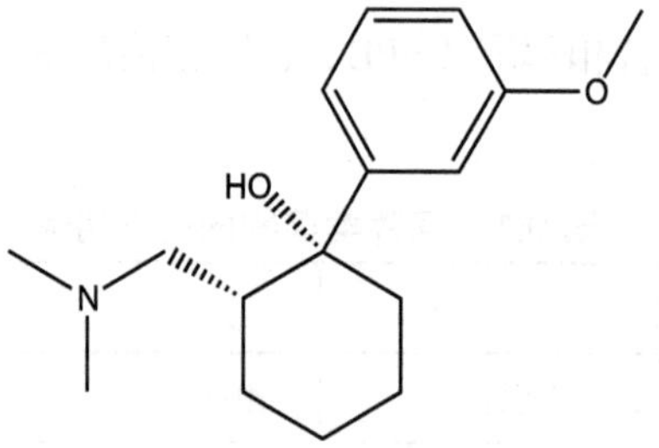

图20.4　曲马多结构式

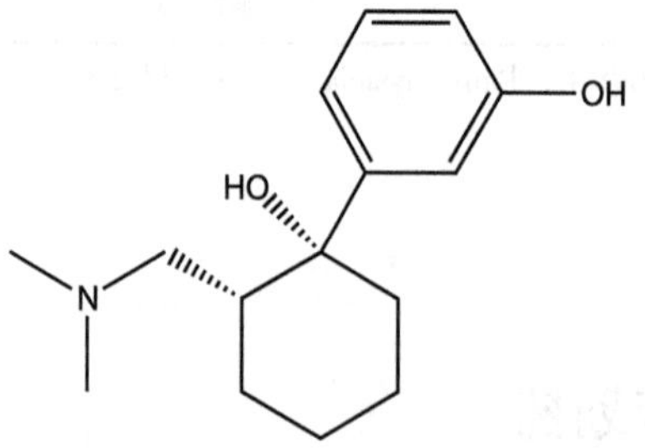

图20.5　O-去甲基曲马多结构式

最初，新型阿片类药物作为合成大麻素和（或）卡西酮的组成成分被出售[12]。然而，新型阿片类策划药很快成为一种新趋势，逐渐地，它们在那些将新阿片类药物视为合法阿片类药物的人群中越来越受欢迎。表20.2列出了新型阿片类策划药的名称、分子式和分子质量。

截至目前，在中毒致死案件中最常见到的新型阿片类策划药是U–47700。该化合物常用作海洛因的替代品，已被广泛使用[6]。U–47700属于1,2–环–β–氨基酰胺，是AH–7921的结构异构体。它对μ–阿片受体具有刺激作用，效力是吗啡的几倍。经过长达40年的研究，U–47700具有相当大的耐受性（与使用芬太尼类似）和愉悦感（甚至比海洛因引起的更大）[17]。图20.7列出了U–47700的化学结构。

最新的2016年EMCDDA报告提及，2009年至2015年期间已监测到18种新型阿片类物质[6]。新精神活性物质NPS消费者使用这些药物会出现中毒典型症状，即呼吸抑制、相当大的耐受性和严重的成瘾性。

阿片类化合物清单上的另一种物质是一种称为MT–45的哌嗪衍生物，其镇痛作用主要与MT–45(S)–异构体［(R)–异构体，最有可能影响σ受体］有关。MT–45最早于2013年年底出现在麻醉药品市场上，在之后几年里，它在瑞典等国造成了数十人死亡[9]。图20.8和图20.9列出了(R)–(–)MT–45和(S)–(+)MT–45的化学结构。

κ和μ受体的选择性激动剂还包括U–50488。U–50488自20世纪70年代以来一直作为阿片类镇痛药，2015年被发现会造成药物中毒。U–50488在动物身上进行了初步试验，具有利尿、镇咳和抗惊厥作用[18]。图20.10说明了U–50488的化学结构。

此外，EMCDDA自2013年始一直持续监测源自加拿大的化合物W–18和W–15（20世纪80年代）[5]。图20.11和图20.12说明了W–15和W–18的化学结构。

最新发现的是U–51754，该化合物于2017年年初在斯洛文尼亚首次发现。在结构上，它类似于U–47700，而且属于1,2–环–β–氨基酰胺类[19]。图20.13说明了U–51754的化学结构。

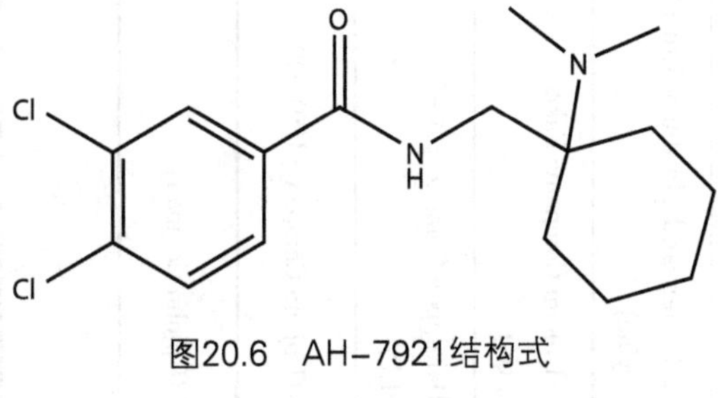

图20.6　AH–7921结构式

表20.2 新型阿片类策划药物的名称（简称、来源）、分子式和分子量

化合物/来源缩写/其他名称	名称	分子式	分子质量/g·mol⁻¹	参考文献
AH-7921 (Allen and Hanbury Ltd.;AH, Doxylam, Doxylan)	3,4,-dichloro-N-[(1-dimethylamino) cyclohexylmethyl] benzamide	$C_{16}H_{22}Cl_2N_2O$	329.26	[13]
U-47700 (Upjohn Company; Fake morphine, U4)	trans-3,4-dichloro-N-(2-(dimethylamino) cyclohexyl))-N-methylbenzamide	$C_{16}H_{22}Cl_2N_2O$	329.26	[17]
MT-45 (Dainippon Company; IC-6, I-C6, CDEP)	1-cyclohexyl-4-(1,2-diphenylethyl) piperazine	$C_{24}H_{32}N_2$	348.50	[32]
U-50488 (Upjohn Company; U50488)	trans-3,4-dichloro-N-methyl-N-[2-(1-pyrrolidinyl) cyclohexyl]-benzeneacetamide	$C_{19}H_{26}Cl_2N_2O$	405.79	[26]
U-51754 (Upjohn Company)	2-(3,4-dichlorophenyl)-N-[2-(dimethylamino) cyclohexyl]-N-methylacetamide	$C_{17}H_{24}Cl_2N_2O$	379.75	[19]
W-18	4-chloro-N-[1-[2-(4-nitrophenyl) ethyl]-2-piperidinylidene]-benzenesulfonamide	$C_{19}H_{20}ClN_3O_4S$	421.9	[5]
W-15	4-chloro-N-[1-[2-(2-phenylethyl)-2-piperidinylidene]-benzenesulfonamide	$C_{19}H_{21}ClN_2O_2S$	376.9	[5]

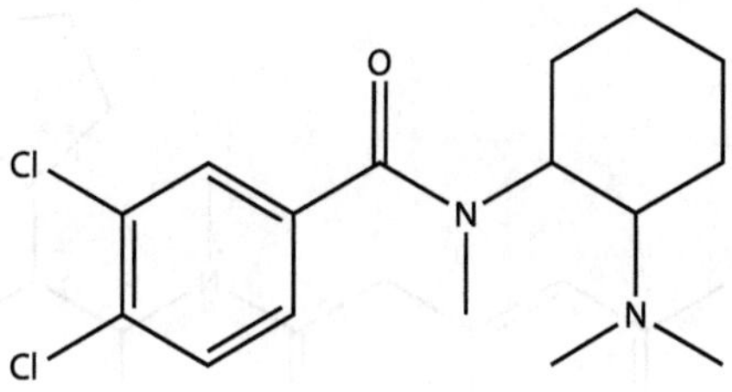

图20.7 U-47700结构式

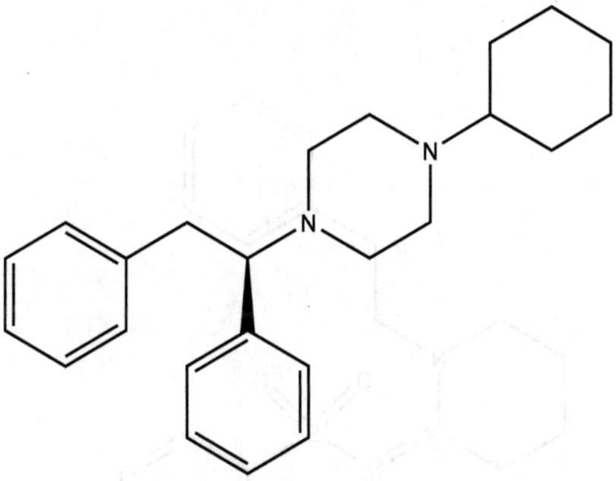

图20.8 (R)-(-)MT-45结构式

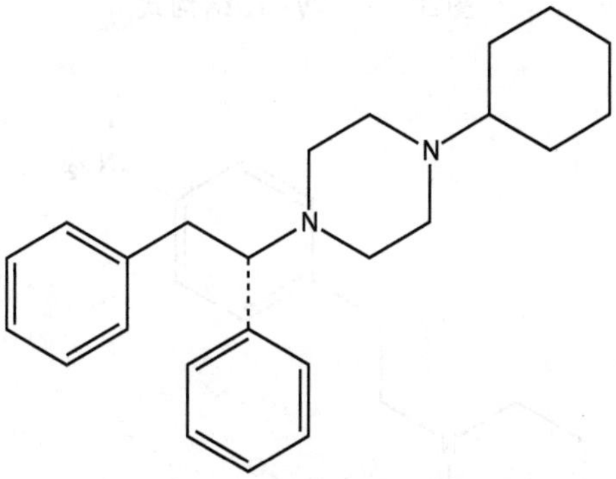

图20.9 (S)-(+)MT-45结构式

　　此外，使用者还面临混合中毒的风险，不仅包括合成类阿片化合物，还包括其与苯二氮䓬类、抗抑郁药和其他镇痛药的组合。使死亡风险更大的另一个因素可能是人们对阿片类药物的耐受性较低，特别是对以前滥用过或已经成瘾的人来说[20]。

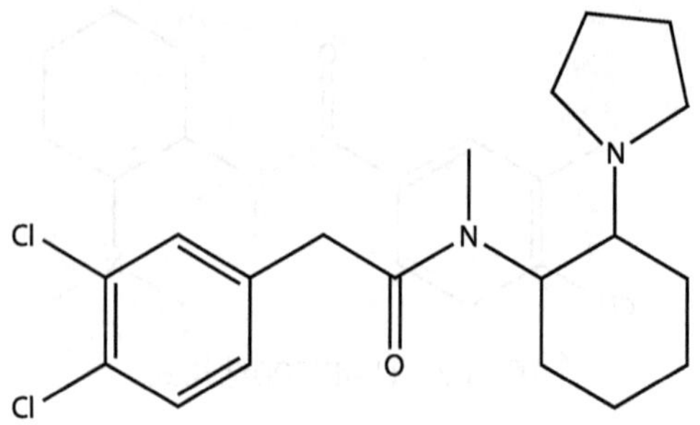

图20.10　U-50488结构式

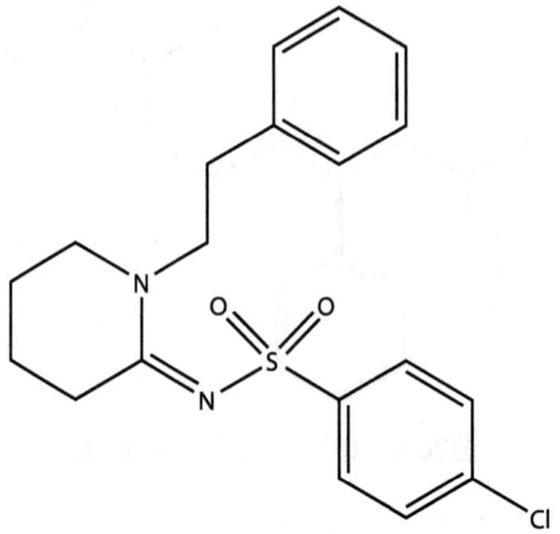

图20.11　W-15结构式

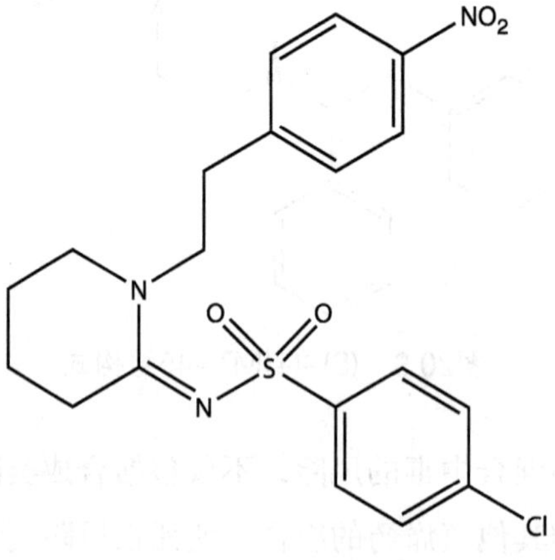

图 20.12　W-18结构式

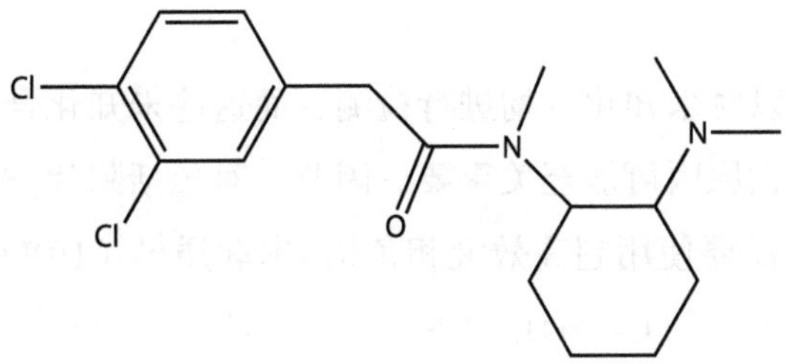

图20.13 U-51754结构式

上文讨论的所有关于阿片化合物的案例数据，没有对患者进行临床试验，只有部分来自动物试验或体外试验[21, 22]的信息可用，涉及预期的作用和可能的效应（如MT-45、W-15和W-18、U-50488和U-47700）。

20.3 阿片类策划药法庭毒物分析方法——阿片类药物检验方法初探

在用药过量致死的案件中，对所收集的检材（尸检后的样本，少数从住院期间的患者身上收集）进行初步筛查，主要包括酒精、苯二氮䓬类（或其他催眠药，即巴比妥类或Z类药物）、兴奋剂（苯丙胺及其衍生物）、鸦片和阿片类、四氢大麻酚（THC），或抗抑郁药、抗焦虑药或抗惊厥药。然而，尽管初步检查在法医毒理学中具有重要作用，但仍不足以确定新型阿片类药物。在常规使用的筛查方法中，如酶联免疫吸附试验（ELISA）、酶倍增免疫分析技术（EMIT）或用于滥用药物、吗啡及其代谢产物和其他阿片类药物的免疫层析法，没有任何对新型阿片类物质交叉反应的报告。只有施奈尔（Schneir）等人针对苯二氮䓬类药物的存在（检出限达到100 ng/mL）提出了尿样假阳性的假设（Roche ONLINE DAT plus performed on a Cobas 6000 analyzer，Roche Diagnostics International），阐明了U-47700的交叉反应[23]。同时，实验人员使用液相色谱-串联质谱（LC-MS/MS），检测定量限可达20 ng/mL，以及金达卡（Chindarkar）等人建立液相色谱飞行时间（LC-TOF）高分辨质谱（HR-MS）方法，排除了最常见的苯二氮䓬类及其代谢产物（即阿普唑仑、氯硝西泮、地西泮）以及其他阿片类药物（即芬太尼、曲马多、氢吗啡酮）的存在[23]。

在传统色谱方法中，定性分析可采用薄层色谱（TLC）等技术。内山（Uchiyama）等人利用该方法对含有新型合成大麻素的植物检材进行了分析，发现了以前未见的阿片类药物AH-7921[12]。

因为联用方法可以对未知化合物进行检测，而这些未知化合物对于判定导致急性呼吸衰竭等症状的死亡原因可能至关重要。因此，对包括阿片类药物在内的新型物质进行扩展筛选分析，需要使用超高效液相色谱-串联质谱（UPLC-MS/MS）和液相色谱-四极杆飞行时间质谱（LC-QTOF-MS）方法。此外，大量数据（质谱库）可能不足以（缺乏新物质）确定分析样本的确切组成。在这些情况下，几个因素就变得很重要，例如分子量数据、可靠的病史、现场的信息和收集的证据，因为所有这些因素都有助于验证和鉴定新的阿片类物质。

20.4 生物样品中阿片类物质的分离和分析方法

在报告的新型阿片类药物中毒案例中，血液（偶尔还有尿液）是最常分析的生物检材。其他检材（即毛发、唾液或其他组织）分析的报告很少出现。目前仅有一份案例报告是对肝脏、肾脏、洗胃液、肺和脑等检材的分析[15]。

新型阿片类药物（AH-7921）的第一份检测报告中，实验人员介绍了生物检材的现有和常用检测方法。鉴于化合物相对简单的化学结构，沃斯（Vorce）等人首次通过气相色谱质谱（GC-MS）的电子电离（EI）选择离子监测（SIM）模式，使用1-氯丁烷进行碱性液-液提取，对AH-7921进行定量分析[15]，该报告还对尿液样品进行定量分析，使用固相萃取柱进行提取，并进行全扫描EI质谱检测。沃斯（Vorce）等人获得的结果显示外周血和心血的AH-7921最终浓度存在相当大的差异（分别为9.1 mg/L和3.9 mg/L）。外周血中的药物浓度高于心脏中的浓度，是一种非常罕见的现象（最可能的原因是心血的稀释）。

为了检测新精神活性物质NPSs（其中包括AH-7921）的稳定性，素（Soh）等人采用了二极管阵列检测高效液相色谱法（HPLC-DAD）[25]。接下来，他们采用了液相色谱-串联质谱测定法和超高效液相色谱和高质量精度四极杆飞行时间质谱（UHPLC-QTOF-MS）。科学家们在碱性介质中用1-氯丁烷进行了双液-液萃取，然后用硫酸进行了反萃取。正如预期，除了确认AH-7921的存在外，他们还在尸检后采集的血液和尿液中检测到两种代谢产物：N-脱甲基和N,N-二去甲基-AH-7921[25]。血液及其他样本中AH-7921的分析方法见表20.3。

表20.3 血液和其他样本中AH-7921的鉴别、仪器、样本制备、方法验证和结果

化合物	基质	样品制备	色谱柱和流动相	方法	方法鉴证	方法应用	浓度/mg·L⁻¹ 或mg·kg⁻¹	共存药物	参考文献
AH-7921	心血	碱性液液萃取	J&W DB-5MS（20 m × 0.18 mm, 0.18 μm），其中氢气作为载气	气相色谱–质谱 EI SIM 模式	线性范围 0.05~2.0 mg/L	AH-7921中毒致死的案件检材	3.9	右美沙芬（仅心血）	[15]
	外周血						9.1		
	尿						6.0	4'-甲基-α-吡咯里诺二苯甲酮（仅尿液）	
	肝脏						26		
	肾脏						7.2		
	脾脏						8.0		
	心						5.1		
	肺						21		
	脑						7.7		
	胆汁						17		
	胃内容物						120 mg（125 mL）		
	草药	超声，甲醇提取	Acquity UPLC HSS C18（150 mm × 2.1 mm, 1.8 μm）A—10 mM甲酸铵水溶液 pH 3.0; B—含0.1%甲酸的乙腈	GC-MS ESI⁺		本研究是首例报告的AH-7921是在非法产品中检测			[12]

化合物	基质	样品制备	色谱柱和流动相	方法	方法验证	方法应用	浓度/mg·L⁻¹ 或mg·kg⁻¹	共存药物	参考文献
	全血和血浆	碱性液液萃取	Phenomenex Synergi FUSION（150 mm × 2 mm，4 μm）梯度洗脱 A—70%ACN，含三乙基碳酸氢铵（TEAP）缓冲液 B—TEAP缓冲液	HPLC–DAD		本研究首次对生物样品中AH-7921的稳定性进行了考察			[25]
			Phenomene x Gemini（150 mm × 2 mm，5 μm） A—70% ACN，含1%甲酸 B—1 mM甲酸铵（含1%甲酸）	LC–MS/MS					

此外，检验人员用多种提取方法鉴定U-47700和U-50488。最新的报道是2016年默尔（Mohr）等人描述的使用LC-MS/MS（正离子电喷雾，多反应监测模式）的方法。该方法成功应用于11起中毒致死案件的检验，可检测到血液中0.5 ng/mL的U-47700[26]。血液样品经过固相萃取（130 mg Cleen Screen DAU萃取柱UCT）处理。血液中U-47700的平均浓度达到253 ng/mL（范围为17～490 ng/mL），鉴定时，常伴有呋喃芬太尼的检出[26]。表20.4显示了血液中U-47700和U-50488的分析方法。此外，也有关于尿液中U-47700及其代谢产物的检验报告。弗莱明（Fleming）等人利用LC串联质谱仪进行定量分析（正离子电喷雾和多反应监测模式）[27]，并使用LC-QTOF对尿液中U-47700进行定性，实验仅进行了稀释，未进行水解，可检测Ⅱ相代谢产物（无U-47700参考标准品）。使用LC-MS/MS进行定量分析，使用β-葡萄糖醛酸酶和乙酸钠缓冲液对尿液样本进行固相萃取，然后使用PSCX试剂盒进行分离。弗莱明的论文证实了尿液中存在N-去甲基化和N,N-二去甲基化代谢产物[27]。表20.5列出了尿液中U-47700的分析方法。

阿尔梅尼亚恩（Armenian）等人在论文中，描述了一起由芬太尼和U-47700引起的意外中毒案例，该药物包含在名为Norco的伪造制剂中（据推测，该制剂应包含芬太尼、对乙酰氨基酚和氢可酮）[28]。U-47700的血液浓度达到7.6 ng/mL[28]。

麦金太尔（McIntyre）指出，针对生物检材（血液、肝脏、玻璃体液、尿液和胃内容物）中的U-47700分析，方法是在原方案的液-液萃取（用1-氯丁烷碱化）后，采用改良的方法测定芬太尼，即GC-MS（SIM模式）[29]。此外，该论文进行了关于U-47700在体内分布的研究，确定中枢血液/外周血液比率为1.8，肝脏/外周血液比率为8.9，这证实了U-47700在死后再分布的潜在可能性[29]。表20.6显示了生物检材中U-47700的分析方法。

在确认存在AH-7921的中毒致死病例（瑞典报告9例）的论文中，克龙斯特兰德（Kronstrand）采用了在含0.075%甲酸的乙腈和乙醇（90∶10）的混合溶液中沉淀分离血液的方法[13]，与素（Soh）等人获得的结果相似，在该研究中，有数例检测到含有另外4种羟基衍生物的AH-7921代谢产物（峰强度较低，不高于基质峰1%，无法获得谱图[13, 25]。检验人员还在碱性条件下（硼酸盐缓冲溶液，pH=11）使用乙酸乙酯和庚烷进行液-液萃取，以确定AH-7921与其他物质［4-氟甲基苯甲酰胺、3-甲基甲卡西酮和2-(3-甲氧基苯基)-2-(乙基氨基)环己酮］导致中毒死亡的原因[14]。表20.7列出了血液中AH-7921的分析方法。

表20.4 血液中U-47700和U-50488的鉴别、仪器、样本制备、方法验证和结果

化合物	基质	样品制备	色谱柱和流动相	方法	方法验证	应用	U-47700 浓度[ng/mL]	共存药物	参考文献
U-47700 U-50488	股动脉血, 外周血和主动脉血	SPE (130 mg Clean Screen DAU extraction column)	Agilent Zorbax Eclipse Plus C18 (4.6 × 100mm, 3.5 μm) 梯度洗脱 A—0.1%甲酸水溶液 B—0.1%甲酸甲醇溶液	LC-MS/MS ESI$^+$ MRM	检测限: 0.5 ng/mL	因U-47700导致的11起致死案件，U-50488未检出	382	兴奋剂	[26]
							17	酒精、芬太尼衍生物	
							217	兴奋剂、苯二氮䓬类	
							334	—	
							252	抗抑郁药	
							453	兴奋剂、抗惊厥药	
							242	兴奋剂	
							103	抗组胺药	
							299	其他阿片类药物，苯二氮䓬类药物	
							311	其他阿片片类抗抑郁药	
							487	抗组胺药苯二氮䓬类	

续表

化合物	基质	样品制备	方法	方法验证	应用	U-47700 浓度 [ng/mL]	共存药物	参考文献
						59	N-苯乙基-4-哌啶酮（ANPP），奎宁	
						135	乙醇，N-苯乙基-4-哌啶酮（ANPP），奎宁	
						167	其他阿片类药物，N-苯乙基-4-哌啶酮（ANPP），奎宁	
						490	N-苯乙基-4-哌啶酮（ANPP），奎宁	
						105	N-苯乙基-4-哌啶酮（ANPP），奎宁	

表20.5 尿液中U—47700的鉴别、仪器、样本制备、方法验证和结果

化合物	基质	样品制备	色谱柱和流动相	方法	方法验证	应用	U-47700浓度 [ng/mL]	参考文献
U-47700	β-葡萄糖苷酸酶水解后的尿液	SPE（cartridges PSCX）	Agilent Poroshell 120 EC-C18（2.1 mm × 100 mm，2.7 μm）梯度洗脱 A—0.01%甲酸水溶液，5 mM乙酸铵 B—0.01%甲酸甲醇溶液	LC—MS/MS，ESI⁺，MRM	线性范围 1～2500 ng/mL R^2等于或大于0.985的线性响应	2起案件在尿液中检出U-47700	140 224	[27]

表20.6　尿液和其他样本中U–47700的鉴别、仪器、样本制备、方法验证和结果

化合物	基质	样品制备	色谱柱和流动相	方法	方法验证	应用	U–47700浓度 [ng/mL]	血液中其他药物	参考文献
U–47700	外周血	碱性LLE	Zebron ZB–5MS 15 m x 0.25 mm (15 m × 0.25 mm, 0.25 μm)	GC–MS SIM	检测范围: 20~500 ng/ mL	1起阿普 唑仑滥用案 件中检出 U–47700	190	苯二氮䓬 类, 其他阿 片类药物, 精神兴奋剂	[29]
	心血				检测限: 5 ng/mL		340		
	肝脏				定量限: 20 ng/mL		1700		
	玻璃体液						170		
	尿						360		
	胃内容物						<1 mg		

表20.7 血液中AH-7921鉴别所需的仪器、样本制备、方法验证和结果

化合物	基质	样品制备	色谱柱和流动相	方法	方法验证	应用	浓度[μg/g]	血液中其他药物	参考文献
AH-7921	股静脉血	碱性LLE	Acquity UPLC, HSS T3, (2.1 x 100, 1.8μm) 梯度洗脱 A—10 mM甲酸铵缓冲液, pH 3.1 B—甲醇	UPLC-MS/MS ESI⁺ MRM模式	检测范围: 0.033~0.66 ng/mL, $R^2>0.997$; QC样品与标示值的偏差小于14%	2起中毒致死案件中检出AH-7921	0.43; 0.33	其他阿片类药物、镇痛药和兴奋剂; 分解的药物和苯二氮草类药物	[14]
AH-7921	股静脉血	甲酸乙腈溶液:乙醇沉淀蛋白	Agilent Zorbax Eclipse Plus, C18(2.1 × 50 mm, 1.8 μm) 梯度洗脱A—0.05%甲酸, 10 mM甲酸铵盐 B—含0.05%甲酸的甲醇溶液	液相色谱-串联质谱法ESI+ MRM模式	校准范围0.01~1.0μg/g 基质效应研究, 平均在目标值的10%误差范围内, 重复性和准确度分别为1%~5%和94%~115%	9起中毒致死的案件中检出AH-7921	0.81; 0.99; 0.03	抗惊厥药; 兴奋剂; 地西泮; 酒精、抗抑郁剂	[13]

续表

化合物	基质	样品制备	色谱柱和流动相	方法	方法验证	应用	浓度[µg/g]	血液中其他药物	参考文献
							0.20	抗组胺药，其他阿片类药物和镇痛药，苯二氮䓬类	
							0.30	镇静的抗组胺药，苯二氮䓬类，地西泮，镇痛药，乙二药物	
							0.08	酒精	
							0.16	解离药物	
							0.35	兴奋剂	
							0.43	兴奋剂	
								其他阿片类药物和止痛药，苯二氮䓬类，抗癫痫药，抗抑郁药	

在首例报告的U-47700中毒致死案例中，埃利奥特（Elliott）使用1-氯丁烷碱性反萃取法分离血液和尿液[17]。最初，采用的HPLC-MS（用于鉴定NPS的方法）和UHPLC-QTOF-MS（非特异性方法）方法提示存在AH-7921。因为后者是前者的异构体（分子质量没有差异），因此区分AH-7921和U-47700成为一个挑战。在实验中发现二者的保留时间和UV光谱有显著的差异，因此使用HPLC-DAD（U-47700在7.85 min出峰，最大峰值在201.7 nm，AH-7921在8.26 min出峰，两个最大峰值在205.4 nm和241.3 nm）。检验人员使用三重四极杆/线性离子阱LC-MS进行了分析验证，两种化合物具有共同的碎片离子（m/z 145、173、284）；然而，对于U-47700，特征碎片离子分别是m/z 204和81时，对于AH-7921则是190和95[17]。

图20.1显示了U-47700和AH-7921的HPLC-DAD数据。图20.2显示了U-47700和AH-7921的增强产物离子扫描图。据埃利奥特描述，死者血液中U-47700的报告浓度远高于迄今为止公布的使用吗啡或AH-7921等致命性中毒病例的浓度（1.46 mg/L）[17]。表20.8显示了血液和尿液中所含U-47700的分析方法。

埃利奥特使用QTOF-MS证实了代谢产物N-去甲基-U-47700和N,N-二乙基-U-47700（信号强度不足）的存在，但需要强调的是，如果没有高精度的MS/MS系统，代谢鉴定只是一种推测[17]。

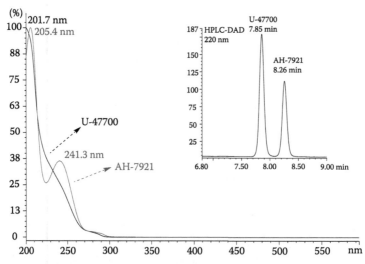

图20.1　U-47700和AH-7921标准品的HPLC-DAD色谱图和UV光谱（摘自Elliott，S.P.等人，2016年 *Drug Test Anal.* 8：875—9. 经允许。）

帕普森（Papsun）等人采用了在碱性介质中用氯代正丁烷/乙腈（4：1）混合液液

萃取的方法从血液中分离出MT-45[30]。在一名妇女的血液中检测出MT-45（浓度为520 ng/mL），该妇女死于服用上述阿片类药物以及苯二氮䓬类药物艾司唑仑。此外，帕普森等人采用正离子电喷雾和MRM模式的定向LC-MS/MS，尝试分析死亡一年后的生物检材（如尿液、玻璃体液和胆汁）中的MT-45，以评估该物质的稳定性，然而，其血液浓度比第一次测量低50%[30]。表20.9所示为血液中所含MT-45的分析方法。

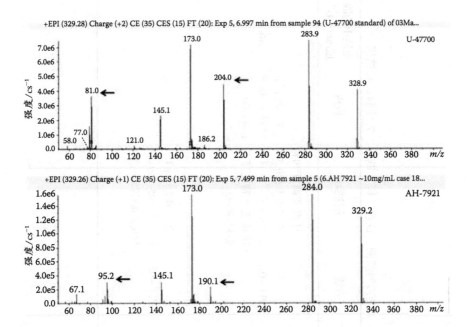

图20.2　U-47700和AH-7921的EPI扫描。如箭头所示，两种结构异构体的区分基于不同的产物离子（摘自Elliott，S.P.等人，2016年 *Drug Test Anal.* 8：875—9.经允许。）

EMCDDA在2014年编写的一份报告中包含了关于MT-45的重要信息，该报告不仅讨论了检测问题，还讨论了化合物的化学和药理特性、立法方面的问题以及对潜在使用者健康和生命的影响。该报告介绍了能够检测MT-45的方法，即GC或LC与光谱法联用。EMCDDA报告还描述了使用傅里叶变换或核磁共振（NMR）来分析化合物。市场上MT-45的持续存在促使MT-45的外消旋混合物和对映异构体都有经过认证的参考标准。该报告讨论了20多例MT-45中毒病例，其中数量最多的是赫兰德（Helander）等人的论文[31—33]。内山等人还报道了HPLC-DAD方法，展示了MT-45的紫外和可见光谱[31]。

表20.8 血液和尿液中U–47700的鉴别、仪器、样本制备、方法验证和结果

化合物	基质	样品制备	色谱柱和流动相	方法	方法验证	应用	血液中的浓度/mg·L⁻¹	共存药物	参考文献
U–47700	血液和尿液	碱性LLE	Phenomenex Synergi FUSION（150 mm × 2 mm, 4 μm）30% ACN, 25 mM TEAP缓冲液等度洗脱	HPLC–DAD	日内准确度和精密度<2%（在0.5和2.3 mg/L），日间准确度和精密度值<18%和<6%	在1起死亡案件中检出U–47700	1.46	尿液中检出喹硫平、安非他明、阿米替林、美沙酮、氯胺酮	[17]
			Phenomenex Gemini（150 mm x 2 mm, 5 μm）梯度洗脱：A—70% ACN, 1%甲酸 B—1 mM甲酸铵（含1%甲酸）	HPLC–MS	在0.5和2.5 mg/L, LOD为0.05 mg/L, LOQ为0.3125 mg/L			血液中检出安非他明和萘普生	

表20.9 血液中MT-45的鉴定、仪器、样本制备、方法验证和结果

化合物	基质	样品制备	色谱柱和流动相	方法	方法验证	应用	血液中的浓度/ng·mL⁻¹	参考文献
MT-45	全血	碱性LLE	Acquity UPLC BEH C18（2.1 mm × 50 mm, 1.7 μm）梯度洗脱 A—0.1%甲酸溶于水 B—0.1%甲酸溶于甲醇	HPLC-MS ESI MRM模式	线性范围：1～100 ng/mL，线性响应，R^2为0.999	依替唑仑摄入后死者血液中MT-45的定性与定量	520	[30]

20.5 阿片类药物代谢物的分析方法

目前，对AH-7921和U-47700两种物质的代谢及其代谢产物研究较多。沃尔法思（Wohlfarth）等人报道了AH-7921在肝细胞（人肝微粒体，HLM）的体外、体内和计算机试验过程中的代谢[34]。HLM的体外试验提供了宝贵的信息，表明AH-7921是一种容易在肝脏排出和代谢的物质（AH-7921被列为高清除率和提取的药物）。根据前述素（Soh）、沃斯和克龙斯特兰德等人的论文结果，在人肝细胞中培养受试化合物证明了去甲基化（主要产物）和二去甲基代谢产物的存在[13, 15, 25, 34]。除上述代谢产物外，计算机模拟显示可能存在羟基衍生物，这部分证实了克龙斯特兰德等人获得的结果[13]。此外，克龙斯特兰德的研究结果未能确认在样本中是否有葡萄糖醛酸代谢物，也无法确定其结构。检验人员尝试对有或无水解的尿样进行研究，证实在尿液中存在大多数预期代谢产物（甚至是AH-7921之后洗脱的葡糖苷酸化代谢产物），然而并未研究其强度、多种电离类型以及基质效应影响等问题。表20.10列出了在体外、体内和计算机试验中AH-7921代谢产物的分析方法。

素、埃利奥特和弗莱明等人获得的结果最近得到了琼斯（Jones）等人的证实，他们测定了血清和尿液中的两种U-47700代谢产物（主要成分为二甲基衍生物）以及其他一些物质：脱甲基、N,N-双脱甲基、脱甲基羟基和N,N-双脱甲基羟基——总共四种异构体[17, 25, 27, 35]。然而，关于Ⅱ相代谢产物——葡萄糖醛酸衍生物的存在缺乏确凿证据[35]。表20.11显示了血液和尿液中U-47700代谢产物的分析方法。

与MT-45生物转化相关的代谢数据可能来自对结构相似的化合物（源自1,2-脱戊烯胺的MT-45，将MT-45与来氟他胺的简单结构进行比较）进行的测试[32]。然而，到目前为止，学界还未对此问题进行深入研究。

表20.10　AH-7921代谢产物的分析

化合物	检材	色谱柱和流动相	方法	参考文献
体外鉴定AH-7921的12种代谢产物（11种N-去甲基化、羟基化、或组合产生的Ⅰ相代谢产物）和1种Ⅱ相代谢产物——葡糖苷酸缀合物	人肝细胞	Kinetex C18（100 mm × 2.1 mm, 2.6 μm）梯度洗脱 A—0.1%甲酸水溶液 B—ACN	高效液相色谱-三重四极杆飞行时间质谱 ESI+ IDA模式	[34]
在体内鉴定AH-7921的12种代谢产物中的11种（N-去甲基化、羟基化、或组合产生的工相代谢产物）而没有葡糖苷葡糖缀合物	尿液			

注意：MetaSite软件（电子版）预测了17种由N-去甲基化、脂肪族或芳香族羟基化、N-氧化、羧基化、N-脱酰基化、氧化或原还原脱氯生成的代谢产物。

表20.11　U-47700代谢产物的分析

化合物	基质	色谱柱和流动相	方法	参考文献
U-47700代谢物的体内鉴定（通过N-去甲基化生成的Ⅰ相代谢产物）	血液和尿液	Agilent Zorbax Eclipse Plus C18（100 mm × 2.1 mm, 1.8 μm）梯度洗脱 A—1%甲酸的ACN溶液, B—1%甲酸的水溶液	UHPLC-HR-QTOF-MS 正离子模式，无自动MS/MS碎裂 ESI	[17]

20.6　结论

1. 新型阿片类药物的共同特征：一是对阿片受体的作用相似；二是现阶段缺乏有效的药代动力学和药效学数据，对人体系统的作用尚不完全明确，以及缺乏确定的毒性范围和致死浓度。

2. 新型阿片类药物的检测关键是正确选择分离方法（最常用的提取方法是碱性介质中的液–液萃取），以及结合多种分析技术（液相色谱–串联质谱测定法和液相色谱–飞行时间高分辨率质谱测定法）进行检测。

3. 法医目前面临的问题是不完整的数据库（质谱谱库）、确证用的标准物质和参考标准。当缺少参考标准时，可用核磁共振方法，该方法可明确识别案件中的未知物质。

4. 新型阿片类药物的代谢缺乏研究，使得不能将已经鉴定出的代谢产物（如AH–7921和U–47700）作为阳性标记物或曾经使用的充分证据。

5. 因此，建议继续开发分析方法（包括对生物检材的处理提取方法），加强体外和体内毒性评估试验，进行计算机模拟预测等。最后，积极报告尽可能多的相关急性中毒和致死事件。

参考文献

1. Karch, S.B. 2007. *Drug Abuse Handbook*. Boca Raton: CRC Press.
2. Trescot, A.M., Datta, S., Lee, M. et al. 2008. Opioid pharmacology. *Pain Physician*, Opioid Special Issue 11: 133–53.
3. World Health Organization. 1996. *Cancer Pain Relief*. (2nd ed.). Geneva, Switzerland. http://apps.who.int/iris/bitstream/10665/37896/1/9241544821.pdf (accessed 12 February 2017).
4. National All Schedules Prescription Electronic Reporting Act of 2005. A review of implementation of existing state controlled substance monitoring programs. 2007. Center for Substance Abuse Treatment. https://congress.gov/congressional-report/109th-congress/senate-report/117/1 (accessed 12 February 2017).
5. European Monitoring Centre for Drugs and Drug Addiction. 2013. EMCDDA. *Trends and Developments*. http://www.emcdda.europa.eu/system/files/publications/964/TDAT13001PLN2_rev.pdf (accessed 2 February 2017).
6. European Monitoring Centre for Drugs and Drug Addiction. 2015. EMCDDA. New psychoactive substances in Europe: An update from the EU Early Warning System. http://www.emcdda.europa.eu/system/files/publications/65/TD0415135ENN.pdf (accessed 2 February 2017).

7. Hoffman, R.S., Howland, M.A., Lewin, N.A. et al. 2016. *Goldfrank's Toxicologic Emergencies*, eds. Nelson, L.S. and Olsen, D. McGraw-Hill Companies, 10th Edition, chapter 38.

8. Bogusz, M.J. 2008. *Forensic Science Handbook of Analytical Separations.* Copyright© 2017 Elsevier B.V. New York. Chapter 1: 1–77.

9. European Monitoring Centre for Drugs and Drug Addiction. 2015. European Drug Report Trends and Developments. http://www.emcdda.europa.eu/attachements.cfm /att_239505_PL_TDAT15001PLN.pdf (accessed 2 February 2017).

10. Philipp, A.A., Meyer, M.R., Wissenbach, D.K. et al. 2011. Monitoring of kratom of Krypton intake in urine using GC-MS in clinical and forensic toxicology. *Anal. Bioanal. Chem.* 400: 127–35.

11. European Monitoring Centre for Drugs and Drug Addiction. 2014. EMCDDA-Europol Joint Risk Assessment Report of a new psychoactive substances: 3,4-dichloro-N-[1-(dimetylamino)cyclohexyl]methyl)benzamide (AH-7921). http://www.emcdda.europa .eu/system/files/publications/774/TDAK14002ENN_480892.pdf (accessed 4 February 2017).

12. Uchiyama, N., Matsuda, S., Kawamura, M. et al. 2013. Two new-type cannabimimetic quinolinyl carboxylates, QUPIC and QUCHIC, two new cannabimimetic carboxamide derivatives, ADB-FUBINACA and ADBICA, and five synthetic cannabinoids detected with a thiophene derivative α-PVT and an opioid receptor agonist AH-7921 identified in illegal products. *Forensic Toxicol.* 31: 223–40.

13. Kronstrand, R., Thelander, G., Lindstedt, D. et al. 2014. Fatal intoxications associated with the designer opioid AH-7921. *J Anal. Toxicol.* 38: 599–604.

14. Karinen, R., Tuv, S.S., Rogde, S. et al. 2014. Lethal poisonings with AH-7921 in combination with other substances. *Forensic Sci. Int.* 244: 21–4.

15. Vorce, S.P., Knittel, J.L., Holler, J.M. et al. 2014. A fatality involving AH-7921. *J. Anal. Toxicol.* 38: 226–30.

16. Brittain, R.T., Kellet, D.N., Neat, M.L. et al. 1973. Proceedings: Anti-nociceptive effects in N-substituted cyclohexylmethylbenzamides. *Br. J. Pharmacol.* 49: 158–9.

17. Elliott, S.P., Brandt, S.D., and Smith, C. 2016. The first reported fatality associated with the synthetic opioid 3,4-dichloro-*N*-[2-(dimethylamino)cyclohexyl]-*N*-methylbenzamide (U-47700) and implications for forensic analysis. *Drug Test Anal.* 8: 875–9.

18. Cheney, B.V., Szmuszkovicz, J. Lahti, R.A. et al. 1985. Factors affecting binding of trans-N-[2-methylamino)cyclohexyl]benzamides at the primary morphine receptor. *J. Med. Chem.* 28: 1853–64.

19. European Monitoring Centre for Drugs and Drug Addiction. EMCDDA EU Early Warning System Formal Information: 2-(3,4-dichlorophenyl)-*N*-[2-(dimethylamino) cyclohexyl]-*N*-methyl-acetamide (U-51,754), email notification: 20 January 2017.

20. Druit, H., Strandberg, J.J., Alkass, K. et al. 2007. Evaluation of the role of abstinence in heroin overdose deaths using segmental hair analysis. *Forensic Sci. Int.* 168: 223–6.

21. Harper, N.J., Veitch, G.B., and Winnerley, D.G. 1974. 1-(3,4-dichlorobenzamidomethyl) cyclohexyldimethylamine and related compounds as potential analgesics. *J. Med. Chem.* 17: 1188–93.

22. Tortella, F.C., Robles, L., and Holaday, J.W. 1993. U50,488 a highly selective kappa opioid: Anticonvulsant profile in rats. *J. Pharmacol. Exp. Ther.* 264: 631–7.

23. Schneir, A., Metushi, I.G., Sloane, C. et al. 2016. Near death from a novel synthetic

opioid labeled U-47700: Emergence of a new opioid class. *Clin. Toxicol.* 1–4. DOI: 10.1080/155563650.2016.1209764.

24. Chindarkar, N.S., Wakefield, M.R., Stone, J.A. et al. 2014. Liquid chromatography high resolution TOF analysis: Investigation of MSE for broad-spectrum drug screening. *Clin. Chem.* 60: 1115–25.

25. Soh, Y.N.A. and Elliott, S. 2014. An investigation of the stability of emerging new psychoactive substances. *Drug Test Anal.* 6: 696–704.

26. Mohr, A. Friscia, M., Papsun, D. et al. 2016. Analysis of novel synthetic opioids U-47700, U-50488 and furanyl fentanyl by LC-MS/MS in postmortem casework. *J. Anal. Toxicol.* 1–9. DOI: 10.1093/jat/bkw086.

27. Fleming, S.W., Cooley, J.C., Johnson, L. et al. 2016. Analysis of U-47700, a novel synthetic opioid, in human urine by LC-MS-MS and LC-QToF. *J. Anal. Toxicol.* 1–8. DOI: 10.1093/jat/bkw131.

28. Armenian, P. Olson, A., Anaya, A. et al. 2017. Fentanyl and a novel synthetic opioid U-47700 masquerading as street "Norco" in central California: A case report. *Ann. Emerg. Med.* 2017 Jan, 69(1):87–90. DOI: 10.1016/j.annemergmed.201.06.014.

29. McIntyre, I.M., Gary, R.D., Joseph, S. et al. 2017. A fatality related to the synthetic opioid U-47700: Postmortem concentration distribution. *J. Anal. Toxicol.* 41(2): 158–60.

30. Papsun, D., Krywanczyk, A., Vose, J.C. et al. 2016. Analysis of MT-45, a novel synthetic opioid, in human whole blood by LC-MS-MS and its identification in a drug-related death. *J. Anal. Toxicol.* 40: 313–17.

31. Uchiyama, N., Matsuda, S., Kawamura, M. et al. 2014. Identification of two new-type designer drugs, piperazine derivative MT-45 (I-C6) and synthetic peptide Noopept (GVS-111) with synthetic cannabinoid A-834735, cathinone derivative 4-methoxy-alpha-PVP and phenethylamine derivative 4-methylbuphedrine from illegal products. *Forensic Toxicol.* 32: 9–18.

32. European Monitoring Centre for Drugs and Drug Addiction. 2014. EMCDDA Risk Assessment Report of a new psychoactive substance: 1-cyclohexyl-4-(1,2-diphenylethyl) piperazine (MT-45). http://www.emcdda.europa.eu/system/files/publications/70/MT-45 _Risk_Assessment_Report_485096.pdf (accessed 4 February 2017).

33. Helander, A., Backberg, M., and Beck, O. 2014. MT-45, a new psychoactive substance associated with hearing loss and unconsciousness. *Clin. Toxicol.* 52: 901–4.

34. Wohlfarth, A., Scheidweiler, K.B., Pang, S. et al. 2015. Metabolic characterization of AH-7921, a synthetic opioid designer drug: *In vitro* metabolic stability assessment and metabolite identification, evaluation of *in silico* prediction, and *in vivo* confirmation. *Drug Test Anal.* DOI: 10.1002/dta.1856.

35. World Health Organization, U-47700 Critical Review Report Agenda Item 4.1 Expert Committee on Drug Dependence, 38th Meeting Geneva, 2016. http://www.who .int/medicines/access/controlled-substances/4.1_U-47700_CritReview.pdf?ua=1 (accessed 2 February 2017).

21 苯二氮䓬类策划药毒理学分析

阿图尔·泰兹伊克（Artur Teżyk）、卡琳娜·佐默费尔德-克拉塔（Karina Sommerfeld-Klatta）和博尼亚·格佩特（Bogna Geppert）

21.1 引言

苯二氮䓬类是一类具有抗焦虑、肌肉松弛、催眠、抗惊厥和镇静作用的化合物。大量的衍生物和多重药理作用使其成为发达国家最常用的处方药之一。据估计，西方国家约有10%～20%的成人或多或少接触过苯二氮䓬类药物[1]。根据国际麻醉品管制局（the International Narcotic Board）提供的数据，全世界抗焦虑苯二氮䓬类衍生物的消费量达到198亿S-DDD（为便于统计，用S-DDD表示限定日剂量），而镇静和催眠苯二氮䓬类的消费量均为77亿S-DDD[2]。根据《精神药物公约》，药用的苯二氮䓬类药物受国际法律管制。一些衍生物仅在几个国家用于治疗而不受国际法律管制，即芬纳西泮、氟他唑仑和依替唑仑。医疗中引入的第一种苯二氮䓬衍生物是氯代二氮卓氧化物，被命名为利眠宁投放市场。按时间顺序，下一种苯二氮䓬衍生物是地西泮（安定）及其活性代谢产物奥沙西泮。从此，这类药物发展迅速。迄今为止，已有约3 000种苯二氮䓬衍生物被合成并进行了药理学试验。苯二氮䓬类药物中含量最多的是1,4-苯二氮䓬类药物的衍生物，即5-苯基-1H-苯并[e][1,4]二氮䓬-2(3H)-酮，如图22.1所示。R_1、R_3、R_7和$R_{2'}$位置的取代基决定了苯二氮䓬类药物的各种药效学和药物动力学性质[3]。

1,4-苯二氮䓬类的衍生物可分为几个基本组，包括2-酮衍生物（例如地西泮、利眠宁和普拉西泮）、3-羟基衍生物（例如劳拉西泮、氯甲西泮和奥沙西泮）和7-硝基衍生物（氯硝西泮、氟硝西泮和硝西泮）。此外，还有三唑并苯二氮䓬类药物（阿普唑仑、艾司唑仑和三唑仑）和咪唑并苯二氮䓬类药物（咪达唑仑和氯普唑仑）。还存在一些不包括在上述组中的化合物，例如1,5-苯二氮䓬衍生物（氯巴占）或噻吩并二氮䓬衍生物（溴替唑仑）[4]。

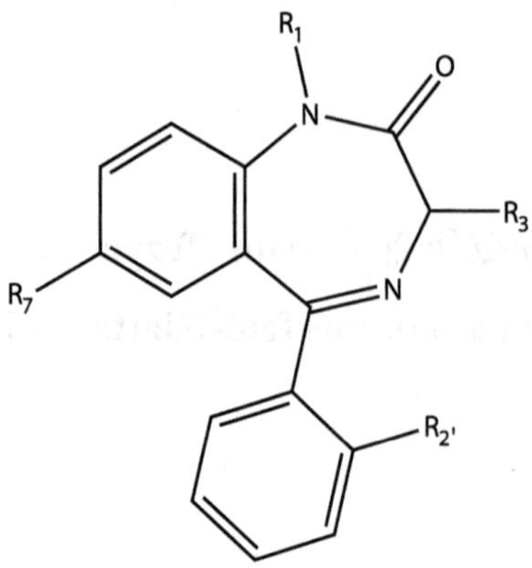

图21.1　1,4-苯二氮䓬类药物的基本结构

这类药物的广泛医疗用途及特性是这些药物经常被滥用的原因。苯二氮䓬类药物的非医疗用途包括长期自我药物治疗以及诱导中毒、缓解其他物质影响。苯二氮䓬类药物很少作为单一物质被滥用，它们大多时候与阿片类药物等化合物结合使用。作为广泛用于医疗的药物，苯二氮䓬类药物相对安全，中毒致死的情况很少见。与酒精或其他中枢神经系统抑制剂结合使用，具有协同作用，因此是中毒的常见原因。摄入的苯二氮䓬类药物会发生强烈的代谢反应，主要是羟基化、去甲基化和与葡萄糖醛酸结合。许多代谢产物具有较高的药理活性，通常与母体化合物相当。半衰期较长的活性代谢产物和母体化合物可能会在身体中累积，重复用药可能会引起中毒反应。滥用苯二氮䓬类药物除了危及健康和生命之外，还有一个严重问题是驾驶能力受损，这可能增加发生事故的风险（在药物影响下驾驶，DUID）。此外，这一类药物经常在毒品促成的犯罪（如性侵犯）中被检出[5]。

因此，对临床和法医毒理学家而言，对这类药物及其在各种生物检材（血液、尿液、组织和毛发、汗液及唾液等替代检材）中的代谢产物进行分析尤为迫切。多年来，已经开发了许多分析这些化合物的方法，而色谱方法似乎在其中占主导地位。

薄层色谱法（TLC）是一种快速、经济、有效的筛查方法[6]。这种简单方法的扩展是超薄层色谱（UTLC）和大气压基质辅助激光解吸-电离质谱（AP-MALDI-MS）[7]。

人们还建立了一系列可用于分析生物检材中苯二氮䓬类药物的分析方法，所使用的气相色谱配备不同类型的检测器如氮-磷检测器（NPD）、电子捕获检测器（ECD）、电子轰击电离（EI）或化学电离（CI）质谱检测器，这些检测技术都用于上述这一特定检测目的[8—11]。

由于苯二氮䓬类药物的极性多变且一般不易挥发，其分析主要基于液相色谱结合各种不同的检测技术。早期报道多采用紫外检测（UV）或二极管阵列检测（DAD）[12—15]。目前，这方面的标准技术是液相色谱结合各种类型的质谱，如单四极杆或三重四极杆质谱（MS/MS）、飞行时间质谱（TOF-MS）或高分辨质谱（HRMS）[16—19]。

21.2　苯二氮䓬类新精神活性物质（NPSs）

近年来，新精神活性物质以前所未有的规模出现在全球麻醉药品市场上。根据欧洲毒品与毒瘾监测中心（EMCDDA）提供的数据，2014年有101种新物质，而2015年有98种[20]。尽管事实上它们的药效类似于受管制的药品或物质，但它们仍未被管制并正通过各种分销渠道（例如互联网、传统商店等）销售。这些不断出现的新物质对临床医生、法医毒理学家和立法者提出了严峻挑战。除了许多合成大麻素和卡西酮，苯二氮䓬类衍生物也出现在市场上，使医疗药物滥用现象复杂化，其中许多药物从未获准用于医疗用途。

市场上首先出现的是在当地用于治疗的衍生物，因此未被纳入《精神药物公约》，2007年这一类药物包括芬纳西泮，然后是依替唑仑和氟他唑仑。接下来，按时间顺序，出现了从未用于医疗的吡唑仑、氟溴西泮、2-氯地西泮、甲氯西泮、去氯依替唑仑、氟溴唑仑、尼福西泮、氯硝唑仑、阿地唑仑、美替唑仑、硝唑仑、3-羟基芬纳西泮、氟西泮、4-氯地西泮、去氯乙唑和去甲氟西泮（结构见图21.2）。从那时起，这些药物发展迅速。2013年，欧洲毒品与毒瘾监测中心的报告将苯二氮䓬类作为单独的新精神活性物质类别[20—21]。到目前为止，已有20种新的苯二氮䓬类衍生物的出现得到了分析证实。然而，有一个不应忽视的事实是，在新精神活性物质市场上，已经出现了许多尚未通过分析得到确认的新化合物，如美沙唑仑、氟托西泮或氟硝唑仑。

21.3　已查获药物的分析

精准识别新精神活性物质对于与合法持有的附表所列化合物进行区分至关重要。

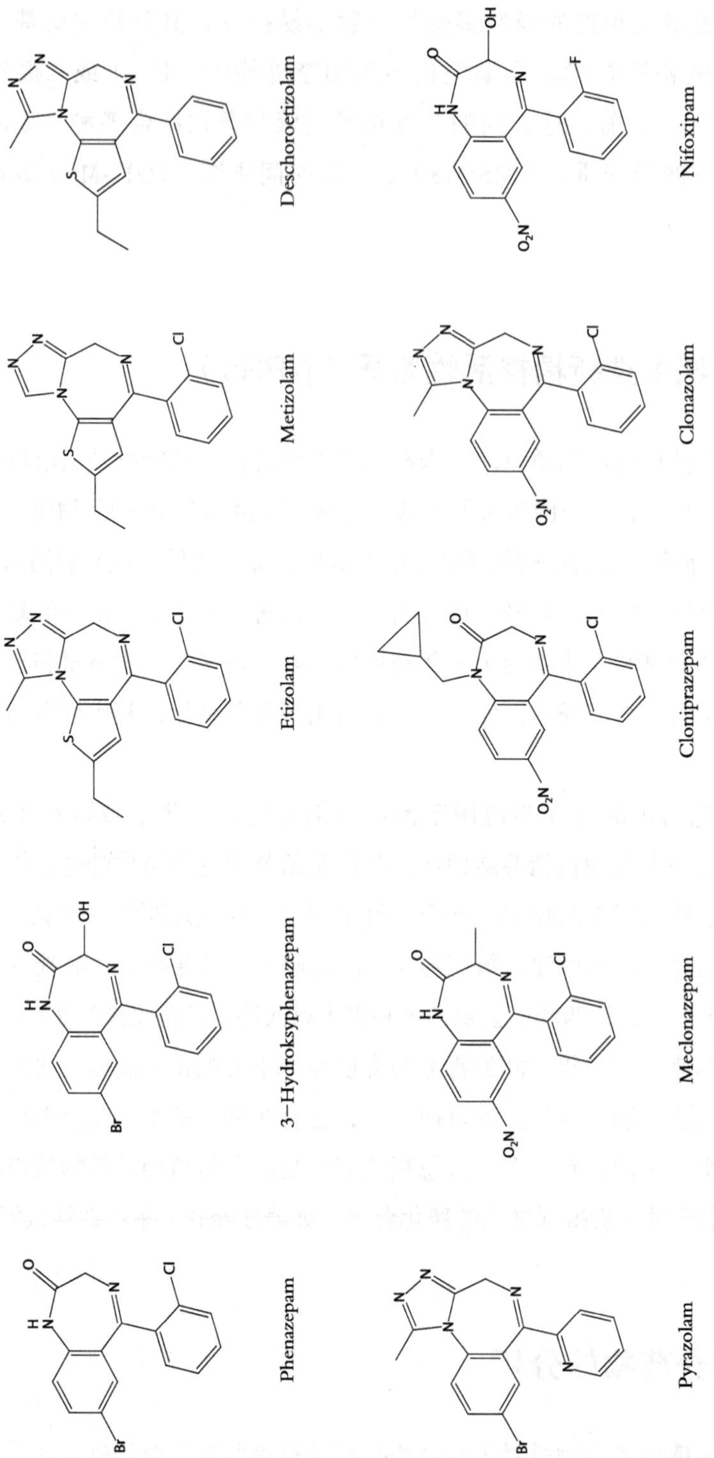

图21.2（1） 苯二氮䓬类策划药结构（DBZDs）

Deschoroetizolam

Metizolam

Etizolam

3-Hydroksyphenazepam

Phenazepam

Nifoxipam

Clonazolam

Cloniprazepam

Meclonazepam

Pyrazolam

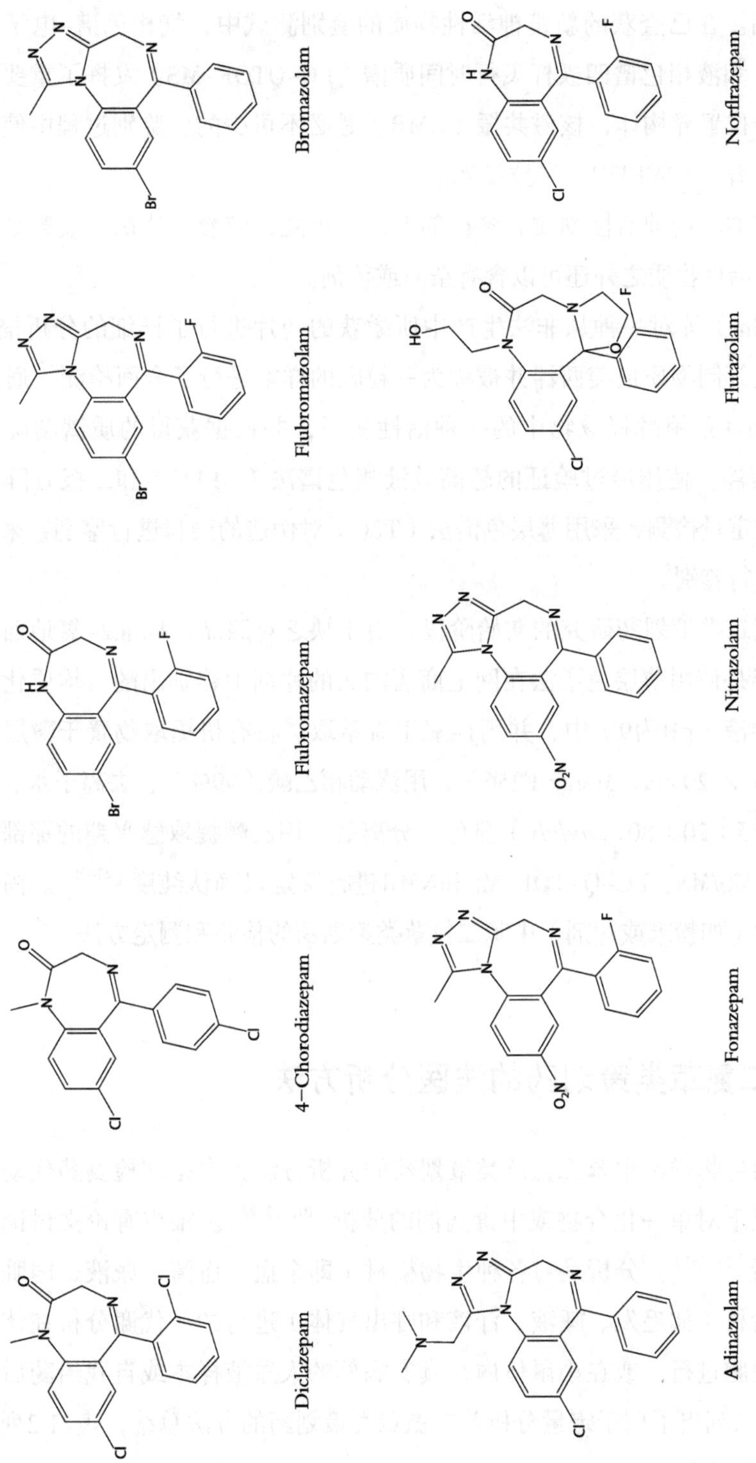

图21.2（2） 苯二氮䓬类策划药结构（DBZDs）

实验室在新精神活性物质（包括苯二氮䓬类）研究过程中面临的一个严重问题是不易获得对照品。在已查获的新精神活性物质的鉴别测试中，气相色谱-电子轰击质谱（GCEI-MS）和液相色谱四极杆飞行时间质谱（LC-QTOF-MS）发挥了重要作用。如果有必要区分位置异构体，核磁共振（NMR）是必不可少的。鉴别过程中使用的其他方法有红外光谱（IR或FTIR）和拉曼光谱。

苯二氮䓬类新精神活性物质有多种剂型，如小丸、胶囊、片剂、吸墨纸或粉剂，它们除了含有活性物质之外还可以含有杂质或佐剂。

利姆（Lim）等对一种从非法生产中所缴获的药片进行了详细的分析描述[22]，对最初含有受管制物质尼美西泮并被称为一粒眠的样本进行了全面检测。通过GC-MS（EI源）鉴别片剂甲醇提取物中的一种活性物质，并根据获得的质谱图确认存在未申明的芬纳西泮，使用经过验证的超高效液相色谱法（UPLC）和二极管阵列检测器（DAD）进行定量检测，采用薄层色谱法（TLC）对伪造的染料进行鉴别，采用红外光谱法对佐剂进行鉴别。

在苯二氮䓬类策划药研究的初始阶段，由于缺乏对照品，标准2-氯地西泮、吡唑仑或氟溴西泮是使用薄层色谱法在网上商店购买的片剂中鉴别出的。均质化后，将片剂溶于硼缓冲液（pH为9）中，并用1-氯丁烷萃取。将有机提取物置于薄层色谱板上（硅胶60，10 × 20 cm，Merck F256），用流动相乙酸（99%）、去离子水、甲醇、乙酸乙酯（2∶15∶20∶80，v/v/v/v）显色。分离后，用乙醇提取感兴趣的那部分，通过GC-MS、LC-MS/MS、LC-Q-TOF-MS和NMR进行鉴定以确认纯度[23-25]。尚未描述其他已查获药物（如粉末或片剂）中苯二氮䓬类策划药的检测和测定方法。

21.4　苯二氮䓬类策划药的法医分析方法

已发表的生物样本中苯二氮䓬类策划药的分析方法大多是在检测药代动力学和生物转化的情况下对单一化合物或中毒病例的分析[10, 23-28]。很少有论文讨论大量化合物的同时分析[29, 33]。分析是对各种生物检材（即全血、血清、尿液、内脏器官和组织）和替代检材（如毛发、唾液、汗液和呼出气体）进行的。代谢分析在体外对人肝微粒体和肝细胞进行，或在小鼠体内、真实病例的人尿液样本或自我给药后的人尿液中进行。表21.1列出了用于定量分析苯二氮䓬类策划药的方法总结，表21.2列出了用于鉴定代谢产物的方法。

在所谓经典苯二氮䓬类药物的毒理学分析过程中，广泛使用了免疫酶筛选方法。由于苯二氮䓬类衍生物与苯二氮䓬类药物的结构相似，因此观察到了较高的交叉反应性。彼得松·贝里斯特兰德（Pettersson Bergstrand）等人对13种苯二氮䓬类策划药进行了分析，也显示了衍生物及其代谢产物的高交叉反应性[40]。一个例外是氟他唑仑的低交叉反应性，这可能是由于其结构与其余衍生物存在显著差异。

样本制备是分析的关键阶段，在此期间会去除可能干扰测定的内源性物质。在苯二氮䓬类策划药分析过程中，与生物基质的分离主要通过样品碱化后的液-液萃取（LLE）进行。例如，可用乙酸乙酯与庚烷的混合物（4：1，v/v）从硼酸盐缓冲液（pH为11）碱化的尿液中提取氯硝唑仑、2-氯地西泮、氟溴西泮、吡唑仑和依替唑仑[29]。使用0.2 M的Na_2CO_3碱化后，使用己烷和乙酸乙酯的混合物可从组织匀浆中提取芬纳西泮和3-羟基芬纳西泮。就尿样分析而言，分离之前通常使用β-葡萄糖醛酸酶进行酶水解，从与葡萄糖醛酸的结合中释放母体化合物或其代谢产物[33]。除液-液萃取（LLE）外，另一种用于分析苯二氮䓬类药物的技术是固相萃取（SPE）。例如，使用Bond Elut Plexa色谱柱（含非极性聚合物吸附剂）可从血液和尿液中分离出芬纳西泮[28]。使用Oasis HLB色谱柱可分离依替唑仑及其代谢产物（α-羟基依替唑仑和8-羟基依替唑仑）[34]。

使用高分辨率色谱柱结合快速和选择性质谱检测器的高效液相色谱（UPLC）方法可大幅降低在分析血液或组织匀浆时蛋白质沉淀制备样本过程（例如使用乙腈）的复杂性[35]，尿液通过离心后或可直接进样[33, 39]。

金茨（Kintz）等人[43]描述了从替代检材（如毛发、唾液、汗液和呼出气体）中分离美替唑仑的方法：用饱和氯化铵缓冲液（pH为9.5）碱化后，用二氯甲烷/正庚烷/异丙醇（25：65：10，v/v）混合物通过液-液萃取（LLE）法可从头发和唾液中提取美替唑仑；使用PharmCheck™汗液贴收集汗液，同时使用ExaBreath®药物阱设备处理呼出气体，然后可使用甲醇提取美替唑仑。

有一些关于通过气相色谱-质谱（GC-MS）进行分析的报告，主要包含已知多年且在当地用作药物的化合物（即依替唑仑、芬纳西泮[10, 34]）或受管制苯二氮䓬类药物的代谢产物（即弗纳西泮）。在已公布的苯二氮䓬类策划药检测方法中，最常用的是液相色谱法，从高效液相色谱法[23-25, 31, 39]到超高效液相色谱法[29, 33, 35, 36, 43]，再到纳米液相色谱法（nanoHPLC）[31]。使用粒径小于2 μm的高效液相（UPLC）色谱柱可以在很短的分析时间内获得非常好的分离效果。图21.3显示了通过高效液相色谱-质谱联用法（UPLC-MS/MS）在Acquity UPLC BEH苯基柱（50 × 1 mm，1.7 μm）上获得的

表21.1 生物材料中苯二氮䓬类策划药的定量分析

化合物	检材	样品准备	色谱柱和流动相	方法	方法验证	应用	参考文献
芬纳西泮，3-羟基芬纳西泮	死后的血液、尿液、玻璃体液、大脑、肝脏、肌肉	液液萃取	Gemini（150×2 mm，5 μm）梯度 A—0.1%甲酸 B—0.1%甲酸（乙腈）	LC-MS/MS ESI$^+$ MRM模式	线性范围0.7~200 ng/mL和16~1000 ng/mL，检测限0.3 ng/mL和7 ng/mL，定量限0.7~16 ng/mL，回收率分别为38%~72%和45%~78%（对芬纳西泮和3-羟基芬纳西泮而言），所有基质的准确度、精密度、基质效应均在±15%以内，选择性好	29项尸检案例中芬纳西泮被检出	[27]
芬纳西泮	血清、尿液	固相萃取	Luna 苯基乙基（50×3 mm，3 μm）梯度 A—乙腈 B—0.1%甲酸含10 mM甲酸铵	LC-MS/MS ESI$^+$ MRM模式	线性范围3~100 ng/mL和50~1000 ng/mL，检测限1.4 ng/mL和5 ng/mL，对血清和尿液而言，定量限分别为3.1 ng/mL和16 ng/mL，扩展不确定度31%	141项药驾案例的分析	[28]
芬纳西泮	死后的血液	液液萃取	DB-5HT（30 m × 0.32 mm，0.1 μm膜厚度）	GC-NICI-MS SIM模式	线性范围10~400 ng/mL，R²=0.999，定量限10 ng/mL，准确度1.3%~5.65%，精密度6.56%~18.2%，提取效率80.8±7.3%，选择性好（无干扰）	在17项法医学鉴定中芬纳西泮	[10]
氯硝唑仑，2-氯地西泮、氟溴西泮、氟溴唑仑、吡唑仑、依替唑仑	血液	液液萃取	Acquity UPLC BEH 苯基 A—pH为8的5 mM碳酸氢铵缓冲液 B—甲醇	UPLC-MS/MS ESI$^+$ MRM模式	线性校准曲线R²>0.999，阈值14~37 ng/mL，质控样本结果在标称值的15%以内	77项药驾案例的分析	[29]

续表

化合物	检材	样品准备	色谱柱和流动相	方法	方法验证	应用	参考文献
吡唑仑、氟溴西洋、2-氯地西洋	血清、尿液	液液萃取	Synergi 4u Polar（150×2 mm，4 μm）梯度 A—0.1%甲酸 B—甲醇中0.1%甲酸	LC-MS/MS ESI⁺ MRM模式	校准范围（0.1-1.0）~100 ng/mL，检测限，长期稳定90%~110%(仅适用于2-氯地西洋)	吸食毒品后的药物代谢动力学研究	[23-25]
依替唑仑及其代谢物（a-羟基依替唑仑和8-羟基依替唑仑）	死后血液	固相萃取	DB 5MS（30 cm × 0.32 mm，0.1 μm，膜厚度）	Ion-trap GC-MS/MS SIM 模式	线性范围5~50 ng/mL，R²=0.982~0.995，准确度5.9%~9.3%，回收率103.7%~120.6%	对死后血液样本的两个分析	[34]
吡唑仑、2-氯地西洋、氟溴西洋、甲氯西洋、依替唑仑、芬纳西洋、尼福西洋、去氯依福替唑仑、氯溴替唑仑、氟溴唑仑、氟他唑仑	尿液	①稀释 ②酶的水解和离心	Acquity UPLC BEH 苯基（50×1 mm，1.7 μm）梯度 A—0.1%甲酸 B—乙腈	LC-MS/MS ESI⁺ MRM模式	线性范围、准确度和精密度检测，检测限1~10 ng/mL，选择性好，基质效应，稀释完整性、残留、稳定性符合欧洲药品管理局的验证标准	临床样本本二氮草类免疫检测呈阳性的390项分析	[33]
氟溴唑仑	死后血液、尿液、肌肉、肝脏、大脑	蛋白质沉淀	Acquity UPLC BEH C18（100×2.1 mm，1.7 μm）梯度 A—0.1%甲酸 B—乙腈	UPLC-MS/MS ESI⁺ MRM模式	误差和精度，<20%(0.05 ng/mL)，<15%(100 ng/mL)，提取效率69%~74%，线性范围0.05~50 ng/mL，基质效应11%~4%	检验尸体中血液、尿液和组织标本的两个分析	[35]

续表

化合物	检材	样品准备	色谱柱和流动相	方法	方法验证	应用	参考文献
美替唑仑	尿液	液液萃取	Acquity UPLC BEH C18（100×2.1 mm，1.7 μm）梯度 A—0.1%甲酸 B—乙腈	UPLC–MS/MS ESI+ MRM模式	线性范围0.05~50 ng/mL，$R^2=0.999$，检测限25 pg/mL，精度<20%，ME<20%，选择性好（无干扰）	吸食毒品后的研究中关于消除参数的分析	[36]
	唾液、头发、汗液、呼出气	液液萃取	Acquity UPLC BEH C18（100×2.1 mm，1.7 μm）梯度 A—0.1%甲酸 B—乙腈	UPLC–MS/MS ESI+ MRM模式	唾液、头发、汗液、呼出气的线性范围和定量限分别为50~1000、2 pg/mL，0.1~10、0.1 pg/mg，5~500、5 pg/patch，5~50、5 pg/filter。$R^2>0.99$，精度<25%，基质效应<20%		[43]
弗纳西泮、去甲氟西泮和其他16种苯二氮䓬类药物	尿液	离心法	Zorbax SB C18（100×2.1 mm，3.5 μm）梯度 A—0.2%乙酸和2 mM三氟醋酸胺 B—含2 mM三氟乙酸胺的乙腈	LC–MS/MS ESI+ MRM模式	检测限3 ng/mL，检测下限10 ng/mL，线性范围10~100（400 ng/mL），$R0z^2>0.99$，精度<11.8%，准确度<10%，无明显的基质效应	法医学尿液样品的21项分析	[39]
弗纳西泮和其他26种苯二氮䓬类药物	血液、尿液	固相萃取	Acquity C18（50 mm×2.1 mm，1.7 μm）梯度 A—10 mM碳酸氢胺pH=9 B—甲醇	LC–MS/MS ESI+ MRM模式	检测限分别为0.05 ng/mL和2 ng/mL，线性范围2~500 ng/mL，基质效应76.5%~86.2%，回收率70.4%~88.1%，精密度2.5%~15.6%，准确度5.4%~15.2%	法医学血液和尿液样品案例的10项分析	[46]

表21.2　生物材料中苯二氮䓬类策划药的鉴定

化合物	检材	样品准备	色谱柱和流动相	方法	应用	参考文献
氯硝唑仑、去氯依替唑仑、氯溴唑仑、甲氯西泮、阿地唑仑、弗纳西泮、3-羟基苯替唑仑、美替唑仑	人肝微粒体		kinetex（100×2.1 mm，2.6 μm）梯度 A—含有1%乙腈、0.1%甲酸和2 mM甲酸铵的水 B—含有0.1%甲酸和2 mM甲酸铵的乙腈	LC-QTOF-MS ESI⁺ Full-scan和bbCID模式 LC-MS/MS谱法 ESI⁺ MRM模式 EPI模式	体外代谢物的鉴定	[26, 30]
氯硝唑仑、甲氯西泮、尼福西泮	尿液	稀释和离心法 稀释	PepMap RSLC Acclaim C18（150 mm×50 μm，2 μm）梯度 A—0.1%甲酸 B—含有0.1%甲酸的乙腈 YMC UltraHT Hydrosphere C18（100×2 mm，2 μm）梯度 A—10 mM甲酸铵和0.005%甲酸 B—水/甲醇 90：10（v/v）10 mM甲酸铵和0.005%甲酸	nanoLC-HRMS/MS ESI⁺ Full-scan和TMS²模式 UHPLC-HRMS/MS ESI⁺ Full-scan和TMS²模式	体内代谢物的鉴定	[31]
氟溴西泮、2-氯地西泮、依替唑仑、去氯溴唑仑、氯溴唑仑、氯硝唑仑、尼福西泮、甲氯西泮	人肝微粒体	固相萃取	Atlantis T3（150×2.1 mm，3 μm）梯度 A—2 mM甲酸铵缓冲液（pH=3） B—2 mM甲酸铵缓冲液（pH=3）乙腈（10：90)(v/v)	LC-MS/MS ESI⁺ MRM模式 EPI模式	体外代谢物的鉴定	[32]

续表

化合物	检材	样品准备	色谱柱和流动相	方法	应用	参考文献
吡唑仑、氟溴西洋、2-氯地西洋	血清、尿液	液液萃取	Synergi 4u Polar (150×2 mm, 4 μm) 梯度 A—0.1%甲酸 B—含有0.1%甲酸的甲醇	液相色谱-串联质谱法 ESI+ EPI模式	吸食毒品后体内代谢物的研究	[23—25]
		蛋白质沉淀	Acclaim RSLC 120 C18 (100×2.1 mm, 4 μm) 梯度 A—水/甲醇90:10 (v/v) 含5 mM甲酸铵和0.01%甲酸 B—含5 mM甲酸铵和0.01%甲酸的甲醇	LC-QTOF-MS ESI+ Full-scan和bCID模式		
氟溴唑仑	人肝微粒体	蛋白质沉淀	Acquity HSS C18 (150×2.1 mm, 1.8 μm) 梯度 A—0.1%甲酸 B—含有0.1%甲酸的乙腈	UHPLC-HRMS/MS ESI+ Full-scan和PRM模式	体外代谢物的研究	[35]
	人肝微粒体、人体肝细胞、老鼠和人的尿液	离心和稀释	Acquity HSS T3 (150×2.1 mm, 1.8 μm) 梯度 A—0.1%甲酸 B—含有0.1%甲酸的乙腈	UHPLC-QTOF-MS ESI+ Full-scan模式	体内和体外新陈代谢的研究	[36]
美替唑仑	人肝微粒体、尿液	固相萃取	Acquity HSS C18 (150×2.1 mm, 1.8 μm) 梯度 A—含有0.05%甲酸的10 mM甲酸铵 B—含有0.05%甲酸的乙腈	UHPLC-QTOF-MS ESI+ Full-scan模式	吸食毒品后体内外代谢物的研究	[37]

续表

化合物	检材	样品准备	色谱柱和流动相	方法	应用	参考文献
甲氯西洋	人肝微粒体、人体肝细胞、老鼠和人的尿液	离心、稀释	Acquity HSS T3（150×2.1 mm，1.8 μm） 梯度 A—0.1%甲酸 B—含有0.1%甲酸的乙腈	UHPLC–QTOF–MS ESI⁺ Full-scan模式	体内和体外新陈代谢的研究	[38]

11种苯二氮䓬类策划药的分离情况。

为了对苯二氮䓬类策划药进行定量，通常采用配备以正离子模式工作的电喷雾电离源（ESI）的串联质谱仪。串联质谱仪通常在多反应监测模式（MRM）下工作，其优点是分析的选择性和灵敏度高。

苯二氮䓬类策划药代谢产物的鉴定采用了类似的色谱技术，通常与高分辨率质谱仪相结合。迈尔（Meyer）等人使用纳米液相色谱–高分辨质谱联用仪（nanoHPLC–HRMS），研究了氯硝西泮、甲氯西泮和尼福西泮的体内代谢产物[31]。质谱仪在全扫描模式和TMS^2（靶向MS^2）扫描模式下工作，可以搜索预期标记的Ⅰ相和Ⅱ相代谢产物的前体物质。埃尔·巴尔希（El Balkhi）等人分析了8种苯二氮䓬类策划药的代谢产物，在用人肝微粒体（HLM）孵育后，通过固相萃取方法进行分离[32]。为了鉴定代谢产物，作者采用高效液相色谱串联三重四极杆线性离子阱质谱仪，在上述实验中，通过增强产物扫描（EPI）扫描了大量假设的代谢产物。

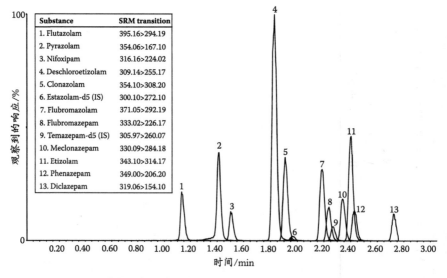

Substance	SRM transition
1. Flutazolam	395.16>294.19
2. Pyrazolam	354.06>167.10
3. Nifoxipam	316.16>224.02
4. Deschloroetizolam	309.14>255.17
5. Clonazolam	354.10>308.20
6. Estazolam-d5 (IS)	300.10>272.10
7. Flubromazolam	371.05>292.19
8. Flubromazepam	333.02>226.17
9. Temazepam-d5 (IS)	305.97>260.07
10. Meclonazepam	330.09>284.18
11. Etizolam	343.10>314.17
12. Phenazepam	349.00>206.20
13. Diclazepam	319.06>154.10

图21.3 显示11种设计苯二氮䓬类分析物和LC–MS/MS方法涵盖的2种内部标准品（IS）的色谱图（经允许摘自Pettersson Bergstrand等.2016. *J. Chromatogr*.B. 1035：104–110.）

在与毒品促成犯罪有关的特定案件中，能够在很长一段时间后确认接触给定化合物非常重要，在这种情况下，了解所分析化合物的代谢转化途径和其在生物检材中的检测时间至关重要。在母体化合物不存在的情况下，了解代谢产物对确认是否接触给定化合物有所帮助。

一些苯二氮䓬类策划药是治疗中使用的苯二氮䓬类药物的活性代谢产物。例如弗纳西泮（也称为去甲基氟硝西泮或诺氟西泮）和尼福西泮（3-去甲基氟硝西泮）是氟硝西泮的活性代谢产物[41]，3-羟基芬纳西泮是芬纳西泮的活性代谢产物，诺氟沙星（也称为诺氟西泮）是氟拉西泮的活性代谢产物。氯硝哌西泮（Cloniprazepam）是一种药物前体，可通过去甲基化作用生成氯硝西泮。2-氯地西泮的羟基化反应生成氯美西泮，而其去甲基化反应生成地洛西泮，二者分别通过去甲基化和羟基化反应生成劳拉西泮[25]。随后，阿地唑仑通过后续的去甲基化反应进行生物转化，生成艾司唑仑和α-羟基阿普唑仑[42]。

串联质谱仪（四极杆-线性离子阱、离子阱、四极杆飞行时间或线性离子阱-轨道阱）在毒理学分析中变得越来越常见，因为它们可以在数据相关采集（DDA）模式下工作。在检测给定前体离子的情况下，以此模式工作的质谱执行其碎裂并收集产物离子谱（PIS），该谱图与谱库相比对，可与其他数据一起用于鉴定化合物。DDA模式允许在一次分析过程中采集多种化合物的MS/MS光谱，这使得执行所谓的系统毒理学分析（STA）成为可能。鉴别成功的可能性主要受限于较早建立的化合物列表。莫勒乌普（Mollerup）等人提出了血液分析的靶向和非靶向分析方法[44]。使用乙腈沉淀蛋白质并离心后，使用UPLC-QTOF可分析添加浓度在0.1～100 ng/mL的11种苯二氮䓬类策划药的血样。针对未识别色谱峰所收集数据进行的非靶向筛选分析，血液中11种苯二氮䓬类策划药，在5 ng/mL水平下鉴出3种，并在100 ng/mL水平下鉴别出9种。

苯二氮䓬类策划药在生物材料中的稳定性尚未研究，尤其是在尸体样本中。考虑到20种苯二氮䓬类策划药中有6种为7-硝基衍生物，应注意这些化合物在样品中的不稳定性。根据罗伯逊（Robertson）等人进行的检验，在被细菌污染的尸体血液中，硝基苯二氮䓬类药物（氯硝西泮、硝西泮和氟硝西泮）在22℃的温度下在8 h内几乎完全分解[45]。

21.5 结论

大量苯二氮䓬类药物及其代谢产物的极性不同，且在生物检材中的浓度较低，因此苯二氮䓬类策划药的分析需要适当的分离技术，其中最好的似乎是高效液相色谱法与高选择性质量检测器相结合。

对于苯二氮䓬类策划药，应考虑其与治疗上使用的列管衍生物的密切联系。由于被管控的化合物可能通过体内代谢合成，因此在解释苯二氮䓬类药物分析结果时需要特别小心。用于苯二氮䓬类策划药鉴别和定量的方法应涵盖尽可能多的母体化合物和代谢产物。由于缺乏代谢产物标准物质，应采用质谱数据进行鉴定。

参考文献

1. Karch, S.B. 2007. *Drug Abuse Handbook*, CRC Press, Boca Raton.
2. International Control Narcotic Board (ICNB). 2015. https://www.incb.org/documents/Psychotropics/technical-publications/2015/Technical_PSY_2015_ENG.pdf (accessed 21 January 2017).
3. Brandenberger, H., Maes, R.A.A. (Eds.) 1997. *Analytical Toxicology for Clinical, Forensic and Pharmaceutical Chemists,* Walter de Gruyter, Berlin.
4. Szatkowska, P., Koba, M., Kośliński, P., Wandas, J., Bączek, T. 2014. Analytical methods for determination of benzodiazepines. A short review. *Cent. Eur. J. Chem.* 12: 994–1007.
5. Persona, K., Madej, K., Knihnicki, P., Piekoszewski, W. 2015 Analytical methodologies for the determination of benzodiazepines in biological samples. *J. Pharm. Biomed. Anal.* 10:113: 239–264.
6. Jain, R. 2000. Utility of thin layer chromatography for detection of opioids and benzodiazepines in a clinical setting. *Addict Behav.* 25: 451–454.
7. Salo, P.K., Vilmunen, S., Salomies, H., Ketola, R.A., Kostiainen, R. 2007. Two-dimensional ultra-thin-layer chromatography and atmospheric pressure matrix-assisted laser desorption/ionization mass spectrometry in bioanalysis. *Anal. Chem.* 79: 2101–2108.
8. Bravo, F., Lobos, C., Venegas, K., Benites, J. 2010. Development and validation of a GC-NPD/micro-ECD method using dual column for the determination of benzodiazepine in human whole blood and plasma. *J. Chin. Chem. Soc.* 55: 454–457.
9. Pujadas, M., Pichini, S., Civit, E., Santamariña, E., Perez, K., de la Torre, R. 2007. A simple and reliable procedure for the determination of psychoactive drugs in oral fluid by gas chromatography-mass spectrometry. *J. Pharm. Biomed. Anal.* 44: 594–601.
10. Gunnar, T., Ariniemi, K., Lillsunde, P. 2006. Fast gas chromatography–negative-ion chemical ionization mass spectrometry with microscale volume sample preparation for the determination of benzodiazepines and alpha-hydroxy metabolites, zaleplon and zopiclone in whole blood. *J. Mass Spectrom.* 41: 741–754.
11. Papoutsis, I.I., Athanaselis, S.A., Nikolaou, P.D., Pistos, C.M., Spiliopoulou, C.A., Maravelias, C.P. 2010. Development and validation of an EI-GC-MS method for the determination of benzodiazepine drugs and their metabolites in blood: Applications in clinical and forensic toxicology. *J. Pharm. Biomed. Anal.* 52: 609–614.
12. Borges, K.B., Freire, E.F., Martins, I., de Siqueira, M.E.P.B. 2009. Simultaneous determination of multibenzodiazepines by HPLC/UV: Investigation of liquid–liquid and solid-phase extractions in human plasma. *Talanta* 78: 233–241.
13. Rouini, M.R., Ardakani, Y.H., Moghaddam, K.A., Solatani, F. 2008. An improved HPLC method for rapid quantitation of diazepam and its major metabolites in human plasma. *Talanta* 75: 671–676.

14. Uddin, M.N., Samanidou, V.F., Papadoyannis, I.N. 2008. Development and validation of an HPLC method for the determination of six 1,4-benzodiazepines in pharmaceuticals and human biological fluids. *J. Liquid Chromatogr. Relat. Technol.* 31: 1258–1282.

15. Mercolini, L., Mandrioli, R., Amore, M., Raggi, M.A. 2008. Separation and HPLC analysis of 15 benzodiazepines in human plasma. *J. Sep. Sci.* 31: 2619–2626.

16. Laloup, M., Ramirez Fernandez, M.D.M., De Boeck, G., Wood, M., Maes, V., Samyn, N. 2005. Validation of a liquid chromatography–tandem mass spectrometry method for the simultaneous determination of 26 benzodiazepines and metabolites, zolpidem and zopiclone in blood, urine, and hair. *J. Anal. Toxicol.* 29: 616–626.

17. Hayashida, M., Takino, M., Terada, M., Kurisaki, E. Kudo, K., Ohno, Y. 2009. Time-of-flight mass spectrometry (TOF-MS) exact mass database for benzodiazepine screening. *Leg. Med.* 11: 423–425.

18. Nakamura, M. 2010. Analyses of benzodiazepines and their metabolites in various biological matrices by LC-MS(/MS). *Biomed. Chromatograph.* 25: 1283–1230.

19. Vogliardi, S., Favretto, D., Tucci, M., Stocchero, G., Ferrara, S.D. 2011. Simultaneous LC-HRMS determination of 28 benzodiazepines and metabolites in hair. *Anal. Bioanal. Chem.* 400: 51–67.

20. European monitoring center for drugs and drug addiction (EMCDDA) (2016) EU drug market report. http://www.emcdda.europa.eu/system/files/publications/814/TDAN14001ENN_475519.pdf (accessed 21 January 2017); http://www.emcdda.europa.eu/system/files/publications/2880/TDAS16001ENN.pdf (accessed 21 January 2017); http://www.emcdda.europa.eu/system/files/publications/1018/TDAN15001ENN.pdf (accessed 21 January 2017).

21. Moosmann, B., King, L.A., Auwärter, V. 2015. Designer benzodiazepines: A new challenge. *World Psychiatry* 14: 248.

22. Lim, W.J., Yap, A.T., Mangudi, M., Koh, H.B., Tang, A.S., Chan, K.B. 2017. Detection of phenazepam in illicitly manufactured Erimin 5 tablets. *Drug Test Anal.* 9: 293–305.

23. Moosmann, B., Hutter, M., Huppertz, L.M., Ferlaino, S., Redlingshöfer, L., Auwärter, V. 2013. Characterization of the designer benzodiazepine pyrazolam and its detectability in human serum and urine. *Forensic Toxicol.* 31: 263–271.

24. Moosmann, B., Huppertz, L.M., Hutter, M., Buchwald, A., Ferlaino, S., Auwärter, V. 2013. Detection and identification of the designer benzodiazepine flubromazepam and preliminary data on its metabolism and pharmacokinetics. *J. Mass. Spectrom.* 48: 1150–1159.

25. Moosmann, B., Bisel, P., Auwärter, V. 2014. Characterization of the designer benzodiazepine diclazepam and preliminary data on its metabolism and pharmacokinetics. *Drug Test Anal.* 6: 757–763.

26. Huppertz, L.M., Bisel, P., Westphal, F., Franz F., Auwärter, F., Moosmann B. 2015. Characterization of the four designer benzodiazepines clonazolam, deschloroetizolam, flubromazolam, and meclonazepam, and identification of their in vitro metabolites. *Forensic Toxicol.* 33: 388–395.

27. Crichton, M.L., Shenton, C.F., Drummond, G., Beer, L.J., Seetohul, L.N., Maskell, P.D. 2015. Analysis of phenazepam and 3-hydroxyphenazepam in post-mortem fluids and tissues. *Drug Test Anal.* 7: 926–936.

28. Kriikku, P., Wilhelm, L., Rintatalo, J., Hurme, J., Kramer J., Ojanpera, I. 2012. Phenazepam abuse in Finland: Findings from apprehended drivers, post-mortem cases and police confiscations. *For. Sci. Int.* 220: 111–117.

29. Høiseth, G., Skogstad Tuv, S., Karinen, R. 2016. Blood concentrations of new designer benzodiazepines in forensic cases. *For. Sci. Int.* 268: 35–38.

30. Moosmann, B., Bisel, P., Franz, F., Huppertz, L.M., Auwärter, V. 2016. Characterization and in vitro phase I microsomal metabolism of designer benzodiazepines— An update comprising adinazolam, cloniprazepam, fonazepam, 3-hydroksyphenazepam, metizolam and nitrazolam. *J. Mass Spectrom.* 51: 1080–1089.

31. Meyer, M.R., Bergstrand, M.P., Helander, A., Beck, O. 2016. Identification of main human urinary metabolites of the designer nitrobenzodiazepines clonazolam, meclonazepam, and nifoxipam by nano-liquid chromatography-high-resolution mass spectrometry for drug testing purposes. *Anal. Bioanal. Chem.* 408: 3571–3591.

32. El Balkhi, S., Chaslot, M., Picard, N., Dulaurent, S., Delage, M., Mathieu, O., Saint-Marcoux, F. 2017. Characterization and identification of eight designer benzodiazepine metabolites by incubation with human liver microsomes and analysis by a triple quadrupole mass spectrometer. *Int. J. Legal Med.* DOI: 10.1007/s00414-017-1541-6.

33. Pettersson Bergstrand, M., Helander, A., Beck, O. 2016. Development and application of a multi-component LC–MS/MS method for determination of designer benzodiazepines in urine. *J. Chromatogr. B.* 1035: 104–110.

34. Nakamae, T., Shinozuka, T., Sasaki, C. et al. 2008. Case report: Etizolam and its major metabolites in two unnatural death cases. *For. Sci. Int.* 182: e1–e6.

35. Noble, C., Mardal, M., Bjerre Holm, N., Stybe Johansen, S., Linnet, K. 2016. In vitro studies on flubromazolam metabolism and detection of its metabolites in authentic forensic samples. *Drug Test Anal.* DOI: 10.1002/dta.2146.

36. Wohlfarth, A., Vikingsson, S., Roman, M., Andersson, M., Kugelberg, F.C., Green, H., Kronstrand, R. 2016. Looking at flubromazolam metabolism from four different angles: Metabolite profiling in human liver microsomes, human hepatocytes, mice and authentic human urine samples with liquid chromatography high-resolution mass spectrometry. *For. Sci. Int.* DOI:10.1016/j.forsciint.2016.10.021.

37. Kintz, P., Richeval, C., Jamey, C., Ameline, A., Allorge, D., Gaulier, J.M., Raul, J.S. 2016. Detection of the designer benzodiazepine metizolam in urine and preliminary data on its metabolism. *Drug Test Anal.* DOI: 10.1002/dta.2099.

38. Vikingsson, S., Wohlfarth, A., Andersson, M., Gréen, H., Roman, M., Josefsson, M., Kugelberg, F.C., Kronstrand, R. 2017. Identifying metabolites of meclonazepam by high-resolution mass spectrometry using human liver microsomes, hepatocytes, a mouse model, and authentic urine samples. *AAPS J.* DOI: 10.1208/s12248-016-0040-x.

39. Jeong, Y.D., Kim, M.K., Suh, S.I., In, M.K., Kim, J.Y., Paeng, K.J. 2015. Rapid determination of benzodiazepines, zolpidem and their metabolites in urine using direct injection liquid chromatography–tandem mass spectrometry. *For. Sci. Int.* 257: 84–92.

40. Pettersson Bergstrand, M., Helander, A., Beck, O. 2016. Detectability of designer benzodiazepines in CEDIA, EMIT II Plus, HEIA, and KIMS II immunochemical screening assays. *Drug Test Anal.* DOI: 10.1002/dta.2003.

41. Katselou, M., Papoutsis, I., Nikolaou, P., Spiliopoulou, C., Athanaselis, S. 2017.

Metabolites replace the parent drug in the drug arena. The cases of fonazepam and nifoxipam. *Forensic Toxicol.* 35: 1–10.

42. Fraser, A.D., Isner, A.F., and Bryan, W. 1993. Urinary Screening for adinazolam and its major metabolites by the Emit® d.a.u:™ and FPIA benzodiazepine assays with confirmation by HPLC. *J. Anal. Toxicol.* 17(7): 427–431.

43. Kintz, P., Jamey, C., Ameline, A., Richeval, C., Raul, J.S. 2016. Characterization of metizolam, a designer benzodiazepine, in alternative biological specimens. *Toxicol. Anal. Clin.* DOI: 10.1016/j.toxac.2016.09.004.

44. Mollerup, C.B., Dalsgaard, P.W., Mardal, M., Linnet, K. 2016. Targeted and non-targeted drug screening in whole blood by UHPLC-TOF-MS with data-independent acquisition. *Drug Test Anal.* DOI: 10.1002/dta.2120.

45. Robertson, M.D., Drummer, O.H. 1998. Stability of nitrobenzodiazepines in postmortem blood. *J. Forensic Sci.* 43: 5–8.

46. Verplaetse, R., Cuypers, E., Tytgat, J. 2012. The evaluation of the applicability of a high pH mobile phase in ultrahigh performance liquid chromatography tandem mass spectrometry analysis of benzodiazepines and benzodiazepine-like hypnotics in urine and blood. *J. Chromatogr. A.* 1249: 147–154.

22 薄层色谱法在策划药分析中的应用

约瑟夫·舍尔马（Joseph Sherma）、特雷莎·科瓦尔斯卡（Teresa Kowalska）和梅茨齐萨弗·萨耶维茨（mieczyslaw Sajewicz）

22.1 引言

薄层色谱法（TLC）和高效薄层色谱法（HPTLC）是原料药和制剂药的主要分析方法。色谱科学丛书[1]中的《药物分析中的薄层色谱》证实了这一点，该书共51章，1039页。其第一部分的章节描述了用于药物分析TLC的材料和方法，包括吸附剂和薄层板、展开剂制备及优化、样品应用和薄层板开发、分析物的检测和鉴定，以及通过密度测定和视频扫描进行定量。第二部分包括37个章节，内容涉及各类商业非处方药和处方药的应用。

伯纳德–萨瓦里（Bernard–Savary）和普尔（Poole）[2]解释说，现代HPTLC装置是独立操作使用的，这为离线和在线操作提供了高度的灵活性。他们讨论了样品应用的仪器平台、薄层开发、可选衍生化薄层评估、照片记录、光密度检测和与光谱检测器联用的设备平台，重点讨论了商用系统的多样性和性能及其用户在手动、半自动或全自动操作时的灵活性。

关于薄层色谱的最先进方法和仪器介绍的另一个来源是尤因（Ewing）的《分析仪器手册》第四版[3]中的"薄层色谱"一章。本章涵盖了样品制备、固定相、展开剂、应用实例、毛细管流速和加压流速色谱开发、区域检测、色谱图记录、区域识别、定量分析、与不同光谱分析模式的结合、制备层色谱（PLC；也称为制备薄层色谱）和薄层放射色谱（TLRC）。

本章不包括对TLC的原理、方法、材料和仪器的一般性讨论，这些方面已经有过详细的介绍[1-3]。本章将介绍在策划药法庭分析中选用的经典和现代的薄层色谱方法，包括每份出版物中所描述使用的材料、技术和仪器，还将对策划药薄层色谱分析的未来前景提出建议。

"新精神活性物质"一词在文献中被更频繁地用来代替"策划药物",以全面包括市场上出售的含有兴奋剂的产品,这些产品既有人造的策划药,也有植物类药物。本章中引用的关于这两类物质分析的所有论文都是通过关键词"策划药"和"薄层色谱法"搜索文献(科学和化学文摘数据库网站)获得的;截至2016年5月25日,使用关键词"新精神活性物质"和"薄层色谱法"在这两个数据库中均未找到匹配项。本章通篇使用了术语"策划药"。

22.2 应用

22.2.1 生物样本中策划药的分析

利尔森德(Lillsunde)和科尔特(Korte)[4]研发了一种简单、选择性强的综合鉴别系统,采用TLC法进行筛查,结合气相色谱–质谱(GC–MS)进行确证。在此基础上,芬兰赫尔辛基的国家公共卫生研究所生物化学系实验室开发了用于误服、危险驾驶、中毒和其他案例的筛查方法,每年约检测2000份尿液样本。该方法可同时检测包括策划药在内的约300种药物和代谢产物,包括巴比妥类、苯二氮䓬类、苯丙胺类、吩噻嗪类、抗抑郁药、阿片类、氨基甲酸酯类以及最常用的镇痛药。尿液中药物的常规提取方法是使用硅藻土萃取小柱(ChemElut CE1020 EXTUBES)进行萃取。尿液用固体磷酸氢二钠调至pH=8~9后上样,用二氯甲烷–异丙醇(90:10)15 mL洗脱2次。对于葡萄糖醛酸苷[苯二氮䓬类、11-去甲-δ9-四氢大麻酚-9-羧酸(即THC-COOH)和吗啡]、可卡因和苯甲酰爱岗宁则需采用特殊提取方法。9种不同的薄层色谱方法被指定使用:(A)巴比妥类药物和导眠能;(B)眠尔通、氨基甲酸酯类及部分镇痛药;(C)阿片类、安眠酮及部分镇痛药;(D)吩噻嗪类和抗抑郁药;(E)苯丙胺类及相关化合物;(Be)苯二氮䓬类;(THC)大麻类;(OP)阿片类药物;(Co)可卡因。方法A、B、C、THC和Co使用带荧光指示剂(即F板)Merck铝制薄层板(20×20 cm,60Å颗粒,0.2 mm厚);方法D、E、Be和OP不需使用指示剂。相应的标准品和提取物需点在每一个薄层板上,并用以下展开剂进行展开:方法A用氯仿–丙酮(45:5);方法B、C、D和Co用乙酸乙酯–甲醇–氨–水(43:5:0.5:1.5)("氨"和"28%氨"表示展开剂中的浓氨水);方法E用甲醇–氨(50:0.5);方法Be用甲苯;THC用正己烷–二氧六环–甲醇(35:10:5);OP用甲苯–丙酮–乙醇–氨

（22∶22∶4∶2）。用展开剂展开后，在波长254 nm和366 nm紫外线（UV）下检查所有薄层板上的展开结果，然后喷洒以下显色剂（连续喷洒多种试剂，在每个步骤后显示相应结果）：方法A用硫酸汞；B用糠醛和硫酸；C用碘化铋钾（Dragendorff）和碘铂酸盐；D用氯化铁、紫外光、浓硫酸和浓硝酸；E用固黑K盐（Fast Black K）和1 M氢氧化钠；硫酸、亚硝酸钠、氨基磺酸铵和N-(1-萘基)-乙二胺二盐酸盐用于Be；THC用快蓝B；AMP（2-氨基-2-甲基-1,3-丙二醇）缓冲液（pH=9.3）、铁氰化钾、254 nm紫外光、碘化铋钾和碘铂酸盐用于OP；碘化铋钾和碘铂酸盐用于Co。每种提取物留存一部分用于GC-MS分析。

对刚才描述的利尔森德和科尔特方法进行轻微修改[5]，可以确定尿液中存在苯丙胺相关精神兴奋类策划药甲咪雷司（4-MAX），该药物以"U4Euh"的名称出现在地下市场。在两个薄层色谱板上筛查尿液提取物，分别使用原始的C和D方法组合（如上；指定为方法C/D）和方法E（如上）。在铝制的Merck硅胶60 F板上，方法C/D使用展开剂乙酸乙酯-甲醇-氨-水（43∶5∶0.5∶1.5），方法E使用甲醇-氨（50∶0.5）。首先在254 nm和366 nm紫外光下检查薄层板，然后喷洒以下试剂：氯化铁、紫外光检查，以及碘铂酸盐用于方法C/D，固黑K盐和NaOH用于方法E。还提供了一种GC-MS法，用于定量测定所送检的血浆、尿液和组织中的顺-和反-4-MAX（叔丁基二甲基硅烷基衍生物）。

如对血液和尿液中苯丙胺、甲基苯丙胺和苯丙胺衍生策划药进行TLC测定的综述[6]所述，Toxi-Lab TLC系统用于测定患者尿液中的MDMA（3,4-亚甲二氧基甲基苯丙胺；致幻剂）和其他精神类、环取代的苯丙胺衍生策划药[7]。使用Toxi-tube A可以同时制备用于薄层色谱筛选和GC-MS确认的样本，如贾维（Jarvie）和辛普森（Simpson）[8]所述，Toxi-LabA是为鉴别碱性和中性药物而设计的，包括Toxi-tube A，其中含有硫酸钠和碳酸氢盐，用于调节pH为9；而固定相由玻璃微纤维和带孔硅胶构成，带有插入盘的孔，可将标准化合物和含有未知药物的提取物涂在上面；展开剂为甲醇-水-乙酸乙酯（2∶1∶58）。检测程序分为五步：甲醛蒸气预活化；浸入钒盐-硫酸试剂；浸入蒸馏水；在366 nm紫外光下显色；浸入碘化钾、碘、次硝酸铋和乙酸的溶液。对于酸性和中性药物也有系统B。Toxi-Lab TLC系统可从DRG诊断公司（德国马尔堡/新泽西州斯普林菲尔德）以试剂盒形式购得。

甲卡西酮（"CAT"），是天然产物卡西酮（"khat"）的N-甲基类似物，也可被设计化学合成，它们的立体化学特点和分析性质[9]已被研究。这些化合物可以很容易地用易获得的初始原料如麻黄碱和伪麻黄碱来制备。利用空白加标溶液，使用尿液中药物筛选的商业Toxi-Lab系统,将甲卡西酮和卡西酮的薄层色谱特性与滥用的苯乙胺类药物的薄层色谱特性进行了比较。采用Toxi-Lab A系统的萃取管和展开剂,发现RF值在0.5范围内,远高于麻黄碱、苯丙胺和甲基苯丙胺。这一事实以及四步检测(即浓硫酸、水冲洗、紫外光检查和碘化铋钾试剂显色)的结果显示,甲卡西酮和卡西酮不太可能干扰筛选苯丙胺类兴奋剂的薄层色谱方法。

通过TLC法在一名违禁药滥用者的尿液中检测到一种未知化合物,然后用GC-MS在电子电离(EI)和正离子化学电离(PICI)模式下鉴定为氯化MDMA[10]。尿液样本使用乙醚采用液-液分散萃取法制备,在Merck 10×20 cm硅胶60 G(石膏黏合剂)玻璃板上以乙酸乙酯-乙醇-氨(36:2:2)和苯-甲醇-异丙醇-氨(35:5:1:1)为展开剂进行薄层色谱分析。使用碘化铋钾、甲醛-硫酸(Marquis)和固黑K盐(Fast Black K)显色剂进行区带检测。

建议采用薄层色谱-荧光检测法快速、灵敏地检测尿液样本中的MDMA等6种亚甲基二氧基化苯乙胺化合物[11]。用氨和乙醚涡旋提取尿液,萃取物上样在Merck硅胶60薄层板上。用异丙醇-28%氨溶液(95:5)、丙酮-甲苯-28%氨溶液(20:10:1)或叔丁醇-4 M氨水溶液(9:1)展开后,再喷上用次氯酸钠、铁氰化钾和氢氧化钠组成的显色剂,并在100℃下加热3 min,这些化合物在展开的薄层板上生成荧光团,在250-400 nm紫外光下观察到蓝色荧光斑点,检测限为50 ng。

使用正相(NP)和反相(RP)柱的高效液相色谱法(HPLC)分离和检测加标血浆样本中的甲基苯丙胺(MA)、MDMA和3,4-亚甲二氧基-N-乙基苯丙胺(MDEA),由于这些药物含二元脂肪族胺,能与7,7,8,8-四氰基喹喔啉二甲醇(TCNQ)在80℃、25 min置换反应,显现紫色,因此也可以实现用TLC分离、检测[12]。在TLC中,Alltech 0.25 mm厚的硅胶60薄层板和Merck 0.2 mm厚的氰基(CN)键合板分别使用己烷-氯仿(1:9)和苯-乙醚-石油醚-乙腈-丁酮(MEK)(20:35:35:5:5)作为展开剂展开8 cm的距离,在展开前,使用展开剂蒸气对展开箱预饱和30 min。样本制备包括:氢氧化钠碱化血浆,用氯仿-己烷(4:1)涡旋提取,离心,将有机相转移到另一个试管中,用TCNQ衍生化,挥干,将残留物溶于20 μL氯仿中,使用Desaga微量移液器将该残留物与马普替林(maprotiline,MAP)标准品一起涂于薄层色谱板上,根据该标准品的RF值(Rstd)计算被测物质的相对RF值。图22.1显示了紫色TCNQ衍生物在硅胶板上分离的照片,其分离度优于CN板。MA、MDMA和MDEA在血浆中的检出限(LOD)值分别为0.8 μg/mL、0.6 μg/mL和1.3 μg/mL,而CN板上是这些值的两倍。

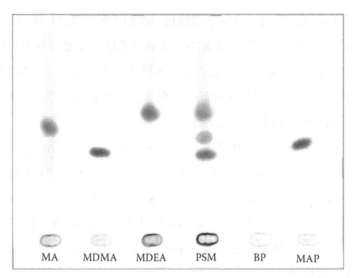

图22.1　在硅胶板上对苯丙胺类似物色原体进行薄层色谱分离。BP为空白血浆，PSM为添加了MA（R_{std} = 1.22）、MDMA（1.00）和MDEA（1.57）的血浆（转载自Oztung，A.，Onal，A.，和Toker，S.E. 2010，*J. AOAC*国际机场。93：556–561。经Jennifer Diatz许可，地址：马里兰州罗克维尔AOAC国际机场。）

22.2.2　策划药的检测和确认

通过TLC、GC-EI和CI-MS（反应气为异丁烯）检测12种经常被滥用的哌替啶衍生物策划药中的所有杂质，并对结构进行确认，这些策划药为1-甲基-4-苯基-丙氧基哌啶（MPPP）、1-甲基-4-苯基-1,2,3,6-四氢吡啶（MPTP）、1-苯乙基-4-苯基-4-丙氧基哌啶（PEPAOP）等。TLC采用Merck硅胶60 F 0.25 mm厚玻璃板，展开剂为甲醇-28%氨水溶液（100：1.5）、苯-二恶烷-28%氨水溶液（50：40：5.5）、氯仿-丙酮（2：1）或氯仿-苯-甲醇（10：2：1）。斑点检测采用以下四种方法：氯化铂-碘化钾试剂、Dragendorff试剂、1%碘-甲醇溶液、254 nm紫外光。

利用各种检测方法所收集的数据用于缴获的片剂、晶体和粉末中甲基苯丙胺、苯丙胺和6种苯乙胺类策划药，即：2,5-二甲氧基苯乙胺、2,5-二甲氧基苯丙胺、4-溴-2,5-二甲氧基苯乙胺（DOB）、4-溴-2,5-二甲氧基苯丙胺、4-碘-2,5-二甲氧基苯乙胺、4-碘-2,5-二甲氧基苯丙胺的法庭筛查、确认和定量[14]。这些数据包括核磁共振（NMR）谱、红外（IR）光谱、使用Waters Acquity公司超高效液相色谱（UPLC）和BEH-C18（辛基癸基甲硅烷基）色谱柱的保留时间、未衍生和三氟乙酸酐（TFA）衍生的电喷雾电离（ESI）质谱图以及TLC图。TLC是在Merck硅胶60 F板上进行的，使用

7种展开剂，在254 nm紫外光下检测斑点，喷洒荧光胺试剂后在366 nm紫外光下观察，使用Simon试剂检测仲胺甲基苯丙胺。列出了以下展开剂中的RF值以供参考，展开剂为：丙酮–甲苯–28%氨溶液（20：10：1）、2-丙醇–28%氨溶液（95：5）、MEK–二甲基甲酰胺（DMF）–28%氨溶液（13：1.9：0.1）、氯仿–甲醇（95：5）–28%氨溶液（下层）、氯仿–二恶烷–乙酸乙酯–28%氨溶液（25：60：10：5）、丙酮–氯仿–甲醇（3：1：1），甲醇–28%氨溶液（100：1.5）。

2005年5月，巴西圣保罗警方缴获了31粒内含白色粉末的凝胶状胶囊，使用各种分析方法来鉴别所缴获的物质，包括Marquis颜色反应试验、HPTLC、MS、毛细管区带电泳（CZE）和IR光谱法。HPTLC法是使用甲醇–氨（100：1.5）展开剂在Merck硅胶G板上进行的，喷洒茚三酮试剂后对斑点检测表明，胶囊中含有一种苯丙胺衍生物，结合其他分析手段，最终确定该胶囊中含有DOB[15]。

22.2.3 天然存在或被添加到植物样本中药物的测定

薄层色谱法对一种自称能有效治疗男性勃起功能障碍的膳食补充剂进行分析，可以识别非法掺杂物[16]。通过TLC法、UV光谱、HPLC–MS/MS、NMR光谱和圆二色光谱法分析胶囊里棕色粉末补充剂中的掺杂物为他达拉非（tadalafil），商品名为Cialis，在本研究中首次检测到一种名为氨基他达拉非的策划药类似物。用96%乙醇超声振荡提取粉末样本，采用TLC法同时分析提取物和他达拉非标准品，实验细节未予描述。分离出两个斑点，其中一个斑点为他达拉非，因为RF值相同。刮取两个斑点，以95%乙醇提取涂层，用其他方法对提取物进行分析，准确鉴别掺杂物。

建立了TLC和HPLC–光电二极管阵列（PDA）检测器–MS方法分别对36种怀疑含有磷酸二酯酶5型抑制剂（PDE5-Is）的市售植物膳食补充剂进行定性和定量分析，8种PDE5-Is为西地那非（sildenafil）、红地那非（acetildenafil/hongdenafil）、高西地那非（homosildenafil）、羟基高西地那非、伐地那非（vardenafil）、伪伐地那非、他达拉非和氨基他达拉非[17]。固体形态（如：片剂）、软凝胶胶囊形态和液体形态的产品样本，用甲醇提取，过滤提取物，用CAMAG ATS4自动取样器将标准溶液和样本溶液加到20 × 10 cm的Merck硅胶60 F板上，在放有五氧化二磷的干燥器中干燥该薄层板后，用展开剂氯仿–乙酸乙酯–甲醇–水（40：40：15：11）在饱和的CAMAG双槽室中展开。在CAMAG观察柜中的254 nm紫外光下检测斑点，比较样本与标准品的RF值，进行鉴别。使用C18柱、HPLC–PDA法进行定量，所有PDE5-Is的线性系数 r^2 = 0.999，定量限（LOQ）为0.04～0.09 μg/mL，准确度为97.0%～101%，相对标准偏差（RSD）

< 1.32%，并对其MS碎片模式进行了描述以供确认。在36种补充剂中，发现有10种含有一种或多种PDE5-Is。

分离和鉴定在科威特上市的被称为"时髦绿色食品"的香包中隐藏的合成大麻素类物质[18]。用甲醇浸提植物材料，然后过滤。展开剂使用甲苯-甲醇-二乙胺（8∶1.5∶0.5），在Miles Scientific公司（原为Analtech）的5×10 cm、涂层厚度0.25 mm的硅胶F板上对提取物进行色谱分析。喷洒Dragendorff试剂后，主要化合物被分离出来并显示为橙色斑点。采用快速柱分离该化合物，UV、IR和NMR鉴定其为AB-FUBINACA。

2015年一篇关于合成大麻素类物质分析的综述[19]引用了洛根（Logan）等人的一篇TLC论文[20]，文中使用TLC法分离并确证了美国供应的植物熏香混合物中的合成大麻素类物质（称为"K2"）。使用甲苯-二乙胺（9∶1）和乙酸乙酯-二氯甲烷-甲醇-氨（18.5∶18∶3∶1）作为展开剂，在Whatman Partisil公司0.25 mm厚涂层的硅胶60 LK6DF 巷道式预吸附板上对干燥、粉碎的植物材料（花、茎和叶）的甲醇提取物和混合的酸/碱提取物进行色谱分析。所研究的21种标准化合物在254 nm处均表现出紫外吸收（荧光淬灭的层指示剂），有一些在366 nm紫外光下发出白色或黄色荧光；此外，使用检测试剂Fast Blue B、荧光胺、茚三酮、10%硫酸、碘铂酸盐、50%硝酸、硫酸汞和4-二甲基氨基苯甲醛将标准品与样本提取物中的斑点进行了比较。用于分析各种市售产品的其他分析方法有GC-MS、HPLC和HPLC-MS，对合成大麻素类物质JWH-018、JWH-019、JWH-073、JWH-081、JWH-200、JWH-210、JWH-250、CP47497（C = 8；大麻环己醇）、RCS-4、RCS-8、AM-2201和AM-694，以及其他非大麻类药物［包括米特拉吉宁（Kraton）］进行了确认，对部分产品进行了定量分析，被确认药物的浓度范围主要集中在5～20 mg/g或0.5%～2%。Whatman薄层板市场上已停售，但是在最近的TLC固定相综述中讨论了停产的Whatman LK6DF薄层板的等效替代品[21]，该替代品由Miles Scientific公司出售，目录号为44911。

迷幻鼠尾草是一种具有致幻精神活性的薄荷科草本植物（在其他口语名称中称为"神奇薄荷"），原产于墨西哥中部的瓦哈卡；其主要有效成分是选择性阿片类拮抗剂鼠尾草素 A，是众多文献报告中的目标分析物[22]。TLC与解吸附电喷雾电离(DESI)-MS[23]和GC[24]联用，用于分析墨西哥鼠尾草自然干燥的叶子。使用涡旋混合器提取，用甲基叔丁基醚（MTBE）-己烷（3∶1）展开，在Merck硅胶60 F板上对叶子的丙酮提取物进行在线TLC-DESI-MS[23]分离鼠尾草A、C和B以及迷幻鼠尾草素B，RF值分别为0.49、0.64、0.95和0.85。使用与Thermo Scientific LTQ线性离子阱质谱耦合的

Omni 喷雾自动DESI源，在正离子模式下，通过二维光栅化表面，记录薄层板的化学图像。对应于鼠尾草素A的薄层板区域显示的质谱特征离子为m/z 433、450、455、882和887。使用标准品和样本丙酮提取物中的m/z 433离子的积分峰面积进行半定量分析，迷幻鼠尾草叶子中的鼠尾草素A的量约为1.6 mg /mL（0.8% w/w）。TLC离线联合GC-MS[24]检测墨西哥鼠尾草、13种其他鼠尾草样本以及大麻鼠尾草素L（大麻）中的鼠尾草素A。使用GC-MS检测的最佳提取溶剂为常温下的氯仿和丙酮，TLC的为甲醇-氯仿（1：1）。将提取物和标准鼠尾草素A涂抹在Whatman Partisil K6 60 F 0.25 μm硅胶板（Miles Scientific 同类产品，目录号为43911）上，并用乙酸乙酯-己烷（1：1）展开剂分离，然后喷洒香草醛试剂，鼠尾草显示为粉紫色斑点。GC-MS采用惠普（HP）5890 II系列Plus气相色谱仪与HP MSD（质量选择检测器）5972系列质谱仪联用、HP 6890系列自动进样器和J&W科技公司的HP-5（5%苯基-甲基硅氧烷）15 × 0.25 mm i.d.、0.25 μm膜厚的毛细管柱。

22.2.4　策划药的手性测定

一篇关于不同基质（包括血液、毛发、尿液、药物或标准溶液）中苯丙胺和苯丙胺衍生策划药的手性测定方法的综述文章[25]，引用了三篇关于TLC法的论文。素埃迪（Suedee）等人[26]在(–)-伪麻黄碱和(–)-去甲麻黄碱的手性分子印迹聚合物（MIPs）上拆分肾上腺素能药物的对映体，包括伪麻黄碱、麻黄碱、去甲麻黄碱和肾上腺素。手性模板或印迹分子被键合在交联聚合物中，这种方法制备分子印迹聚合物对手性化合物具有选择性。以甲基丙烯酸和衣康酸为功能单体，展开剂为甲醇或加入乙酸的乙腈。

素埃迪等人[27]也使用标明奎宁和硫酸钙的黏合剂作为CSP（手性固定相）的合成聚合物，拆分伪麻黄碱、麻黄碱、去甲麻黄碱和肾上腺素的对映体。发现在制作印迹过程中，一些残留的印迹分子被聚合物保留，结果在366 nm时背景和在板上的检测物质的吸收不同，这有利于斑点检测。TLC板在76 × 26 mm玻璃显微镜载玻片上制备，展开剂为甲醇或含1% ~ 10%乙酸的乙腈。

布尚（Bhushan）等人[28]报道了分别用光学纯L-酒石酸和L-组氨酸作为手性选择剂浸渍的硅胶板进行(+/–)-麻黄碱和(+/–)-阿托品对映体的NP TLC手性分离。能够成功分离的展开剂是乙腈、甲醇和水的不同组合，在2 μg和6 μg浓度下用碘蒸气分别检测到外消旋体的2个斑点。结果表明，手性相互作用受浸渍剂浓度、pH和温度的影响。

22.2.5　缴获片剂中MDMA的定量检测

针对在智利缉获的MDMA片剂开发并全面验证了HPTLC-密度计法[29]。研碎的片剂在pH=10的甲醇–4 M氢氧化钠溶液中超声提取15 min，并用针筒过滤（Millex孔径为0.22 μm）提取物。将Merck 20×10 cm硅胶60 F薄层板在80℃下活化30 min，使用CAMAG ATS-4自动TLC点样器将标准品和样本涂在3 mm区域内，在CAMAG自动展开缸ADC-2内用展开剂甲醇–氨（100∶1.5）对薄层板展开到70 mm的距离，使用CAMAG TLC扫描器-4在210 nm下对色谱图进行定量，狭缝大小为4.00×0.3 mm，速度为20 nm/s，由winCATS二维色谱管理器14.7版控制，记录了190～400 nm范围内各峰的原位光谱。

国际协调会议（ICH）对方法进行了验证，并使用数据分析结果解读软件（STATGRAPHICS）Centurion ⅩⅤ.Ⅰ版评估了统计参数。确定方法的校准曲线线性范围在51.0～510.0 μg/斑点（R = 0.9977），每个斑点的LOD为12.1 μg/mL、LOQ为36.8 μg/mL，方法的精密度RSD < 5.0%，回收率为99.13%，相对不确定度为6.66%。通过该方法检测，实际缴获的样本中MDMA含量为18.15%至59.84%。

22.2.6　应用薄层色谱和傅里叶变换红外光谱（FT-IR）联用分析苯丙胺类策划药

薄层色谱分析采用Merck 10 × 10 cm HPTLC硅胶60 WRFs超薄板，通过CAMAG AMD全自动多级展开仪直接与FTIR光谱仪结合，用于3,4-亚甲二氧基苯丙胺（MDA）、MDMA和N-乙基-3,4-亚甲二氧基苯丙胺（MDE）的鉴别和定量分析[30]。通过CAMAG Linomat 3半自动点样器点样，使用甲醇、氨水和二氯甲烷30阶梯度进行展开；使用Bruker IFS 48 FTIR装置进行原位光谱测定，该装置配有窄带检测器和漫反射FTIR（漂移）模块。通过评估Gram-Schmidt图像对收缴样本中的MDMA进行分析，发现平均值为20.1%，这与GC和UV光谱确认结果一致。

22.2.7　在线TLC-MS分析

除了上述在线TLC-DESI-MS方法[23]之外，两篇论文中还通过TLC-原位超声喷雾电离MS（EASI-MS）对策划药进行了分析。LSD（麦角酸二乙胺，称为"酸"）和9,10-二氢LSD是直接从巴西几家监管机构查获的街头毒品吸墨纸表面上以正离子模式EASI-MS检测的，由HPLC-UV确认[31]。TLC与EASI-MS联用被证明是法医鉴定中最有价值的工具，TLC用于简单筛选特定目标药物，然后阳性样本用EASI-MS进行确证。吸墨纸样本被切成约10 mg的小片，每片用10 mL甲醇搅拌提取，将10 μL的提取物涂抹在Merck硅胶60 GF板（已在80℃下干燥30 min并储存于干燥器中）上，薄层板用氯仿-乙酸（20∶80）在CAMAG HPTLC水平槽中展开8 cm，然后干燥，在254 nm和366 nm紫外光下检测斑点，然后通过EASI-MS（国产EASI源和岛津单四极杆或Thermo Scientific离子阱质谱仪）直接分析，每个斑点均进行10 s光谱采集，无须任何其他样本制备。通过TLC法测吸墨纸中LSD的LOQ值在365 nm时为0.1 μg/片，在254 nm时为0.5 μg/片。

TLC-EASI-MS还对在巴西里约热内卢缴获的15份可卡因和强效可卡因样本进行了取证分析，所有结果均显示：可卡因、其他药物和掺杂物，如利多卡因、咖啡因、苯佐卡因、乳糖、苯甲酰爱岗宁（苯甲酰芽子碱）和芽子定（ecgonidine）等呈阳性[32]。仅采用TLC分析判断的假阳性和假阴性样本使用在线EASI-MS通过斑点的特征离子进行确认。将样本溶于甲醇中，并涂于Merck硅胶60 GF板上，然后在CAMAG水平槽中用甲醇-氯仿-乙酸（20∶75∶5）展开8 cm。在254 nm紫外光下干燥斑点的检出限为2 μg。EASI-MS法仪器为岛津LCMS-2010EV单四极杆质谱仪，配备了前面详细描述的自制EASI源[33]，使用酸性甲醇（体积比0.1%，流速20 μL/min）和压力为100 psi的压缩氮气形成声波喷雾，毛细管表面和表面光谱仪的入射角为45°，采集谱图10 s。刮去薄层板上所有杂质区，并通过GC-MS进行进一步确认。

22.2.8 应用PLC分离并鉴别策划药

本节中给出了两个研究小组使用PLC在鉴别之前先分离大量策划药的4个实例。与TLC相比，PLC通常用于在较厚涂层的薄层板上分离较大的样本量，检测确定斑点位置后，刮掉杂质、收集目标区域，并使用适当的溶剂从刮下的吸附剂中洗脱化合物以进一步分析[34]。

克奈泽尔（Kneisel）等人[35]介绍了一项研究：通过互联网交易平台购买的一种微晶化学品，其广告名称为大麻类似物［(N-甲基哌啶-2-基)甲基］-3-(1萘-甲酰基)吲哚（AM-1220），GC-MS分析为AM-1220纯品。然而，使用TLC法进行纯度检测时，得到了两个斑点，通过PLC分离、高分辨MS和NMR光谱分析后，确认存在AM-1220的氮杂环庚烷异构体。后来，在不同的德国互联网商店购买的几种植物混合物中均检测到这两种物质。将晶体药物溶于乙醇中，同时用乙醇涡旋提取植物混合物。提取物的纯度检测使用环己烷-二乙胺（9∶1）为展开剂、在Merck 20×20 cm硅胶60 F铝板上进行；分离药物在Merck 10×20 cm硅胶60 F玻璃板上进行，使用相同的展开剂展开，然后刮下斑点，用乙醇洗脱；使用碘铂酸试剂使侧道上药物斑显色。

使用相同的PLC薄层板、展开剂和检测方法在从荷兰网上商店购买的几种"植物香料"产品中发现了合成大麻素类物质3-(1-金刚烷基)-1-戊烷基吲哚的结构特征[36]。用乙醇涡旋提取样本，刮下通过PLC法展开后的主要斑点，使用NMR光谱、高分辨MS和GC-MS/MS进行分析。该文献提示，在使用可提供更多结构信息的方法之前，GC-MS检测该化合物出现了错判。

内山等人[37]鉴定了大麻拟氨基烷基萘甲酰基吲哚衍生物（JWH-018），由于有麻醉作用，在日本销售的植物香料中将其作为新的掺杂剂使用。将植物香料的甲醇提取物点加到厚度为2 mm的20×20 cm Merck硅胶60 F薄层板上，用展开剂己烷-丙酮（4∶1）展开，刮取药物斑点并洗脱，得到馏分1，再用PLC法进一步提纯，己烷-氯仿（1∶20）为展开剂，得到纯净化合物。提纯后的化合物进行了GC-MS、UPLC-ESI-MS、直接实时分析（DART）-飞行时间（TOF）-MS和NMR光谱分析。

内山等人[38]还使用PLC、UPLC-MS、GC-MS、DART-TOF-MS和NMR光谱法确定了非法植物产品中的策划药苯乙酰吲哚JWH-251和萘甲酰基吲哚JWH-081。将植物产品的氯仿超声提取物置于2 mm层厚的Merck 20×20 cm硅胶60 F薄层板上，然后用己烷-乙酸乙酯（4∶1）展开。刮下含目标化合物的硅胶部分，用氯仿-甲醇（3∶1）洗脱，得到组分1和2。在回收制备型HPLC上进一步纯化每一组分，使用500×20 mm内径的JAIGEL-GS310色谱柱分离，流动相氯仿-甲醇（1∶1）洗脱，得到两种化合物以供分析。

22.3 未来前景

TLC法将会继续应用于第22.2各小节中所述策划药分析的所有方面，尤其是应用于新药[39,40]和市场上流通药物[41]的鉴定和表征。鉴于HPTLC-光密度测定法有明显记录优势，它将更广泛地用于策划药产品中活性成分的筛选和定量，以及用在药物配方和临床分析中[1]。其原因之一是，2015年美国药典呼吁在新的通则中加入有关膳食补充剂与药物和药物类似物掺假的方法（<2251>）。针对该要求开发的方法示例已在CAMAG CBS 114[42]上发布，内容涉及保健品（粉状药丸、胶囊内容物、咀嚼口香糖、巧克力）中的3种PDE5-Is及其8种类似物的筛查，包括几个含量级别的确认。该方法包括使用Merck HPTLC硅胶60 F薄层板，用于样本和标准溶液加样的多通道CAMAG TLC加样器4，在使用滤纸测量蒸汽饱和度及相对湿度47%的CAMAG ADC 2中用叔丁基甲基醚–甲醇–28%氨（20∶2∶1）为展开剂展开70 mm，在254和366 nm紫外光下使用CAMAG TLC 显影仪（观测器）记录，以及使用TLC 扫描仪4和winCATS软件记录190～550 nm的光谱图。除了将这些原位光谱和RF值与参比标准进行比较之外，还使用带有ESI的CAMAG TLC–MS和Advion Expression公司的小型质谱仪（CMS）确认样本斑点。

注：Merck薄层板由美国和加拿大的EMD公司销售（马萨诸塞州，比尔里卡，康科德路290号），该公司是德国达姆施塔特Merck KGAA公司的一个分支。

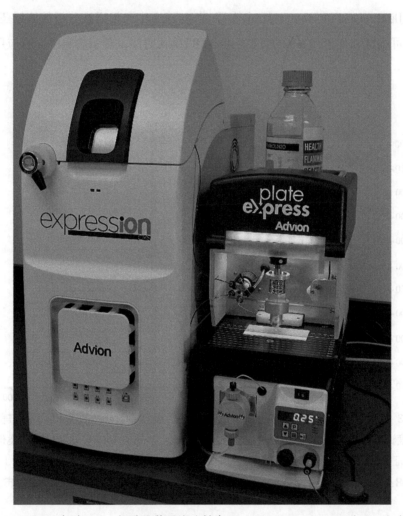

图22.2　Advion自动TLC–小型质谱系统（转自Jack Henion，Advion公司，纽约伊萨卡。经许可。）

实际上，在策划药分析应用中最可能有明显进展的领域是TLC–MS联用，第22.2.7

节中描述了一个实例。《分析化学》杂志2016年发表的一篇专题文章[43]论述了TLC-原位质谱仪联用是法庭分析中一种强大、普遍、快捷、无损、稳健的工具，未来最可能使用的特定MS方法有EASI、DART和单四极杆MS。哈达德（Haddad）等人[44]描述了EASI-MS与TLC联用的方法，其在策划药分析中的应用已在上文中讨论[31, 32]，遗憾的是文献中报道的EASI源是自制的。

弗吉尼亚州法庭科学部门批准了TLC法的药物鉴别，使用硅胶薄层板；氯仿-甲醇（18∶1）和甲醇-氨（100∶1.5）为展开剂；高锰酸钾、碘铂酸盐和硫酸铈为喷雾剂，以及在线JEOL accuTOF-DART MS电离源[45]。该文中未报道被分析的策划药，但商业电离源的可用性和低于10 min的TLC斑点 DART确认时间，预示着将来会有应用。

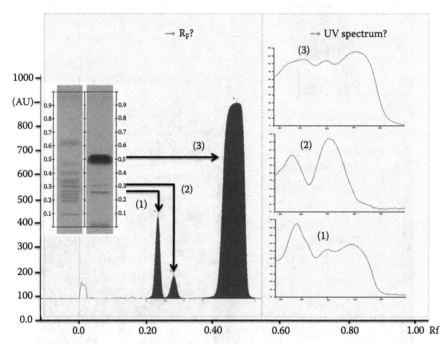

图22.3　在Merck硅胶60 F高纯度HPTLC玻璃薄层板上鉴别未知的PDEI-5s及其类似物的策略。经密度计扫描和原位UV光谱分析显示了相应的斑点。斑点1和3显示了硫酮的类似物特有的UV光谱特征，而斑点2的光谱图类似西地那非（转载自Do，T.T.K.等人，2015年，J．AOAC国际机场。98：1226-1233。经Jennifer Diatz许可，AOAC国际，马里兰州罗克维尔市。）

报道最广泛的TLC-MS联用方法使用了上述的CAMAG TLC-MS联用接口[42]。CAMAG TLC-MS接口-1在最近的一本名为《二维色谱-质谱分析》的书中有详细描述[46]。从2013年开始，Advion公司和CAMAG签署了独家OEM（原始设备制造商）和分销协议，将包括CAMAG TLC-MS接口-1和提供单位分辨率的Advion的单四极杆CMS

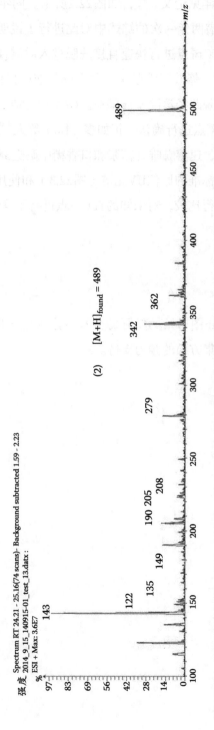

图22.4 使用CAMAG TLC–MS接口和Advion单四极杆质谱仪记录的未知斑点2的质谱图。其[M+H]⁺ *m/z* 489揭示分子式为 C₂₃H₃₂N₆O₄S，可能对应的物质是二甲基−丙氧基异丁基苯基或异丁基苯西地那非类似物（转载自Do，T.T.K.等人，2015年，J．AOAC国际机场。98：1226–1233。经Jennifer Diatz许可，AOAC国际，马里兰州罗克维尔市。）

在内的集成系统商业化，（该系统在文献[47]有图）。Advion公司于2015年推出了自己的自动TLC小型质谱仪系统，详见论文[46]，如图22.2所示。同年，CAMAG推出了他们的TLC–MS接口–2，二维色谱两年一次的综述中对此进行了说明[48]。与TLC–MS接口–1类似，此新型号允许对TLC斑点进行快速直接洗脱进入质谱仪，但据CAMAG称，这大大简化了药物斑点的定位，修改了洗脱头，并在阀的前面提供了一种应用简便、可更换的过滤器，以便于从洗脱路径清除基质颗粒。CAMAG和/或Advion系统必将广泛应用于策划药分析，对TLC的斑点进行确认，正如多（Do）等人[49]所证明的那样，在成品包括片剂、胶囊、巧克力、速溶咖啡、糖浆和口香糖中筛选3种PDE5–Is及其8种类似物。本研究中，通过与参比标准的原位UV光谱（图22.3）和使用CAMAG TLC–MS接口获得的ESI质谱（图22.4）进行比较，对未知的TLC斑点进行了确认。

感谢

感谢Lafayette学院Skillman图书馆的馆际源分享专家卡伦·F. 哈杜克（Karen F. Haduck）在本文引用的文献收集方面的倾力支持。

参考文献

1. Komsta, L., Waksmundzka-Hajnos, M., and Sherma, J., Eds. 2014. *Thin Layer Chromatography in Drug Analysis*, CRC Press/Taylor & Francis Group, Boca Raton, FL.

2. Bernard-Savary, P. and Poole, C.F. 2015, Instrument platforms for thin layer chromatography, *J. Chromatogr. A*. 1421: 184–202.

3. Ciesla, L., Waksmundzka-Hajnos, M., and Sherma, J. Thin layer chromatography, in *Ewing's Instrumentation Handbook, Fourth Edition*, Grinberg, N., Ed., CRC Press/ Taylor & Francis Group, Boca Raton, FL, in press.

4. Lillsunde, P. and Korte, P. 1991. Comprehensive drug screening in urine using solid phase extraction and combined TLC and GC/MS identification, *J. Anal. Toxicol.* 15: 71–81.

5. Kankaanpaa, A., Meririnne, E., Ellermaa, S., Ariniemi, K., and Seppala, T. 2001. Detection and assay of *cis*- and *trans*-isomers of 4-methylaminorex in urine, plasma, and tissue samples, *Forensic Sci. Int.* 121: 57–64.

6. Kraemer, T. and Maurer, H.H. 1998. Determination of amphetamine, methamphetamine and amphetamine-derived designer drugs or medicaments in blood and urine, *J. Chromatogr. B.* 713: 163–187.

7. Gerhards, P. and Szigan, J. 1996. Determination of designer drugs and ecstasy, *GIT LaborMedzin*, 19: 212–214, 216.

8. Jarvie, D.R. and Simpson, D. 1986. Drug screening: Evaluation of the Toxi-Lab TLC system, *Ann. Clin. Biochem.* 23: 76–84.

9. DeRuiter, J., Hayes, L., Valaer, A., Clark, C.R., and Noggle, F.T. 1994. Methcathinone and designer analogues: Synthesis, stereochemical analysis, and analytical properties, *J. Chromatogr. Sci.* 32: 552–564.

10. Maresova, V., Hampl, J., Chundela, Z., Zrcek, F., Polasek, M., and Chadt, J. 2005. The identification of a chlorinated MDMA, *J. Anal. Toxicol.* 29: 353–358.

11. Kato, N., Fujita, S., Ohta, H., Fukuba, M., Toriba, A., and Hayakawa, K. 2008. Thin layer chromatography/fluorescence detection of 3,4-methylenedioxymethamphetamine and related compounds, *J. Forensic Sci.* 53: 1367–1371.

12. Oztung, A., Onal, A., and Toker, S.E. 2010. Detection of methamphetamine, methylenedioxymethamphetamine, and 3,4-methylenedioxy-*N*-ethylamphetamine in spiked plasma by HPLC and TLC, *J. AOAC Int.* 93: 556–561.

13. Shimizu, T., Lee, X.-P., Sato, K., Ohta, H., and Suzuki, S. 2001. Studies on designer drugs VI. Chromatographic discrimination of meperidine (pethidine) derivatives and their structure-activity relationship, *Jpn J. Forensic Toxicol.* 19: 228–235.

14. Kanai, K., Takekawa, K., Kumamoto, T., Ishikawa, T., and Ohmori, T. 2008. Simultaneous analysis of six phenylethylamine type designer drugs by TLC, LC-MS, and GC-MS, *Forensic Toxicol.* 26: 6–12.

15. da Costa, J.L., Wang, A.Y., Micke, G.A., Maldaner, A.O., Romano, R.L., Martins-Junior, H.A., Neto, O.N., and Tavares, M.F.M. 2007. Chemical identification of 2,5-dimethoxy-4-bromoamphetamine (DOB), *Forensic Sci. Int.* 173: 130–136.

16. Lin, M.-C., Liu, Y.-C., Lin, Y.-L., and Lin, J.-H. 2009. Identification of a tadalafil analogue adulterated in a dietary supplement, *J. Food Drug Anal.* 17: 451–458.

17. Cai, Y., Cai, T.-G., Shi, Y., Cheng, X.-L., Ma, L.-Y., Ma, S.C., Lin, R.-C., and Feng, W. 2010. Simultaneous determination of eight PDE5-IS potentially adulterated in herbal dietary supplements with TLC and HPLC-PDA-MS methods, *J. Liq. Chromatogr. Relat. Technol.* 33: 1287–1306.

18. Alsoud, A.R.A., Al-Tannak, N., Bojabarah, H., and Orabi, K.Y. 2015. AB-FUBINACA, a synthetic cannabinoid in 'Funky Green Stuff', *Int. J. Pharm. Pharmaceut. Sci.* 7: 111–115.

19. Znaleziona, J., Ginterova, P., Petr, J., Ondra, P., Valka, I., Sevcik, J., Chrastina, J., and Maier, V. 2015. Determination and identification of synthetic cannabinoids and their metabolites in different matrices by modern analytical techniques—A review, *Anal. Chim. Acta.* 874: 11–25.

20. Logan, B.K., Reinhold, L.E., Xu, A., and Diamond, F.X. 2012. Identification of synthetic cannabinoids in herbal incense blends in the United States, *J. Forensic Sci.* 57: 1168–1190.

21. Rabel, F. and Sherma, J. 2016. New TLC/HPTLC commercially prepared and laboratory prepared plates—A review, *J. Liq. Chromatogr. Relat. Technol.* 39(8): 385–393.

22. Smith, J.P., Sutcliffe, O.B., and Banks, C.E. 2015. An overview of recent developments in the analytical detection of new psychoactive substances (NPSs), *Analyst* 140: 4932–4948.

23, Kennedy, J.H. and Wiseman, J.M. 2010. Direct analysis of *Salvia divinorum* leaves for salvinorin A by thin layer chromatography and desorption electrospray ionization multi-stage tandem mass spectrometry, *Rapid Commun. Mass Spectrom.* 24: 1305–1311.

24. Jermain, J.D. and Evans, H.K. 2009. Analyzing *Salvia divinorum* for its active ingredient salvinorin A utilizing thin layer chromatography and gas chromatography/mass spectrometry, *J. Forensic Sci.* 54: 612–616.

25. Plotka, J.M., Morrison, C., and Biziuk, M. 2011. Common methods for the chiral determination of amphetamine and related compounds I. Gas, liquid and thin layer chromatography, *Trends Anal. Chem.* 30: 1139–1158.

26. Suedee, R., Songkram, C., Petmoreekul, A., Sengkunakup, S., Senkaswa, S., and Kongyarit, N. 1999. Direct enantioseparation of adrenergic drugs via thin layer chromatography using molecularly imprinted polymers, *J. Pharm. Biomed. Anal.* 19: 519–527.

27. Suedee, R., Songkram, C., Petmoreekul, A., Sangkunakup, S., Sankasa, S., and Kongyarit, N. 1998. Thin layer chromatography using synthetic polymers imprinted with quinine as chiral stationary phase, *J. Planar Chromatogr.-Mod. TLC* 11: 272–276.

28. Bhushan, R., Martens, J., and Arora, M. 2001. Direct resolution of (+/-)-ephedrine and atropine into their enantiomers by impregnated TLC, *Biomed. Chromatogr.* 15: 151–154.

29. Daffau, B.F., Rojas, S., Delgado, L.A., and Jofre, S. 2015. High performance thin layer chromatography method for analysis of 3,4-methylenedioxymethamphetamine in seized tablets, *J. Pharm. Pharmacog. Res. (JPPRes)* 3: 162–170.

30. Kovar, K.-A., Ensslin, H.K., Frey, O.R., Rienas, S., and Wolff, S.C. 1991. Applications of on-line coupling of thin layer chromatography and FTIR spectroscopy, *J. Planar Chromatogr.-Mod. TLC* 4: 246–250.

31. Romao, W., Sabino, B.D., Bueno, M.I.M.S., Vaz, B.G., Junior, A.C., Maldaner, A.O., de Castro, E.V.R., Lordeiro, R.A., Nascentes, C.C., Eberlin, M.N., and Augusti, R. 2012. LSD and 9,10-dihydro-LSD analyses in street drug blotters via easy ambient sonic-spray ionization mass spectrometry (EASI-MS), *J. Forensic Sci.* 57: 1307–1312.

32. Sabino, B.D., Romao, W., Sodre, M.L., Correa, D.N., Rocha Pinto, D.B., Alonso, F.O.M., and Eberlin, M.N. 2011. Analysis of cocaine and crack cocaine via thin layer chromatography coupled to easy ambient sonic-spray ionization mass spectrometry, *Am. J. Anal. Chem.* 2: 658–664.

33. Hirabayashi, A., Sakairi, M., and Koizumi, H. 1995. Sonic spray mass spectrometry, *Anal. Chem.* 67: 2878–2882.

34. Kowalska, T. and Sherma, J., Eds. 2006. *Preparative Layer Chromatography*, CRC Press/Taylor & Francis Group, Boca Raton, FL.

35. Kneisel, S., Bisel, P., Brecht, V., Broecker, S., Mueller, M., and Auwärter, V. 2012. Identification of the cannabimimetic AM-1220 and its azepane isomer (*N*-methylazepan-3-yl)-3-(1-napthoyl)indole in a research chemical and several herbal mixtures, *Forensic Toxicol.* 30: 126–134.

36. Kneisel, S., Westphal, F., Bisel, P., Brecht, V., Broecker, S., and Auwärter, V. 2012. Identification and structural characterization of synthetic cannabinoid 3-(1-adamantoyl)-1-pentylindole as an additive in "herbal incense," *J. Mass Spectrom.* 47: 195–200.

37. Uchiyama, N., Kikura-Hanajiri, R., Kawahara, N., and Goda, Y. 2009. Identification of a cannabimimetic indole as a designer drug in a herbal product, *Forensic Toxicol.* 27: 61–66.

38. Uchiyama, N., Kawamura, M., Kikura-Hanajiri, R., and Goda, Y. 2011. Identification and quantitation of two cannabimimetic phenylacetylindoles JWH-251 and JWH-250, and four cannabimimetic naphthoylindoles JWH-081, JWH-015, JWH-200, and JWH-073 as designer drugs in illegal products, *Forensic Toxicol.* 29: 25–37.

39. Gambaro, V., Casagni, E., Dell'Acqua, L., Roda, G., Tamborini, L., Visconti, G.L., and Demartin, F. 2016. Identification and characterization of a new designer drug thiothi-none in seized products, *Forensic Toxicol.* 34: 174–178.

40. dos Santos, P.F., Souza, L.M., Merio, B.B., Costa, H.B., Tose, L.V., Santos, H., Vanini, G., Machado, L.F., Ortiz, R.S., and Limberger, R.P. 2016. 2-(4-Iodine-2,5-dimethoxyphenyl)-N-[(2-methoxyphenyl)methyl]etamine or 25I-NBOMe: Chemical characterization of a designer drug, *Quim. Nova* 39: 229–237.

41. Gine, C.V., Vilamala, M.V., Espinosa, I.F., Liadanosa, C.G., Alvarez, N.C., Fruitos, A.F., Rodriguez, J.R., Salvany, A.D., and Fornell, R.D. 2016. Crystals and tablets in the Spanish ecstasy market 2000–2014: Are they the same or different in terms of purity and adulteration?, *Forensic Sci. Int.* 263: 164–168.

42. Camag Laboratory. 2015. Screening of three PDE5-inhibitors and eight of their analogs in lifestyle products, *Camag Bibliography Service (CBS)*, 114: 9–10.

43. Correa, D.N., Santos, J.M., Eberlin, L.S., and Teunissen, S.F. 2016. Forensic chemistry and ambient mass spectrometry: A perfect couple destined for a happy marriage?, *Anal. Chem.* 88: 2515–2526.

44. Haddad, R., Milagre, H.M.S., Catharino, R.R., and Eberlin, M.N. 2008. Easy ambient sonic-spray ionization mass spectrometry combined with thin layer chromatography, *Anal. Chem.* 80: 2744–2750.

45. Howlett, S.E. and Steiner, R.R. 2011. Validation of thin layer chromatography with AccuTOF-DART detection for forensic drug analysis, *J. Forensic Sci.* 56: 1261–1267.
46. Sherma, J. 2016. The Camag TLC-MS interface, in *Planar Chromatography-Mass Spectrometry*, Kowalska, T., Sajewicz, M., and Sherma, J., Eds., CRC Press/Taylor & Francis Group, Boca Raton, FL, Chapter 3.
47. Hao, C.T., Sousou, N., Eikel, D., and Henion, J. 2015. Thin layer chromatography/mass spectrometry analysis of sample mixtures using a compact mass spectrometer, *Am. Lab.* 47(4): 24–27.
48. Sherma, J. 2016. Biennial review of planar chromatography: 2013–2015, *J. AOAC Int.* 99: 321–331.
49. Do, T.T.K., Theocharis, G., and Reich, E. 2015. Simultaneous detection of three phosphodiesterase type 5 inhibitors and eight of their analogs in lifestyle products and screening for adulterants by high performance thin layer chromatography, *J. AOAC Int.* 98: 1226–1233.